高等职业技术院校园林工程技术专业任务驱动型教材

园林制图与计算机绘图

（第2版）

人力资源社会保障部教材办公室　组织编写
史小娟 / 主编

中国劳动社会保障出版社

简介

本教材依据最新的国家制图标准，讲述了园林制图的基础知识、园林工程形体的图示方法、园林组成要素的表现技法、园林设计图的绘制、园林效果图的绘制、园林工程施工图的绘制和计算机绘图。教材既可作为高等职业技术院校园林相关专业教材，也可作为从事园林工作人员的参考书、自学用书。

本教材由史小娟任主编，王峥、王瑛任副主编，张纯、常颂、陈永贵、王文宁、杨创创、楚杰、肖建平、屈永健参加编写。张淑英主审。

图书在版编目（CIP）数据

园林制图与计算机绘图 / 史小娟主编 . —2 版 . —北京：中国劳动社会保障出版社，2017

高等职业技术院校园林工程技术专业任务驱动型教材

ISBN 978-7-5167-3214-4

Ⅰ. ①园…　Ⅱ. ①史…　Ⅲ. ①园林设计-计算机制图-高等职业教育-教材
Ⅳ. ①TU986.2-39

中国版本图书馆CIP数据核字（2017）第249290号

中国劳动社会保障出版社出版发行

（北京市惠新东街 1 号　邮政编码：100029）

*

北京谊兴印刷有限公司印刷装订　新华书店经销

787 毫米 ×1092 毫米　16 开本　22 印张　4 插页　1 彩插页　414 千字

2017 年 10 月第 2 版　　2025 年 7 月第 4 次印刷

定价：43.00 元

营销中心电话：400-606-6496

出版社网址：http://www.class.com.cn

http://jg.class.com.cn

前　言

高等职业技术院校园林工程技术专业任务驱动型教材自出版以来，在学校的教学中发挥了重要作用。近年来，园林行业发展迅速，企业对从业人员的知识水平和职业能力也提出了更高的要求。为了适应这一变化，满足学校培养人才的需求，我们组织了一批教学经验丰富、实践能力强的教师与行业、企业专家，在充分调研的基础上，对现有教材进行了修订。

在内容上，新版教材仍然坚持以培养学生的四大能力，即园林工程施工技术能力、园林工程施工组织管理能力、园林测绘与设计能力、园林植物栽培养护及应用能力为目标，根据园林行业的现状和发展趋势以及企业的岗位需求，调整、更新了相关教材的结构和内容，体现行业新理念、新标准、新技术和新方法；根据教学需要增加了大量来源于园林工程实际的案例、实训和例题，以引导学生运用所学知识分析和解决实际问题。另外，为了更方便教学，此次修订将《园林花卉栽培与养护》分为《园林花卉》和《园林花卉识别》,《园林花卉》侧重于园林花卉的分类、习性、栽培养护及繁殖方法等,《园林花卉识别》侧重于园林花卉的形态特征与园林用途。

在表现形式上，新版教材充分考虑到学生的认知规律，通过设置“小知识”“技能提示”“知识链接”等不同栏目，增加教材的亲和力，激发学生的学习兴趣。同时，尽可能多地以图表代替冗长的文字叙述，使教材更加生动直观，易于学习。

本套教材的编写得到了有关省市人力资源和社会保障部门及一批高等职业技术院校的大力支持，教材的编审人员做了大量的工作，在此，我们表示诚挚的谢意！同时，恳切希望广大读者对教材提出宝贵的意见和建议。

人力资源社会保障部教材办公室

目录

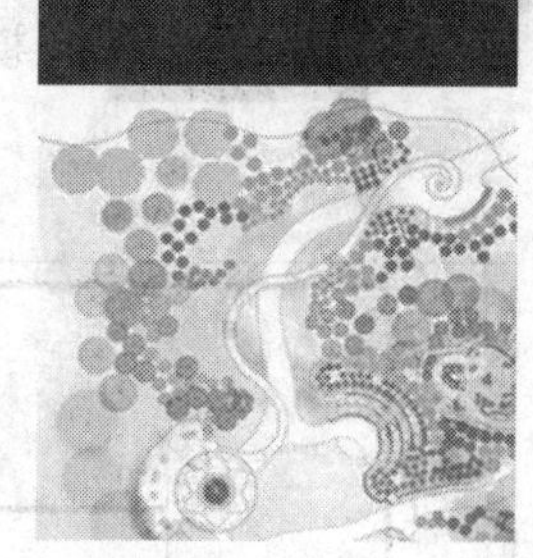

模块一

园林制图基础知识

课题一

园林制图标准

工程图样是工程界的共同语言，如图 1—1 所示是一幅公园栏杆的局部视图，图中运用各种不同图线围成的图形表达了栏杆的局部形状和结构组成；运用尺寸标注，表达了栏杆的大小和各结构之间的关系；从标题栏可知绘图的比例是 1∶2。这些不同线型、不同粗细的图线，究竟表达了什么含义？图样绘制在一个图框里，图纸的幅面如何确定？图框里的标题栏如何绘制？比例如何选用？尺寸如何标注？本课题主要学习国家制图标准的有关规定，并掌握运用规定的线型绘制简单的平面图形和正确标注尺寸的方法，理解绘图比例的含义。

任务一　用规定图线绘制平面图形

任务目标

◇了解并掌握国家园林制图标准对图幅、图框、比例和线型的规定
◇能够正确运用图板、丁字尺、铅笔、圆规、三角板等常用绘图工具
◇能够正确运用各种线型绘制园林图样

任务提出

在 A3 图纸上抄画如图 1—1 所示的平面图形。要求线型正确、接头准确、图面整洁，不标注尺寸。

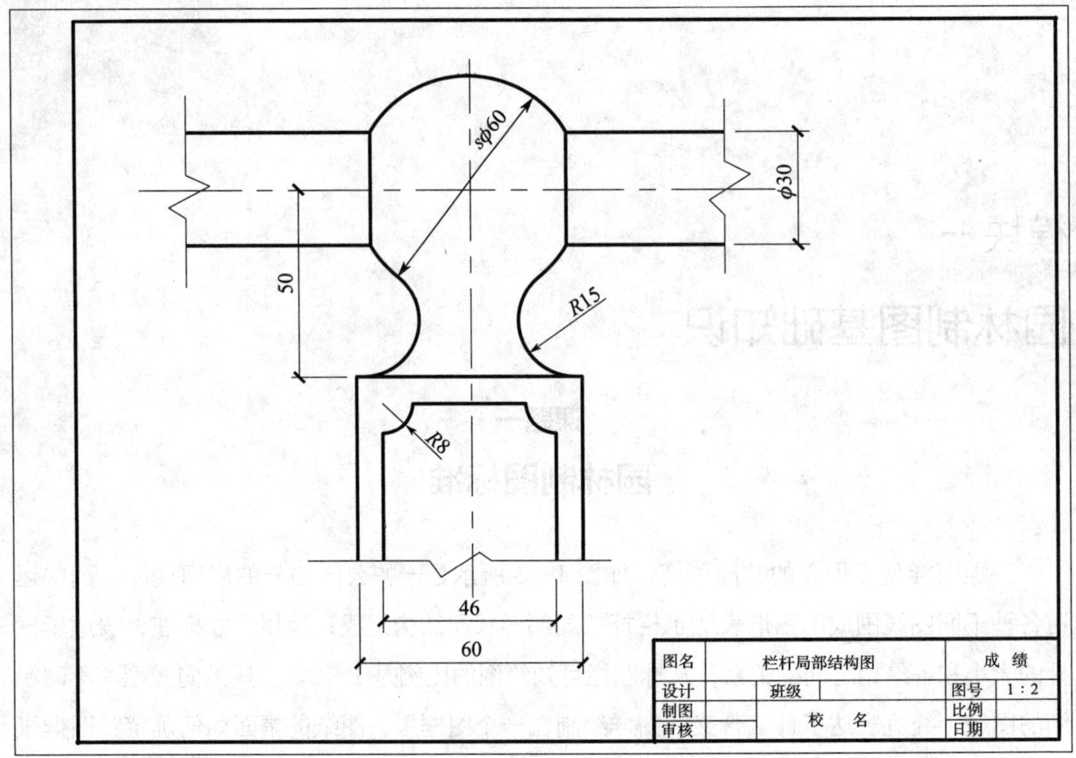

图 1—1 公园栏杆局部结构图

任务分析

国家制图标准对图纸的幅面、图框，字体，绘图使用的比例，图纸中的图线的线型、用途和尺寸标注等都做了统一规定。同时，绘制平面图形时要掌握绘图工具的应用方法，掌握快速绘制正确、整洁的图形的科学方法和步骤。

相关知识

一、图纸幅面和图框尺寸

为了图纸的合理使用、管理和装订，国家标准规定工程图纸的幅面采用国际通用的 A 系列规格，A_0 幅面的图纸称为零号图纸，A_1 幅面的图纸称为壹号图纸，以此类推。相邻幅面的图纸之间的关系，如图 1—2 所示。图纸还需要根据图幅大小确定图框尺寸，图纸幅面和图框尺寸的关系见表 1—1。

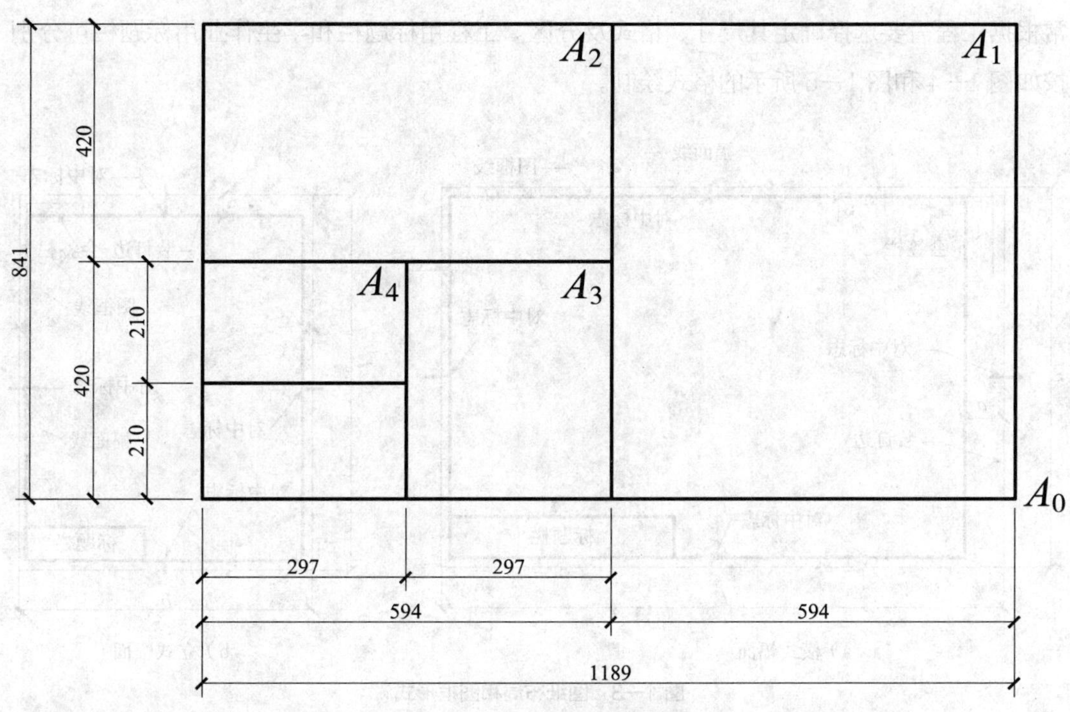

图 1—2　图纸标准尺寸（*A* 系列）

表 1—1　　图纸幅面和图框尺寸的关系　　单位：mm

尺寸代号	幅面代号				
	A_0	A_1	A_2	A_3	A_4
$b \times l$	841×1 189	594×841	420×594	297×420	210×297
c	10			5	
a	25				

注：b 为图纸宽度，l 为图纸长度，c 为非装订边各边缘到相应图框线的距离，a 为装订边宽度。

在图纸上必须用粗实线画出图框，用来限定绘图区域，图纸分横式和立式两种，以短边作为垂直边称为横式图纸，如图 1—3a 所示；以短边作为水平边称为立式图纸，如图 1—3b 所示。需要微缩复制的图纸，其一个边上应附有一段准确米制尺度，四个边上均附有对中标志。

二、标题栏和会签栏

标题栏在图纸上的位置如图 1—4 所示。图纸标题栏又称为图标，用来简要说明图纸的内容，必须画在每张图纸的右下角，由设计单位名称区、工程名称区、图名区、签字区、图号区等组成。标题栏外框线用 0.7 mm 实线绘制，分格线用 0.35 mm 实线绘制，通

常根据工程需要选择确定其尺寸、格式及分区。工程用标题栏和学生作业用标题栏可分别按如图 1—4 和图 1—5 所示的格式绘制。

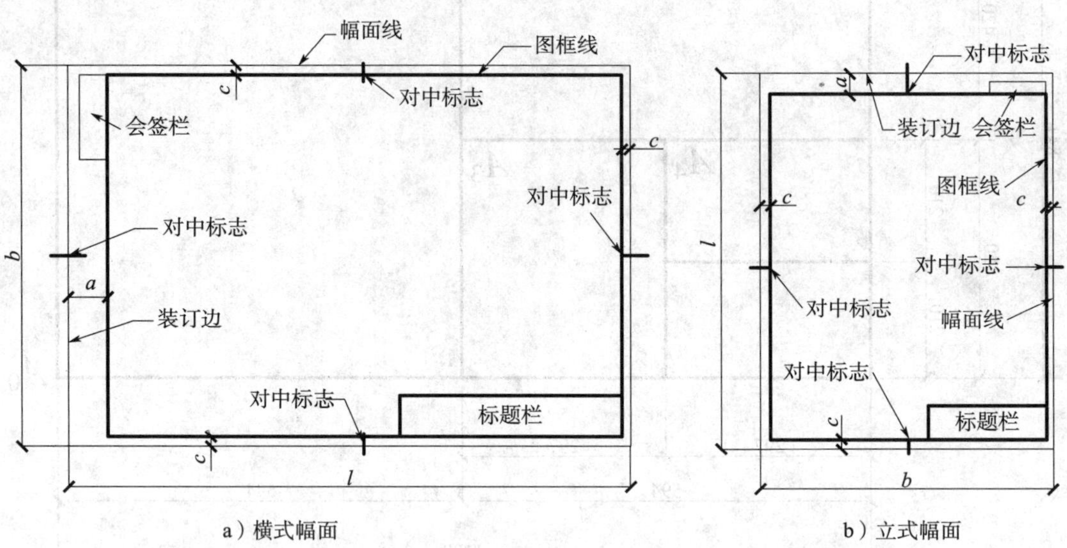

图 1—3 图纸布局和图框形式

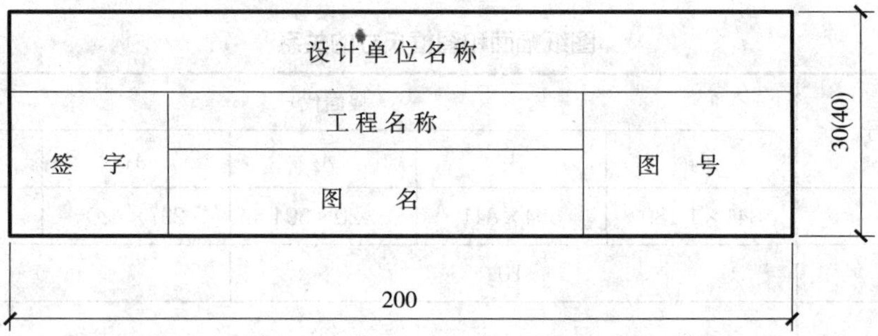

设计单位名称		
签 字	工程名称	图 号
	图 名	

尺寸：长 200，高 30(40)

图 1—4 工程用标题栏

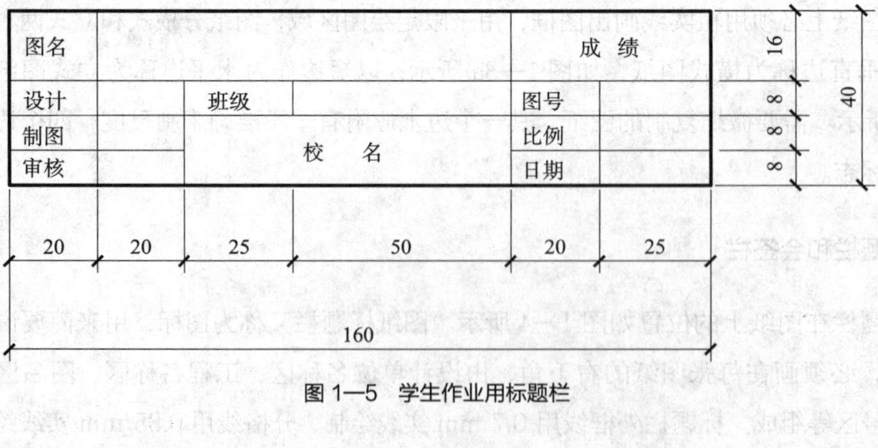

图名				成 绩	
设计		班级		图号	
制图		校 名		比例	
审核				日期	

列宽：20、20、25、50、20、25，总长 160；行高：16、8、8、8，总高 40

图 1—5 学生作业用标题栏

会签栏是为各工种负责人签字用的表格，不需要会签的图纸可不设会签栏。会签栏应按如图 1—6 所示格式绘制，栏内应填写会签人员所代表的专业、姓名、日期（年、月、日）。

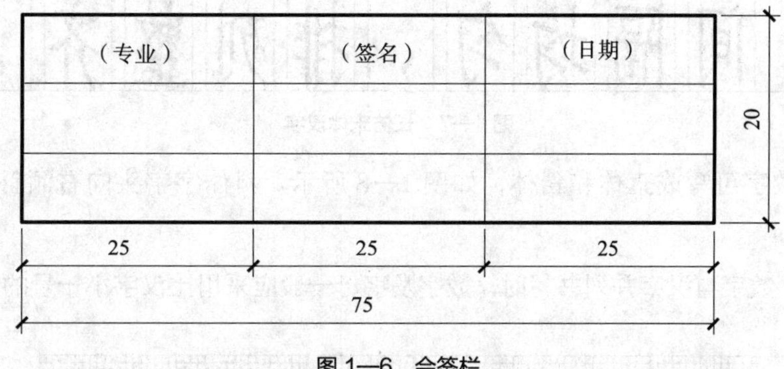

图 1—6　会签栏

三、字体

园林工程图中常用的文字有汉字、阿拉伯数字和拉丁字母，有时也用罗马数字、希腊字母等。图纸上所需要书写的文字、数字或符号等均应笔画清晰、字体端正、排列整齐，标点符号应清楚正确。

1. 汉字

字体高度（用 h 表示）应从以下系列中选用：3.5 mm，5 mm，7 mm，10 mm，14 mm，20 mm。字体高度代表字体的号数，若有需要，字高可按 $\sqrt{2}$ 的比值递增，并取毫米的整数。

图样及说明中的汉字，应写成长仿宋体，宽度与高度的关系应符合表 1—2 规定。汉字高度不应小于 3.5 mm，字宽一般为 $h/\sqrt{2}$。

表 1—2　长仿宋体字高度与宽度的关系　单位：mm

字高	3.5	5	7	10	14	20
字宽	2.5	3.5	5	7	10	14

长仿宋体汉字的要领是横平竖直，注意起落，结构均匀，填满方格。长仿宋体的基本笔画写法和字体示例如图 1—7 所示。

2. 字母和数字

字母和数字分 A 型和 B 型。A 型字体的笔画宽度（d）为字高（h）的 1/14，B 型字体的笔画宽度为字高的 1/10。在同一图样上，只允许选用一种型式的字体。

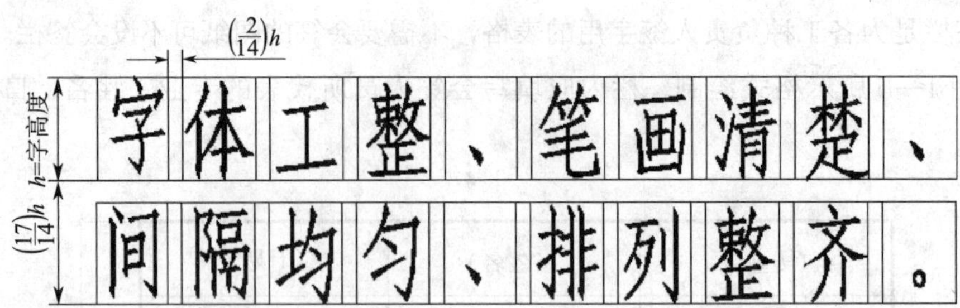

图 1—7 长仿宋体汉字

字母和数字可写成直体和斜体，如图 1—8 所示。斜体字字头向右倾斜，与水平线成 75°。

当字母、数字与汉字并列书写时，数字及字母一般应采用比汉字小一号的字号。

ABCDEFGHIJKLMNOPQR

0123456789 10111213

a）直体字母与数字示例

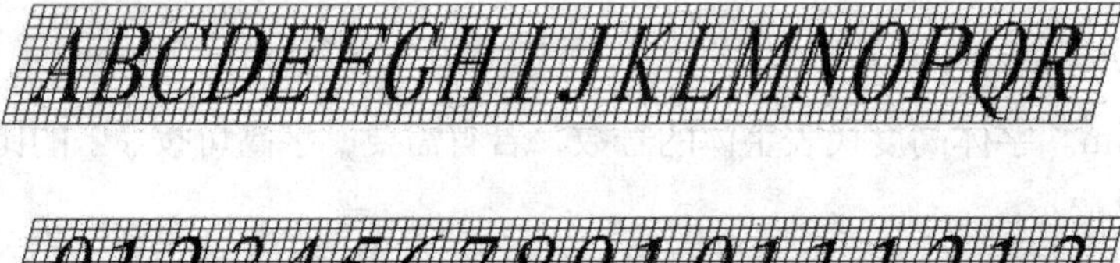

b）斜体字母与数字示例

图 1—8 数字和字母示例

四、常用线型及图线的画法规定

1. 常用线型的种类及用途

绘制园林工程图时，为了表示图中的不同内容，并能分清主次，必须使用不同线型和不同宽度的图线。工程图一般使用三种线宽，且互成一定的比例，即粗、中、细的细宽比例规定为 b : $0.5b$: $0.25b$。图线的基本线宽 b 宜从下列线宽系列中选取：2.0 mm，1.4 mm，1.0 mm，0.7 mm，0.5 mm，0.35 mm。每个图样应根据复杂程度与比例大小，先选定基本线宽 b，再选用相应的线宽组。同一张图纸内，相同比例的各图样应选用相同的线宽组。

工程制图中的线型有实线、虚线、点画线、波浪线、折断线等，其用途见表 1—3，应用范例如图 1—9 所示。

表 1—3　　常用图线的种类、画法与应用

名称		线型	线宽	用途
实线	粗	━━━━━━	b	可见轮廓线，剖视图中被剖到的轮廓线，建筑立面图的外轮廓线，结构图中的钢筋线，剖切位置线，地面线，新设计的排水、给水管线，总平面图中的公路、铁路路线等
实线	中	——————	$0.5b$	剖视图中未被剖到但仍能看到而需要画出的轮廓线，建筑立面图中建筑构配件的轮廓线，原有的排水、给水管线等
实线	细	——————	$0.25b$	图例线，尺寸线和尺寸界线，重合断面的轮廓线，引出线，标高符号线，可见的钢筋混凝土构件的轮廓线，总平面图中拟拆除的建筑物和构筑物的轮廓线等
虚线	中	------------	$0.5b$	不可见轮廓线，需要画出的看不到的轮廓线，拟扩建的建筑物和构筑物的轮廓线等
虚线	细	------------	$0.25b$	不可见轮廓线，图例线，总平面图中原有建筑物和构筑物不可见的轮廓线等
单点画线	细	—·—·—·—	$0.25b$	对称线、中心线、定位轴线等
波浪线		～～～	$0.25b$	断裂处边界线、视图与剖视图的分界线
折断线		—\/—	$0.25b$	断裂处边界线、视图与剖视图的分界线

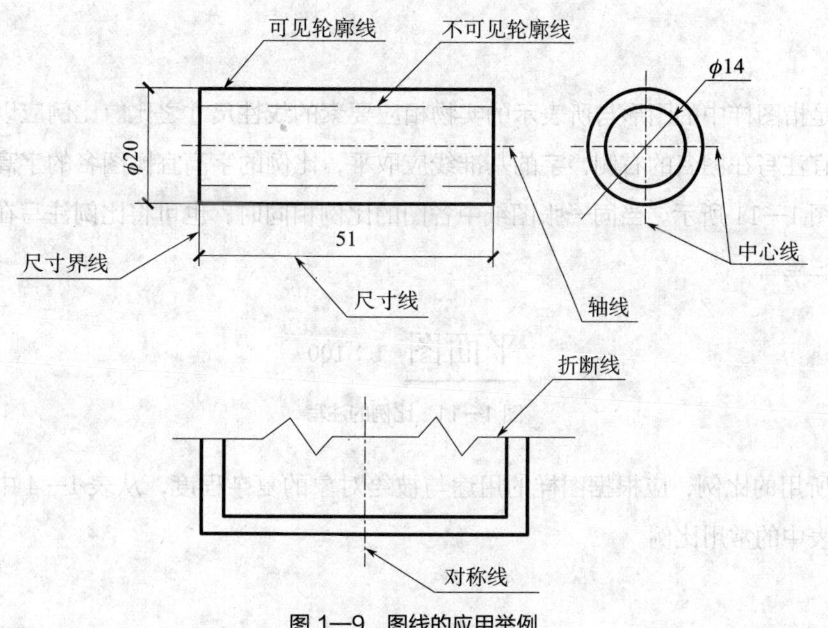

图 1—9　图线的应用举例

2. 图线的画法规定（见图 1—10）

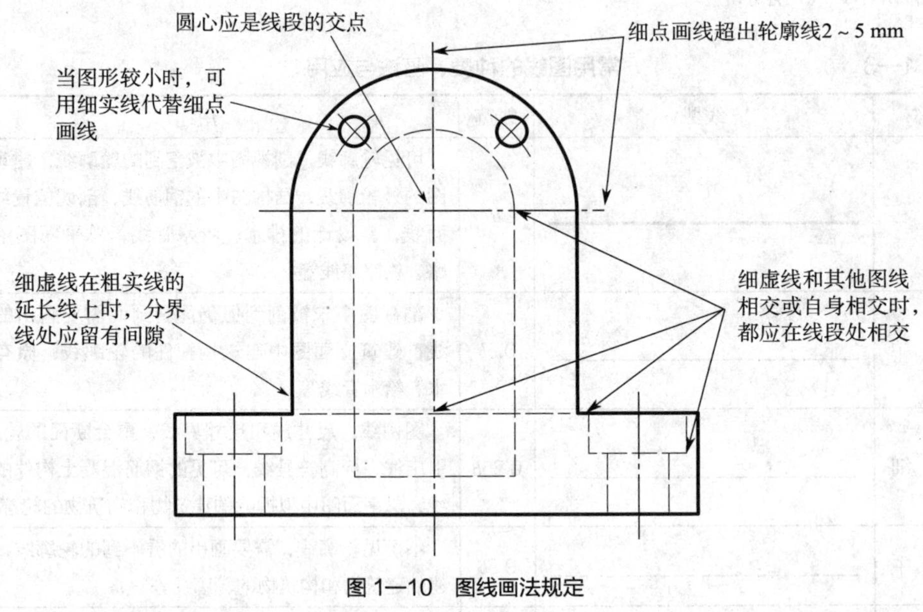

图 1—10 图线画法规定

（1）同一图样中同类图线的宽度应保持基本一致。细虚线、细点画线的线段长度和间隔长度也应大致相同。

（2）点画线与图线（包括细点画线）相交，应交于线段处。

（3）点画线的起止两端一般为线段而不是点。习惯上，点画线超出轮廓线 2 ~ 5 mm。

（4）当图形较小时，可用细实线代替点画线。

五、比例

比例是指图样中的图形与所表示的实物相应要素的线性尺寸之比。比例应以阿拉伯数字表示，宜注写在图名的右侧，字的基准线应取平，比例的字高宜比图名的字高小一号或二号，如图 1—11 所示。当同一张图纸中各图的比例相同时，也可将比例注写在图纸标题栏的比例栏里。

<u>平面图</u> 1 : 100

图 1—11 比例的注写

绘图所用的比例，应根据图样的用途与被绘对象的复杂程度，从表 1—4 中选用，应优先选用表中的常用比例。

表 1—4　绘图用的比例

常用比例	1∶1、1∶2、1∶5、1∶10、1∶20、1∶50、1∶100、1∶150、1∶200、1∶500、1∶1 000、1∶2 000、1∶5 000、1∶10 000、1∶20 000、1∶50 000、1∶ 100 000、1∶200 000
可用比例	1∶3、1∶4、1∶6、1∶15、1∶25、1∶30、1∶40、1∶60、1∶80、1∶250、1∶300、1∶400、1∶600

六、常用绘图工具

1. 图板

图板是用来固定图纸的，一般用胶合板制成，根据大小不同，分为 0 号、1 号、2 号等多种规格，可根据需要选用。图板的两个短边是工作边，光滑平直，使用中要注意保护。固定图纸时，用胶带纸将图纸的四个角粘贴在图板上，如图 1—12 所示，在图板上不可使用其他任何方法（如图钉等）固定图纸。当图纸固定后，只能以左侧边为工作边。在绘图过程中不得再变换工作边。

2. 丁字尺

丁字尺一般用有机玻璃制成，由尺头和尺身组成，两部分互相垂直，尺身上有刻度的一边为工作边，用于画水平线。工作时，丁字尺尺头靠着图板的左侧边（见图 1—13），左手大拇指轻压尺身，其余手指扶住尺头，稍向右按，使尺头靠紧图板工作边。画线时（见图 1—14），自左向右画水平线。不能用丁字尺无刻度的一边画线。

3. 三角板与丁字尺的配合

三角板靠在丁字尺工作边上，自下向上画铅垂线，如图 1—15 所示。两块三角板配合使用可画 15°、75° 等斜线，如图 1—16 所示。用两块三角板配合可作已知线的平行线或垂直线，如图 1—17 所示。

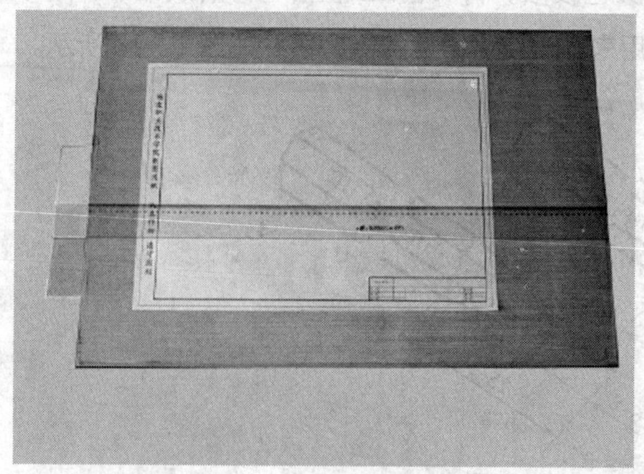

图 1—12　图板与丁字

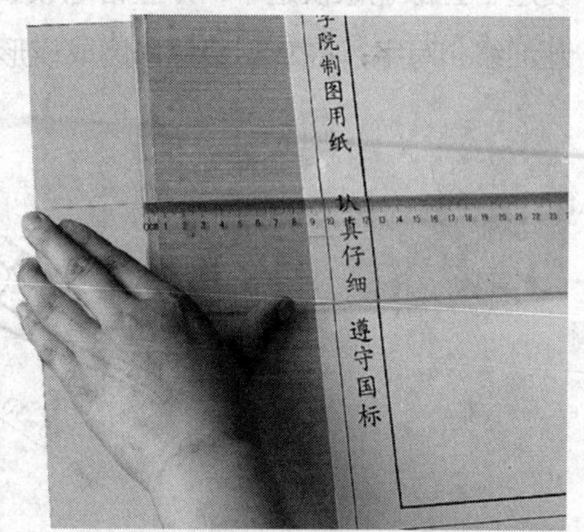

图 1—13　手握丁字尺的姿势

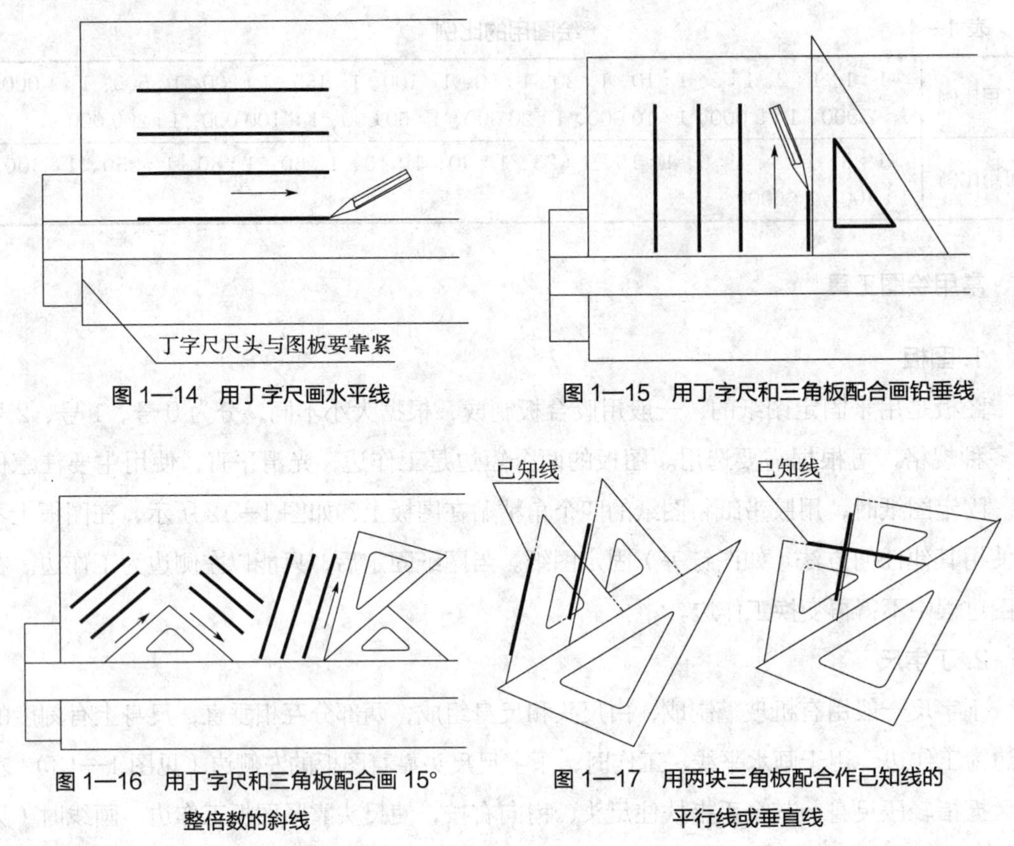

图 1—14 用丁字尺画水平线

图 1—15 用丁字尺和三角板配合画铅垂线

图 1—16 用丁字尺和三角板配合画 15° 整倍数的斜线

图 1—17 用两块三角板配合作已知线的平行线或垂直线

任务实施

一、准备绘图工具

1. 准备 H、HB、B 型铅笔各一支，其中 H 型铅笔的铅芯较硬且颜色淡，HB 型铅笔软硬适中且颜色浓淡适中，B 型铅笔较软且颜色较浓。将 H、HB 型铅笔修磨成锥形，用来画细线和写字；将 B 型铅笔修磨成楔形，用来画粗线。铅笔的修磨形状如图 1—18 所示。

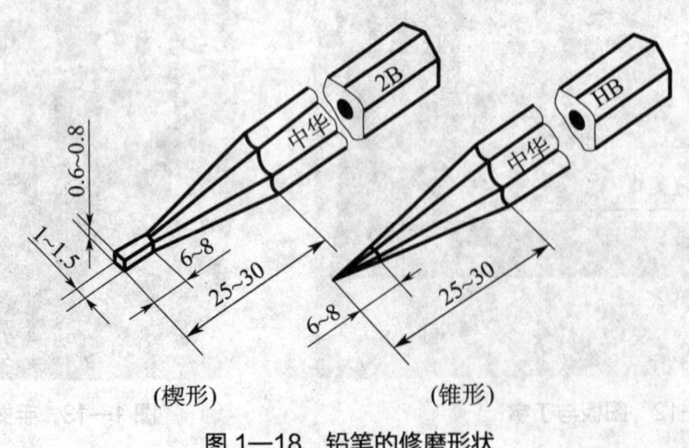

图 1—18 铅笔的修磨形状

2. 准备橡皮一块，三角板一副，圆规一个。三角板和圆规的使用方法如图 1—19 和图 1—20 所示。

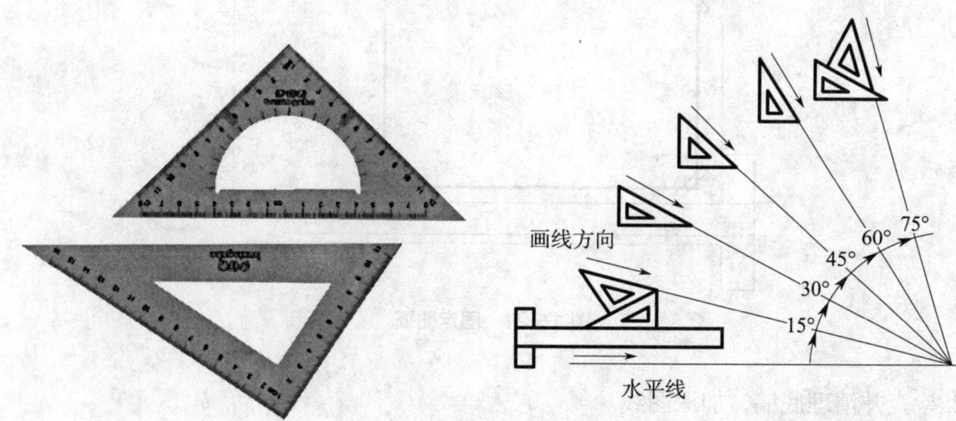

图 1—19　三角板及其使用方法

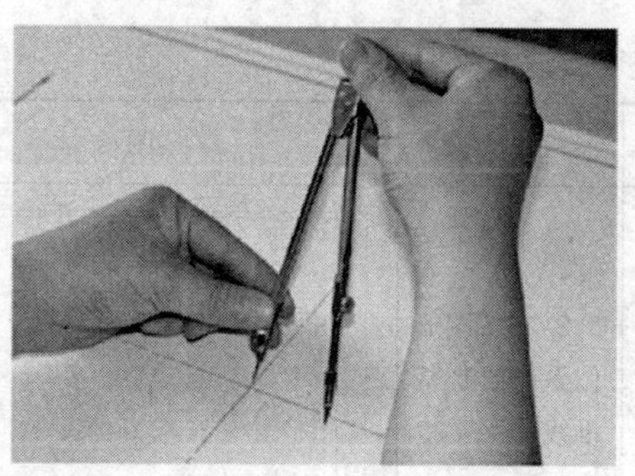

a）用手帮助定位

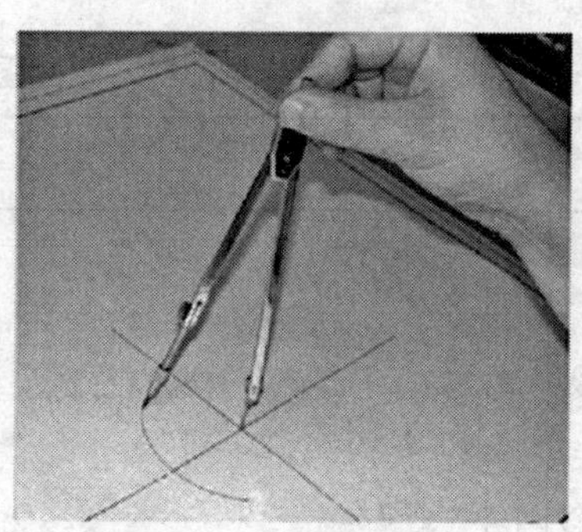

b）按顺时针方向旋转画圆

图 1—20　用圆规画圆或圆弧

二、选定图幅

根据图形大小和复杂程度选定比例，确定图纸幅面。

三、固定图纸

图纸固定在图板的左下方，如图 1—21 所示，下部空出的距离要能放置丁字尺，以便操作。

四、绘制图形

1. 用锥形的 H 铅笔绘制底稿，画图时应先画出图形的对称线和主要轮廓线，画底稿时要轻、细，便于修改。

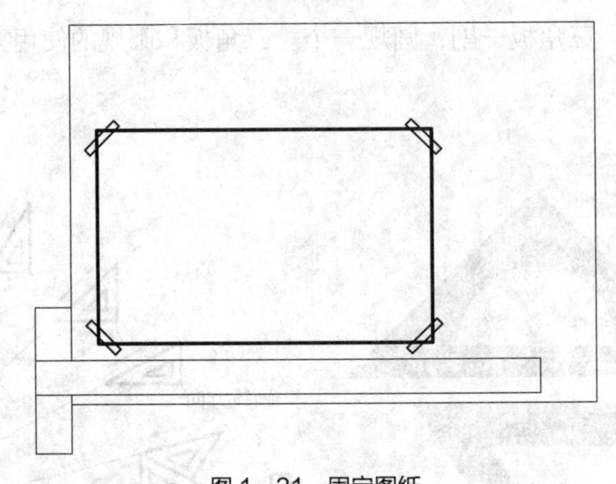

图 1—21　固定图纸

2. 检查并清理底稿，加深图线。

具体的绘图步骤见表 1—5。

表 1—5　平面图形的绘图步骤

绘图步骤	图示	绘图步骤	图示
1. 绘制图框和标题栏		2. 布置图形位置，绘制基准线	
3. 绘制栏杆的图形		4. 检查、加深图线，注写标题栏，完成作图	

思考与练习

正确运用各种绘图工具，在 A4 图纸上绘制如图 1—22 所示的平面图形。要求图线正确、接头准确、图面整洁。

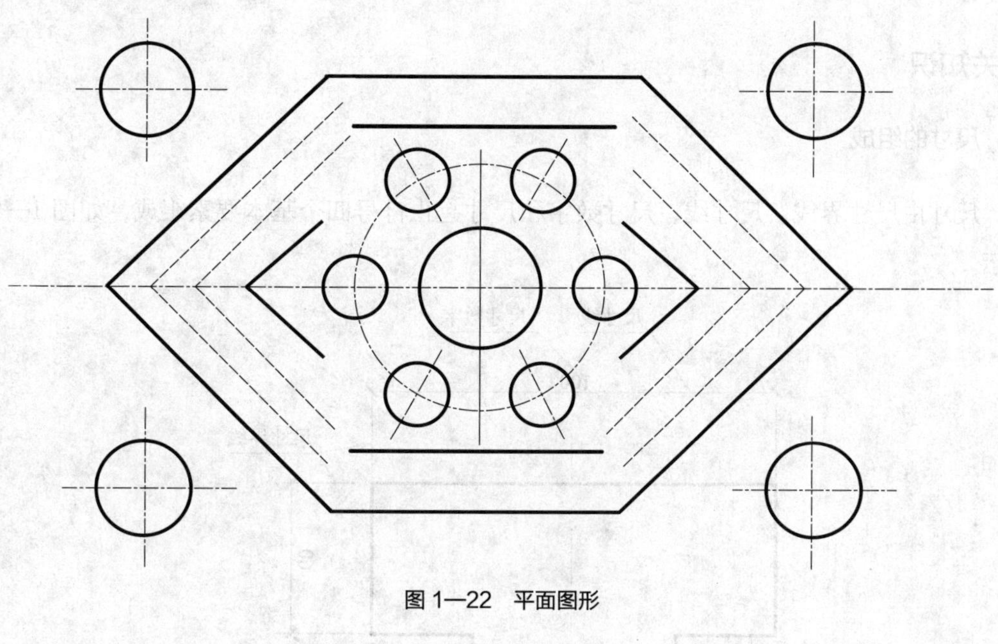

图 1—22　平面图形

任务二　标注平面图形尺寸

任务目标

◇了解国家制图标准对尺寸标注的规定

◇掌握常见图形的尺寸标注方法

◇能够正确标注平面图形的尺寸

任务提出

标注如图 1—1 所示栏杆结构图形的尺寸。要求尺寸清晰、完整、正确、合理，字迹工整，尺寸数字书写正确。

任务分析

图形只是表示了一个物体的形状，尺寸才能表示实物的大小以及相邻结构之间的关系。清晰、完整、正确的尺寸标注是工程施工的依据。如果尺寸标注有误、不完整或不合理，将给施工带来很多困难。为此，国家制图标准规定了尺寸标注的基本要求及方法。

相关知识

一、尺寸的组成

尺寸由尺寸界线、尺寸线、尺寸数字和尺寸起止符号四个基本要素组成，如图 1—23 所示。

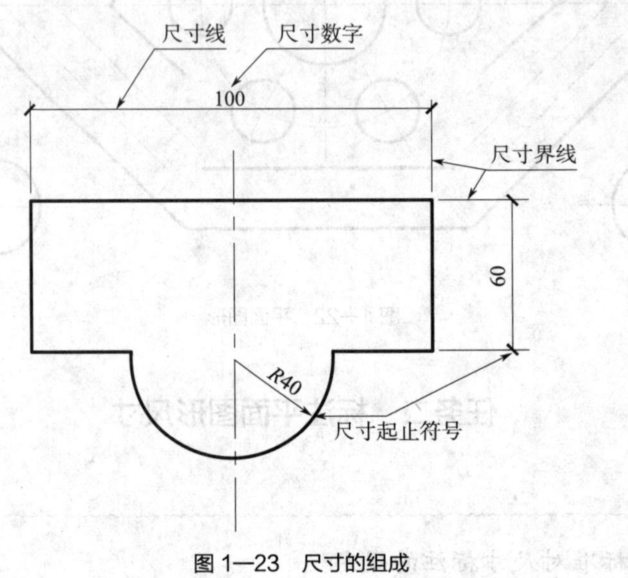

图 1—23　尺寸的组成

二、尺寸界线的画法

1. 尺寸界线用细实线绘制，它由图形的轮廓线、对称中心线、轴线等处引出，也可以利用轮廓线、轴线、对称中心线作为尺寸界线。

2. 尺寸界线一般应与被标注线段垂直，与轮廓线留有 2～3 mm 间隙，另一端宜超出尺寸线 2～3 mm。

三、尺寸线的画法

1. 尺寸线用细实线绘制，但尺寸线不能用其他图线代替，也不得与其他图线重合或画在其延长线上。

2. 标注线性尺寸时，尺寸线必须与所注的线段平行。

3. 距轮廓线最近的尺寸线与轮廓线的间距不宜小于 10 mm，互相平行的两尺寸线间距一般为 7～10 mm。同一图形上的尺寸线与尺寸线的间距大小应当一致。

4. 尺寸线与尺寸线之间，尺寸线与尺寸界线之间应尽量避免相交。因此，在标注尺寸时，应将小尺寸放在里面，大尺寸放在外面。

四、尺寸起止符号的画法

1. 尺寸起止符号位于尺寸线的终端，有两种形式，如图 1—24 所示。图 1—24a 为斜线形式，其倾斜方向应与尺寸界线成顺时针 45° 角，并过尺寸线与尺寸界线的交点，长度宜为 2 ~ 3 mm。图 1—24b 为箭头形式（图中 b 为尺寸数字的高度）。

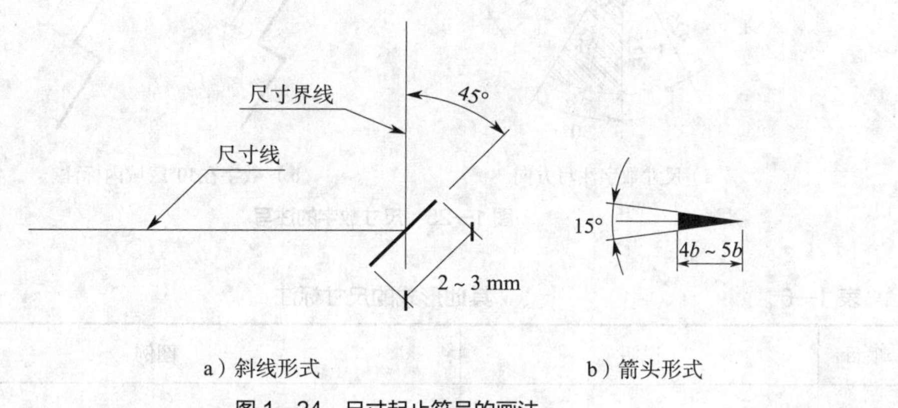

图 1—24　尺寸起止符号的画法

2. 半径、直径、角度及弧长的尺寸起止符号用箭头表示。

3. 园林制图的线性尺寸一般采用斜线终端形式。

五、尺寸数字的注写

1. 图样上的尺寸数字必须是物体的实际大小，它与绘图所用比例及绘图准确度无关。

2. 图样上的尺寸单位，除标高投影及总平面图以“米（m）”为单位外，其他必须以“毫米（mm）”为单位，但“米（m）”或“毫米（mm）”字样不必注出。

3. 尺寸数字的注写方向如图 1—25a 所示。当尺寸线水平时，尺寸数字的字头必须朝上；当尺寸线垂直时，尺寸数字的字头必须朝左；当尺寸线倾斜时，尺寸数字的字头总保持朝上的趋势。

4. 若尺寸数字在图 1—25a 30° 区域内，宜按图 1—25b 的形式注写。

5. 角度的数字一律写成水平方向，一般注写在尺寸线上方或中断处。

6. 为了保证图上的尺寸数字清晰，任何图线、符号都不允许穿过尺寸数字，若无法避免时应将图线断开。

六、其他形式的尺寸标注

其他形式的尺寸标注见表 1—6。

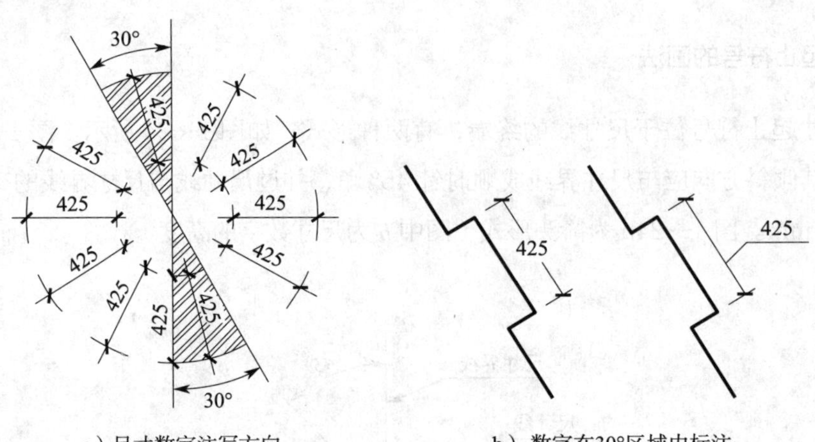

a）尺寸数字注写方向　　b）数字在30°区域内标注

图 1—25　尺寸数字的注写

表 1—6　　其他形式的尺寸标注

项目	说明	图例
直径与半径的标注	半圆或小于半圆的圆弧一般标注半径尺寸，标注时在尺寸数字前加注符号“*R*”；圆或大于半圆的圆弧标注直径尺寸，标注时在尺寸数字前加注符号“*ϕ*”	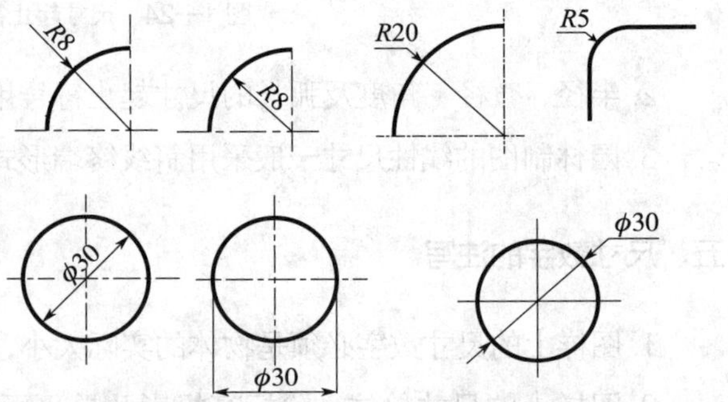 *R*8　*R*8　*R*20　*R*5 *ϕ*30　*ϕ*30　*ϕ*30
	标注球的直径和半径时，应在符号“*ϕ*”和“*R*”前再加注符号“*S*”	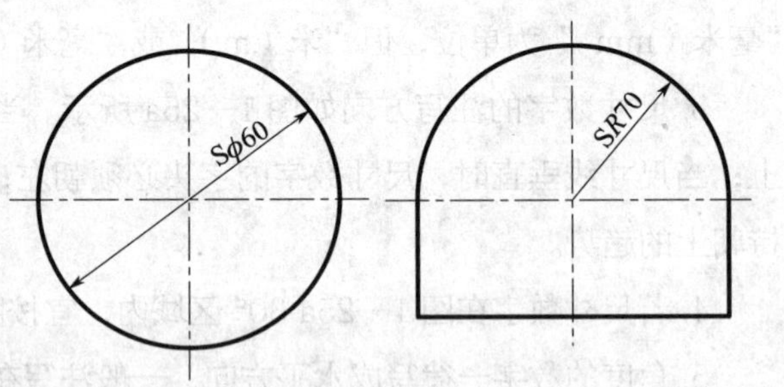 S*ϕ*60　S*R*70
	当圆弧的半径过大或在图纸范围内无法标注其圆心位置时，按图 a 标注；若不需要标出圆心位置时，按图 b 标注	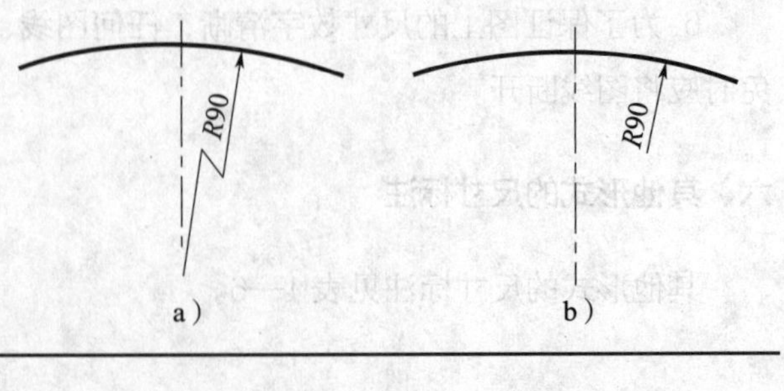 *R*90　*R*90 a）　b）

续表

项目	说明	图例
小尺寸的标注	在没有足够的位置画箭头、斜线或写数字时，按右图形式标注（小圆点表示尺寸起止符号）	3 2 3 5 4 2 3 2 3 3
角度的标注	尺寸界线应沿径向引出，尺寸线画成圆弧，圆心是角的顶点。角度数字一律水平注写	63° 15° 65° 5° 75° 20°
弦长和弧长的标注	标注弧长时，尺寸线是同心圆弧，尺寸界线应垂直于该圆弧的弦，弧长数字的上方应加画圆弧符号“⌒”。标注弦长时，尺寸线应平行于该弦	$\overset{\frown}{120}$ 100
多层结构的标注	多层结构一般采用共用引出线的方法进行标注，引出线应通过并垂直被引出的各层。文字说明的顺序应由上至下或从左至右，与被说明层次一致	50厚块料面层 100厚混凝土垫层 500厚3：7灰土 素土夯实
坡度的标注	标注坡度时，应沿坡度画出指向下坡的箭头，坡度宜用单面箭头表示，在箭头的一侧或一端的附近注写坡度数字，坡度数字可用百分数或比例表示	2% 1：2 示坡线 2% 1：2

续表

项目	说明	图例
高程的标法	高程的单位为米，图中不需要注明，水工图中的高程基准与测量基准一致。高程数字前面应加高程符号，如右侧图 立面高程符号为细实线等腰直角三角形，斜边应保持水平，直角顶点指向被标注高度的轮廓线。平面高程符号为细实线矩形框或圆周 水面高程符号与立面高程符号相同，并在水面线以下画出三条细实线	
相同要素的尺寸标注	构配件内的构造因素（如孔、槽等）相同时，可仅标注其中一个要素的尺寸	
连续排列的等长尺寸标注	可用“个数 × 等长尺寸 = 总长”的形式标注	

任务实施

一、准备工作

准备 HB 铅笔一支，分规一个，三角板一副，橡皮一块。

二、标注尺寸

标注平面图形尺寸的步骤见表 1—7。

表 1—7　　　　　　　　　　标注平面图形尺寸的步骤

标注方法和步骤	图示
1. 标注栏杆中间的圆球尺寸 Sϕ60，两边圆柱的直径尺寸 ϕ30，及下部底座的尺寸 46 和 60	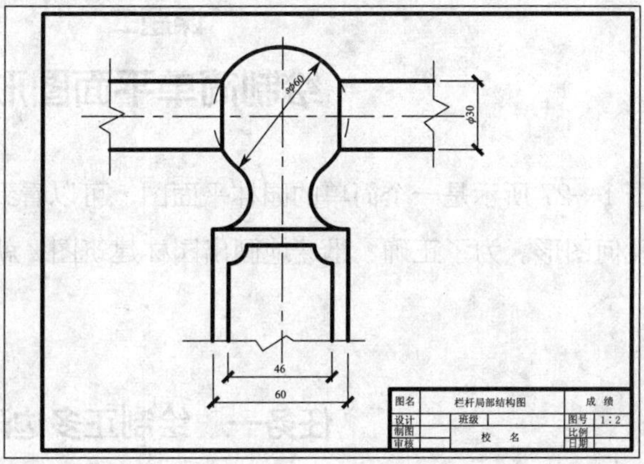 Sφ60　φ30　46　60 图名　栏杆局部结构图　成绩 设计　班级　图号　1:2 制图　校　名　比例 审核　日期
2. 标注两边圆柱的轴线与底座之间的位置尺寸 50，中间圆球与底座的连接圆弧的半径尺寸 *R*15 和底座拐角的连接圆弧半径尺寸 *R*8	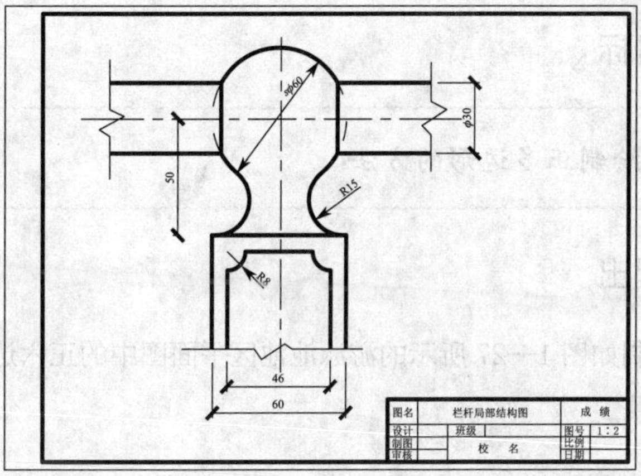 Sφ60　φ30　50　R15　R8　46　60 图名　栏杆局部结构图　成绩 设计　班级　图号　1:2 制图　校　名　比例 审核　日期

思考与练习

指出如图 1—26a 所示尺寸标注的错误，将正确标注注写在图 1—26b 上。

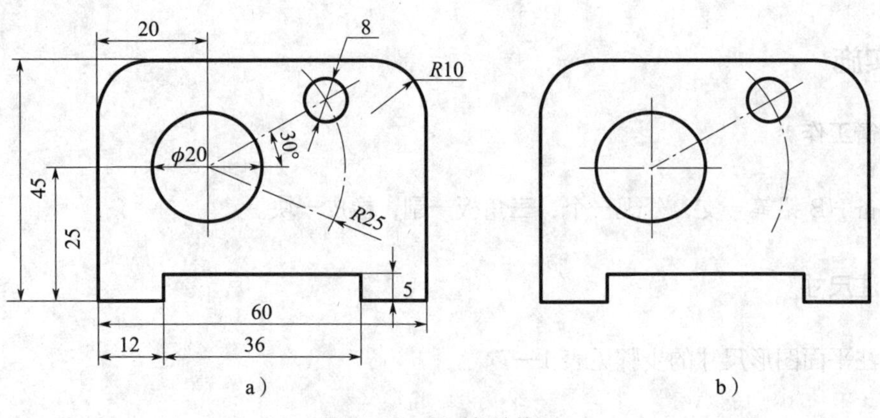

图 1—26　尺寸标注练习

课题二

绘制简单平面图形

如图 1—27 所示是一个简单的园林平面图，可以看到，图中有正多边形、曲线、圆弧连接等几何图形。为了正确、迅速地画出园林建筑图，就必须熟练掌握各种几何图形的作图方法。

任务一　绘制正多边形

任务目标

◇掌握绘制正多边形的方法

任务提出

绘制如图 1—27 所示的游泳池池区平面图中的正六边形休息厅，掌握绘制正多边形的方法。

任务分析

正多边形的共同特点是各个边长的长度均相等。绘制正多边形时可以借助一个辅助圆，在正多边形的外接圆上，正多边形的各个顶点把圆弧均匀地分割成 n 等分。这样，求作正多边形的问题就转化为等分圆周的问题。

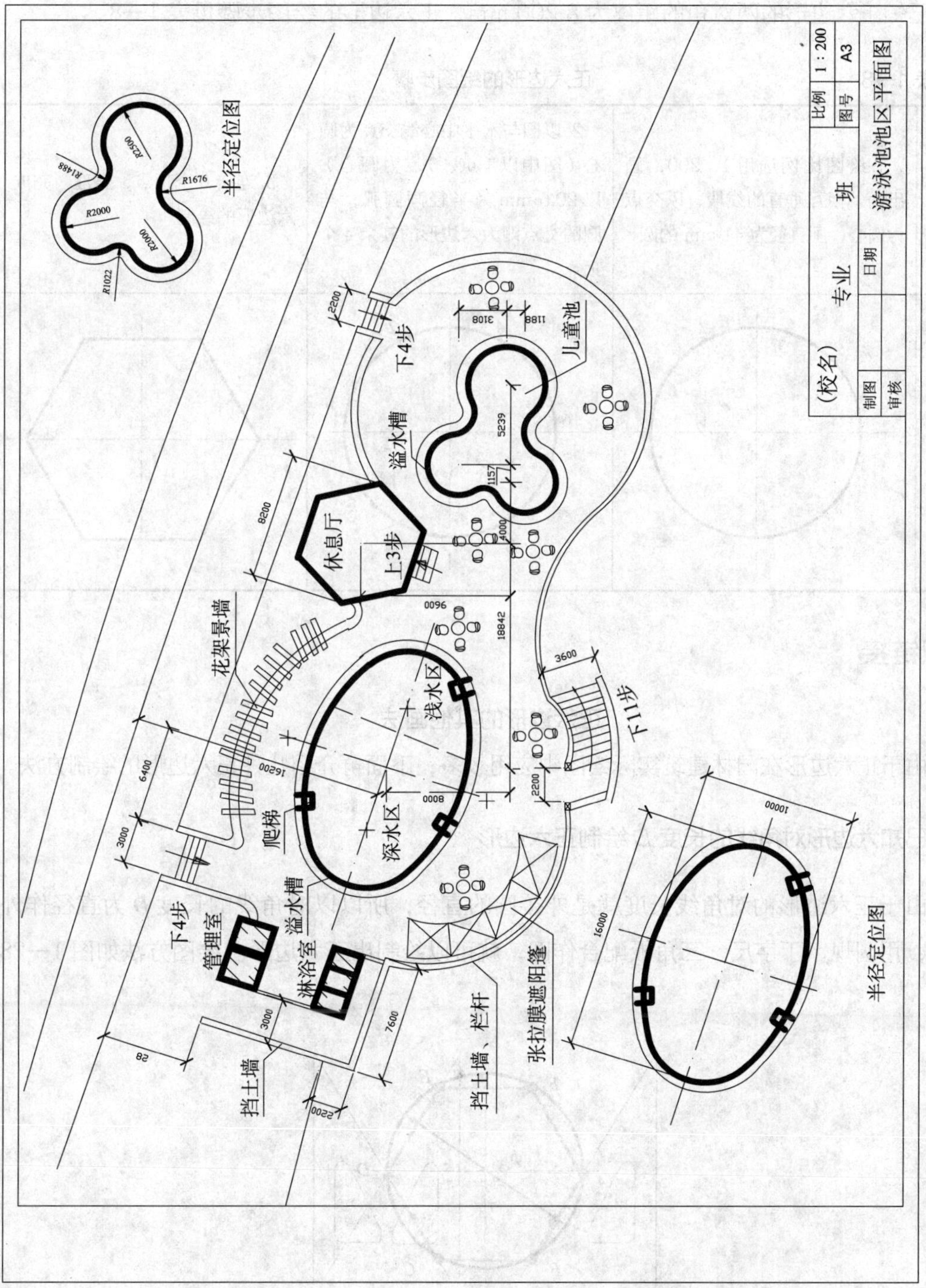

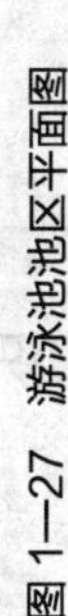

图 1—27　游泳池池区平面图

任务实施

已知正六边形的两对角的距离为 8 200 mm，正六边形的绘图步骤见表 1—8。

表 1—8　　正六边形的绘图步骤

绘图步骤	1. 绘图比例选用 1∶200，画出两条相互垂直的线段，以交点为圆心，画直径为 41 mm 的圆	2. 以圆与水平中心线交点为圆心（图中以 1 点、6 点为圆心），以 20.5 mm 为半径画圆弧，与圆的交点即为六边形的其余 4 个顶点	3. 连接 6 个顶点，整理、完成六边形的绘制
图示		4 2 6 1 5 3	

知识链接

正六边形的其他画法

由于正六边形在园林建筑实际绘图中应用较多，下面再介绍几种正六边形的绘制方法。

一、已知六边形对角线的长度 *D* 绘制正六边形

由于正六边形的对角线长度就是外接圆的直径，所以以对角线的长度 **D** 为直径作外接圆，用圆规、丁字尺、三角板配合作图，就可以绘制出正六边形。绘图方法如图 1—28 所示。

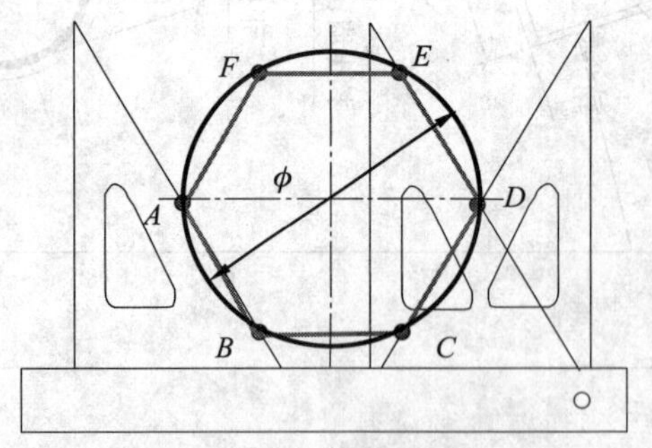

图 1—28　已知对角线长度绘制正六边形

二、已知正六边形对边的距离 S 绘制正六边形

先从正六边形的中心画出对称中心线，根据对边的距离 S 作出一对平行边或以 S 为直径作正六边形的内切圆，再利用 30°—60° 三角板配合丁字尺，使三角板的斜边通过正六边形的中心，得到对边上的四个顶点和水平中心线上的两个顶点，如图 1—29 所示。连接六个顶点，完成作图。

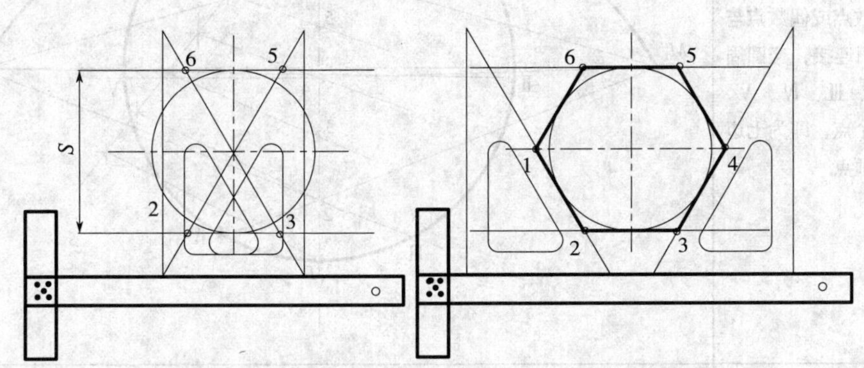

图 1—29　已知对边长度用丁字尺、三角板配合作图

知识链接

正七边形的画法

已知圆的直径为 140 mm，圆的内接正七边形的绘图步骤见表 1—9。

表 1—9　　正七边形的绘图步骤

绘图步骤	图示
1. 画出直径为 140 mm 的圆及其中心线，并将直径 CD 七等分，以 D 为圆心，140 为半径，画圆弧交 AB 延长线于 M_1、M_2 两点	C 8 7 6 5 4 3 2 1 D M_1 A B M_2

续表

绘图步骤	图示
2. 分别将 *CD* 的七等分点中的奇数点或偶数点与 M_1 和 M_2 相连接，交圆周与Ⅰ、Ⅱ、Ⅲ、Ⅳ、Ⅴ、Ⅵ、Ⅶ 7 个点，即为七边形的 7 个顶点	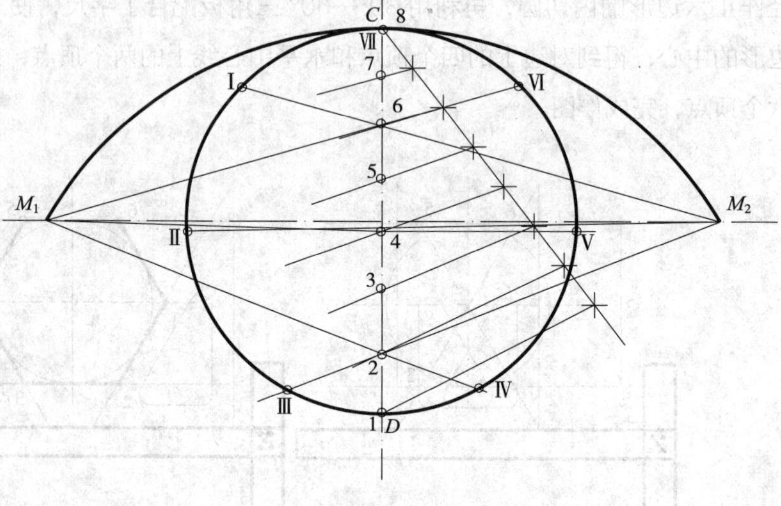
3. 连接 7 个顶点，整理、完成七边形的绘制	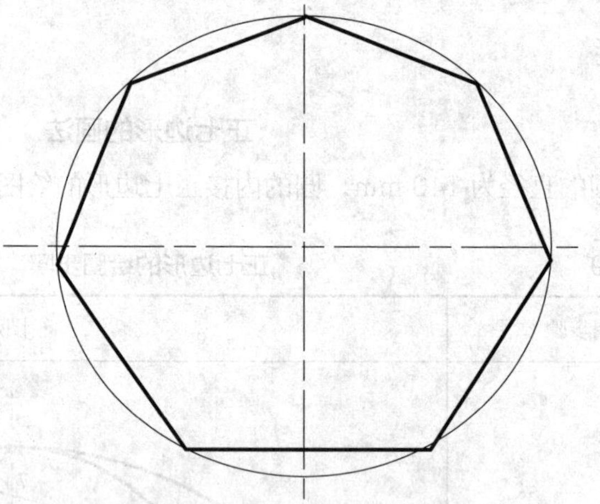

注：正 *n* 边形的绘制只需将圆的直径 *n* 等分，其他作图步骤与正七边形的绘制完全相同。

思考与练习

根据正六边形和正七边形的绘图步骤，绘制正九边形。

任务二　绘制椭圆和非圆曲线

任务目标

◇掌握四心圆法绘制椭圆的方法

◇掌握利用曲线板绘制非圆曲线的方法

任务提出

绘制如图 1—27 所示游泳池池区平面图中的非圆曲线及椭圆形游泳池。

任务分析

直线和圆弧可以直接应用直尺和圆规完成作图，而椭圆和非圆曲线却不能直接用直尺和圆规来作图。那么如何来绘制这些非圆曲线？一种办法是借助曲线板来模拟曲线，另一种办法是利用几段圆弧近似地代替。但是，如何使用曲线板？如何找到近似圆弧的圆心和半径呢？

相关知识

一、曲线板

曲线板是用来画非圆曲线的绘图工具，形状如图 1—30 所示。

图 1—30　曲线板

二、曲线板的使用方法

曲线板的使用方法见表 1—10。

表 1—10　　曲线板的使用方法

绘图步骤	1. 找出曲线上控制曲线形状的若干点，徒手把曲线上各点轻轻地依次连成圆滑的细线	2. 选择曲线板上曲率相当的部位进行画线。每画一段线最少应有三个点与曲线板上某一段吻合	3. 依次画出后面的曲线，后面的曲线与已画成的相邻线段重合一部分，并留出一小段不画，作为下段连接时过渡之用，以保持曲线光滑
图示	1 2 3 4 5 6 7 8 1 2 3 4 5 6 7 8	1 2 3 4 5 6 7 8	1 2 3 4 5 6 7 8 1 2 3 4 5 6 7 8

任务实施

一、绘制非圆曲线

在绘制非圆曲线时，为了将曲线绘制得更正确，往往采用网格的方法来进行绘制。游泳池池区中的非圆曲线的绘制方法见表 1—11。

表 1—11　　复杂的非圆曲线的绘制方法

绘图步骤	1. 绘制正方形网格，根据图 1—27 中倾斜程度，即曲线的长轴与水平线的夹角近似为 18°，将绘制的网格整体旋转 18°	2. 在网格中尽可能准确地找出曲线上控制其形状的若干点，再利用曲线板依次光滑连接各点
图示	0 5 10 15 20 25 30 35 40 45 50 55 5 10 15 20 25	0 5 10 15 20 25 30 35 40 45 50 55 5 10 15 20 25

二、绘制椭圆形游泳池

根据游泳池池区平面图图中的尺寸标注，椭圆的长、短轴分别为 16 000 mm 和

10 000 mm，用四心圆法绘制椭圆的步骤见表 1—12。

表 1—12　　四心圆法绘制椭圆的步骤

四心圆法绘制椭圆步骤	1. 选择 1∶200 的绘图比例，画椭圆的长轴 *AB* 和短轴 *CD* 交于 *O* 点，以 *O* 为圆心，1/2 *AB* 为半径画圆弧，交 *CD* 于 *E* 点，以 *C* 为圆心，*CE* 为半径画圆弧，交 *AC* 于 *F* 点	2. 作 *AF* 的垂直平分线交 *AB*、*CD* 与 O_1、O_2 点，再分别作 O_1、O_2 点的对称点 O_3、O_4 点。这四点即为四段圆弧的圆心。连接 O_1O_2、O_2O_3、O_3O_4 并延长	3. 分别以 O_1、O_3 和 O_2、O_4 为圆心，以 O_1A（R_2）、O_2C（R_1）为半径画圆，得到四段圆弧，即为所求。整理、加深，完成椭圆的作图
图示	E C F A O B D	O_4 C F A O O_3 B O_1 D O_2	O_4 C G H A R_1 O O_3 B R_2 O_1 K D L O_2

思考与练习

用 1∶20 的比例绘制如图 1—31 所示的图形，并标注尺寸。要求正确、合理使用绘图工具，图线正确，非圆曲线连接光滑，尺寸标注准确、完整、清晰。

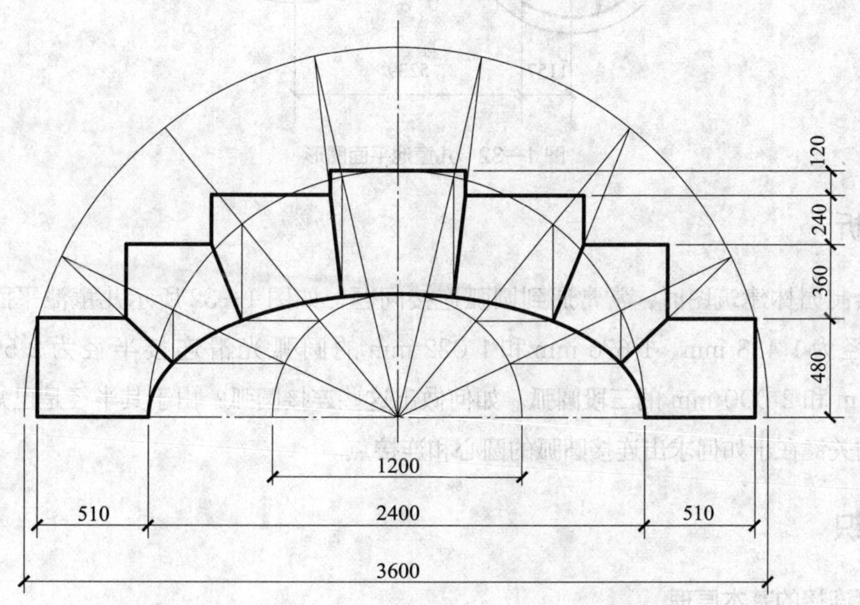

拱顶 1∶20

图 1—31　绘图练习

任务三　用已知半径的圆弧连接直线或圆弧

任务目标

◇掌握直线与圆弧相切的作图原理及作图方法

◇掌握圆弧与圆弧外切、内切的作图原理和作图方法

任务提出

绘制如图 1—27 所示游泳池池区平面图中的儿童池（见图 1—32）。

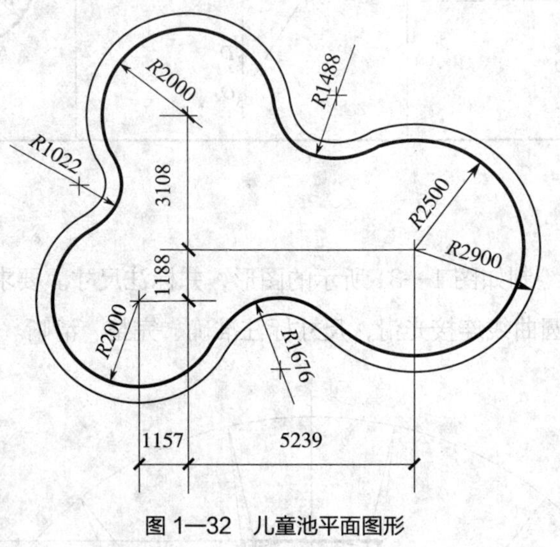

图 1—32　儿童池平面图形

任务分析

在绘制园林建筑图时，常常遇到圆弧连接问题，如图 1—32 所示儿童池平面图，分别用半径为 1 488 mm、1 676 mm 和 1 022 mm 的圆弧光滑连接半径为 2 500 mm、2 000 mm 和 2 000 mm 的三段圆弧。如何做出这些连接圆弧？由于其半径是已知的，所以作图的关键在于如何求出连接圆弧的圆心和连接点。

相关知识

一、圆弧连接的基本原理

用已知半径的圆弧光滑连接（即相切）两已知线段（直线或圆弧），称为圆弧连接，

这段已知半径的圆弧称为连接圆弧。为了保证光滑连接，作图时必须求出连接圆弧的圆心和连接圆弧与被连接线段（或圆弧）的连接点（即切点）。

二、求取连接圆弧的圆心轨迹及连接点

圆弧连接常见四种情况的作图方法及步骤见表 1—13。

表 1—13　　常见圆弧连接的作图方法及步骤

项目	已知与要求	作图	画法与步骤
用圆弧连接两直线	已知连接圆弧半径 R 和两直线 L_1、L_2	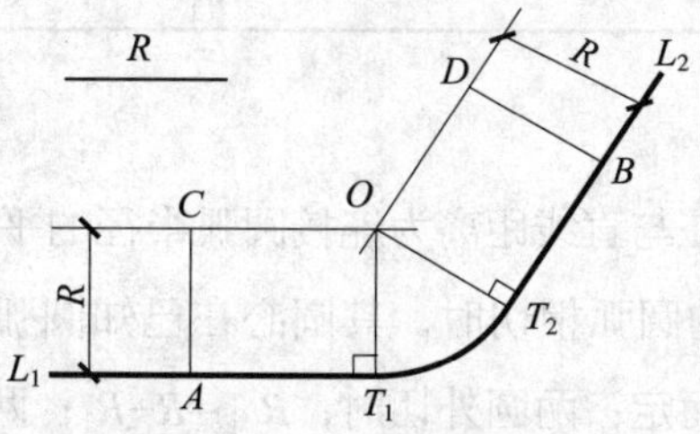	①在直线 L_1、L_2 上各任取一点 A、B，过 A、B 作二直线的垂线； ②在二垂线上都截取相同长度 R 得到 C、D 两点； ③分别过 C、D 点作两直线 L_1、L_2 的平行线，两直线相交于 O 点，即为连接弧圆心； ④过 O 点向两已知直线作垂线，得垂足 T_1、T_2 点，即为所求切点； ⑤以 O 点为圆心，已知半径 R 为半径，在 T_1、T_2 之间画弧，即为所求
用圆弧连接一直线和一圆弧	已知连接圆弧半径 R 和直线 L 及半径为 R_1 的圆弧	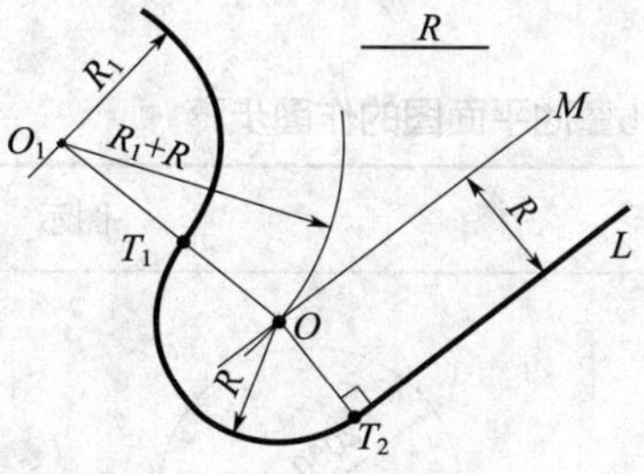	①作直线 M 平行于 L，且距离为 R； ②以 O_1 点为圆心，以（$R+R_1$）为半径画弧，与 M 线相交于 O 点，即为连接圆弧的圆心； ③连 O_1O 交已知圆弧于 T_1 点，即为切点；再过 O 点作直线 L 的垂线得垂足 T_2 点，即为切点； ④以 O 点为圆心，R 为半径，在 T_1、T_2 点之间画圆弧，即为所求
用圆弧连接两已知圆弧（外切）	已知连接圆弧半径 R 和半径为 R_1、R_2 的两已知圆弧	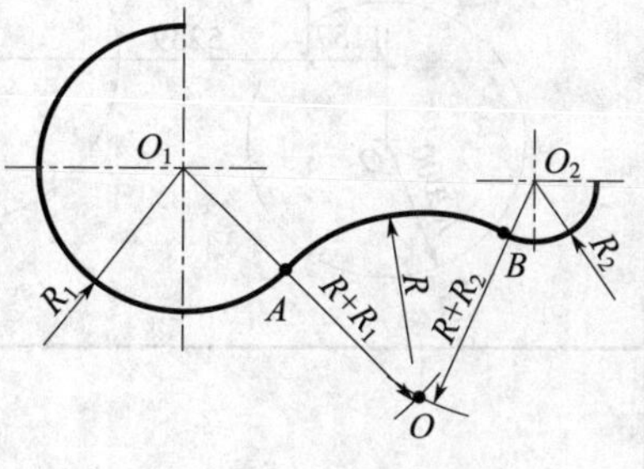	①以 O_1 点为圆心，（$R+R_1$）为半径画弧； ②以 O_2 点为圆心，（$R+R_2$）为半径画弧，与前弧交于 O 点，即连接弧圆心； ③连接 OO_1 交已知弧于 A 点，连接 OO_2 交已知弧于 B 点，即为切点； ④以 O 点为圆心，R 为半径，在 A、B 点之间画弧，即为所求

续表

项目	已知与要求	作图	画法与步骤
用圆弧连接两已知圆弧（内切）	已知连接圆弧半径 R 和半径为 R_1、R_2 的两已知圆弧	A B R R_2 O_1 O_2 $R-R_1$ R_1 $R-R_2$ O 圆心	①以 O_1 点为圆心，($R-R_1$) 为半径画弧； ②以 O_2 点为圆心，($R-R_2$) 为半径画圆弧，与前弧交于 O 点，即连接弧圆心； ③连 OO_1 交已知弧于 A 点，连 OO_2 交已知弧于 B 点，即为切点； ④以 O 点为圆心，R 为半径，在 A、B 点之间画弧，即为所求

结论：

1. 圆弧与直线相切，其圆心在与直线距离为连接圆弧半径的平行线上。

2. 与圆心为 O_1，半径为 R_1 的圆弧相切时，其圆心在已知圆弧的同心圆上，该圆的半径根据相切情况（内切、外切）而定：两圆外切时，$R_外=R+R_1$；两圆内切时，$R_内=R-R_1$。

任务实施

儿童池平面图的绘图步骤见表 1—14 所示。

表 1—14　　儿童池平面图的作图步骤

作图步骤	图示
1. 选用 1∶200 的绘图比例，根据图 1—32 中的位置尺寸 1 157 mm、1 188 mm 和 3 108 mm 分别作出半径为 2 000 mm、2 500 mm、2 000 mm 的三个已知圆	R2000 O_1 R2500 3108 1157 5239 O_3 O_2 R2000 1188

续表

作图步骤	图示
2. 分别以 O_1 点为圆心，以（2 000+1 022）为半径画弧，以 O_2 点为圆心，（2 000+1 022）为半径画弧，两弧交于 O'_1 点；连接 $O_1O'_1$，得 T_1 点，连接 $O_2O'_1$，得 T_2 点。同理求得 O'_2、O'_3 点及 T_3、T_4、T_5、T_6 点	
3. 以 O'_1 点为圆心，以 1 022 为半径，画连接圆弧；同理可得其他两段连接圆弧	
4. 整理、加深，完成椭圆的作图。同样方法绘制外面的细实线圆弧及连接圆弧，并标注尺寸	

任务四　绘制平面图形并标注尺寸

任务目标

◇掌握平面图形的尺寸分析和线段分析
◇能够绘制一张完整的图样

任务提出

绘制如图 1—27 所示的游泳池池区平面图的完整图样。要求比例运用恰当，图纸幅面选用合适，图框、标题栏尺寸符合国家制图标准要求，图线线型运用恰当，图形绘制正确，尺寸标注完整、清晰。

任务分析

为了保证图样质量，提高制图速度，除正确使用绘图工具和仪器、熟悉绘图标准和方法外，还必须掌握正确的绘图步骤。

相关知识

一个平面图形是由一个或几个封闭图形组成，有的封闭图形又由若干线段（直线、圆弧等）组成，相邻线段彼此相交或相切。要正确绘制一个平面图形，必须掌握平面图形的尺寸分析和线段分析方法。

一、平面图形的尺寸分析

平面图形中所标注的尺寸，根据其作用不同可分为定形尺寸和定位尺寸两大类。标注尺寸时应先确定尺寸基准。

1. 尺寸基准

标注尺寸时，必须以图形中的某些点（如圆心）或某些线段（如图形的边线、对称线、中心线等）作为起点。这种作为标注尺寸起始位置的点、线称为尺寸基准。平面图形中一般有水平方向和垂直方向两个尺寸基准。尺寸基准通常选用图形的对称线、底边、侧边、较大圆的中心线等。图 1—33 中，水平方向的尺寸基准是对称中心线，垂直方向的尺寸基准是下边线。

2. 定形尺寸

用以确定平面图形各组成部分的形状和大小的尺寸，称为定形尺寸。如直线长度、圆的直径、圆弧半径、正多边形的边长、矩形的长和宽等尺寸。图 1—33 中的尺寸 100，230，2×ϕ40，170 都是定形尺寸。

3. 定位尺寸

用以确定平面图形中各组成部分之间相对位置的尺寸，称为定位尺寸。如图 1—33 中的 80、150 为定位尺寸。

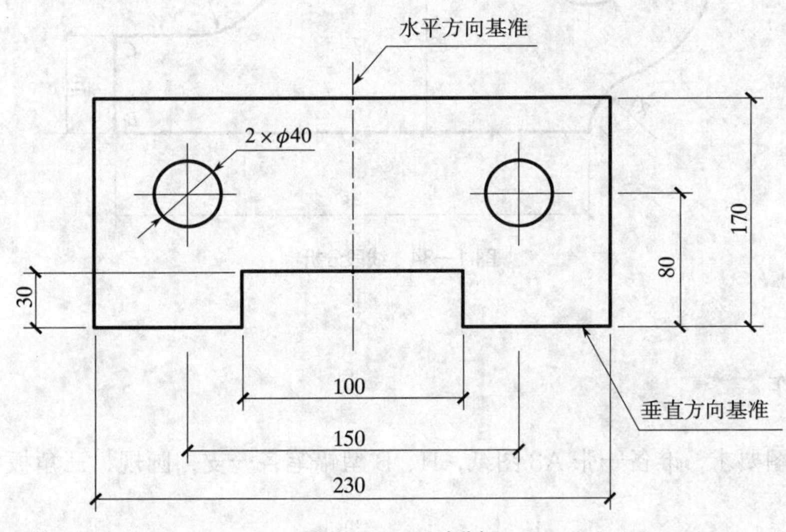

图 1—33　尺寸分析

二、平面图形的线段分析

平面图形中，线段的性质是根据图中所给尺寸的齐全与否来决定的。有的可直接画出，有的则不然。因此根据线段所给尺寸和图形之间的连接关系，平面图形中的线段可分为三大类：

1. 已知线段

根据图形中所给尺寸能直接画出的圆弧或直线，称为已知线段。如图 1—34 中的 ϕ10 的圆、R13 的圆弧、长 48 和 10 的直线 AB、BC 及直线 L_1 均属于已知线段。

2. 中间线段

除图形中标注的尺寸外，还需要根据一个连接关系才能画出的圆弧或直线，称为中间线段。如图 1—34 中的 R26 和 R8 两段圆弧，均属于中间线段，它们还需要一个连接关系才能画出。作图时必须根据该线段与相邻已知线段的连接关系，通过几何作图的方法画出。

3. 连接线段

只有定形尺寸没有定位尺寸的图线，或者需要根据两个连接关系才能画出的圆弧或直线称为连接线段。如图 1—34 的 $R7$ 圆弧和切线 L_2 均属于连接线段，其定位尺寸需根据该线段与相邻两线段的连接关系，通过几何作图的方法求出，作图时只能最后画出。

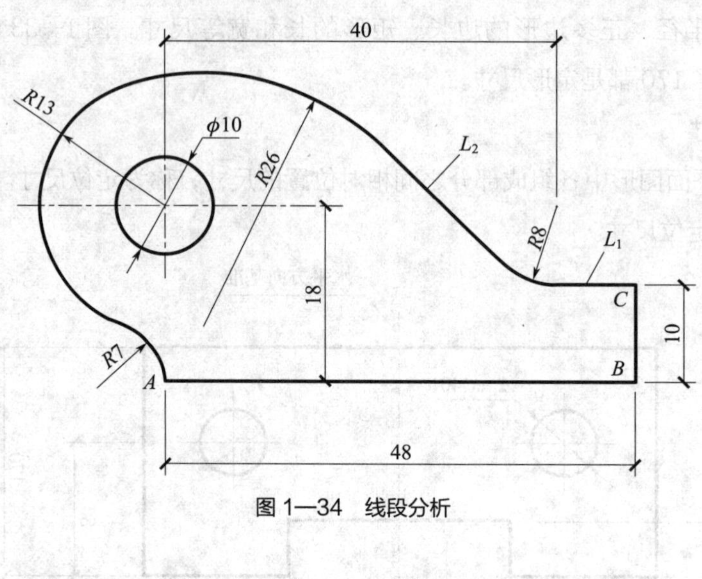

图 1—34 线段分析

任务实施

一、准备工作

根据绘图要求，准备一张 A3 图纸，H、B 型铅笔各一支，圆规、三角板各一副，橡皮一块。

二、绘图步骤

游泳池平面图形的绘制步骤见表 1—15。

表 1—15 游泳池平面图形的绘制步骤

序号	内容	绘图步骤	图示
1	在图板上固定图纸，绘制图框及标题栏	根据 A3 图幅的要求绘制图框和标题栏	

续表

序号	内容	绘图步骤	图示
		（1）确定绘图比例，根据所给尺寸，采用 1∶200 的比例进行绘制	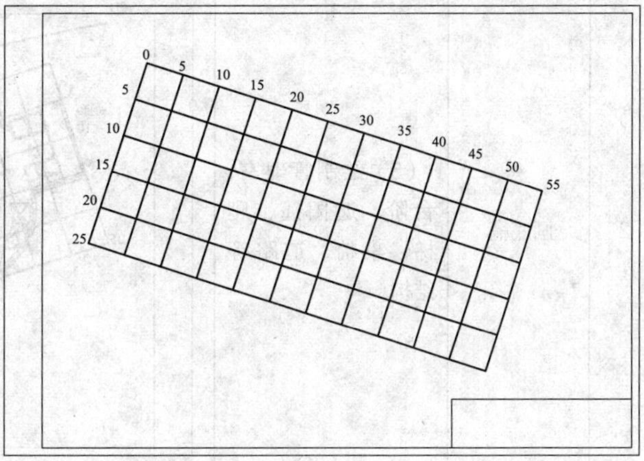
		（2）绘制正方形网格，并顺时针旋转 18°	
2	画底稿	（3）绘制已知线段 根据图形中的定形和定位尺寸，绘制游泳池、儿童池和休息厅	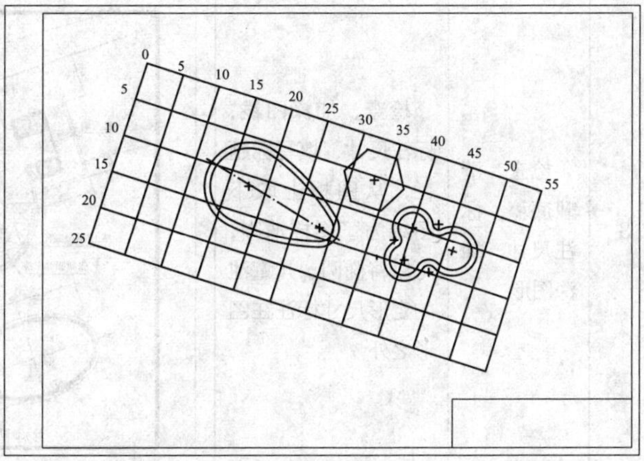
		（4）绘制非圆曲线 根据图 1—27 中非圆曲线在网格中的位置，确定曲线上的若干点，并用曲线板光滑连接	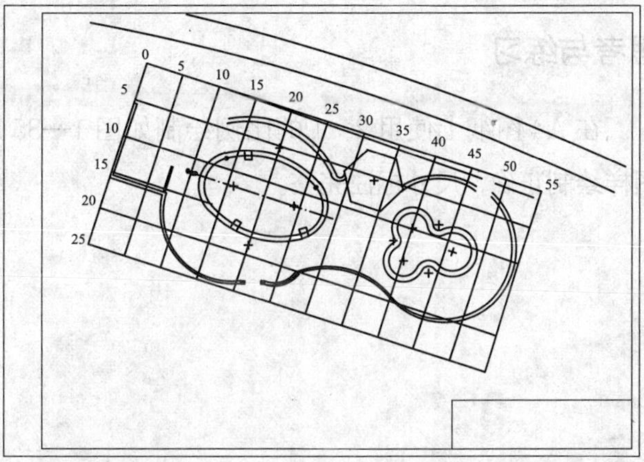

续表

序号	内容	绘图步骤	图示
2	画底稿	（5）绘制管理室、台阶、遮阳篷、爬梯、桌椅、道路等结构	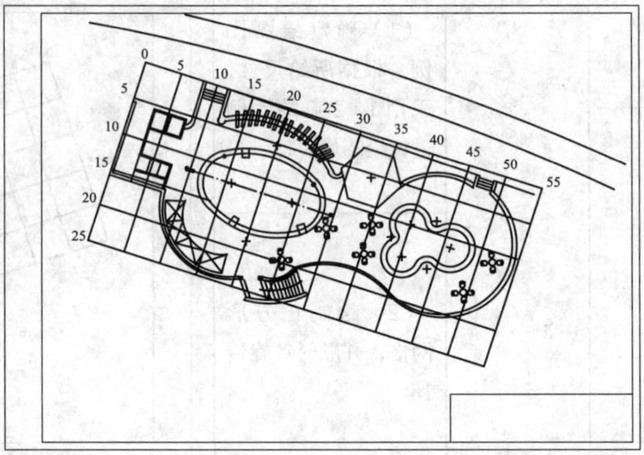
3	检查、清理底稿，标注尺寸，加深图形	检查、加深图线，标注尺寸，填写标题栏，从图板上取下图纸为了图样清晰，可以将椭圆、儿童池的定形尺寸标注在图形之外	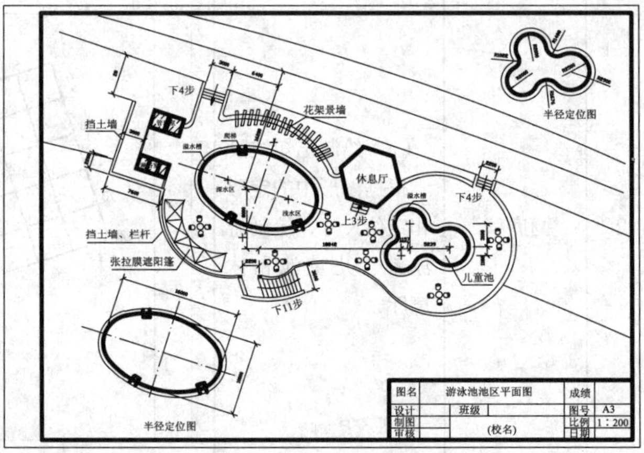

思考与练习

在 A4 图纸上使用 2∶1 的比例绘制如图 1—35 所示的平面图形，并标注尺寸，要求图样绘制正确，尺寸标注完整。

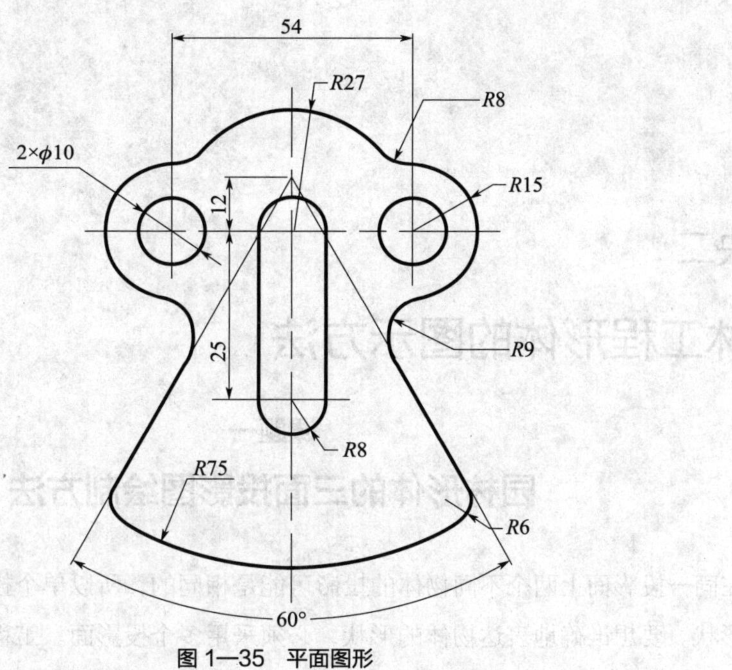

图 1—35　平面图形

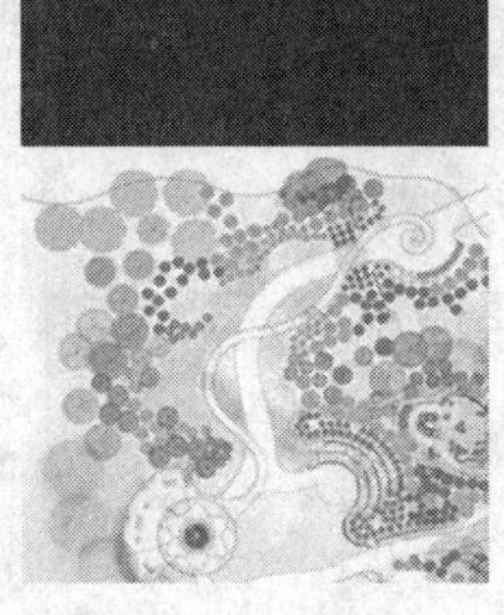

模块二

园林工程形体的图示方法

课题一

园林形体的三面投影图绘制方法

在同一投影面上两个不同物体的投影可能是相同的，所以单个投影不能准确地表示物体的形状。要想准确地表达物体的形状，必须采用多个投影面。工程制图中通常假想把物体放在三个互相垂直的平面所组成的投影体系中，这样就可以通过物体的三面投影图最终确定物体的形状。

任务　绘制台阶的三面投影图

任务目标

◇了解投影的概念及分类

◇认识三面投影体系，了解三面投影图的形成过程

◇掌握三面投影图的投影规律

任务提出

仔细观察如图 2—1a 所示的台阶的实物图，绘制出如图 2—1b 所示的台阶的三面投影图。

任务分析

如何把立体的台阶绘制成平面的投影图呢？日常生活中可以看到在阳光照射下，一棵树、一根电线杆等，都会在地面上或墙面上投下它的影子。可见，影子是在有光线、空间

物体和投影面的条件下产生的。但它只能反映空间形体的轮廓，而表达不出空间物体的真实面目，如图 2—2a 所示。

假设光线能够透过形体而将形体的各个顶点和棱线都在投影面 H 上落下影子，从而组成能反映空间形体形状的图形，这样形成的影子就称为投影，如图 2—2b 所示。光线称为投射线，投影所在的平面称为投影面。这种利用投影现象在平面上表达空间物体的形状和大小的方法称为投影法。

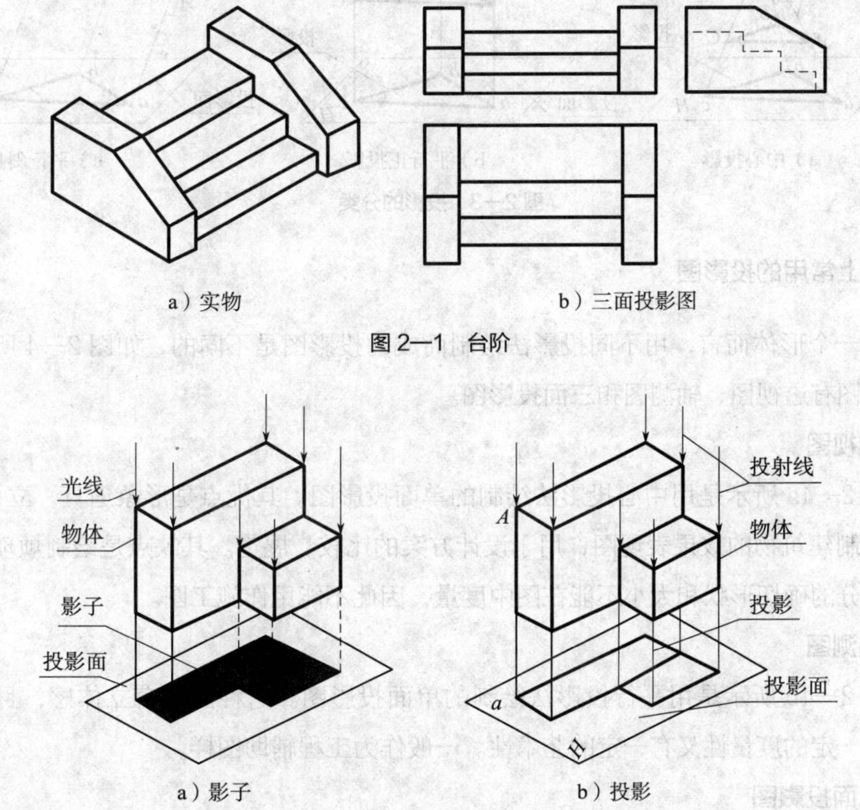

a）实物　　b）三面投影图

图 2—1　台阶

a）影子　　b）投影

图 2—2　投影的概念

相关知识

一、常用投影法的种类

根据投射线的形式不同，一般把投影分为中心投影和平行投影。

1. 中心投影

由一点发出的投射线作出的投影称为中心投影，图 2—3a 是三角形平面的中心投影，这种投影法投射线相交于一点。当物体位置发生变化时，投影的大小也随之变化。

2. 平行投影

由平行投射线作出的投影称为平行投影。若投射线与投影面垂直，称为平行正投影，简称正投影，如图 2—3b 所示；若投射线与投影面斜交，称为平行斜投影，如图 2—3c 所示。平行投影法的特点是投射线平行，物体位置变化时投影不变化。

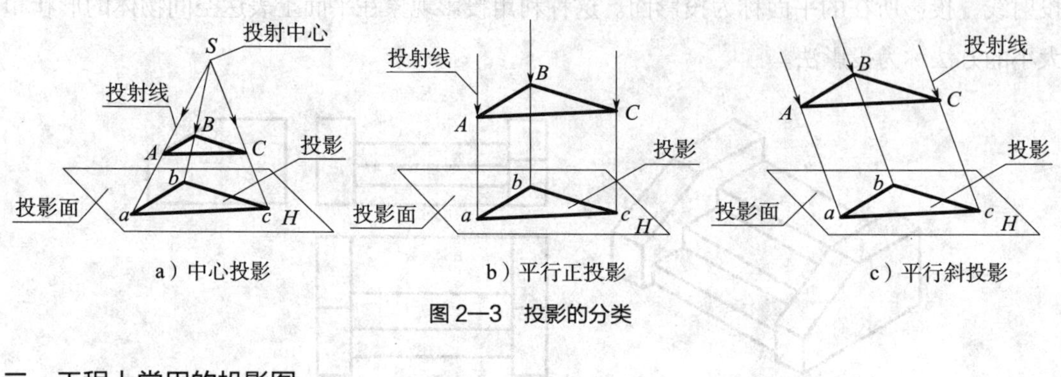

图 2—3 投影的分类

二、工程上常用的投影图

对同一个形体而言，用不同投影法绘制而成的投影图是不同的，如图 2—4 所示。常用的投影图有透视图、轴测图和三面投影图。

1. 透视图

如图 2—4a 所示是用中心投影法绘制的单面投影图。其优点是形象逼真，立体感强，常用来绘制建筑物的效果表现图，用于设计方案的比较、展览。其缺点是绘制烦琐，且建筑物各部分的确切形状和大小不能在图中度量，因此不能用作施工图。

2. 轴测图

如图 2—4b 所示是用平行投影法绘制的单面投影图。这种图也有立体感，且简便实用，既有一定的度量性又有一定的艺术性。一般作为工程辅助图样。

3. 三面投影图

如图 2—4c 所示是用平行投影的正投影法绘制的三面投影图。这种画法较前两种图简便，又便于度量，工程上应用最广，用于绘制设计图和工程施工图。但它缺乏立体感，需要经过一定的训练才能看懂。

4. 标高投影图

如图 2—5 所示是一种带有数字标记的单面正投影图。它用正投影反映形体的长度和宽度，其高度用数字标注。图 2—5a 为图 2—4 中形体的标高投影。标高投影主要用来表达地面的形状。作图时，用间隔相等的水平面截割地形面，其交线为等高线。将不同高程的等高线投影在水平的投影面上，并标注出各等高线的高程，即为等高线图（又称为地形图），从而表达出该处的地形情况，如图 2—5b 所示。

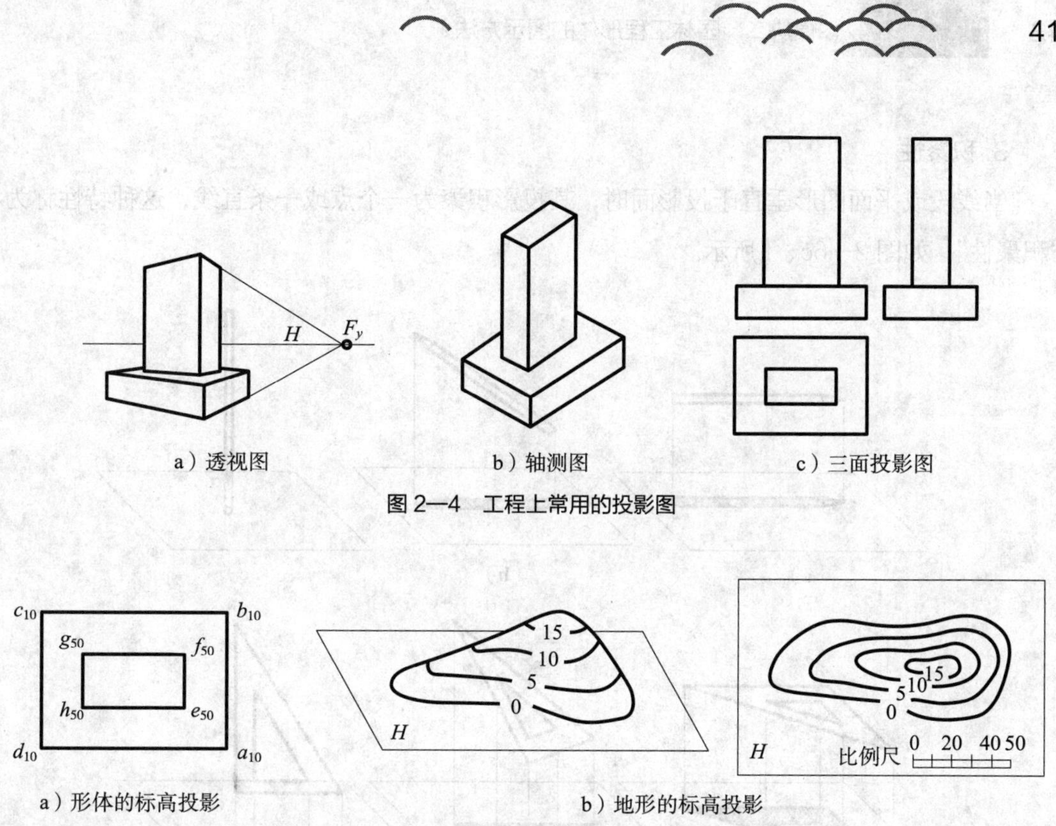

a）透视图　b）轴测图　c）三面投影图

图 2—4　工程上常用的投影图

a）形体的标高投影　b）地形的标高投影

图 2—5　标高投影图

三、正投影的特性

以铅笔或三角板为例，首先让其平行于桌面，假想上方发出与桌面呈垂直关系的平行光线，桌面上的影子与铅笔或三角板大小一样，这种现象称为“反映实形”；当铅笔或三角板从水平位置沿垂直面逐渐倾斜，会发现影子越来越短或越来越小，这种现象称为“缩变”；继续倾斜旋转至垂直桌面，这时铅笔的影子成为一点，三角板的影子成为一条直线，这种现象称为“积聚”。只要方位不变，将铅笔或三角板抬高或降低一些，影子的形状都不变。如果将铅笔比作一条直线，三角板比做一个平面，那么可以总结出正投影的以下特性：

1. 真实性

当线段或平面图形平行于投影面时，投影反映实长或实形，这种特性称为“真实性”。这时，图形的大小尺寸可以直接从投影中度量，因此也可称为“度量性”。如图 2—6a、d 所示。

2. 类似性

当线段或平面图形倾斜于投影面时，其投影小于实长或实形，这种特性称为“缩变性”，但形状仍然类似于原形，因此也可称为“类似性”。如图 2—6b、e 所示。

3. 积聚性

当线段或平面图形垂直于投影面时，其投影积聚为一个点或一条直线，这种特性称为“积聚性”。如图 2—6c、f 所示。

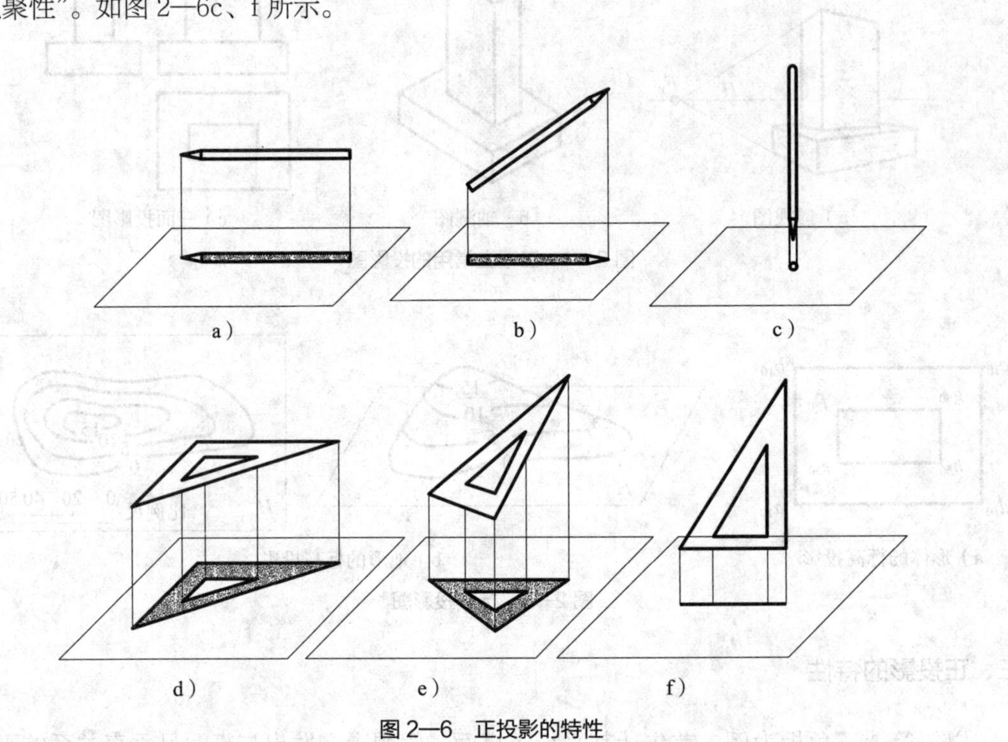

图 2—6　正投影的特性

四、三面投影体系的建立与分析

任何物体都具有长、宽、高三个方向。如果将物体只向一个投影面投影，就只能反映它一个方向的形状和大小。如图 2—7 所示的物体，在 H 面投影图上只能反映它的长度和宽度，而反映不出它的高度。可见，单面投影一般不能完整地表达形体的三维结构。通常需要从三个不同方向绘制空间物体的投影图，才能够把空间物体的三维尺寸、形状完全确定下来。

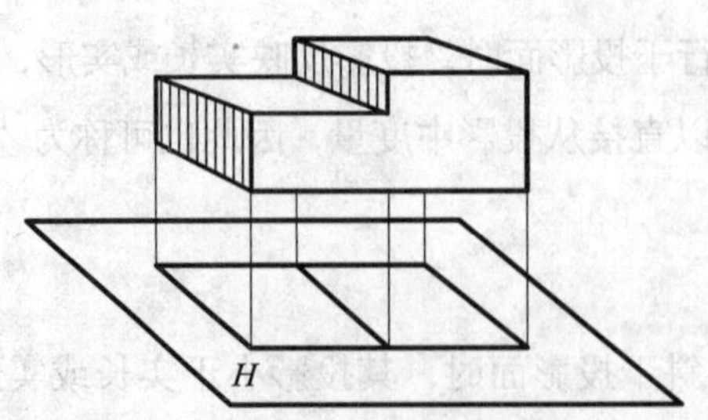

图 2—7　一个投影不能确定物体的形状和大小

如图 2—8 所示，用三个互相垂直的投影面组成三面投影体系，分别为：水平投影面

（简称水平面，用 *H* 表示）、正立投影面（简称正面，用 *V* 表示）、侧立投影面（简称侧面，用 *W* 表示）。各投影面的交线称为投影轴：*H*、*V* 面之间的交线为 *X* 轴；*H*、*W* 面之间的交线为 *Y* 轴；*V*、*W* 面之间的交线为 *Z* 轴。三个投影轴的交点 *O*，称为原点。将物体放置在三面投影体系中，按照正投影原理分别向各投影面投影，即可分别得到空间物体的正面投影、水平投影和侧面投影，如图 2—9 所示。

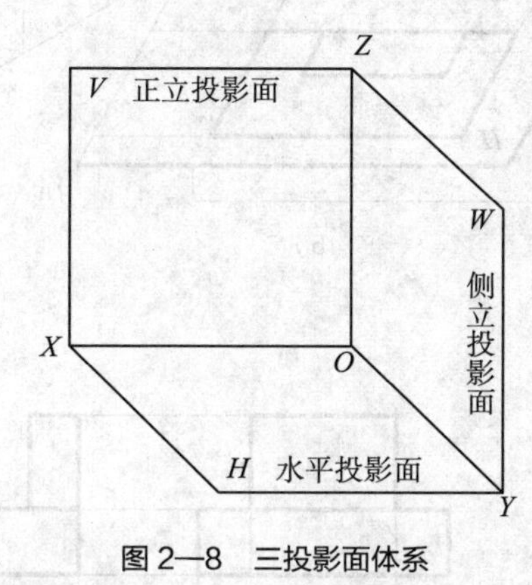

图 2—8 三投影面体系

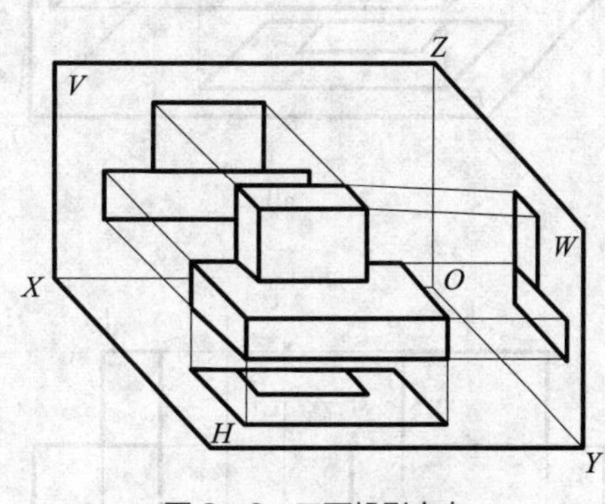

图 2—9 三面投影方向

为了把空间三个投影面上所得的投影画在一个平面上，需要将三个互相垂直的投影面展开摊平为一个平面。展开方法如图 2—10b 所示：保持 *V* 面不动，将 *H* 面与 *W* 面沿 *Y* 轴剪开，*H* 面绕 *X* 轴向下旋转 90°，*W* 面绕 *Z* 轴向右旋转 90°，此时三个投影面就处于一个平面内。这时 *Y* 轴分成两条，随 *H* 面旋转的一条标以 Y_H，随 *W* 面旋转的一条标以 Y_W，如图 2—10b 所示。

因为投影面是假想的，无边界，故作图时不画外框，空间物体在这三个投影面上的图形分别被称为正立面图、平面图和左侧立面图，如图 2—10c 所示。一般把这三个投影图又分别称为主视图、俯视图和左视图，统称三视图。

仔细观察图 2—10，不难得出以下规律：

1. 三面投影图之间的位置关系

如图 2—10d 所示，按照作图规范，以立面图为准，平面图在其正下方，左侧面图在其正右方。

2. 三面投影图的“三等”关系

从图 2—10c 中可以看出：正立面图反映物体的长度和高度，且与平面图长对正；平面图反映物体的长度和宽度，且与左侧面图宽相等；左侧面图反映物体的高度和宽度，且与立面图高平齐。即物体的投影中，*H* 与 *V* 面图“长对正”，*V* 与 *W* 面图“高平齐”，*H* 与 *W* 面图“宽相等”。

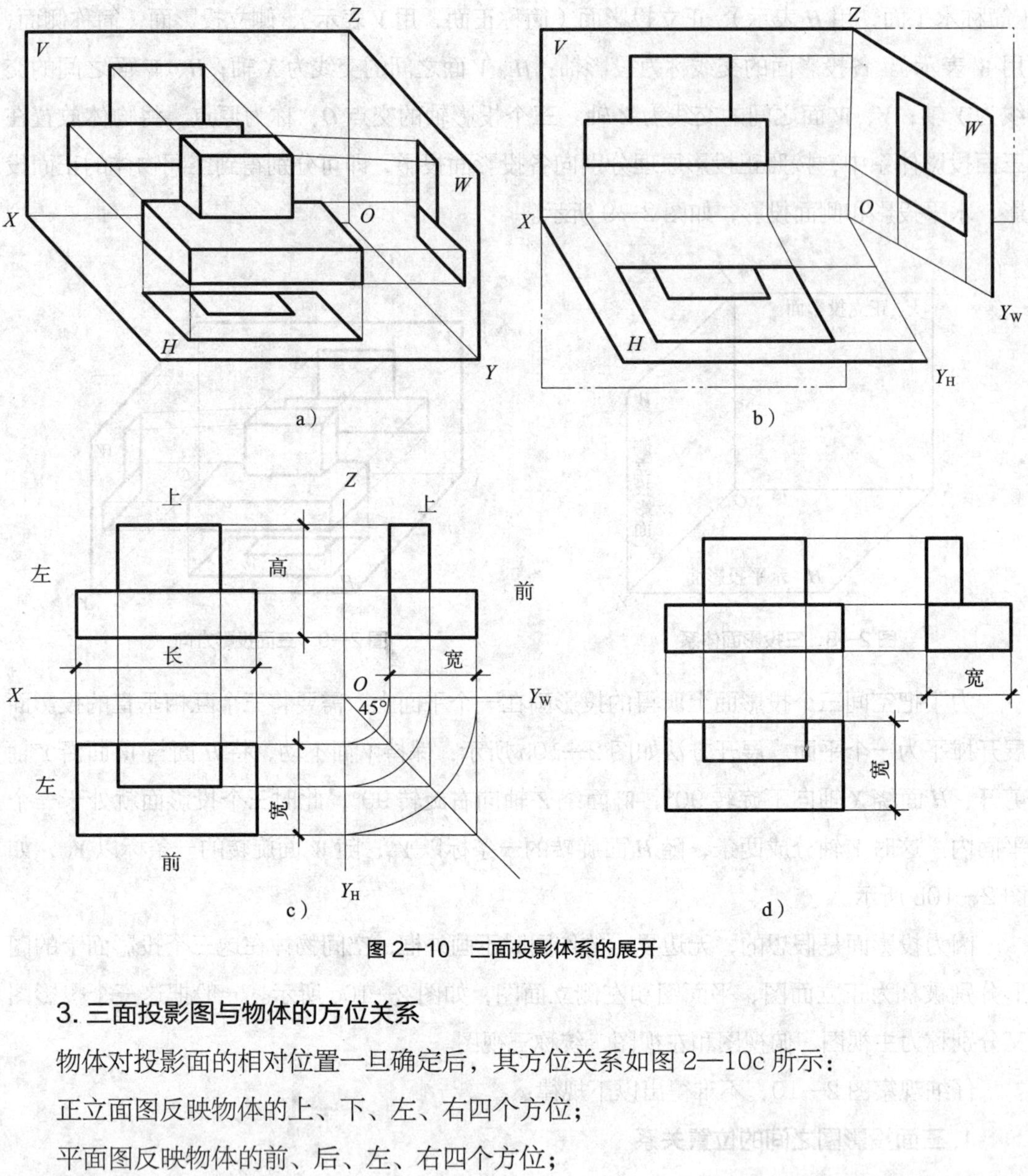

a）　b）

c）　d）

图 2—10　三面投影体系的展开

3. 三面投影图与物体的方位关系

物体对投影面的相对位置一旦确定后，其方位关系如图 2—10c 所示：

正立面图反映物体的上、下、左、右四个方位；

平面图反映物体的前、后、左、右四个方位；

左侧面图反映物体的上、下、前、后四个方位。

任务实施

一、准备工作

准备测量和绘图工具：皮卷尺、绘图板、丁字尺、三角板、圆规、分规、比例尺、绘图铅笔、橡皮、擦图片、墨线笔。

二、绘制步骤

绘制台阶三面投影图的步骤见表 2—1。

表 2—1　　台阶三面投影图的绘制步骤

绘图步骤	图示
1. 在台阶的正前方仔细观察，同时用铅笔在草纸上勾草图，不要遗漏台阶在这个方向上能看到的所有棱线，并分析正投影中重合的部分	Z　X　O　Y_W　Y_H
2. 用皮尺测量台阶各棱线的长度，尽量减小误差，记录在草图上	
3. 使用绘图板及各种绘图工具，参照实测的数据，先用铅笔在绘图纸上绘制投影轴，然后按照一定的比例绘制台阶的立面图，完成铅笔稿后擦除辅助线段，保持图面整洁	
4. 绘制平面图，注意与立面图的对应关系	Z　X　O　Y_W　Y_H
5. 绘制侧面图，注意与其他两面投影图的对应关系，物体被遮挡部分在投影图中用虚线表示	Z　X　O　Y_W　Y_H
6. 检查。擦除投影轴和作图辅助线，加粗轮廓线，注意线段的平直及转角处的连接	

思考与练习

绘制如图 2—11 所示形体的三面投影图。要求图线正确、图面整洁。

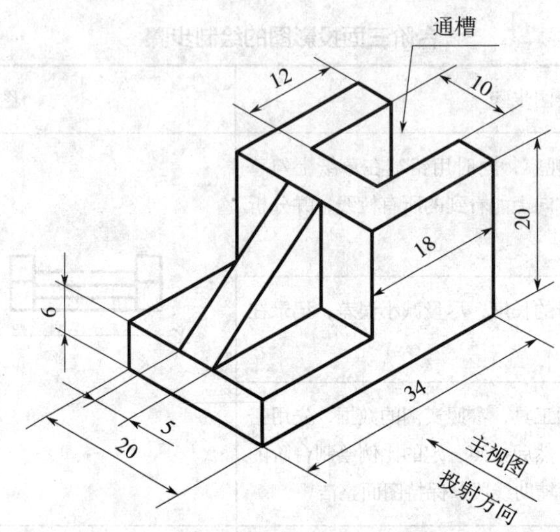

图 2—11　形体的轴测图

课题二
绘制立体表面上点、线、面的投影

由台阶的投影图可以看出，每一个复杂的物体，都是由基本的点、线、面组成的。下面来研究立体表面点、线、面投影的基本规律。

任务一　绘制立体表面上点的三面投影

任务目标

◇掌握点投影的表示方法

◇熟练掌握点的三面投影规律

◇能绘制立体表面上点的三面投影

任务提出

绘制如图 2—12 所示的台阶表面上一点 *A* 在三个投影面上的投影，确定其对应关系及表示方法。要求对应关系准确、字母表示正确。

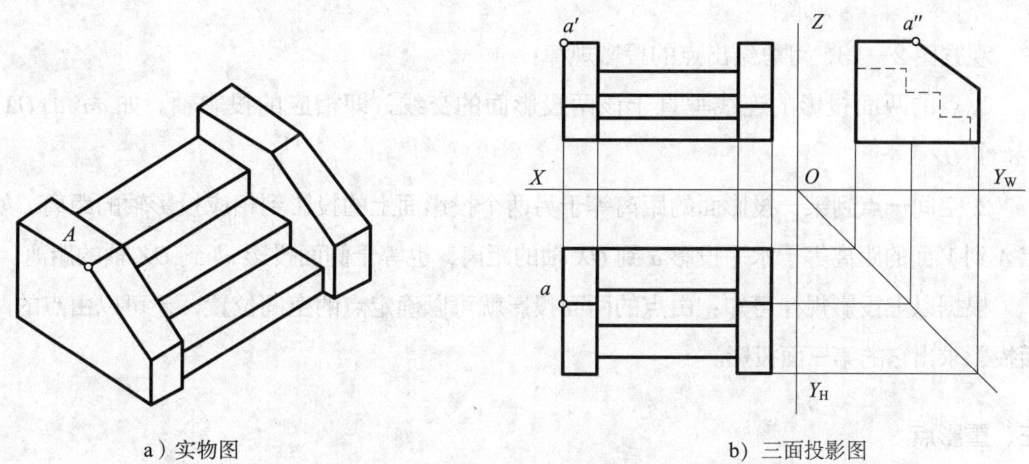

a）实物图　　b）三面投影图

图 2—12　立体上点 A 在三个投影面上的投影

任务分析

图 2—12 中表示了立体表面上点 A 在 H 面、V 面和 W 面三个投影面上的投影，图中出现的 a、a'、a''，它们分别表示什么含义呢？它们之间有什么对应关系？如何进行绘制呢？

相关知识

一、点的表示方法

投影法规定，空间形体上的几何元素用大写字母表示，它们的投影用相应的小写字母表示。为了区分不同投影面上的投影，还规定水平投影用相应的小写字母表示，正面投影用相应的小写字母加一撇表示，侧面投影用相应的小写字母加两撇表示。图 2—13 中空间点 A，其三面投影分别用 a、a'、a'' 表示。

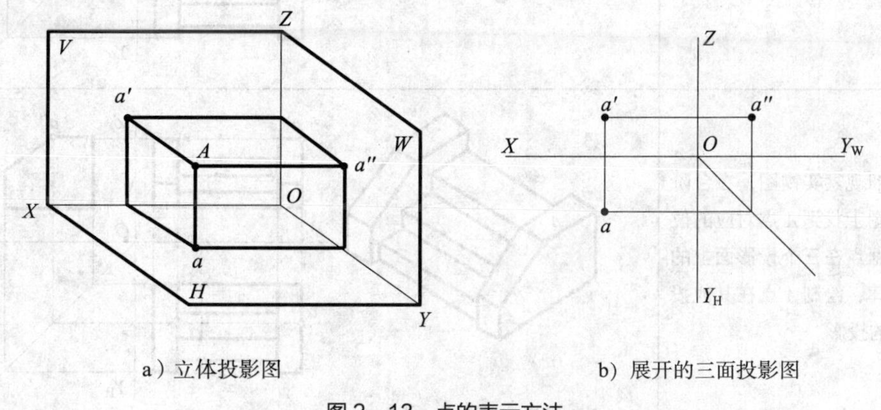

a）立体投影图　　b）展开的三面投影图

图 2—13　点的表示方法

二、点的投影规律

观察图 2—13，可总结出点的投影规律：

1. 点的两面投影的连线垂直于该两投影面的交线，即相应的投影轴。如 $aa' \perp OX$，$a'a'' \perp OZ$。

2. 空间一点到某一投影面的距离等于另两个投影面上的投影到相应投影轴的距离。如点 A 到 V 面的距离等于水平投影 a 到 OX 轴的距离，也等于侧面投影 a'' 到 OZ 轴的距离。

根据以上投影规律可知：由点的两面投影就可以确定点的空间位置，还可以由点的两面投影求出它的第三面投影。

三、重影点

空间两点在某一投影面上的投影重合为一点时，则称此两点为该投影面的重影点。被遮住的投影加括号，重影点的投影的可见性是前遮后、上遮下、左遮右。

任务实施

点的三面投影图的画图步骤见表 2—2。

表 2—2　　**点的三面投影图的画图步骤**

绘图步骤	图示
1. 绘制台阶的三面投影图	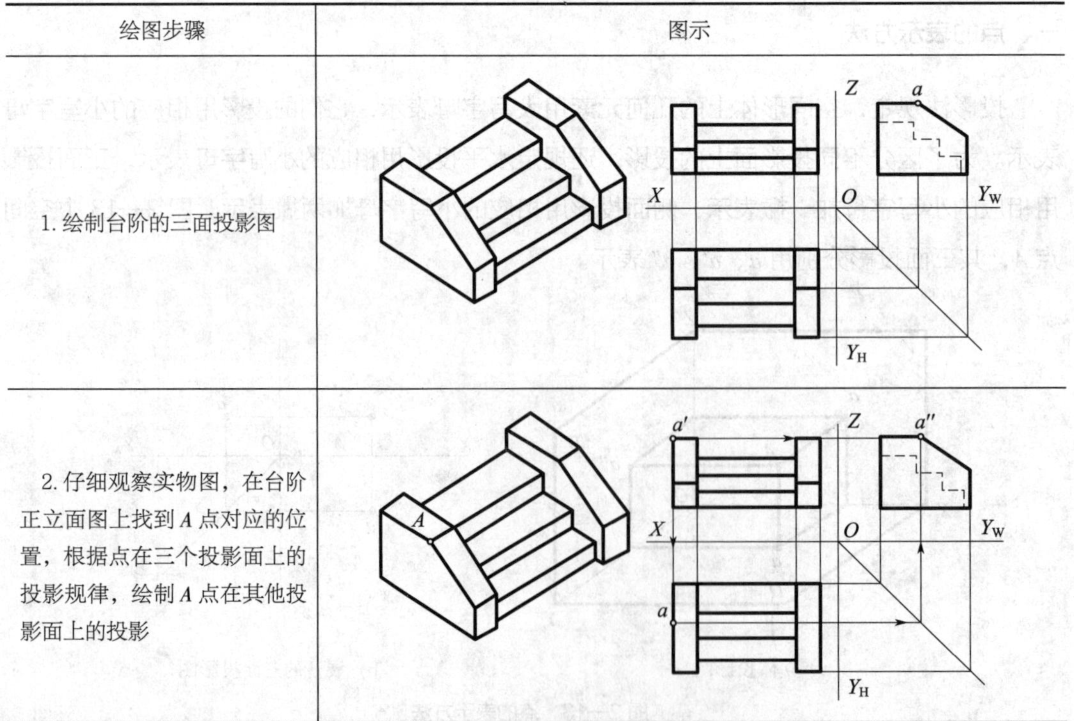
2. 仔细观察实物图，在台阶正立面图上找到 A 点对应的位置，根据点在三个投影面上的投影规律，绘制 A 点在其他投影面上的投影	

思考与练习

已知点 A 的投影如图 2—14 所示，求作点 B、C 的三面投影，使点 B 在点 A 的正上方 10 mm，点 C 与点 A 同高，并在点 A 的左 15 mm、前 10 mm。

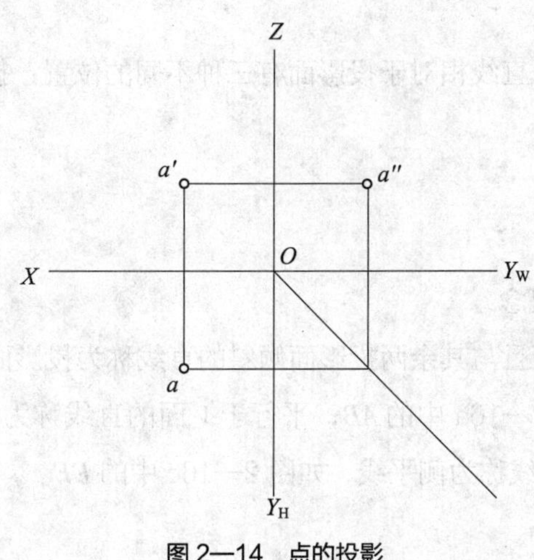

图 2—14 点的投影

任务二 绘制立体表面上直线的三面投影

任务目标

◇掌握直线的三面投影规律

◇准确绘制物体表面上直线的三面投影

任务提出

求作如图 2—15 所示台阶表面上直线 AB、CD、DE 的三面投影。

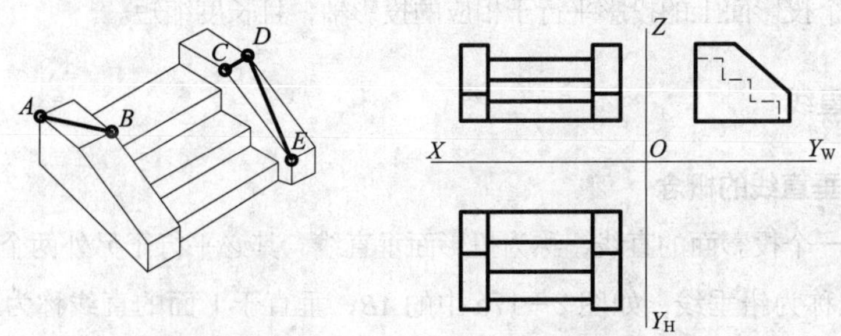

图 2—15 立体上的直线及三面投影图

任务分析

直线由两端点确定，将直线上两点的同面投影相连，就得到该直线的同面投影。

相关知识

在三面投影体系内，直线相对于投影面有三种不同的位置：投影面平行线、投影面垂直线和一般位置直线。

一、投影面平行线

1. 投影面平行线的概念

平行于某一个投影面且与其余两投影面倾斜的直线称为投影面平行线。平行于 *H* 面的直线称为水平线，如图 2—16a 中的 *AB*；平行于 *V* 面的直线称为正平线，如图 2—16b 中的 *CD*；平行于 *W* 面的直线称为侧平线，如图 2—16c 中的 *EF*。

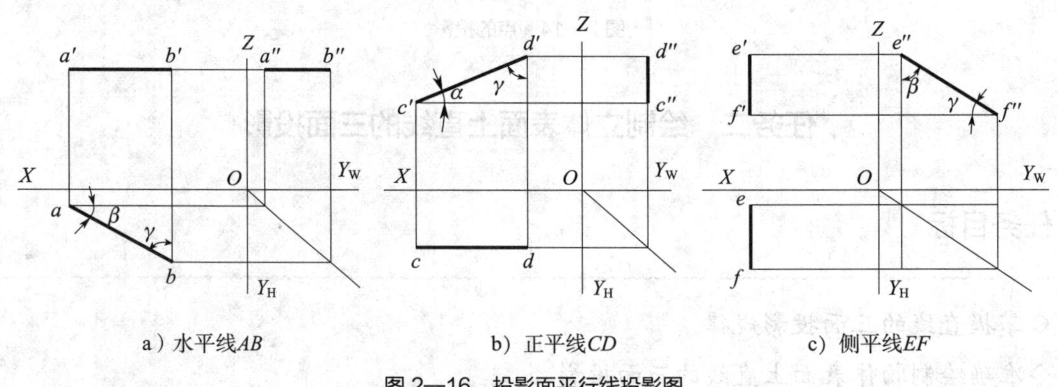

a）水平线*AB*　　b）正平线*CD*　　c）侧平线*EF*

图 2—16　投影面平行线投影图

2. 投影面平行线的投影特性

（1）在其平行的那个投影面上的投影反映实长，并反映直线与另两个投影面倾角的实际大小。

（2）另两个投影面上的投影平行于相应的投影轴，且长度缩短。

二、投影面垂直线

1. 投影面垂直线的概念

垂直于某一个投影面的直线，称为投影面垂直线，其必平行于另外两个投影面。垂直于 *H* 面的直线称为铅垂线，如图 2—17a 中的 *AB*；垂直于 *V* 面的直线称为正垂线，如图 2—17b 中的 *CD*；垂直于 *W* 面的直线称为侧垂线，如图 2—17c 中的 *EF*。

2. 投影面垂直线的投影特性

（1）在其垂直的投影面上，投影有积聚性，积聚为一个点。

（2）另外两个投影，反映线段实长，且都平行于某一投影轴，如图 2—17 所示。

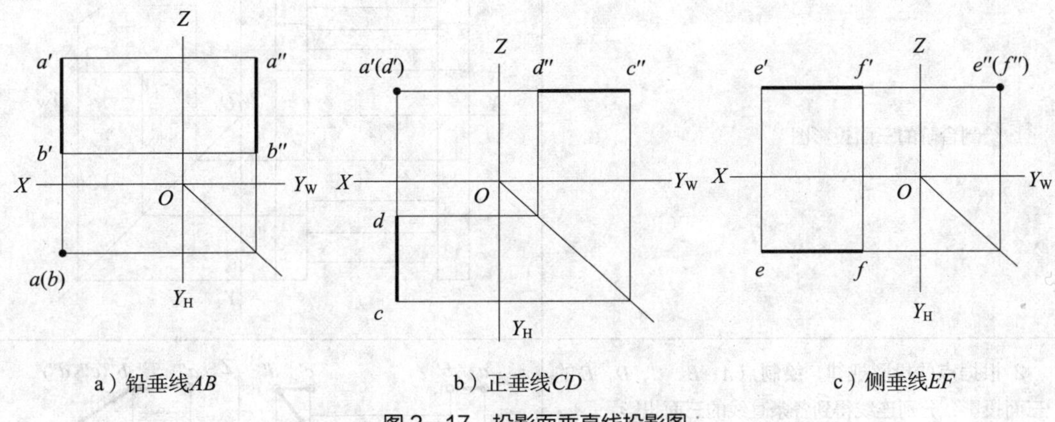

a）铅垂线*AB*　　b）正垂线*CD*　　c）侧垂线*EF*

图 2—17　投影面垂直线投影图

三、一般位置直线

1. 一般位置直线的概念

与三个投影面都倾斜的直线称为一般位置直线，如图 2—18 中的直线 DE。

2. 一般位置直线的投影特性

三个投影都缩短，且与三个投影轴都倾斜，即三个投影都不反映空间线段的实长及与三个投影面夹角的实际大小，如图 2—18 所示。

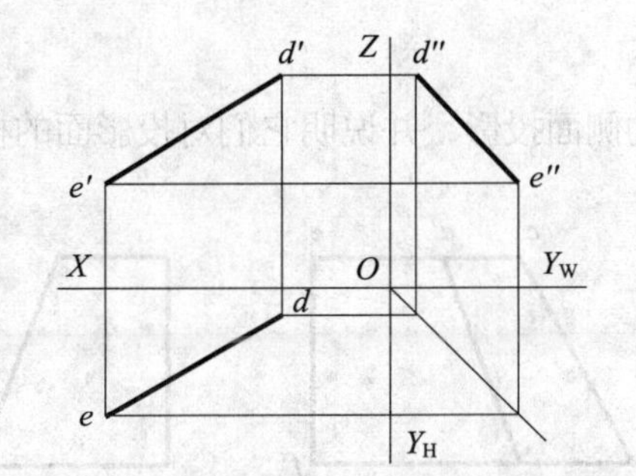

图 2—18　一般位置直线 *DE* 的投影图

任务实施

直线 *AB*、*CD*、*DE* 的三面投影图的具体绘图步骤见表 2—3。

表 2—3　　　　　　　　　　　　　**直线的三面投影图的绘图步骤**

绘图步骤	图示
1. 绘制台阶的三面投影图	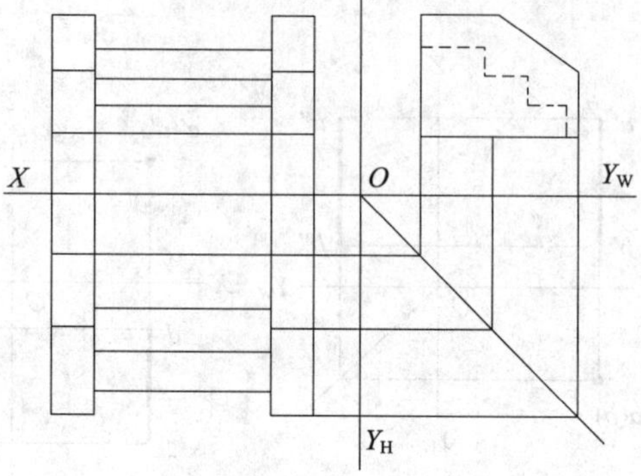 Z、X、O、Y_W、Y_H
2. 根据点的投影规律，绘制点 *A*、*B*、*C*、*D*、*E* 的三面投影，分别连线得到各条直线的三面投影	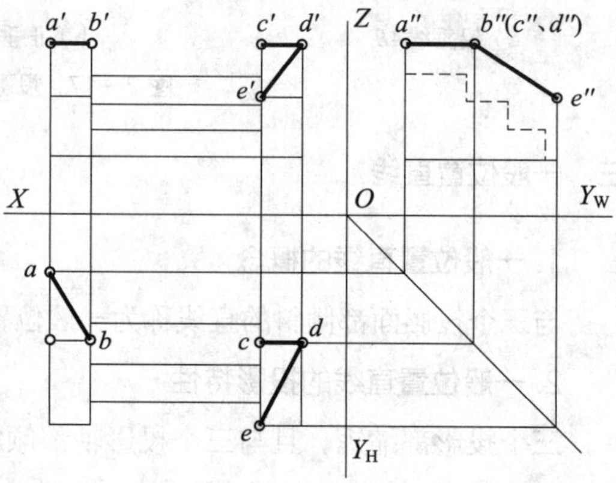 a′ b′ c′ d′ e′ Z a″ b″(c″、d″) e″ X O Y_W a b c d e Y_H
3. 分析直线投影规律 *AB* 直线的水平投影反映实长，正面投影平行于 *X* 轴，侧面投影平行于 Y_W 轴，其为水平线；*CD* 直线的水平投影，正面投影反映实长，侧面投影积聚为一点，其为侧垂线；*DE* 直线的三面投影均为缩短的直线，其为一般位置直线	

思考与练习

找出图 2—19 中直线的侧面投影，并说明它们对投影面的相对位置。

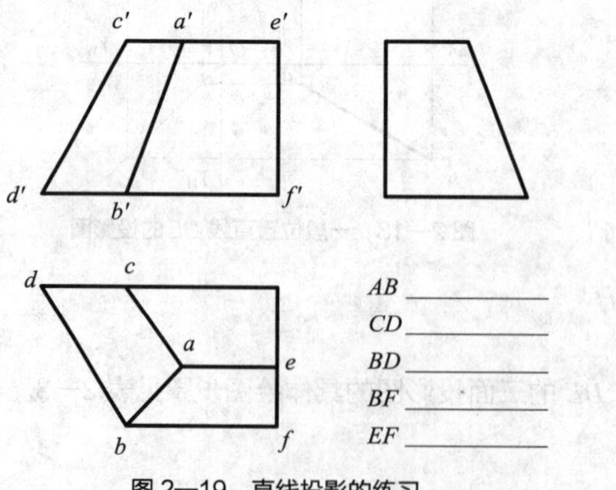

图 2—19　直线投影的练习

任务三　识读立体表面上的平面图形

任务目标

◇了解平面对投影面的位置关系
◇掌握各种位置平面的三面投影规律
◇准确绘制平面的三面投影

任务提出

求作如图 2—20a 所示立体上平面 *P*、*T* 及 *ABC* 的三面投影图。要求图线正确，对应关系准确，图面整洁，布图合理。

任务分析

通过前面的学习可知，直线是由点连接而成的，而平面是由直线围成的。学会作直线的三面投影，用同样的方法也可以作出平面的三面投影。

相关知识

在三面投影体系中，平面相对于投影面有三种不同的位置：投影面垂直面、投影面平行面和一般位置平面。

一、投影面垂直面

垂直于一个投影面且与其他两个投影面倾斜的平面，称为投影面垂直面，包括正垂面、铅垂面和侧垂面。其投影特性见表 2—4。

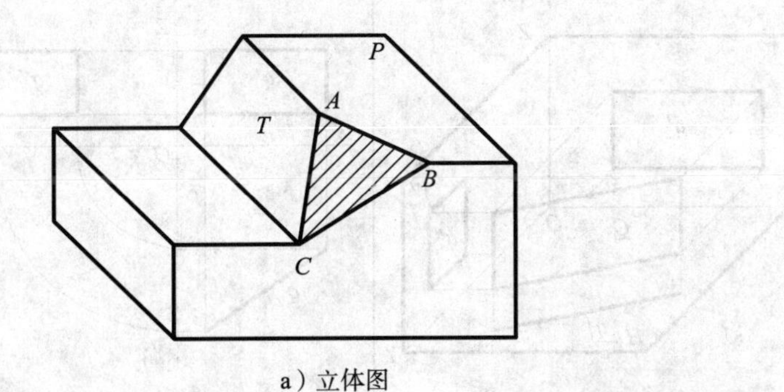

a）立体图

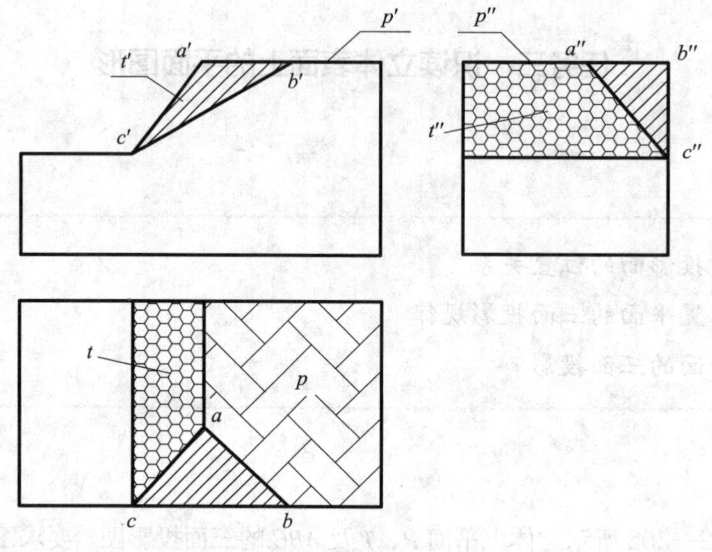

b）三投影图

图 2—20　立体上的平面

表 2—4　投影面垂直面的投影特性

平面名称	立体图	投影图	投影特性
正垂面	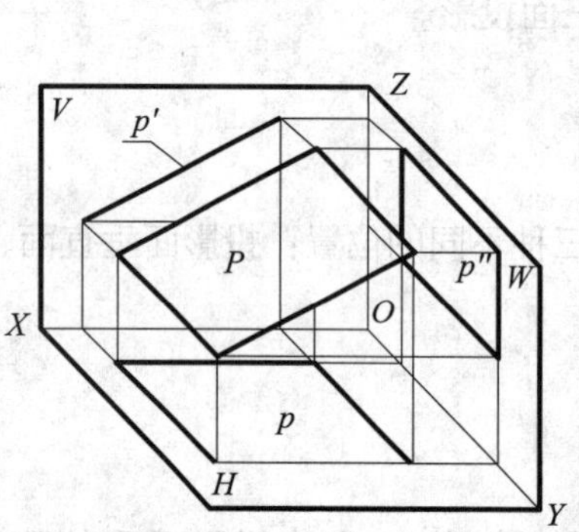 V, Z, p′, P, p″, W, X, O, p, H, Y	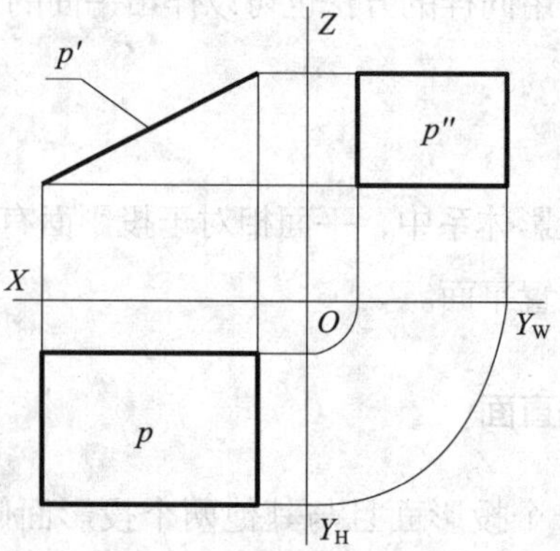 Z, p′, p″, X, O, Y_W, p, Y_H	（1）正面投影为斜线 （2）水平投影和侧面投影为原实形的类似形
铅垂面	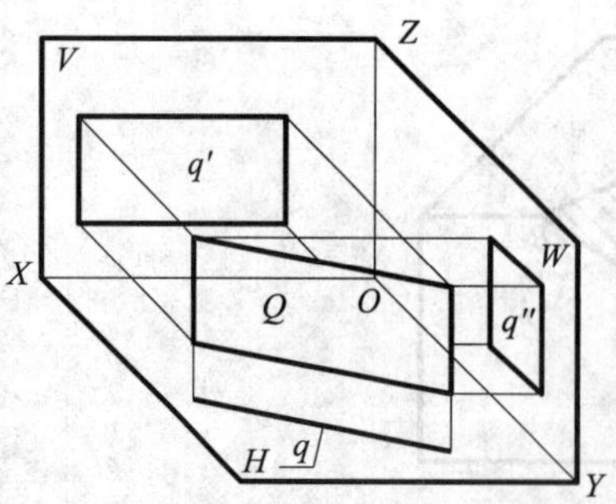 V, Z, q′, W, X, Q, O, q″, H, q, Y	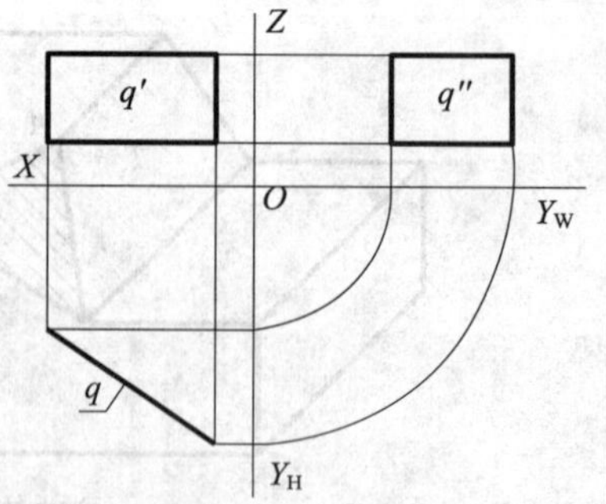 Z, q′, q″, X, O, Y_W, q, Y_H	（1）水平投影为斜线 （2）正面投影和侧面投影为原实形的类似形

续表

平面名称	立体图	投影图	投影特性
侧垂面	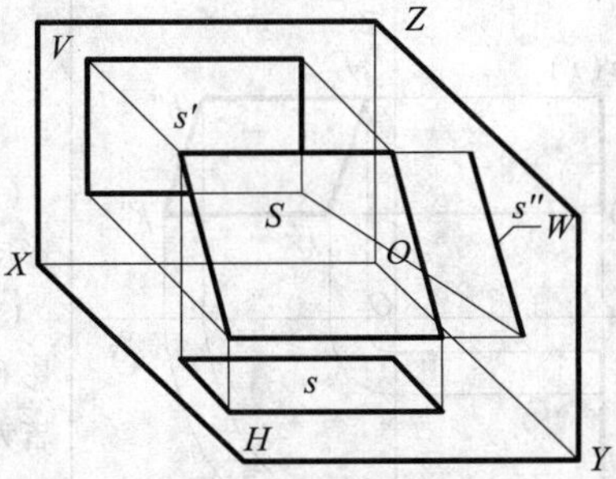	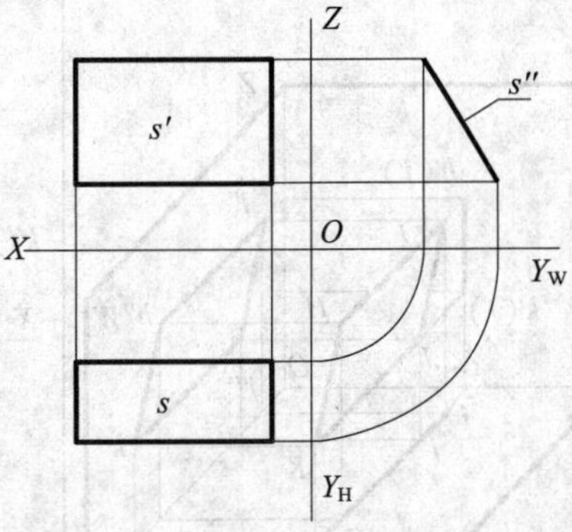	（1）侧面投影为斜线 （2）正面投影和水平投影为原实形的类似形

二、投影面平行面

平行于一个投影面的平面称为投影面平行面，其必垂直于另外两个投影面。包括正平面、水平面和侧平面。其投影特性见表 2—5。

表 2—5　　投影面平行面的投影特性

平面名称	立体图	投影图	投影特性
正平面	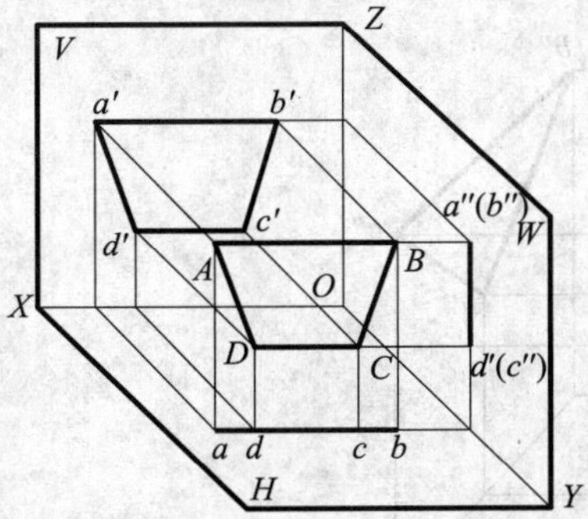	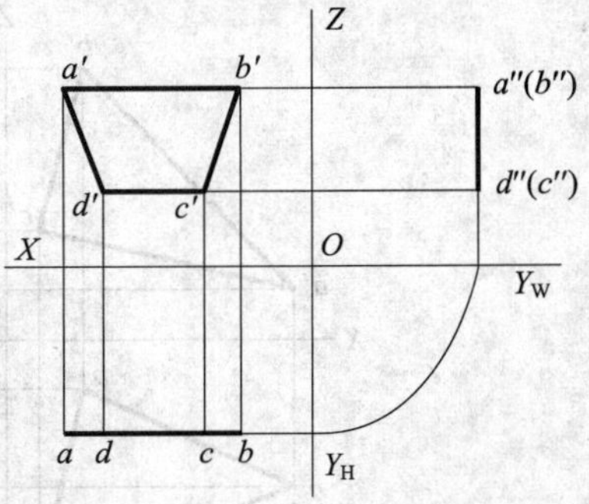	（1）正面投影反映实形 （2）水平投影为横线，侧面投影为竖线
水平面	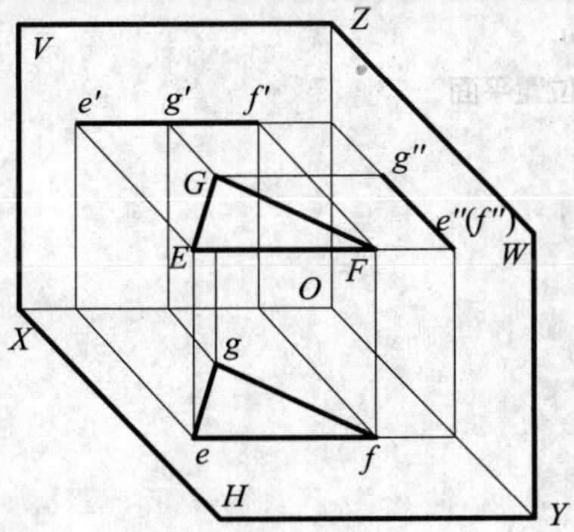	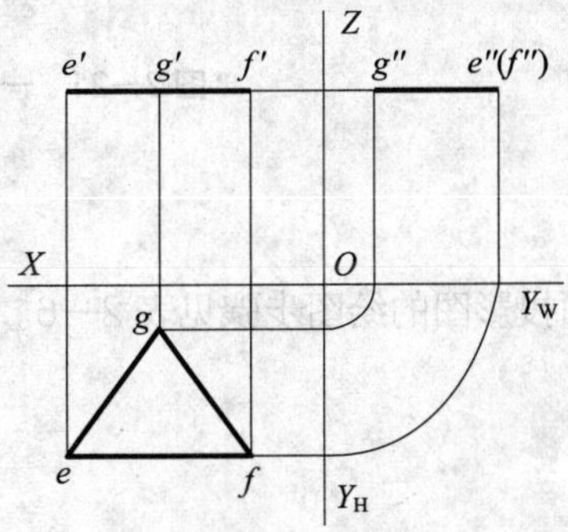	（1）水平投影反映实形 （2）正面投影和侧面投影皆为横线

续表

平面名称	立体图	投影图	投影特性
侧平面			（1）侧面投影反映实形 （2）正面投影和水平投影皆为竖线

三、一般位置平面

与三个投影面都倾斜的平面称为一般位置平面。其投影特性如图 2—21 所示，三个投影都为原实形的类似形。

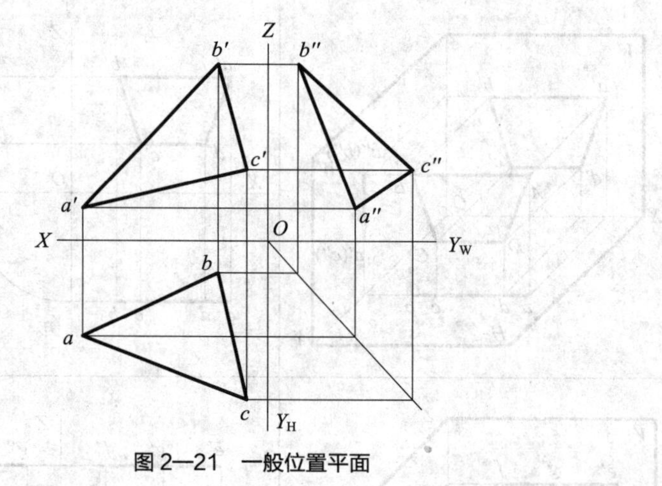

图 2—21　一般位置平面

任务实施

平面的三面投影图的绘图步骤见表 2—6。

表 2—6　　平面的三面投影图的绘图步骤

绘图步骤	图示
1. 先将立体简化，再绘制立体的三面投影图	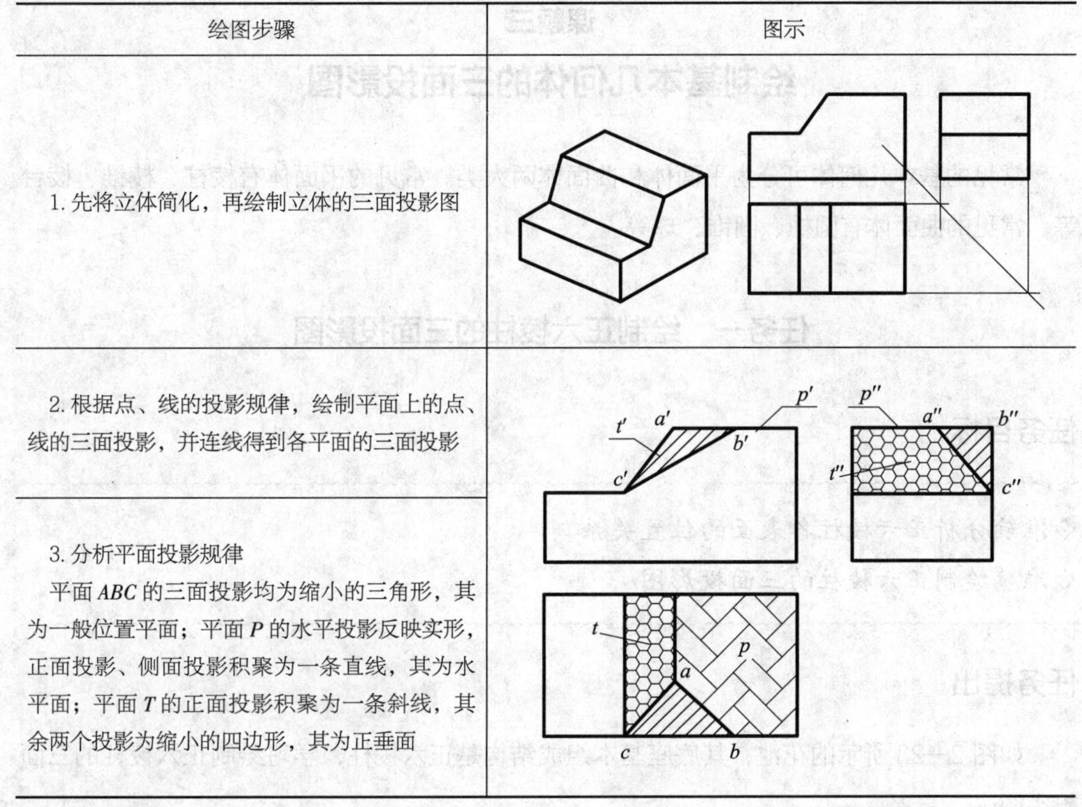
2. 根据点、线的投影规律，绘制平面上的点、线的三面投影，并连线得到各平面的三面投影	
3. 分析平面投影规律 平面 ABC 的三面投影均为缩小的三角形，其为一般位置平面；平面 P 的水平投影反映实形，正面投影、侧面投影积聚为一条直线，其为水平面；平面 T 的正面投影积聚为一条斜线，其余两个投影为缩小的四边形，其为正垂面	

思考与练习

判断图 2—22 中平面 P 和 Q 是什么位置平面，并在图中标出其相应的其他投影。

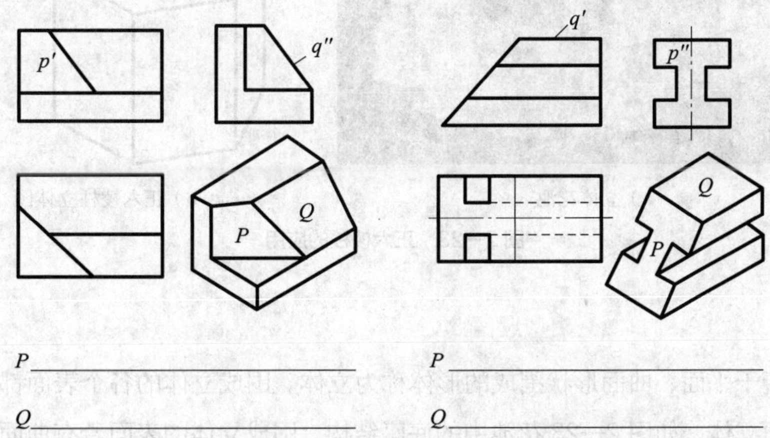

P ________　　P ________

Q ________　　Q ________

图 2—22　判断立体上的各种位置平面

课题三

绘制基本几何体的三面投影图

常见的基本几何体可分为平面体和曲面体两大类。常见的平面体有棱柱、棱锥、棱台等。常见的曲面体有圆柱、圆锥、球等。

任务一　绘制正六棱柱的三面投影图

任务目标

◇准确分析正六棱柱各表面的位置关系

◇准确绘制正六棱柱的三面投影图

任务提出

如图 2—23 所示的花池，其底座基本组成结构是正六棱柱，学习绘制正六棱柱的三面投影图。

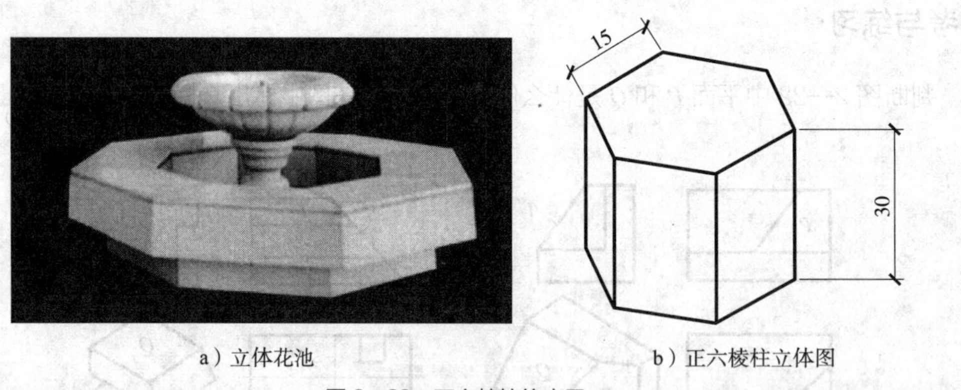

a）立体花池　　b）正六棱柱立体图

图 2—23　正六棱柱的应用

任务分析

表面由若干平面、曲面形状围成的形体称为立体。围成立体的各个表面都是平面，则立体称为平面立体，如图 2—23 花池中的底座结构。围成立体的表面若有曲面，则立体称为曲面立体，如图 2—23 花池中的喷水柱结构。

绘制立体的投影，可转化为求作围成立体的各个表面的投影。

相关知识

一、棱柱的形状特征

棱柱是常见的平面立体之一。它一般由上、下底面和各个棱面组成，各棱线相互平行。如图 2—24 所示的正六棱柱，上、下底面为正六边形，六个棱面为矩形。六条棱线相互平行且垂直于上、下底面。

二、投影分析

按照如图 2—24 所示的位置，将正六棱柱放入三面投影体系中，则正六棱柱的上、下底面为水平面，前后棱面为正平面，其他四个棱面为铅垂面。

1. *H* 面投影

H 面投影为反映上、下底面实形的正六边形。组成正六边形的直线段也是六个棱面的积聚性投影，而六条棱线的积聚性投影在正六边形的六个顶点上。

2. *V* 面投影

V 面投影为三个矩形，中间矩形反映前、后棱面的实形，且前表面完全挡住了后表面；左边的矩形为左侧前、后两棱面的重合投影；右边的矩形为右侧前、后两棱面的重合投影，它们均为类似形。上、下底面的投影积聚为直线段。

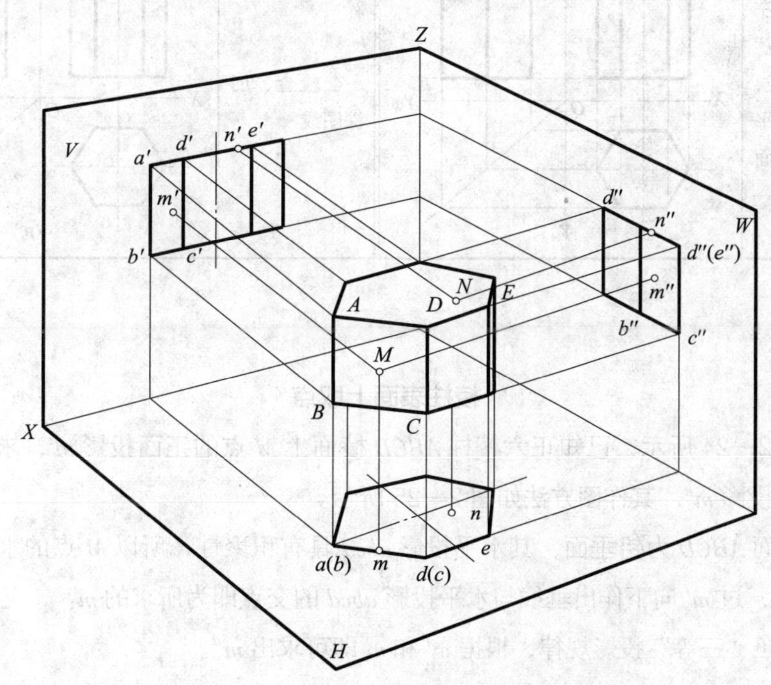

图 2—24　正六棱柱的投影

3. *W*面投影

*W*面投影为两个矩形，分别是左前、右前、左后、右后四个铅垂棱面的重合投影；上、下底面的投影积聚为上、下两条直线段；前、后棱面的投影积聚为左、右两条直线段。

任务实施

正六棱柱三面投影图的具体绘图步骤见表 2—7。此六棱柱高为 30 mm，底面棱边长度为 15 mm。

表 2—7 正六棱柱三面投影图的绘图步骤

绘图步骤	图示	绘图步骤	图示
1. 根据底面棱长绘制三投影轴和中心线，作正六棱柱的水平投影	Z、X、O、Y_W、Y_H	2. 按照“主俯长相等且对正”原则及棱柱高度作正面投影	Z、X、O、Y_W、Y_H
3. 按照“俯左宽相等且对应”原则作辅助线，按照“主左高平齐”原则作侧面投影	Z、X、O、Y_W、Y_H	4. 检查、加深图线	Z、X、O、Y_W、Y_H

知识链接

棱柱表面上取点

1. 如图 2—24 所示，已知正六棱柱 *ABCD* 棱面上 *M* 点的正面投影 m'，求它的水平投影 m 和侧面投影 m''。其作图方法如图 2—25 所示。

（1）棱面 *ABCD* 为铅垂面，其水平投影 *abcd* 具有积聚性，所以 *M* 点的水平投影 m 必须在 *abcd* 上，过 m' 向下作出垂线与水平投影 *abcd* 的交点即为所求的 m。

（2）按照“三等”投影规律，根据 m' 和 m 即可求出 m''。

2. 已知顶面上 *N* 点的水平投影 n，同样可求出它的正面投影 n' 和侧面投影 n''。

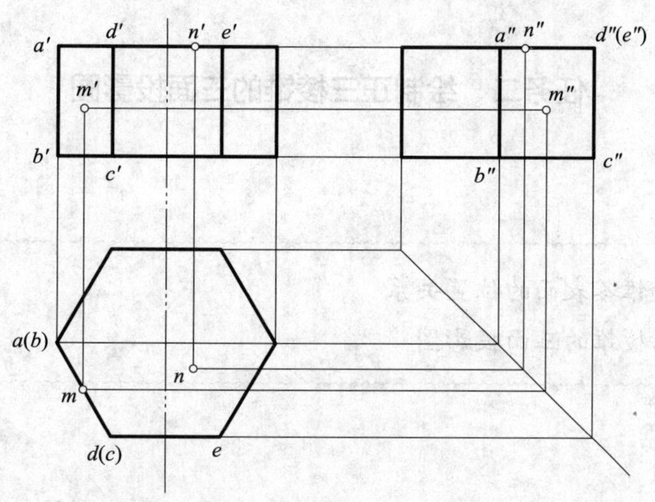

图 2—25 棱柱的投影图及其表面上取点

思考与练习

分析如图 2—26 所示三棱柱的投影特性，并绘制其三面投影图（尺寸从图中直接量取）。

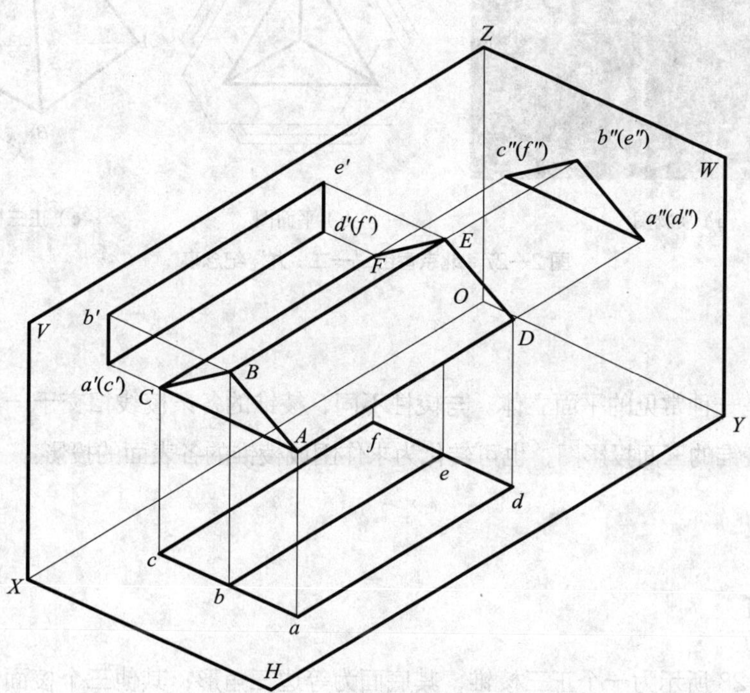

图 2—26 三棱柱的三面投影图

任务二 绘制正三棱锥的三面投影图

任务目标

◇能分析正三棱锥各表面的位置关系

◇准确绘制正三棱锥的三面投影图

任务提出

如图 2—27 所示“一二·九”纪念亭，整个亭子形成一个正三棱锥，学习绘制图 2—27c 中正三棱锥的三面投影图。

a）实物图　b）平面图　c）正三棱锥立体图

图 2—27 北京香山“一二·九”纪念亭

任务分析

棱锥也是一种常见的平面立体。与棱柱不同，棱锥的各条棱线相交于一点，棱面是三角形。求作棱锥的三面投影图，也可转化为求作围成棱锥的各表面的投影。

相关知识

一、形状特征

如图 2—28 所示为一个正三棱锥，其底面为等边三角形；其他三个棱面也是等腰三角形，且交于顶点 S。

二、投影分析

如图 2—28 所示，将正三棱锥放入投影体系，其底面与 *H* 面平行，为水平面；*SAC* 棱面为侧垂面，其他两个棱面为一般位置平面。底边 *AB*、*BC* 为水平线，*AC* 为侧垂线；棱线 *SB* 为侧平线，*SA*、*SC* 为一般位置直线。

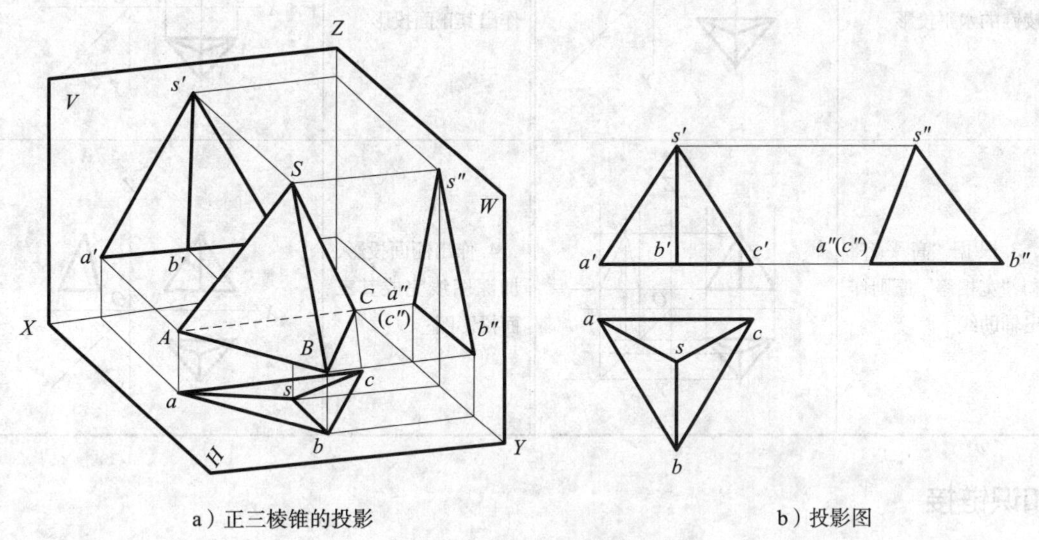

a）正三棱锥的投影　　b）投影图

图 2—28　正三棱锥的投影

1. *H* 面投影

H 面投影为反映底面实形的等边三角形。三个棱面的投影表现为类似性。顶点投影重合于等边三角形的垂心。

2. *V* 面投影

V 面投影为两个三角形。其中底面投影积聚为最下方的一条直线段，左、右棱面的投影仍为三角形，后棱面的投影也是三角形。*SA*、*SB*、*SC* 三棱线交于顶点 *S*。

3. *W* 面投影

W 面投影为一个三角形。其中底面投影积聚为最下方的一条直线段；后方棱面投影积聚为最后方的一条直线段；左、右棱面的投影仍为三角形，且相互重合。

任务实施

正三棱锥三面投影图的具体绘图步骤见表 2—8。

表 2—8　　正三棱锥三面投影图的绘图步骤

绘图步骤	图示	绘图步骤	图示
1. 绘制坐标轴并作中心定位线，作正三棱锥的水平投影	Z X O Y	2. 根据“长对正”原则和棱锥的高度作出其正面投影	Z X O Y
3. 根据“高平齐”和“宽相等”原则作出辅助线	Z X O Y	4. 作出侧面投影，加深图线完成其三面投影图	Z X O Y

知识链接

棱锥表面上取点

组成棱锥的表面有特殊位置平面，也有一般位置平面。特殊位置平面上点的投影可利用平面的积聚性作图。一般位置平面上的点，可选取适当辅助直线作图。

如图 2—29 所示，*L* 点在棱面 *SBC* 上，已知 *L* 点的正面投影 *l′*，求 *L* 点的其他投影。

作图方法：

（1）棱面 *SBC* 为一般位置平面，过顶点 *S* 及 *L* 点作一条辅助线 *SD*，在 *V* 面上连接 *s′l′* 并延长至 *b′c′*，得 *s′d′*。

（2）过 *d′* 向下作垂线与 *BC* 相交得 *d*，连接 *sd*，过 *l′* 作垂线与 *sd* 相交即可求出 *l*。

（3）根据 *l* 和 *l′* 即可求出 *l″*。

如图 2—29 所示，*K* 点在棱面 *SAB* 上，已知 *K* 点的正面投影 *k′*，求 *K* 点的其他投影。

作图方法：

（1）过 *K* 点在 *SAB* 面上作 *AB* 的平行线 12，即在 *V* 面上过 *k′* 作 1′2′ // *a′b′*。

（2）过 1′ 作垂线与 *sa* 相交得 1，再过 1 作 *AB* 的平行线，并过 *k′* 作垂线与平行线相交可求出 *k*。

（3）根据 *k* 和 *k′* 即可求出 *k″*。

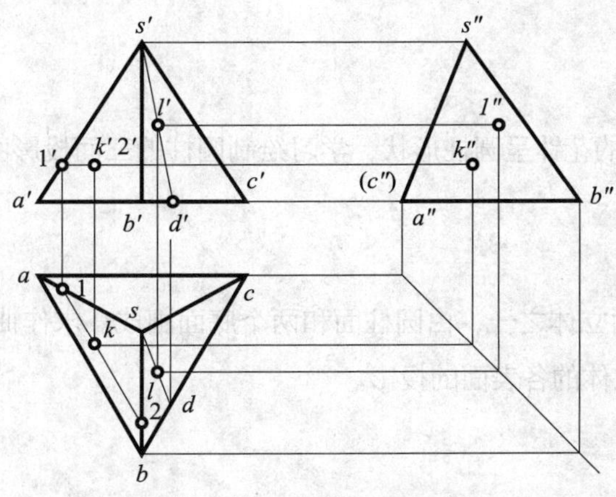

图 2—29　正三棱锥表面取点

思考与练习

分析如图 2—30 所示正五棱锥的投影特性，并绘制其三面投影图。底面正五边形内切于直径为 50 mm 的圆，五棱锥的高度为 30 mm。

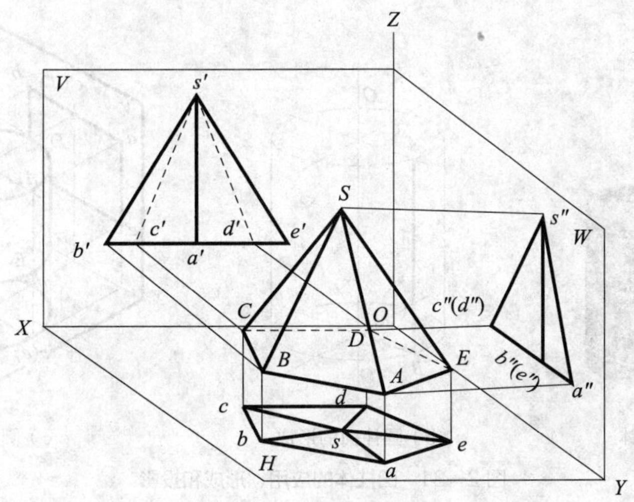

图 2—30　正五棱锥的三面投影

任务三　绘制圆柱体的三面投影图

任务目标

◇能分析曲面的投影规律

◇准确绘制圆柱体的三面投影图

任务提出

如图 2—31a 所示的花钵呈圆柱形状，学习绘制圆柱的三面投影图。

任务分析

圆柱是常见的曲面立体之一，由圆柱面和两个底面围成。求作曲面立体的投影也可以转化为求作围成曲面立体的各表面的投影。

相关知识

一、圆柱面的形成

如图 2—31b 所示，由一条直线 AB 绕与之平行的固定轴线 OO 回转形成的曲面，称为圆柱面，轴线 OO 称为回转轴，直线 AB 称为母线。母线处于曲面上任一位置时称作素线。

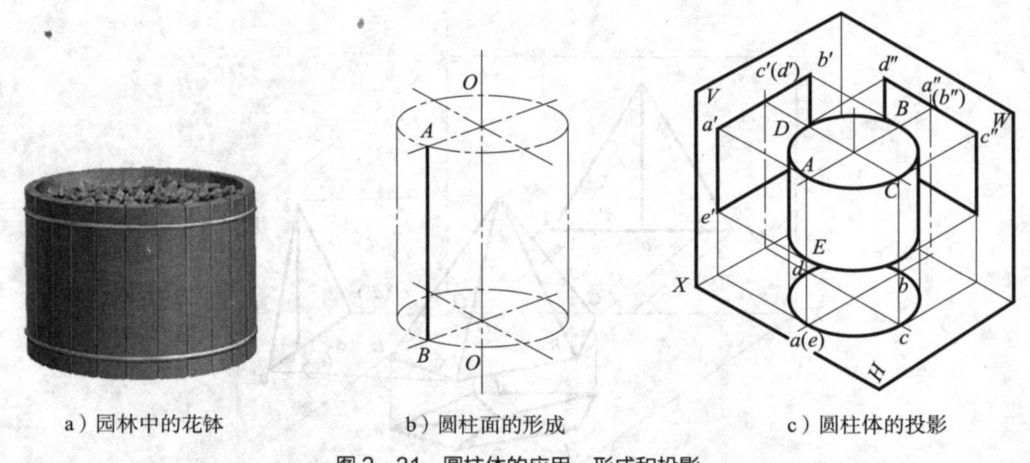

a）园林中的花钵 b）圆柱面的形成 c）圆柱体的投影

图 2—31 圆柱体的应用、形成和投影

二、投影分析

将圆柱体铅垂摆放于三面投影体系中，则其上、下底面为水平面，圆柱曲面为铅垂面。

1. *H* 面投影

H 面投影为反映上、下底面实形的圆，圆柱棱面的水平投影积聚在圆周上。

2. *V* 面投影

V 面投影为一个矩形线框。上、下两边线分别是上、下底面的积聚投影；左、右两边线分别是圆柱最左、最右处素线的投影。

3. W面投影

W面投影为一个矩形线框。上、下两边线分别是上、下底面的积聚投影；前、后两边线分别是圆柱最前、最后处素线的投影。

任务实施

圆柱体三面投影的具体绘图步骤见表 2—9。圆柱体底面圆直径为 30 mm，圆柱体高度为 40 mm。

表 2—9　　圆柱体三面投影的绘图步骤

绘图步骤	图示	绘图步骤	图示
1. 根据圆柱直径画出中心线及圆柱的水平投影图		2. 按对应关系及圆柱高度完成圆柱的正面投影图	
3. 按投影关系确定侧面投影图		4. 检查底图、加深图线，完成圆柱的三面投影图	

知识链接

圆柱体表面上的点、线

1. 圆柱体表面上的点

如图 2—32a 所示，圆柱体表面上有一点 A，已知点 A 的正面投影 a 和点 A 的高度，如何确定它在其他投影面上的投影？

如图 2—32 所示，圆柱体的圆柱面为铅垂面，水平投影积聚为一个圆，A 点的水平投影 a 也积聚在圆上；依据点的投影规律“长对正”和点 A 的高度即可确定点 A 的 V 面投影 a'；依据“宽相等”和“高平齐”即可做出点 A 的 W 面投影 a''。

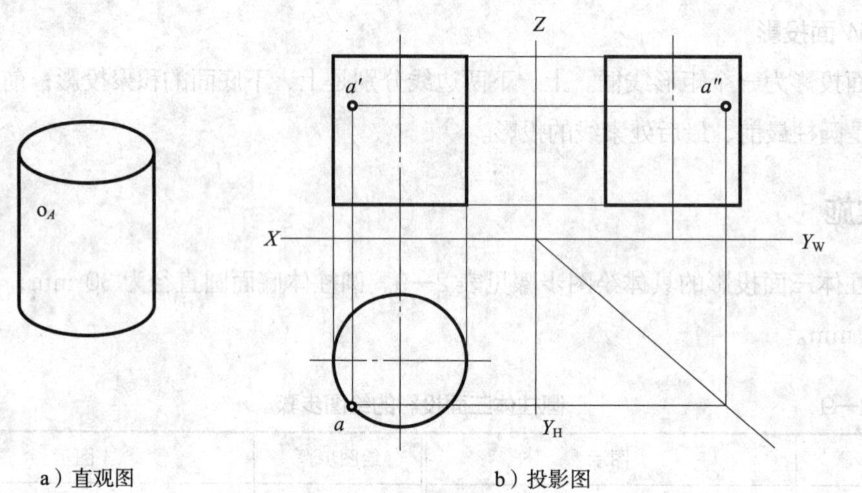

a）直观图　　b）投影图

图 2—32　圆柱体表面上的点

2. 圆柱体表面上的线

如图 2—33 所示，在圆柱体前方表面上有一线段 AB。它的正面投影已知，如何确定它的其他两面投影？

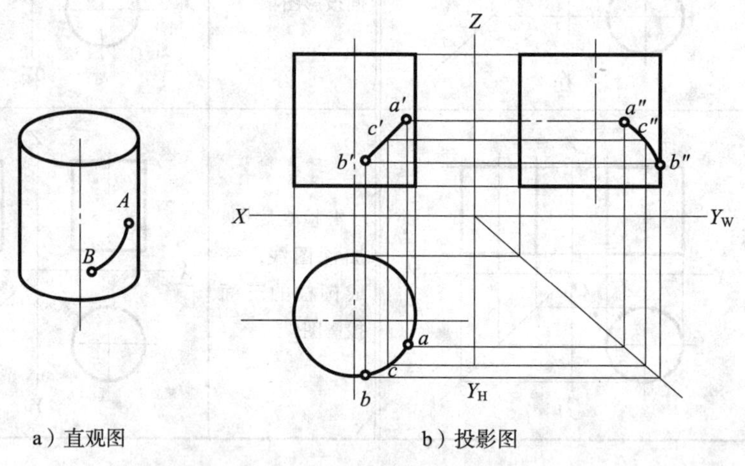

a）直观图　　b）投影图

图 2—33　圆柱体表面上的线

根据圆柱的投影规律，曲线 AB 的水平投影积聚在圆周上，根据点的投影规律，在水平投影上找到 a、b，圆弧 AB 则为曲线 AB 的水平投影。在侧面投影上找到 a''、b''。为了作图准确，在曲线 AB 中间任找一点 C，根据 c、c' 确定 c''。用光滑的弧线连接 a''、c''、b''，则曲线 $a''c''b''$ 为曲线 AB 的侧面投影。

思考与练习

完成如图 2—34 所示曲面立体的水平投影，并由表面上 A、B、D 三点的一个投影求其他投影。

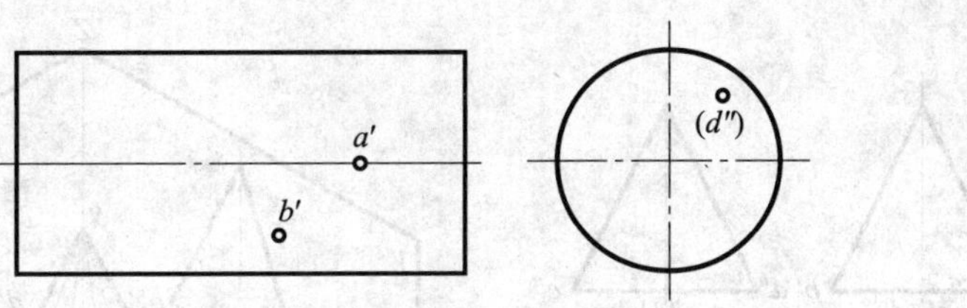

图 2—34　圆柱及其表面上点的投影

任务四　绘制圆锥体的三面投影图

任务目标

◇掌握圆锥体的三面投影规律

◇准确绘制圆锥体的三面投影图

任务提出

如图 2—35 所示的亭，其亭顶是一个圆锥体，学习绘制圆锥体的三面投影图。

图 2—35　园林中的凉亭

任务分析

圆锥体也是一种常见的曲面立体。求作圆锥体的三面投影也可以转化为求作围成圆锥体的各表面的投影。

相关知识

一、圆锥面的形成

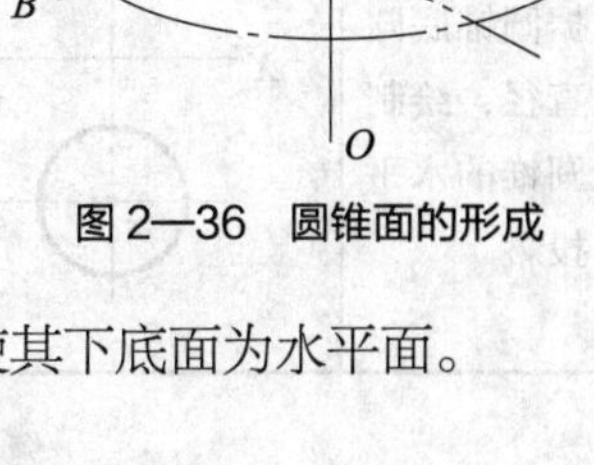

如图 2—36 所示圆锥体由圆锥面及底平面所围成。圆锥面为一曲面，由一直线 *AB*（母线）绕与它相交的轴线 *OO* 回转而形成。

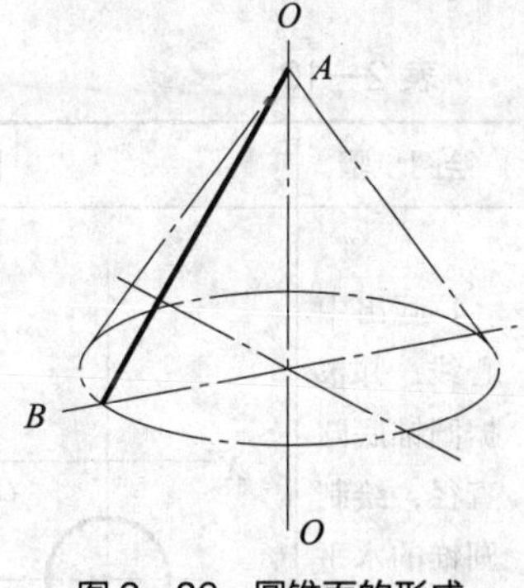

图 2—36　圆锥面的形成

二、投影分析

如图 2—37 所示，将圆锥体铅垂摆放于三面投影体系中，使其下底面为水平面。

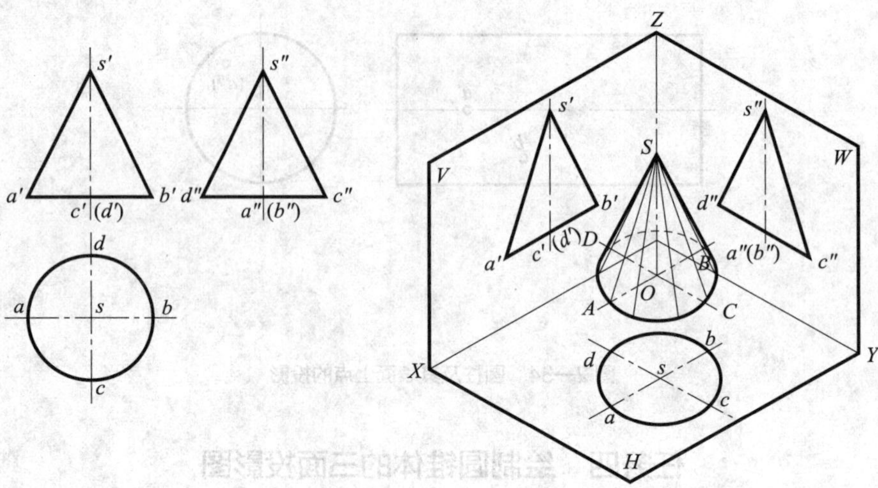

图 2—37　圆锥体的三面投影

1. *H* 面投影

H 面投影为反映底面实形的圆，圆锥面的投影完全重叠在圆上。圆心 *s* 是锥顶的投影。

2. *V* 面投影

V 面投影为一等腰三角形。底边为底面的积聚性投影，左、右两边线是圆锥最左、最右处素线的投影。

3. *W* 面投影

W 面投影为一等腰三角形。底边为底面的积聚性投影，前、后两边线是圆锥最前、最后处素线的投影。

任务实施

圆锥体三面投影图的具体绘图步骤见表 2—10。已知圆锥体底面圆的直径为 40 mm，圆锥体高度为 30 mm。

表 2—10　　圆锥体三面投影图的绘制步骤

绘图步骤	图示	绘图步骤	图示
1. 画出中心线，并根据圆锥底圆直径，绘制圆锥的水平投影	Z X Y_W O s Y_H	2. 按投影关系和圆锥高度，画出正面投影	s′ Z X Y_W O s Y_H

续表

绘图步骤	图示	绘图步骤	图示
3. 按投影关系画出侧面投影	s′ Z s″ X O Y_W s Y_H	4. 检查底图、加深图线，完成其三面投影图	s′ Z s″ X Y_W s Y_H

知识链接

圆锥表面上取点

1. 素线法

如图 2—38 所示，已知圆锥表面上一点 N 的正面投影 n'，可采用素线法求 N 点的水平投影 n 和侧面投影 n''。

先过 n' 作素线 SA 的正投影 $s'a'$，然后由 $s'a'$ 求出水平投影 sa，再由 n' 根据投影规律作出 n 和 n''，如图 2—38b 所示。

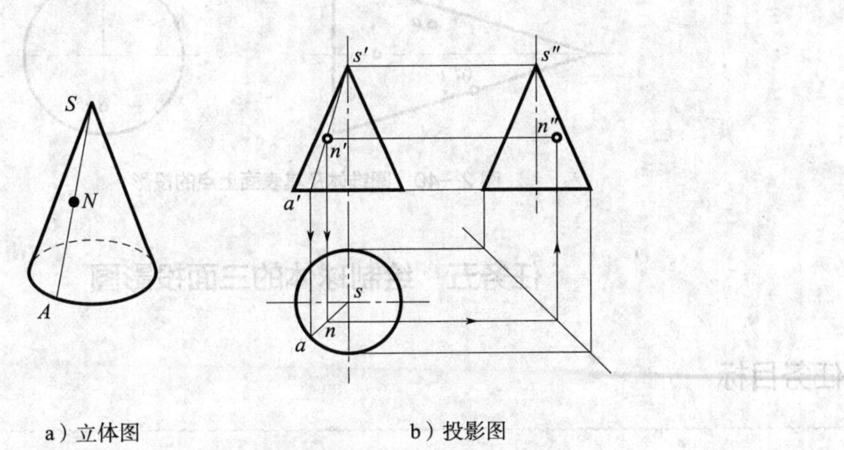

a）立体图　　b）投影图

图 2—38　素线法在圆锥体表面取点

2. 纬圆法（辅助圆法）

设想将圆锥面沿水平方向切成许多圆，每个圆均平行于 H 面，这些圆称为纬圆。锥面上任何一点都在与其等高的纬圆上，因此只要求出该点的纬圆投影，即可求出该点的投影。

如图 2—39 所示，先过 k' 作纬圆的正面投影（积聚为一直线），并画出纬圆的水平投影，然后由 k' 求出 k，再由 k 及 k' 求出 k''。

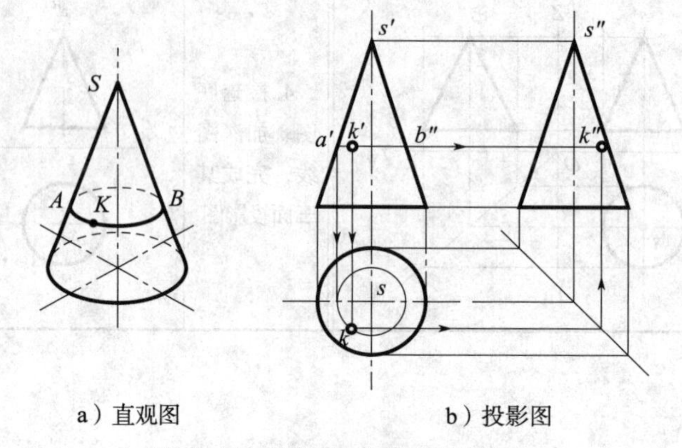

图 2—39　纬圆法在圆锥体表面取点

思考与练习

完成如图 2—40 所示曲面立体的水平投影，并求由其表面上 A、B、C、D 四点的一个投影求其他投影。

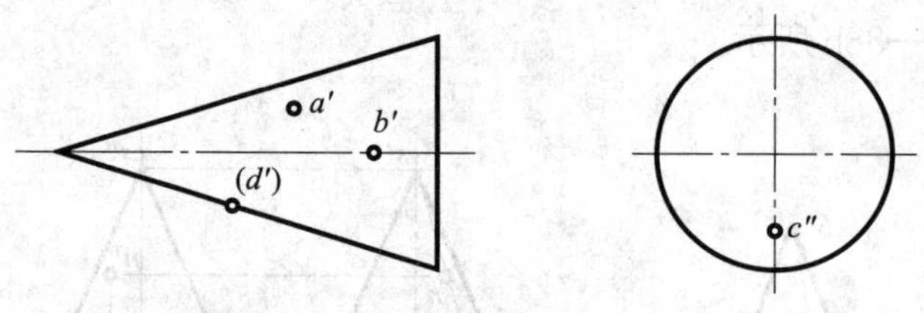

图 2—40　圆锥体及其表面上点的投影

任务五　绘制球体的三面投影图

任务目标

◇掌握球体的三面投影规律

◇准确绘制球体的三面投影图

任务提出

园林小品中园灯的基本形状多为球体，如图 2—41 所示。学习绘制球体的三面投影。

任务分析

球体也是一种常见的曲面立体，求作球体的三面投影关键是了解球面的形成及投影规律。

相关知识

一、球面的形成

球体的球面是由半圆的弧线 $\overset{\frown}{ABC}$ 绕 OO 轴旋转而成的。球面上的素线是半圆弧线，如图 2—41 所示。

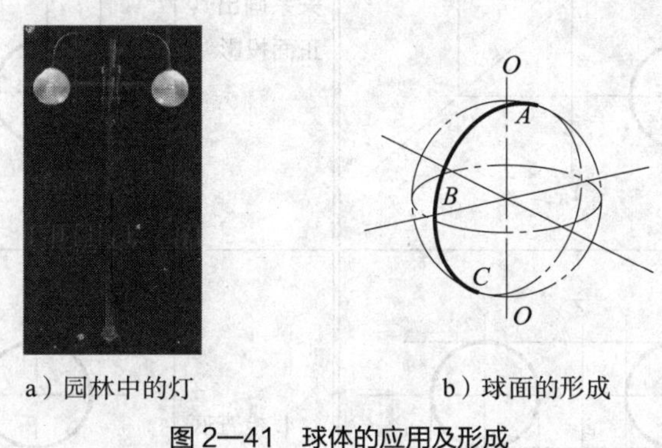

a）园林中的灯　　b）球面的形成

图 2—41　球体的应用及形成

二、投影分析

球体的三面投影均为圆，是球体上与三个投影面分别平行并过球心的圆的投影，如图 2—42 所示。

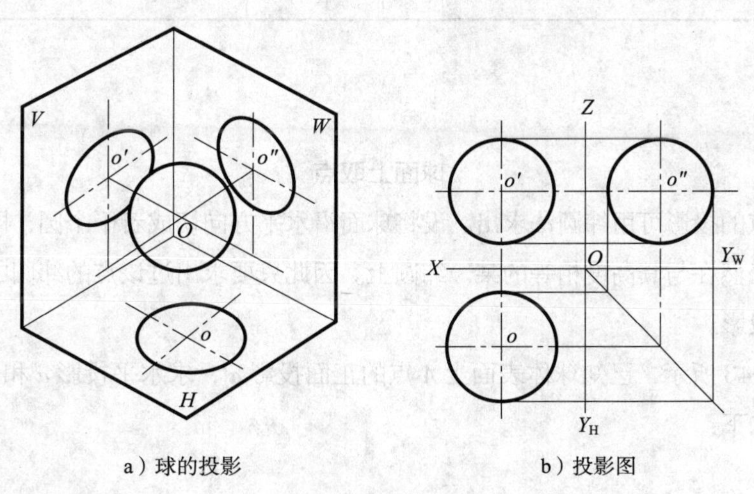

a）球的投影　　b）投影图

图 2—42　球体的投影

任务实施

球体三面投影图的具体绘图步骤见表 2—11。球体直径为 30 mm。

表 2—11　　球体三面投影图的绘图步骤

绘图步骤	图示	绘图步骤	图示
1. 画出中心线并根据球的直径画出球体的水平投影	Z X Y_W Y_H	2. 按投影关系画出其正面投影	Z X Y_W Y_H
3. 按投影关系画出其侧面投影	Z X Y_W Y_H	4. 检查底图、加深图线，完成其三面投影	Z X Y_W Y_H

知识链接

球面上取点

球面上点的投影可用纬圆法求出。设将球面沿水平方向切成若干个圆，即纬圆，球面上任意一点必然在与其高度相等的某一纬圆上。因此只要求出过该点的纬圆的投影，即可求出该点的投影。

如图 2—43 所示，已知球体表面上 A 点的正面投影 a'，求水平投影 a 和侧面投影 a''。其作图方法如下：

（1）过 a' 作纬圆的正面投影（积聚为一直线）。

（2）求出纬圆的水平投影。

（3）由 a' 求出 a，再由 a 和 a' 求出 a''，并判断其可见性。

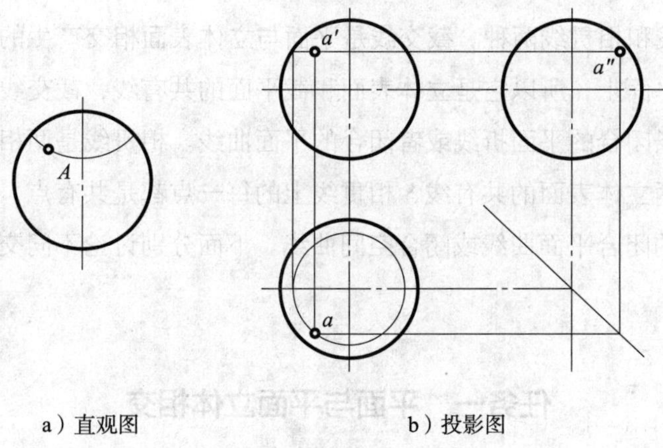

a）直观图　　b）投影图

图 2—43　球面上点的投影

思考与练习

完成如图 2—44 所示曲面立体的侧面投影，并由其表面上 A、B、C、D 四点的一个投影求其他投影。

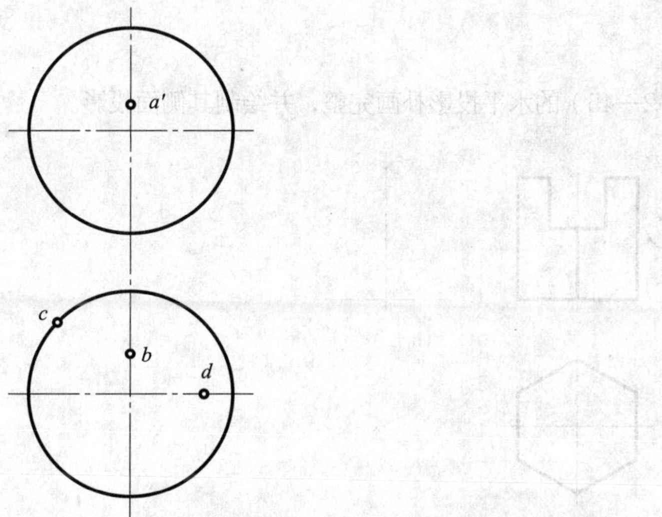

图 2—44　球体及其表面上点的投影

课题四
绘制立体表面的交线

交线有截交线和相贯线两种。截交线是平面与立体表面相交产生的线。它既在立体表面上，又在截平面上，所以它是立体表面和截平面的共有线，截交线上的每一点都是共有点，它是一条闭合的平面折线或者闭合的平面曲线。相贯线是两相交立体表面上产生的交线。它是两立体表面的共有线，相贯线上的每一点都是共有点，它是一条由若干段平面曲线组成的闭合平面曲线或闭合空间曲线。下面分别讨论不同交线的具体形状及其作图方法。

任务一 平面与平面立体相交

任务目标

◇了解平面与平面立体相交时截交线的特点
◇掌握被平面截切的平面立体三面投影图的绘制方法

任务提出

将开槽的正六棱柱（见图 2—45）的水平投影补画完整，并绘制其侧面投影。

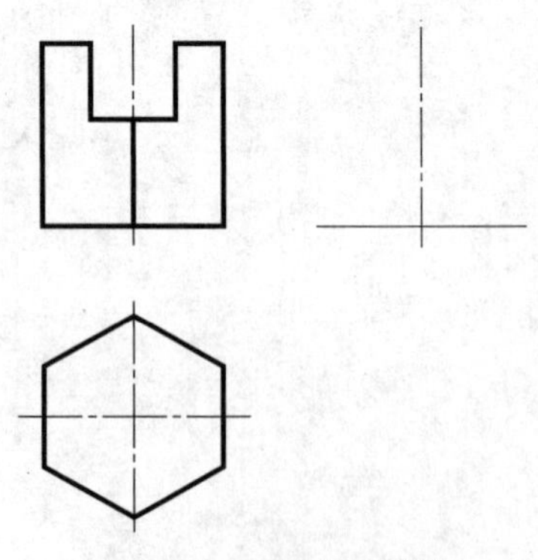

图 2—45 开槽的正六棱柱

任务分析

如图 2—45 所示，开槽的正六棱柱被三个平面所截切（两个侧平面，一个水平面），要将其三面投影图绘制完整，关键在于分析各个截平面与六棱柱的哪几个表面相交？相对投影面分别是什么位置的交线？三个截平面之间是否产生交线？绘制这些交线的要点是什么？

相关知识

一、截平面、截交线和截切体的概念

在几何学中将表面全是平面的立体称为平面立体。平面立体的每个表面都是平面多边形，称为棱面，棱面的交线称为棱线。

平面与平面立体相交，可看作是由平面截切立体。该平面称为截平面，截切以后的立体称为截切体，截平面与立体表面的交线称为截交线，如图 2—46 所示。

二、求平面立体截交线的方法

平面立体的截交线是由直线段组成一个平面多边形，多边形的各边是截平面与被截切表面（棱面）的交线，多边形的各顶点是截平面与被截立体棱线的交点。因此，求作平面立体的截交线可归结为以下方法：

1. 棱线法。求出各棱线与截平面的交点，然后依次连接各点即得截交线。其实质是直线与平面相交求交点的问题。

2. 棱面法。求出各棱面与截平面的交线，即得截交线。其实质是两平面相交求交线的问题。

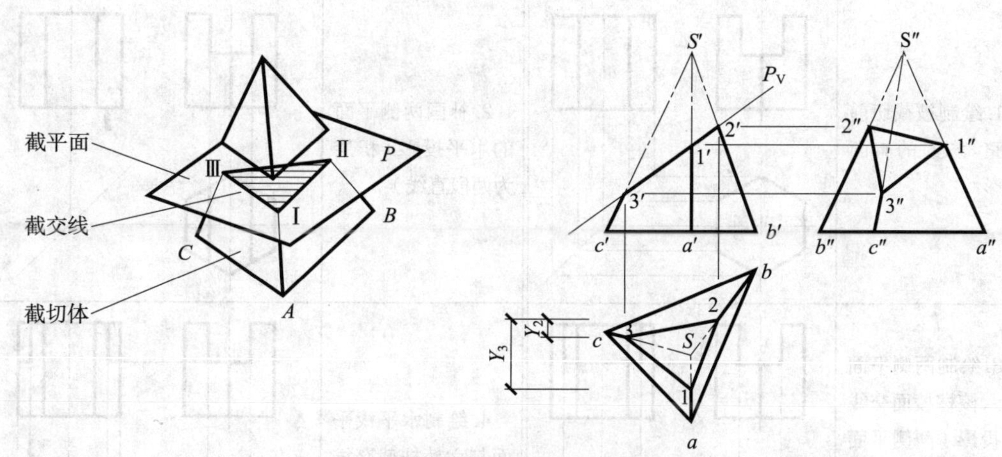

图 2—46 平面截切三棱锥

如图 2—46 所示，已知三棱锥被一正垂面截切，求其三面投影图。

分析：三棱锥被平面 *P* 所截切。平面 *P* 与三棱锥的三个棱面都相交，所以截交线为三

角形，它的三个顶点Ⅰ、Ⅱ、Ⅲ为三棱锥的三条棱线与截平面的交点。由于截平面 P 为正垂面，故截交线的正面投影积聚为一条倾斜直线段，水平投影和侧面投影均为三角形。

作图步骤：

1. 画出被截切前完整三棱锥的三面投影。

2. 在 V 面投影上画出截平面 P_V。

3. 求截交线上各点的投影。利用截平面的积聚性直接标出截交线三角形三个顶点的 V 面投影 1′、2′、3′，再根据直线上点的投影规律由 1′、2′、3′ 求出 1、2、3 和 1″、2″、3″。

4. 画出截交线的 H 面投影和 W 面投影。依次相连 1、2、3 和 1″、2″、3″，即得截交线的 H 面投影和 W 面投影，均为可见。

5. 加深截切后的轮廓线。

任务实施

如图 2—45 所示，开槽正六棱柱是正六棱柱体被三个截平面（两个侧平面、一个水平面）所截切形成的截切体。补画被截切形体投影图的方法是：先将被截切前完整形体三面投影图补画完整；再分别作出各个截平面与形体表面的截交线，截平面之间形成的交线，并判断其可见性；最后删除不必要的图线，整理加深即可。

补全开槽正六棱柱三面投影图的具体步骤见表 2—12。

表 2—12　**补全开槽正六棱柱三面投影图的绘图步骤**

绘图步骤	图示	绘图步骤	图示
1. 绘制被截切前完整六棱柱的 W 面投影		2. 补画两侧平面的水平投影（积聚为两段直线）	
3. 绘制两侧平面与六棱柱棱面交线的投影（两侧平面与六棱柱前后四个棱面的截交线为四条铅垂线）		4. 绘制水平截平面与六棱柱截交线的侧面投影	

续表

绘图步骤	图示	绘图步骤	图示
5. 绘制各截平面之间的交线（两个侧平截平面与一个水平截平面的交线是两条正垂线，因其侧面投影不可见，故画成虚线）		6. 去除被切除棱线的侧面投影（由于正六棱柱被开槽，最前方和最后方的铅垂棱线被切除一部分，故在棱线的侧面投影上要去除相应的图线）	
7. 最后检查清理图面，去除多余图线，加深轮廓线			

思考与练习

补画如图 2—47 所示歇山屋面的水平投影。

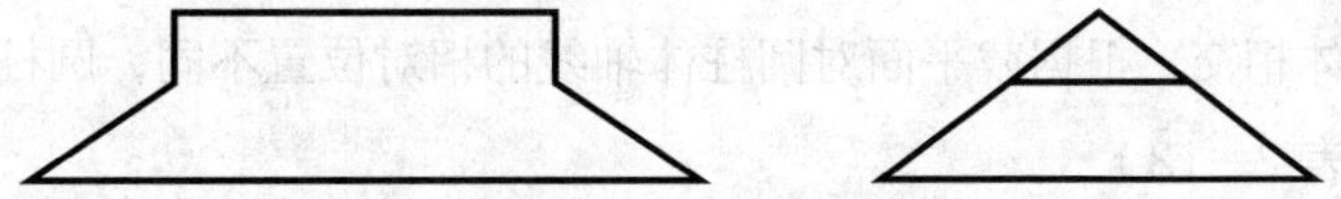

图 2—47 歇山屋面

任务二 平面与曲面立体相交

任务目标

◇了解平面与曲面立体相交时截交线的特点

◇掌握被平面截切的曲面立体三面投影图的绘制方法

任务提出

绘制如图 2—48 所示桥座的三面投影图。

图 2—48 桥座

任务分析

绘制如图 2—48 所示桥座的三面投影图，关键在于半圆柱形桥洞与桥座前后棱面截交线的绘制。完成此绘制需要明确平面与圆柱面相交时截交线的形状、投影特点及其绘制要点。

相关知识

一、曲面立体截交线的特点

平面与曲面立体相交时，其截交线一般是封闭的平面曲线，截交线上的每一点都是截平面与曲面的共有点，求出一系列截交线上的点，然后依次光滑连接这些点即得截交线。

二、求曲面立体截交线的方法

由于曲面立体的截交线是截平面与曲面立体表面的共有线，截交线上的点是截平面与曲面体表面的共有点。所以求曲面立体的截交线可归结为求作立体表面上一系列直素线或纬圆与截平面的交点，然后依次连接，并判别其可见性。

平面与圆柱体相交，根据截平面对圆柱体轴线的相对位置不同，圆柱体的截交线有三种基本情况（见表 2—13）。

表 2—13 平面与圆柱体相交的三种基本情况

截平面位置	截交线形状	投影面
平行于轴线	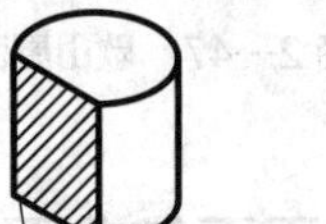 两条平行直线	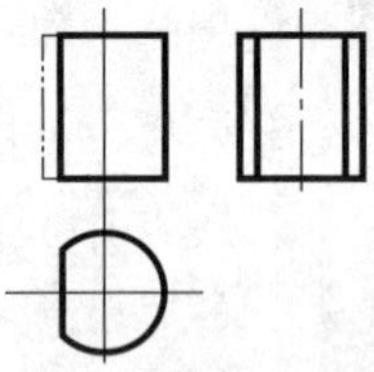
垂直于轴线	 圆	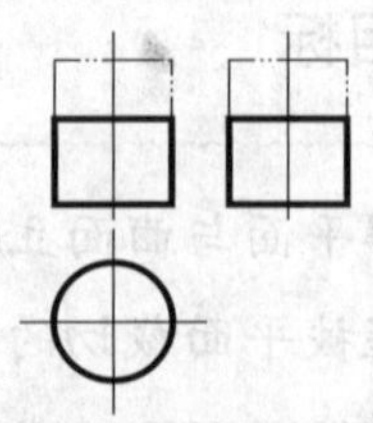

续表

截平面位置	截交线形状	投影面
倾斜于轴线	椭圆	

如图 2—49 所示，已知截切圆柱体的 V 面投影和 H 面投影，求作其 W 面投影。

分析：由图 2—49a 可知，截平面是正垂面，截交线是椭圆，其 V 面投影与截平面的 V 面投影重合，是一段倾斜直线；H 面投影重合于圆柱面的 H 面投影，是一个圆；W 面投影一般仍为椭圆，需求出椭圆上的一系列点。

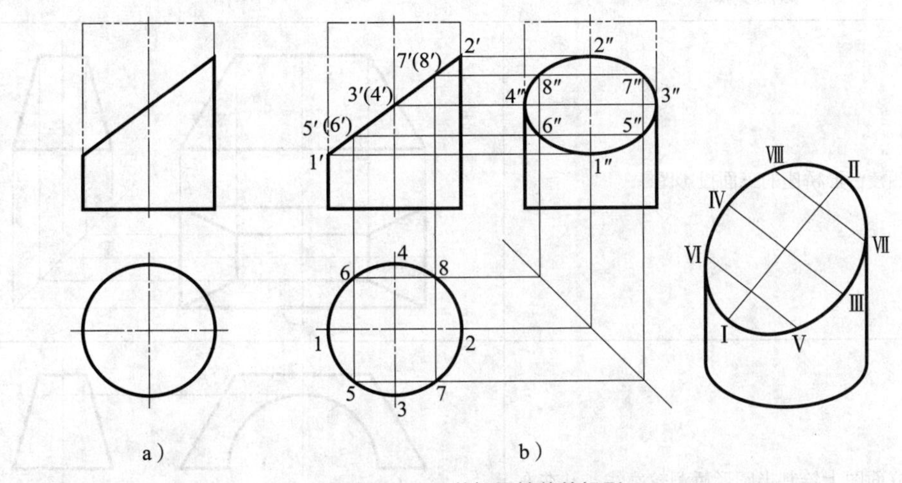

a） b）

图 2—49　截切圆柱体的投影

作图步骤：如图 2—49b 所示。

1. 画出完整圆柱的 W 面投影。

2. 求截交线上特殊点的投影。圆柱面上的点Ⅰ、Ⅱ、Ⅲ、Ⅳ是截交线上的最低、最高、最前、最后四个特殊点，也是截交线椭圆的长、短轴端点，根据它们的 H 面投影和 V 面投影可求出 W 面投影。

3. 求截交线上一般点的投影。为使截交线作图准确，还应作出一系列中间点。先在截交线的已知投影上取点，如 H 面投影上的 5、6、7、8 点，然后求出其另外两投影 5′、6′、7′、8′和 5″、6″、7″、8″。

4. 光滑连接各点的投影即得截交线的 W 面投影。

任务实施

对如图 2—48 所示桥座进行形体分析，该桥座由四棱台挖切半圆柱形桥洞构成。绘制其三面投影图的关键在于准确画出半圆柱孔与四棱台前后棱面和底面产生的截交线。由于相交棱面与半圆柱孔的轴线是倾斜关系，所以其截交线形状为四棱台前后棱面（侧垂面）上的部分椭圆，故截交线的侧面投影积聚为一条直线，而半圆柱孔的正面投影也有积聚性，所以关键在于作出截交线的水平投影（椭圆）。半圆柱形桥洞与桥座底面也相交，由于桥座底面是水平面，与半圆柱形桥洞的轴线（正垂线）平行，故其截交线是圆柱面上的两条素线即正垂线。

绘制桥座三面投影图的具体步骤见表 2—14。

表 2—14　　桥座三面投影图的绘图步骤

绘图步骤		图示
1. 绘制四棱台形桥座的三面投影图		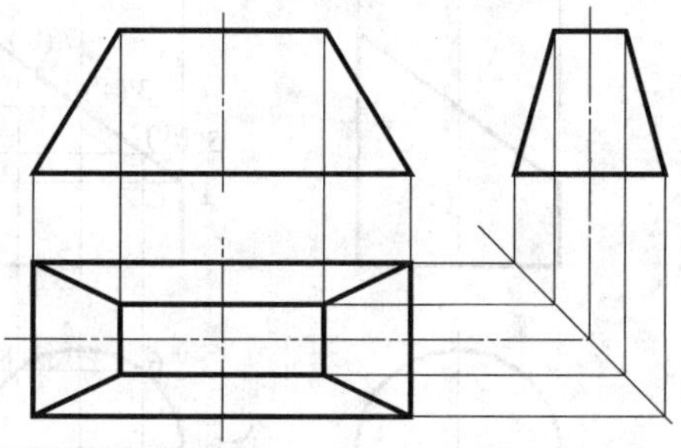
2. 在正立面图上绘制半圆形桥洞轮廓线，并在左侧立面图上作出其投影（虚线）		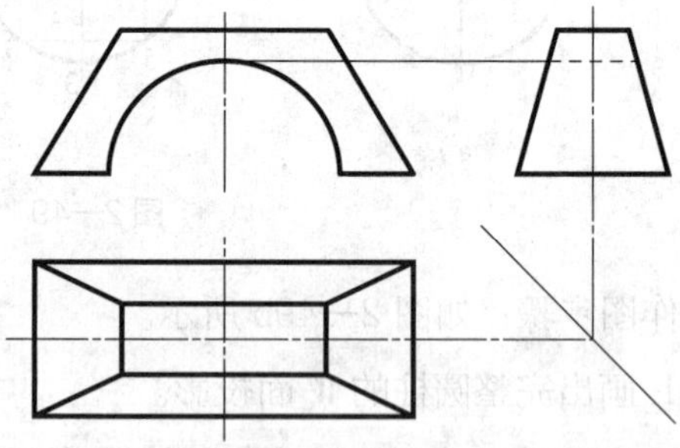
3. 绘制半圆柱面与四棱台前后棱面的截交线	（1）作出截交线上的三个特殊位置点 A、B、C 的投影	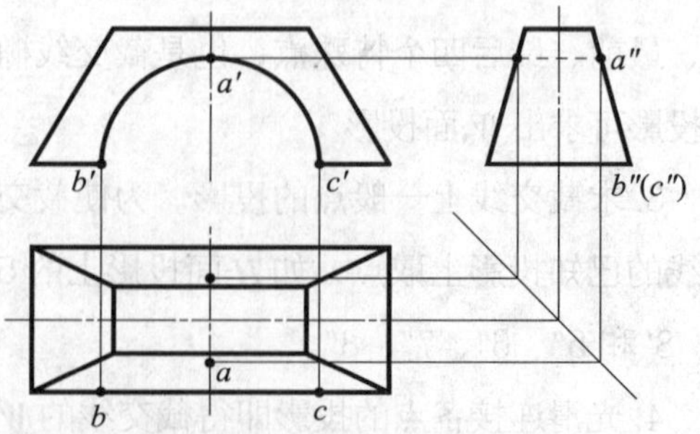

续表

绘图步骤		图示
3. 绘制半圆柱面与四棱台前后棱面的截交线	（2）作出截交线上一般位置点D、E等点的投影	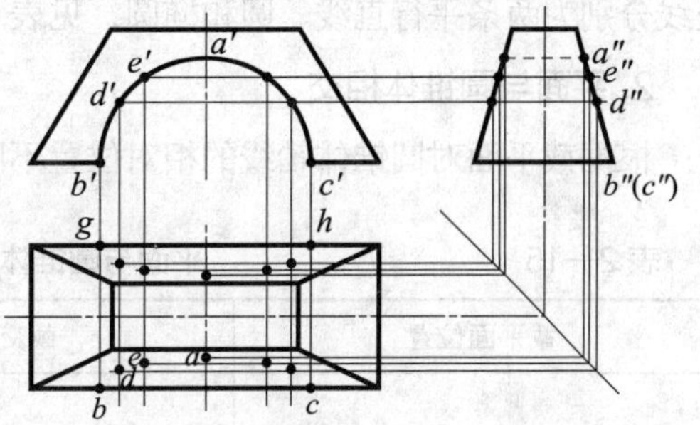
	（3）在平面图上依次光滑地连接各点的水平投影b、d、e、a等	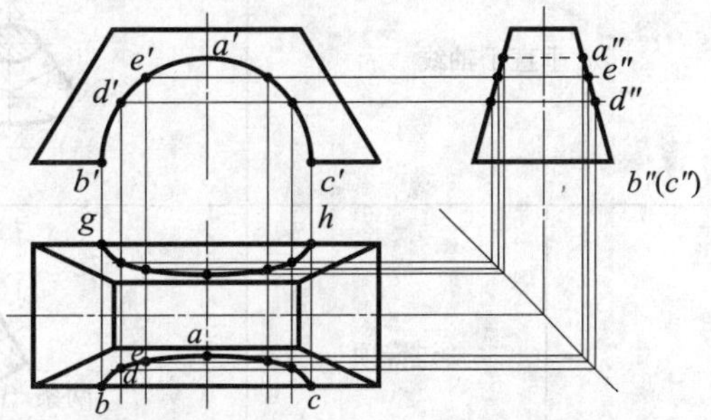
4. 绘制半圆柱形桥洞与桥座底面的交线（正垂线）的水平投影bg和ch，并删除bc和gh之间的线段（底面被切除部分）		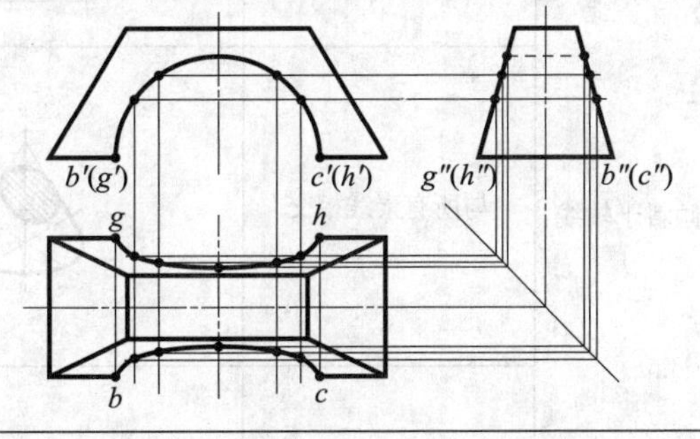
5. 最后清理图面，加深轮廓线		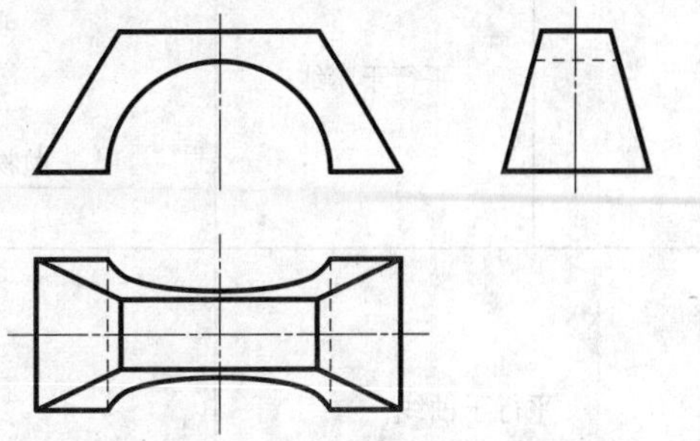

知识链接

平面与常见曲面立体相交的几种情况

常见的曲面立体包括圆柱体、圆锥体和球体。

1. 平面与圆柱体相交

根据截平面对圆柱体轴线的相对位置不同（与轴线平行、垂直、倾斜），圆柱体的截交线分别为两条平行直线、圆和椭圆，见表 2—13。

2. 平面与圆锥体相交

根据截平面对圆锥体轴线的相对位置不同，圆锥体的截交线有五种情况，见表 2—15。

表 2—15　　平面与圆锥体相交的五种情况

截平面位置		截交线形状	投影图
垂直于轴线		圆	
倾斜于轴线	过锥顶	两条素线	
	与所有素线相交	椭圆	
	平行于素线	抛物线	
平行于轴线		双曲线	

如图 2—50a 所示，已知某形体的正面投影和侧面投影，求作该形体的水平投影。

分析：如图 2—50 所示立体是由圆柱和圆锥组成的同轴回转体，切口由平行于轴线的

水平截平面 P 和垂直于轴线的侧平截平面 Q 所组成。

（1）截平面 P 与圆锥的轴线平行，故其与圆锥面的截交线为水平双曲线ⅡⅠⅢ。截平面 P 与圆柱体的轴线平行，故其与圆柱面截交线是圆柱面上的两条素线（侧垂线）ⅡⅣ和ⅢⅤ。

（2）截平面 Q 与圆柱体的轴线垂直，故其截交线为侧平圆弧线ⅣⅤⅥ。

（3）两截平面的交线是正垂线ⅣⅤ。

该形体水平投影的作图方法如图 2—50b 所示。

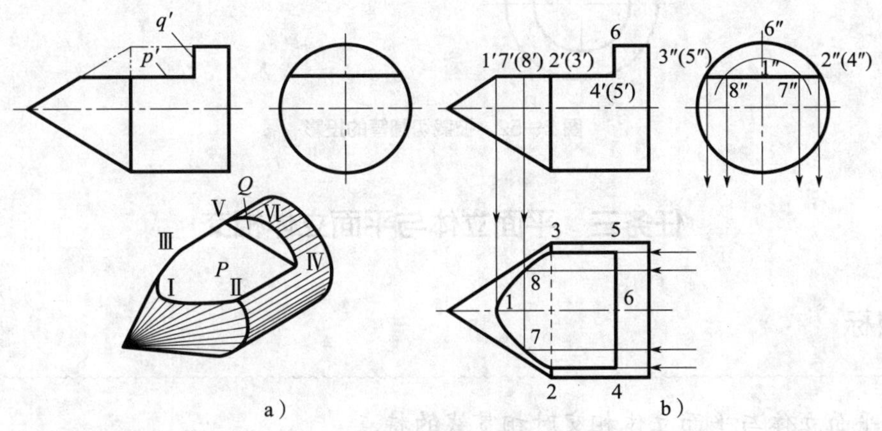

图 2—50　某形体投影图

3. 平面与球体相交

截平面与球体相交，截交线均为圆，如图 2—51 所示。但根据截平面与投影面的相对位置不同，其截交线的投影可能为圆、椭圆或积聚成一条直线。

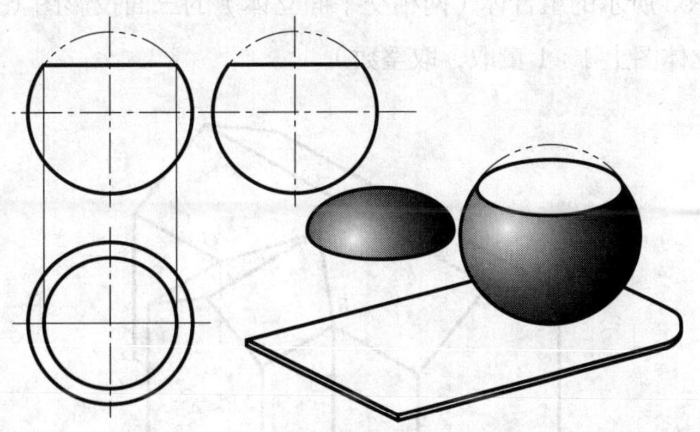

图 2—51　圆球被截切截切立体的截交线

思考与练习

补全如图 2—52 所示圆管截切后的水平投影和侧面投影。

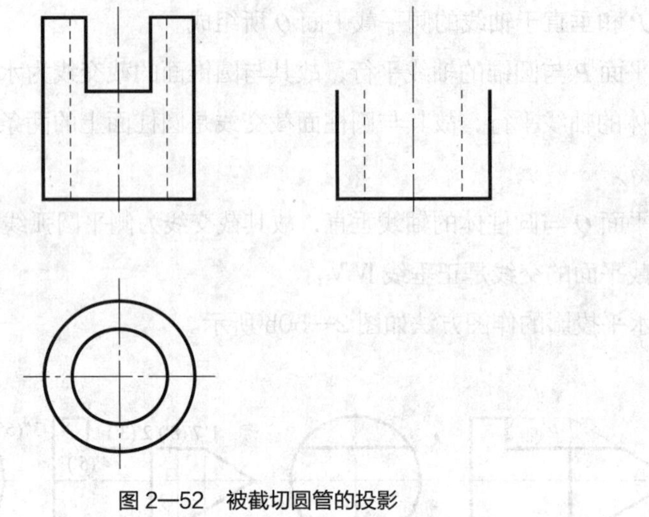

图 2—52　被截切圆管的投影

任务三　平面立体与平面立体相交

任务目标

◇了解平面立体与平面立体相交时相贯线的特点

◇掌握绘制两相交平面立体的三面投影图的方法

任务提出

绘制如图 2—53 所示的组合体（两相交平面立体）的三面投影图（长、宽、高三个方向的尺寸直接在立体图上 1∶1 量取，取整数）。

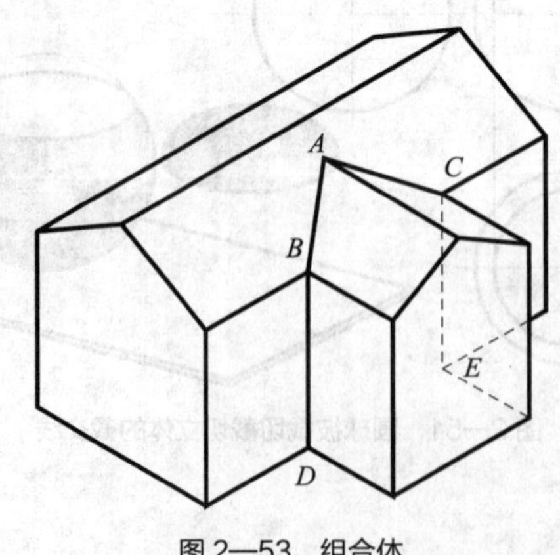

图 2—53　组合体

任务分析

根据所给图样绘制三面投影图，难点在于确定两平面立体相交产生的相贯线的位置。通过分析，明确相贯线在立体图上的位置、特点以及绘制要点。

相关知识

一、相贯线的概念

两立体相交也称两立体相贯，这样的组合立体称为相贯体，两立体表面产生的交线叫作相贯线。图 2—54a 中的封闭三角形ⅠⅡⅢ和ⅣⅤⅥ，以及图 2—54b 中端点分别为Ⅰ、Ⅱ、Ⅳ、Ⅵ、Ⅴ、Ⅲ的空间折线，是两平面立体相交产生的相贯线。

按两立体的相对位置，相贯又分为全贯和互贯。

全贯：一个立体全部贯穿另一立体为全贯，有一组相贯线或两组相贯线，如图 2—54a 所示。

互贯：两个立体互相贯穿为互贯，只有一组相贯线，如图 2—54b 所示。

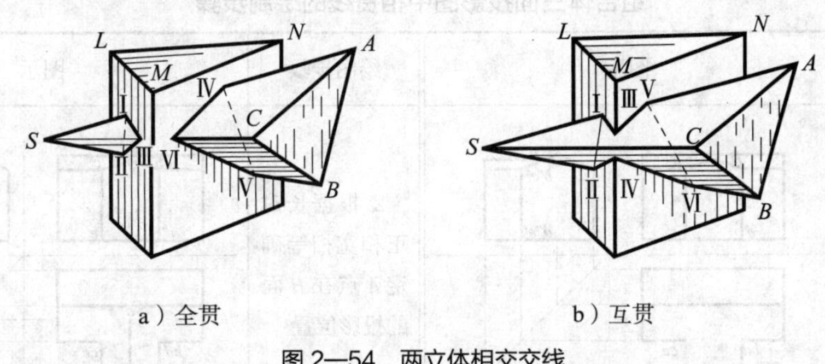

图 2—54　两立体相交交线

二、平面立体与平面立体相交时相贯线的性质和特点

性质：相贯线位于两立体的表面，相贯线是两立体表面的共有线，相贯线上的点是两立体表面的共有点。

特点：两平面立体相贯，其相贯线是平面多边形（全贯）或一条闭合的空间折线（互贯），如图 2—54 所示。相贯线的每一条线段是两立体参与相贯的表面之间的交线，相贯线上的各转折点是一个立体参与相交的棱线与另一个立体参与相交的表面的交点。

三、求两平面立体相贯线的方法

首先分析哪些棱面和棱线参与相交，其次求棱线对另一形体表面的交点，最后把各点

依次连接起来。

四、相贯线投影的可见性判断

判断每段折线的可见性，其原则如下：只有当相交的两个棱面的同面投影均属可见时，其交线在该投影面上的投影才可见；但其中的一个棱面不可见时，其交线就不可见。即只有位于两形体都可见的侧面上的交线才是可见的。

五、求相贯线的一般步骤

分析已知条件，读懂投影图，分析有几个贯穿点；求贯穿点；连接贯穿点；判别可见性（即相贯线的可见性、轮廓线重影部分的可见性）。

任务实施

运用学过的知识认真对照分析，绘制如图 2—54 所示组合体的三面投影图，具体步骤见表 2—16。

表 2—16 组合体三面投影图中相贯线的绘制步骤

绘图步骤	图示	绘图步骤	图示
1. 绘制组合形体 *V*、*W* 面视图，相贯线在其两个面上具有积聚性，绘制 *H* 面的基本轮廓		2. 根据长对正和宽相等确定 *A* 点在 *H* 面的投影位置	
3. 连接 *ab*、*ac*，即为相贯线 *AB*、*AC* 在 *H* 面的正投影		4. 清理图面	

知识链接

求作如图 2—55 所示两相交平面立体的相贯线，并补全相贯体的两面投影。

解题步骤（见图 2—56）：

1. 分析相贯线

相贯线为左右两组折线；相贯线的正面投影已知，水平投影未知；相贯线的投影前后、左右对称。

图 2—55　两相交平面立体

2. 求出相贯线上的折点Ⅰ、Ⅱ、Ⅲ、Ⅳ、Ⅴ、Ⅵ的水平投影

其中Ⅰ点的水平投影在两外轮廓线的交点处，Ⅱ点的水平投影利用长对正和屋脊线相交，Ⅲ点的水平投影则要利用Ⅱ、Ⅲ点连接延长的辅助线的方法求出。

3. 顺次连接各点，作出相贯线，并判别可见性

4. 整理轮廓线

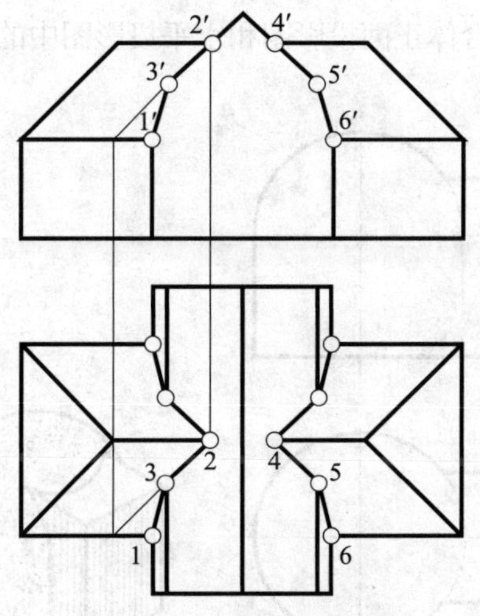

图 2—56　相贯线解题步骤

思考与练习

试绘制如图 2—57 所示的形体的三面投影图（长、宽、高三个方向的尺寸直接在立体图上 1 : 1 量取，取整数）。

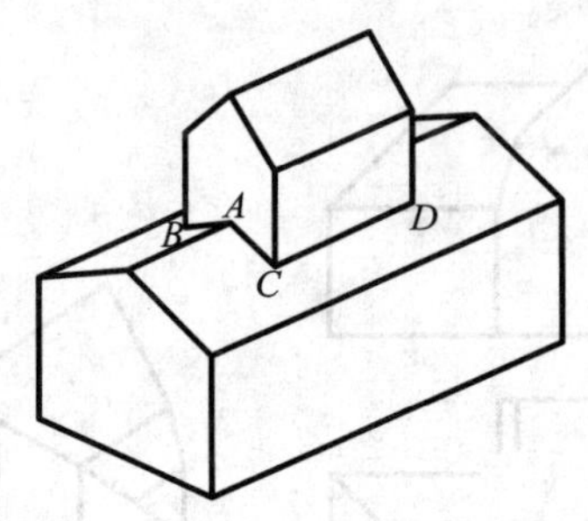

图 2—57 两平面立体相交组合形体

任务四 平面立体与曲面立体相交

任务目标

◇掌握平面立体与曲面立体相交时相贯线的特点

◇能够绘制平面立体与曲面立体相交产生的相贯线

任务提出

补全如图 2—58 所示组合体正面投影图和水平投影图中的漏线，并补画侧面投影图。

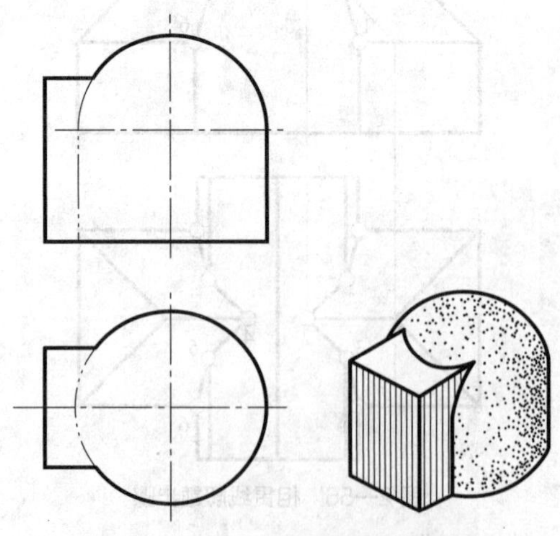

图 2—58 平面立体与曲面立体相交

任务分析

根据所给图样，绘制平面立体与曲面立体相交的组合体的三面投影图，难点在于明确两立体相交产生的相贯线的位置。通过分析明确相贯线在立体图上的位置、相贯线的形状特点以及绘制要点。

相关知识

平面立体和曲面立体相交，也称相贯，所得的相贯线一般是由若干段平面曲线或平面曲线和直线所围成。

一、平面立体与曲面立体相交时相贯线的性质及特点

性质：相贯线是平面立体和曲面立体表面的共有线，相贯线上的点是两立体表面的共有点。

特点：相贯线是由若干段平面曲线或平面曲线和直线所组成。各段平面曲线或直线，就是平面立体上各参与相交的表面与曲面立体表面的截交线。每一段平面曲线或直线的转折点，就是平面体的棱线与曲面立体表面的交点。如图 2—59 所示。

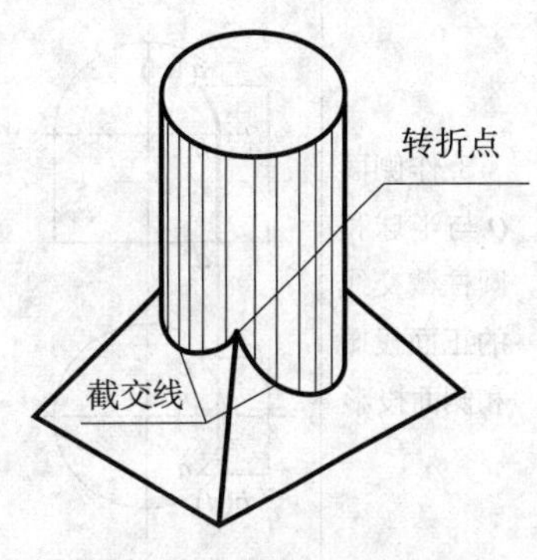

图 2—59　圆柱与四棱锥相交

二、求平面立体与曲面立体相交时相贯线的步骤

1. 分析平面立体的哪些表面和曲面立体相交，并预判每段交线的形状（根据平面与曲面相交求截交线的相关理论来判断）。

2. 求相贯线上特殊位置点的投影，即平面立体棱线与曲面立体表面的交点（相贯线上的转折点）、极限位置点（最前、最后、最左、最右、最上、最下点）。

3. 求相贯线上一般位置点的投影。

4. 依次光滑连接各点，并判别可见性，整理轮廓线。

任务实施

分析：由图 2—60 可以看出，该组合体由同轴的半球Ⅰ和圆柱Ⅱ及长方体Ⅲ组成，前后对称。长方体的顶面 P 与球面相交，截交线为圆弧 $\widehat{AC}$。前后两个侧面 Q 与球面和圆柱都相交，截交线由圆弧 $\widehat{AB}$ 和下方直线段 BD 组成。作图步骤见表 2—17。

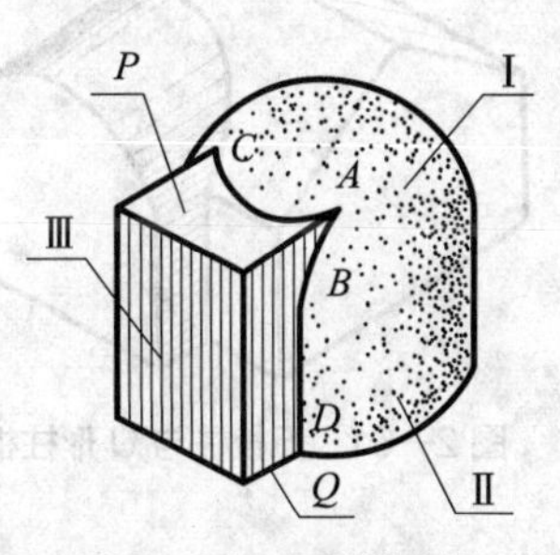

图 2—60　相贯线分析

表 2—17　　平面立体与曲面立体相交的相贯线的绘制步骤

绘图步骤	图示	绘图步骤	图示
1. 绘制组合形体左侧立面图的基本轮廓		2. 作顶面 *P* 与半球截交线的水平投影和正面投影	p' $a'(c')$ c'' a'' c a
3. 作侧面 *Q* 与半球和圆柱截交线的正面投影和侧面投影	$a'(c')$ b' d' c'' a'' b'' d'' c a q $b(d)$	4. 清理图面，加深轮廓线	

思考与练习

试绘制如图 2—61 所示形体的三面投影图（长、宽、高三个方向的尺寸直接从立体图中 1：1 量取）。

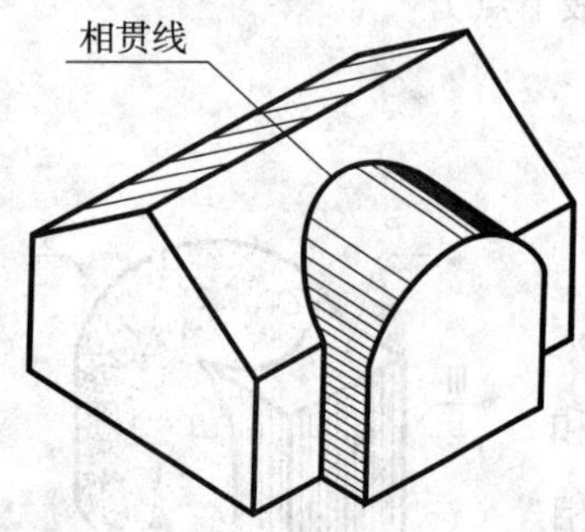

图 2—61　五棱柱与 U 形柱相交

任务五　曲面立体与曲面立体相交

任务目标

◇掌握两曲面立体相交时相贯线的特点

◇能够绘制两曲面立体相交的三面投影图

任务提出

求作如图 2—62 所示圆柱与圆锥相交的相贯线。

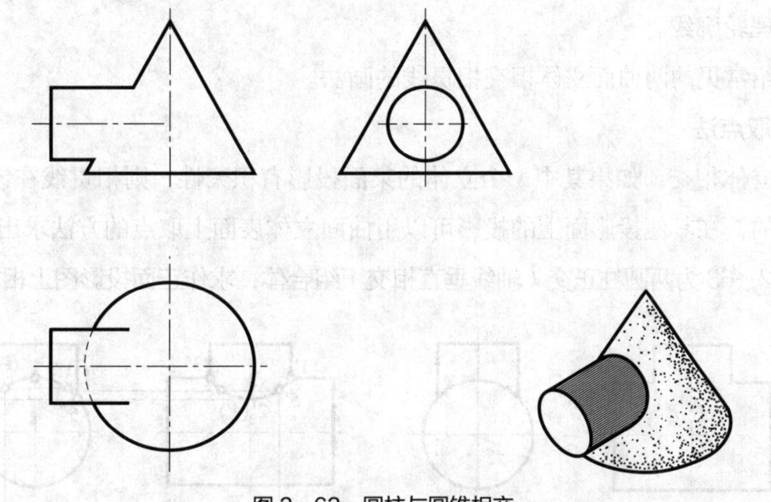

图 2—62　圆柱与圆锥相交

任务分析

根据所给圆柱与圆锥相交的立体图绘制三面投影图，难点在于明确两曲面立体相交产生的相贯线的位置。通过分析明确相贯线在立体图上的位置、相贯线的形状特点以及绘制要点。

相关知识

一、两曲面立体相交的相贯线的特点

两曲面立体相交，相贯线是两曲面立体表面的共有线，相贯线上的点是两曲面立体表面的共有点。不同的曲面立体以及不同的相贯位置，相贯线的形状不同，相贯线一般是封

闭的空间曲线，特殊情况下是平面曲线，有时可能是直线或直线与曲线的组合。图 2—62 中的相贯线为封闭的空间曲线。

二、求两曲面立体相交的相贯线的方法和步骤

首先分析两曲面立体的几何形状、大小和相对位置；分析相贯线的形状；分析两曲面立体对投影面的相对位置，两曲面立体的投影是否有积聚性，哪个投影有积聚性；分析相贯线哪个投影是已知的，哪个投影是要求作的。

相贯线的作图步骤如下：

（1）根据相贯线的已知投影，求出相贯线上特殊点的投影。

（2）根据需要，利用表面取点法或辅助平面法求出若干个一般位置点的投影。

（3）光滑且依次地连接各点，画出相贯线，并判别可见性。

（4）整理轮廓线。

下面介绍常见的两曲面立体相交相贯线的画法。

1. 表面取点法

两曲面立体相交，如果其中一个立体的某面投影有积聚性，则相贯线在该投影面上的投影是已知的，在其他投影面上的投影可以用曲面立体表面上取点的方法求出。

例：图 2—63 为两圆柱正交（轴线垂直相交）组合体，求作正面投影图上相贯线的投影。

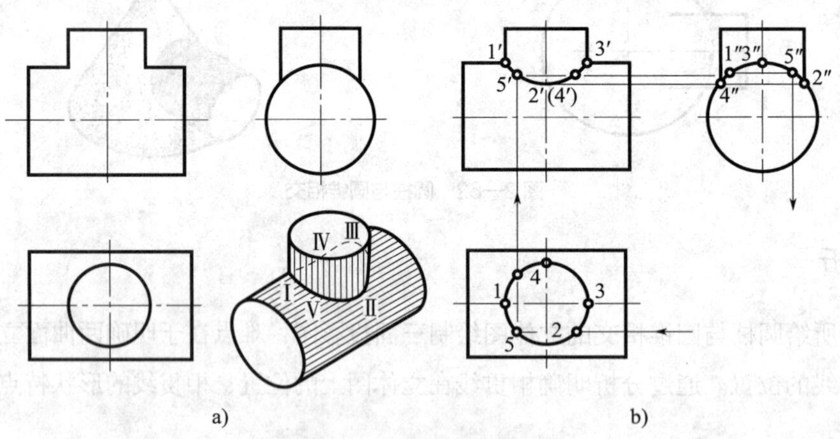

图 2—63 两圆柱正交

解：（1）分析相贯线的形状和投影特点。图示大、小圆柱正交的相贯线是前后、左右对称的空间曲线，大圆柱的侧面投影和小圆柱的水平投影都具有积聚性，相贯线已知，要作的仅是相贯线的正面投影。

（2）作特殊点。转向轮廓线上的点Ⅰ、Ⅱ、Ⅲ、Ⅳ，同时又是相贯线上最左、最右、最前、最后、最高、最低点。

（3）作中间点。为了准确画图，需要作出若干中间点。在相贯线已知的侧面投影上任取点 5″，找出水平投影 5，由 5″ 和 5 求出正面投影 5′。

（4）光滑连接各点的正面投影，完成作图。

由于圆柱面可以是外圆柱面，也可以是柱孔的内圆柱面，因此两圆柱相交，可以出现如图 2—64 所示的三种形式，但它们的相贯线形状和作图方法是相同的。

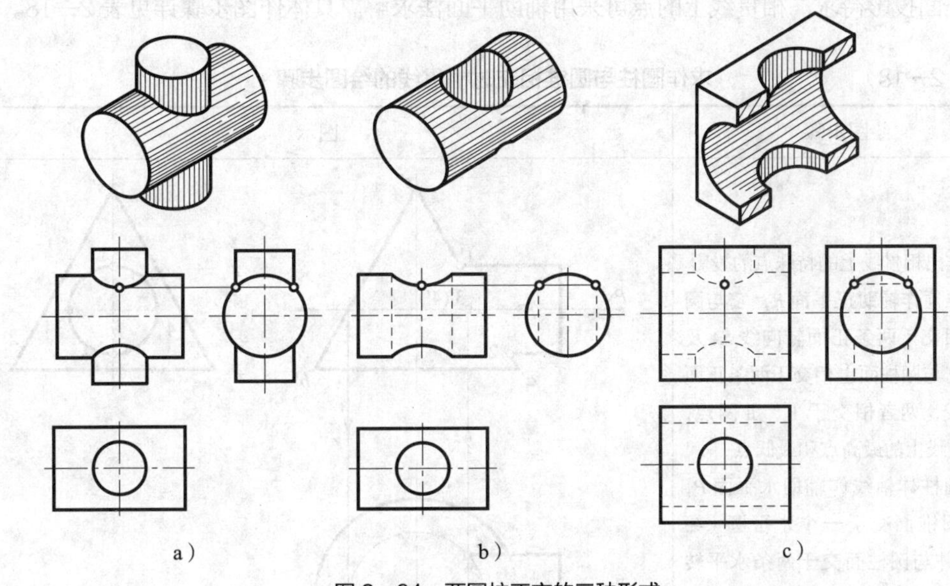

图 2—64 两圆柱正交的三种形式

2. 辅助平面法

下面介绍求作相交两回转面的共有点投影的另一种常用方法——辅助平面法。

作图原理：如图 2—65 所示为圆柱与圆锥相交。为了作出共有点，假想用一个平面 R（称为辅助平面）截切圆柱和圆锥，平面 R 与圆锥面的交线为纬圆 L_A，与圆柱面的交线为两条素线 L_1 和 L_2，L_A 与 L_1 相交于点 Ⅰ，L_A 与 L_2 相交于点 Ⅱ，这两点是辅助平面 R、圆锥面和圆柱面三个面的共有点，因此也是相贯线上的点。

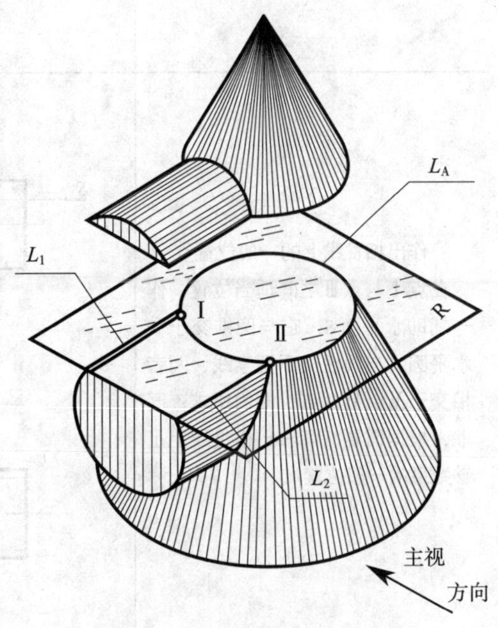

图 2—65 辅助平面法的作图原理

为了作图简便，应按以下原则选择辅助平面：

（1）辅助平面应作在两回转面相交范围内。

（2）辅助平面与两回转面的交线的投影，应是容易准确画出的直线或圆弧。

任务实施

如图 2—62 所示圆锥与圆柱相交的相贯线，是一条前后对称且封闭的空间曲线。由于相贯线是圆柱面上的线，故其侧面投影与圆柱面的侧面投影重合，为一个圆。相贯线的水平投影和正面投影待求。相贯线上的点可采用辅助平面法求解。具体作图步骤详见表 2—18。

表 2—18　　　　求作圆柱与圆锥相交时相贯线的绘图步骤

绘图步骤	图示
1. 作出相贯线上的特殊点的投影 过锥顶作辅助正平面 *R*，它与圆锥面相交于两条正面转向线 *SA* 及 *SB*，它与圆柱面也相交于两条正面转向线，两者相交于Ⅰ、Ⅱ两点，即相贯线上的最高点和最低点； 过圆柱体轴线作辅助水平面 *P*，它与圆锥面交于一个水平圆（纬圆），并与圆柱面交于两条水平转向线，两者相交于Ⅲ、Ⅳ，即为相贯线上的最前点和最后点	s′ 1′ Pv 3′(4′) 2′ a′ b′ s″ 1″ 4″ 3″ 2″ 4 Rv a′2 1 s b 3 纬圆
2. 作出相贯线上的一般位置点 在点Ⅰ与点Ⅲ之间适当位置，作一辅助水平面 *S*，它与圆锥交于一水平圆，与圆柱交于两素线，两者相交于Ⅴ、Ⅵ两点，即为所求；同理，根据需要，可求出相贯线上足够数量的一般位置点	1′ Sv 5′(6′) 3′(4′) 2′ Sv 6″ 1″ 5″ 4″ 3″ 2″ y y 4 6 1 2 5 3 y y

续表

绘图步骤	图示
3. 依次光滑地连接各点，并判别可见性	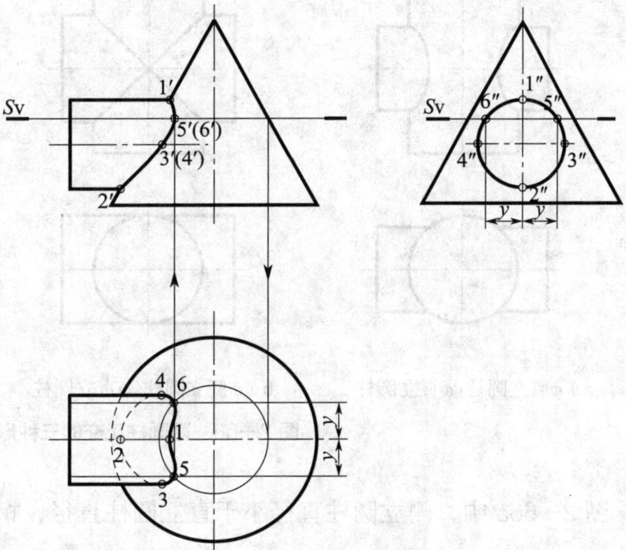
4. 整理转向线，清理图面	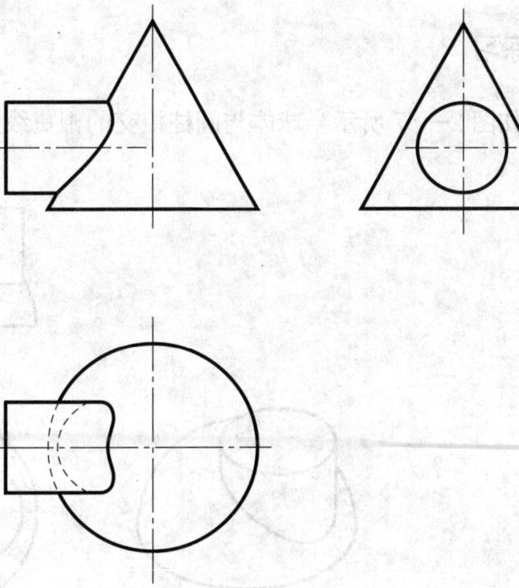

知识链接

两正交圆柱体相贯线投影的趋势

两圆柱体正交时，若相对位置不变，改变两圆柱体直径的大小，则相贯线的形状会随

之改变，其变化规律如图 2—66 所示。

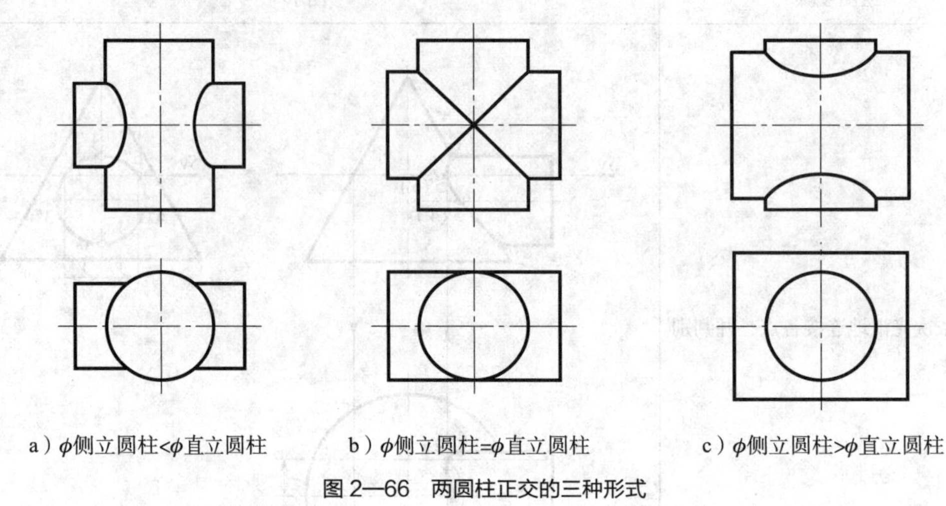

a）ϕ侧立圆柱<ϕ直立圆柱　　b）ϕ侧立圆柱=ϕ直立圆柱　　c）ϕ侧立圆柱>ϕ直立圆柱

图 2—66　两圆柱正交的三种形式

图 2—66a 中，侧立圆柱直径小于直立圆柱直径，相贯线的正面投影为左、右两条曲线。图 2—66b 中，两圆柱直径相等，相贯线的正面投影为两条相交直线。图 2—66c 中，侧立圆柱直径大于直立圆柱直径，相贯线的正面投影为上、下两条曲线。

思考与练习

求作如图 2—67 所示半球体与圆柱相交的相贯线的正面投影。

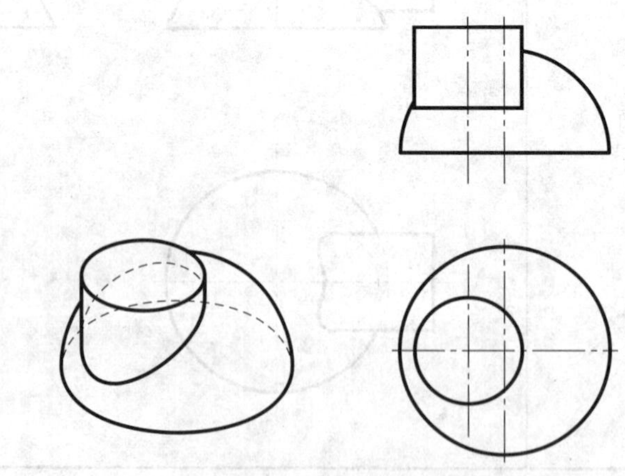

图 2—67　半球体与圆柱相交

课题五

绘制组合体的三面投影图

在掌握了基本几何体三面投影图的画法和立体表面交线的绘制方法后，我们来学习组合体三面投影图的绘制与识读方法。组合体是指由基本几何体经过各种方式组合而成的立体。为了准确、迅速地绘制组合体的三面投影图，必须熟练掌握各形体的组合方式及表面连接方式。组合体三面投影图的画法也是从基本几何体的三面投影图的基础上演变而来的。

任务一　绘制组合体的三面投影图

任务目标

◇能分析组合体各形体之间的组合关系

◇准确分析组合体各形体间表面的过渡关系

◇准确绘制组合体的三面投影图

任务提出

绘制如图 2—68 所示三孔桥的三面投影图。

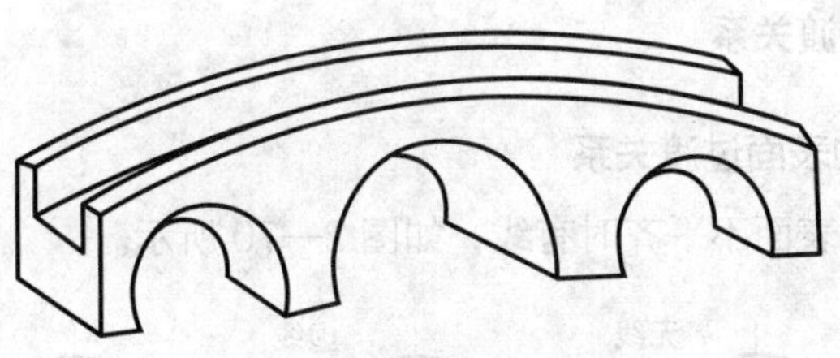

图 2—68　三孔桥轴测图

任务分析

如图 2—68 所示的三孔桥，从形体角度看，是由一些基本几何体通过一定方式组合而成的，这种形体称之为组合体。在对组合体进行绘图、读图和标注尺寸的过程中，经常要用到的一个重要的方法就是形体分析法。

所谓形体分析法就是根据组合体的特点，从基本形体的投影分析出发，假想将组合体分解为若干个简单的基本形体，弄清它们的形状、大小，确定它们组合的方式和相对位置，分析它们的表面关系及投影特点，以方便绘图、读图和标注尺寸的思维方法。

相关知识

一、组合体的组合方式

1. 叠加式

叠加式组合体由若干个基本形体堆砌或拼合而成，如图 2—69a 所示。

2. 切割式

切割式组合体由一个基本形体挖切掉某些部分而形成，如图 2—69b 所示。

3. 综合式

综合式组合体是指既有叠加又有切割这两种形式的组合体，如图 2—69c 所示。

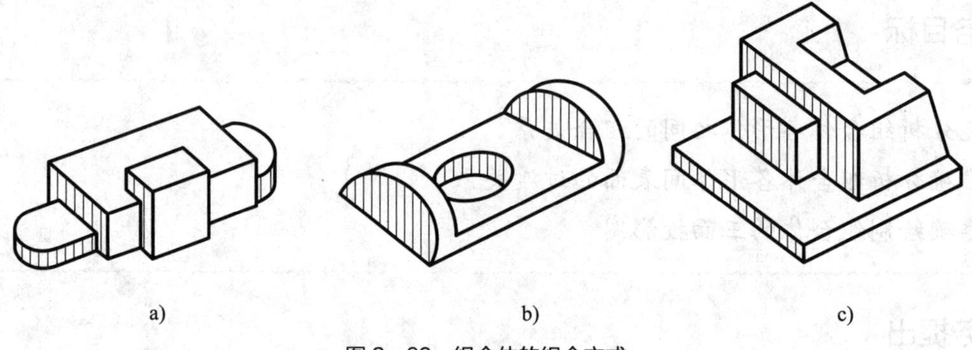

图 2—69　组合体的组合方式

a）叠加式　b）切割式　c）综合式

二、形体之间的表面过渡关系

1. 两形体叠加时的表面过渡关系

表面平齐时无线，表面不平齐时有线，如图 2—70 所示。

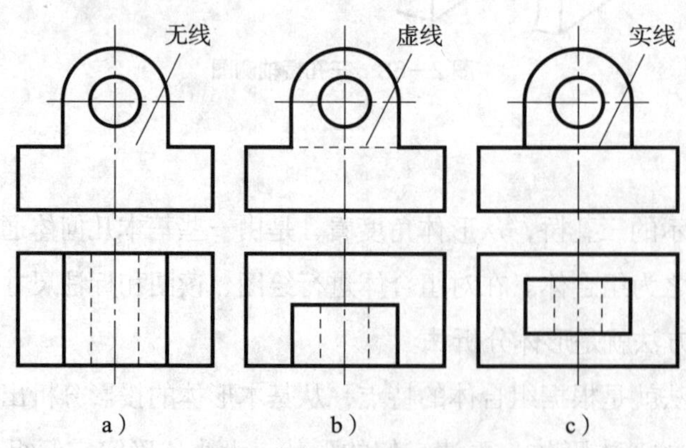

图 2—70　立体组合后的表面过渡关系

a）前、后表面平齐　b）前表面平齐、后表面不平齐　c）前、后表面不平齐

2. 立体表面相切

立体表面相切，相切处无线，如图 2—71 所示。

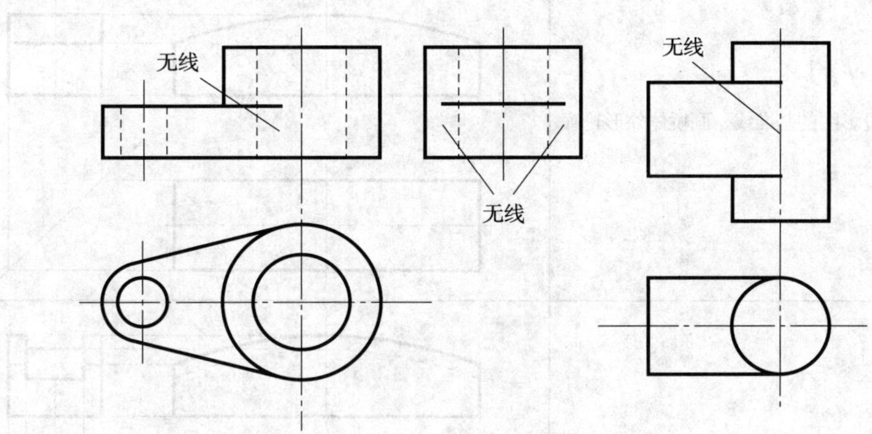

图 2—71　立体表面相切

3. 立体表面相交

立体表面相交，在相交处应画出交线，如图 2—72 所示。

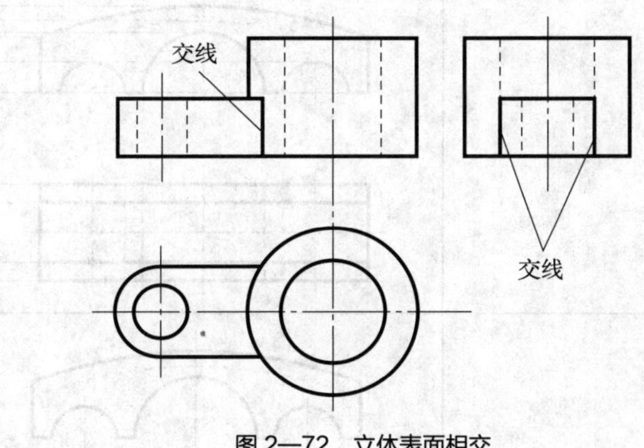

图 2—72　立体表面相交

任务实施

准备好作图工具，确定好比例和图幅，按形体分析法分解组合体，画出其投影图。具体绘图步骤见表 2—19。

表 2—19　　绘制三孔桥三面投影图的步骤

绘图步骤	图示
1. 确定各投影图的基准线，画桥体外形轮廓的三面投影	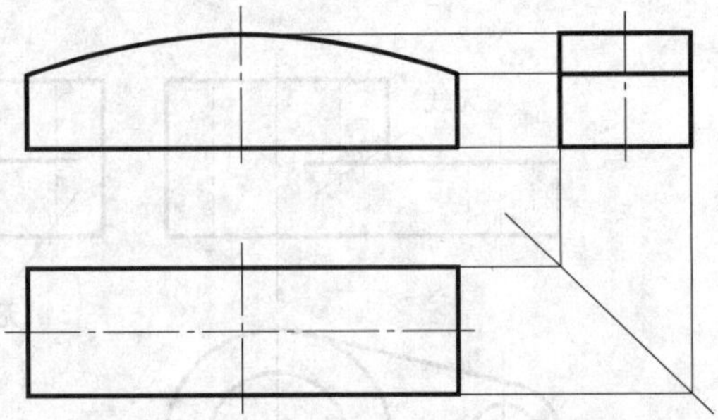
2. 绘制桥沿的三面投影	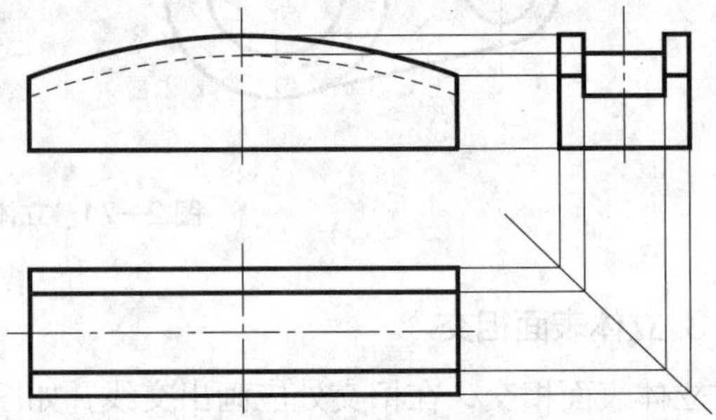
3. 绘制桥洞的三面投影	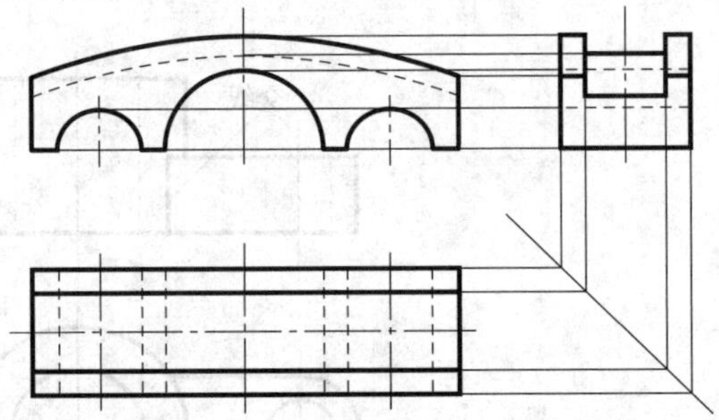
4. 检查底图，去掉作图辅助线，加深图线	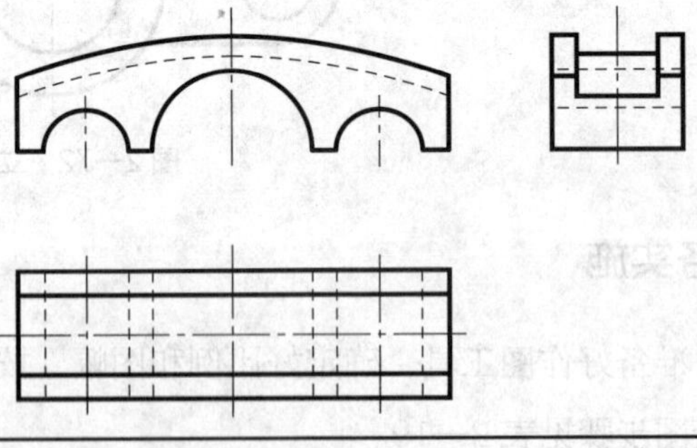

思考与练习

作如图 2—73 所示四坡屋面房屋的三面投影图（长、宽、高三个方向的尺寸直接从立面图中 1∶1 量取）。

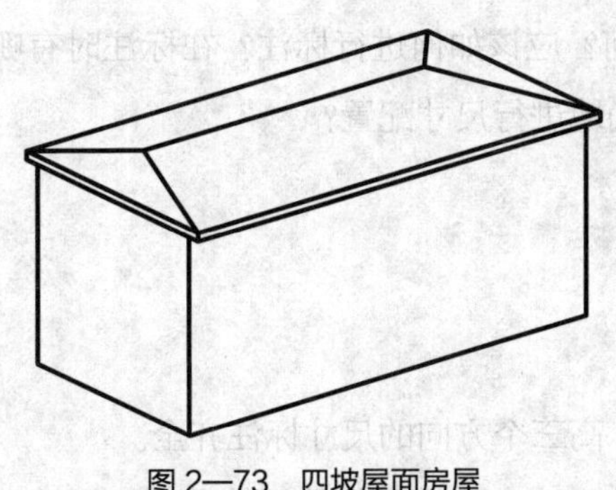

图 2—73 四坡屋面房屋

任务二 标注组合体的尺寸

任务目标

◇掌握基本体尺寸标注的规定

◇能够准确标注组合体尺寸

任务提出

在图 2—74a 所示组合体的三面投影图中，标注如图 2—74b 所示台阶的尺寸。

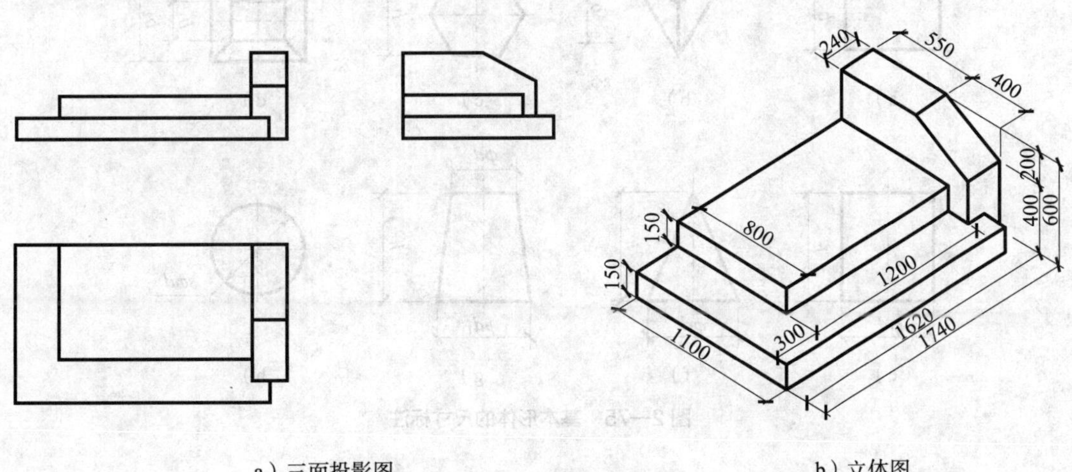

a）三面投影图 b）立体图

图 2—74 台阶的尺寸标注

任务分析

图 2—74 为组合体台阶。要完整、清晰地标注组合体的尺寸，还需要解决以下问题：

该台阶的具体尺寸大小如何？应该如何进行标注？在标注时有哪些要求？正确进行标注需要掌握什么方法？如何正确地进行尺寸配置？

相关知识

一、基本形体的尺寸标注

基本形体应将长、宽、高三个方向的尺寸标注齐全。

棱柱体和棱锥体应标注出决定底面形状的尺寸和高度尺寸，如图 2—75a ~ d 所示。底面尺寸一般标注在反映底面实形的投影图上，六棱柱的底面通常标注对边的间距。

圆柱体和圆锥体应标注出它的底面直径和高度尺寸。若将直径标注在非圆投影图上，可省去表示底圆实形的投影图，如图 2—75e ~ g 所示。

球体只标注它的直径，在直径代号前加注字母“*S*”。球体标注直径后，只需一个投影图来表达。

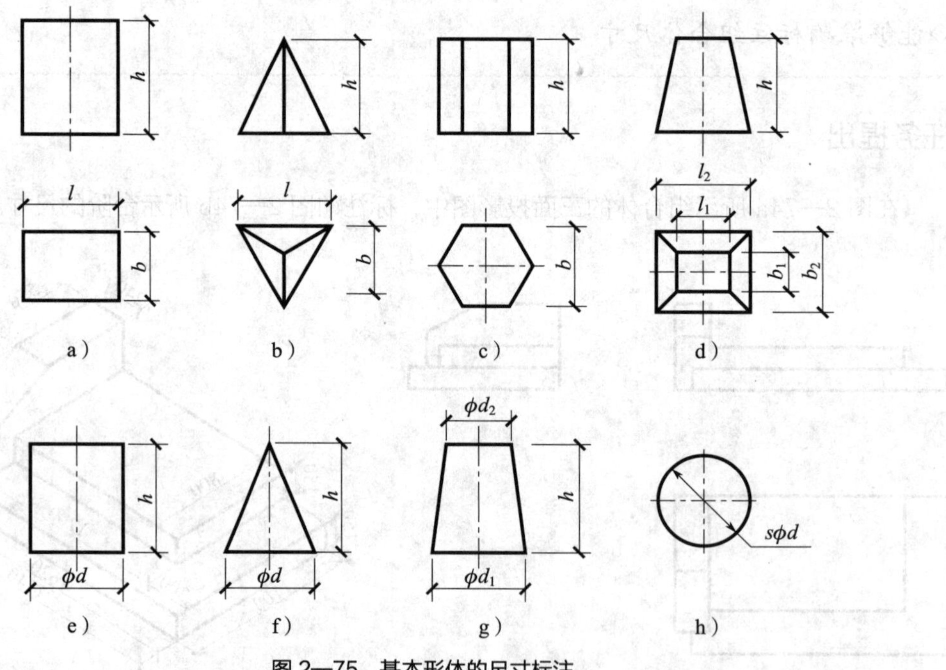

图 2—75 基本形体的尺寸标注

二、组合体的尺寸标注

标注组合体的尺寸时，应考虑标注哪些尺寸？根据形体分析法，组合体的尺寸包括以下三类：

1. 定形尺寸

定形尺寸是指说明组合体中各基本几何体大小的尺寸。如图 2—74b 中，长度方向的尺寸包括 1 200、1 620、240，宽度方向的尺寸包括 1 100、800、400，高度方向的尺寸包括 150、150、600、200，均为定形尺寸。

2. 定位尺寸

定位尺寸是指说明组合体中各基本几何体之间相对位置的尺寸。标注定位尺寸时，必须在长、宽、高三个方向各选一个或几个标注尺寸的起点，即尺寸基准。组合体一般选取对称面、回转体轴线、底面和重要端面作为标注尺寸的起点。

如图 2—74b 中，高度方向以下底面为基准，400 为定位尺寸；长度方向以左、右平面为基准，300、120 为定位尺寸；宽度方向以后表面为基准，550 为定位尺寸。

3. 总体尺寸

总体尺寸是指说明组合体外形总长、总宽和总高的尺寸。如图 2—74b 中的尺寸 1 740、1 100、600。需要注意的是，组合体的某一尺寸既可以是某一基本形体的定形尺寸，也可以是定位尺寸或总体尺寸。按形体分析法标注尺寸是组合体尺寸标注法的基本方法。

任务实施

准备好比例尺、直尺等工具，按照组合体尺寸标注的方法，根据图幅比例，准确标注尺寸。选择最直观投影图分别标注出定形尺寸、定位尺寸和总体尺寸。具体标注步骤见表 2—20。

表 2—20　　　　标注台阶尺寸的步骤

1. 分析组合体 运用形体分析法，分析组合体的结构形体，明确组成形体的基本形体的形状及它们之间的相互位置	2. 标注定形尺寸 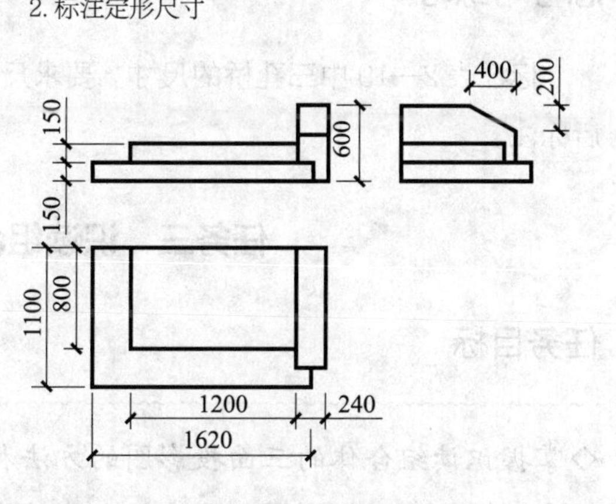

续表

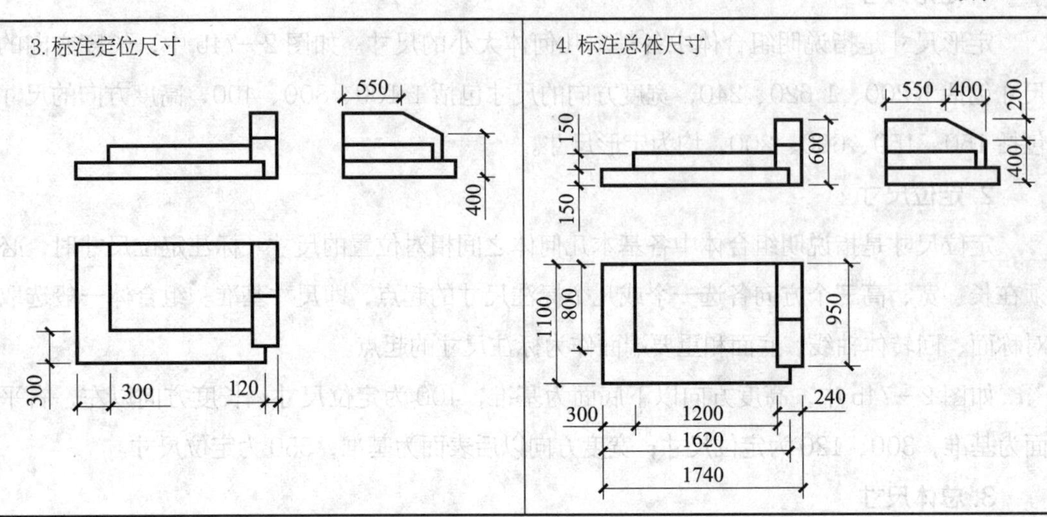

知识链接

标注尺寸的注意事项

1. 尺寸标注要完整、清晰、易读。

2. 不要重复标注，同一图上的尺寸单位应一致，一般以 mm 为单位。

3. 尺寸应尽量标注在能反映形体特征的投影图上，避免在虚线上标注尺寸。

4. 圆弧的半径尺寸要尽量标注在反映圆弧实形的投影图上。

5. 尺寸最好标注在图形之外，并布置在两个投影之间。互相平行的尺寸应将小尺寸标注在里面，大尺寸标注在外面，避免尺寸线交叉。

6. 定形尺寸和定位尺寸最好集中在一个投影图上，以方便看图。

思考与练习

标注表 2—19 中三孔桥的尺寸。要求尺寸以图中测量出的数值按 1：100 的比例转换后标注。

任务三　识读组合体的三面投影图

任务目标

◇掌握识读组合体的三面投影图的方法和要领

◇能够根据三面投影图想象出组合体的空间形状

任务提出

根据图 2—76 给出的组合体的三面投影图，试想象出物体的空间结构形状。

任务分析

读图就是运用正投影的特性，对已知的投影图进行分析，想象出物体的空间结构、形状和大小的过程，是绘图的逆过程。那么，如何正确识读组合体投影图？有什么科学的方法和步骤吗？在阅读复杂组合体投影图时需要注意什么问题？

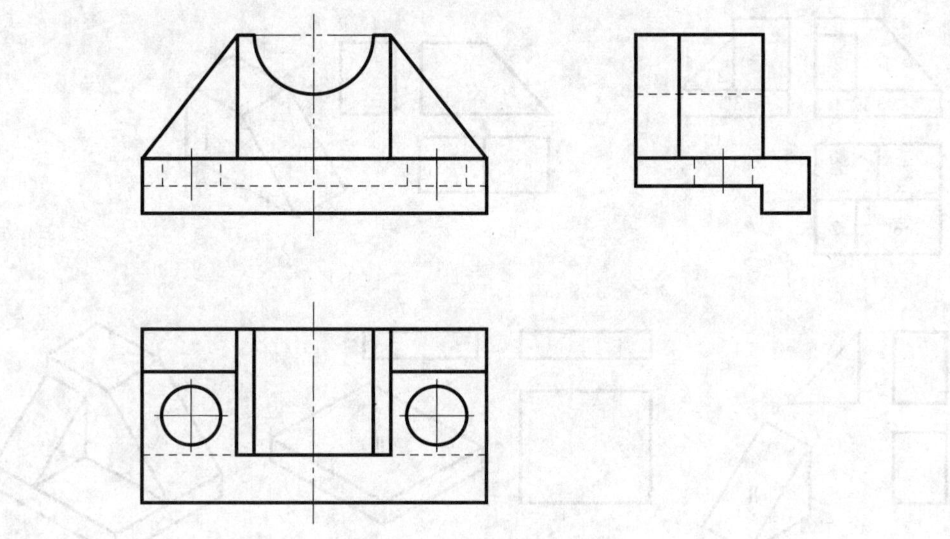

图 2—76　组合体的三面投影图

相关知识

识读组合体三面投影图的基本方法有形体分析法和线面分析法。

一、形体分析法

形体分析法识图，就是把表达形体形状特征的投影图分解为若干部分，然后根据投影关系联系其他投影图，分别想象出各部分的形状；再根据它们之间的组合方式、相对位置和表面连接关系，综合起来想象出组合体的整体结构形状。

1. 分形体，对投影

从最能反映形体特征的投影图（一般为正立面图）出发将三个投影图结合起来分离基本形体，找出每一个基本形体在各投影图中的投影。如图 2—77a 所示，该组合体由三部分组成。

2. 明形体，定位置

根据分离的投影图，将各基本形体的形状逐一分析清楚。如图 2—77b、c、d 所示，形体Ⅰ是一个梯形四棱柱，形体Ⅱ是一个三棱柱，形体Ⅲ是一个四棱柱。三个基本体的组合方式是叠加式，形体Ⅰ在形体Ⅲ的后半部的上方，形体Ⅱ在形体Ⅲ的前半部的右上方，并在形体Ⅰ的前侧。

3. 综合起来想整体

根据上述对各组成部分的结构形状和相对位置的分析，综合想象出该形体的整体形状。如图 2—77e 所示。

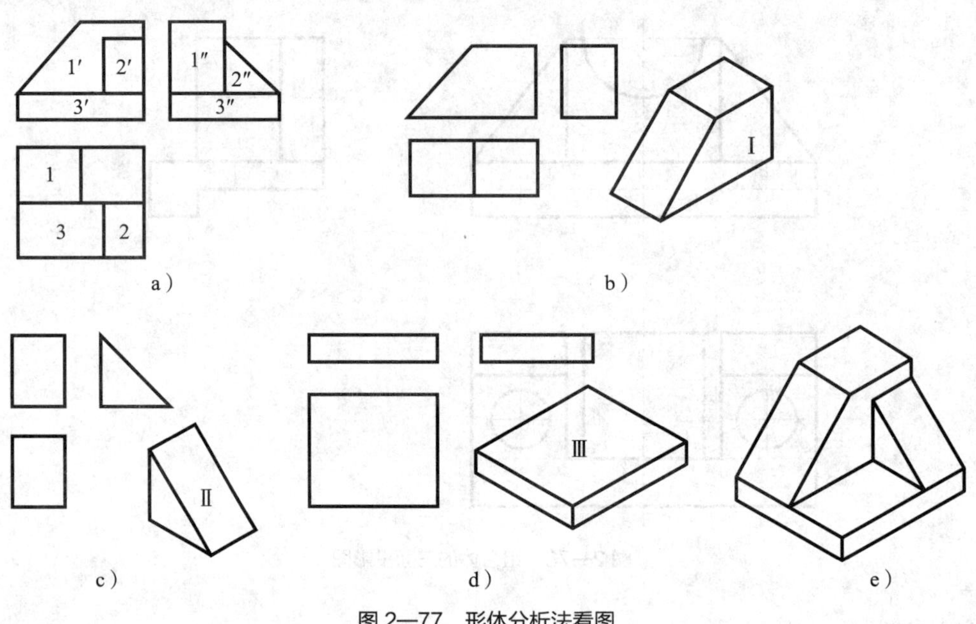

图 2—77　形体分析法看图

二、线面分析法

线面分析法是根据线、面的投影特性，把形体表面分解成线、面等几何要素，找出它们的对应投影。通过识别这些几何要素的空间位置和形状，想象出形体的形状结构。

下面举例说明形体表面点、线、面的投影的含义。如图 2—78 所示，四棱柱体被一个正垂面 Q 和一个铅垂面 P 截切。

1. 投影图中的点

投影图中的点可以是形体表面上点的投影或投影面垂直线的积聚性投影。如图 2—78 所示，正垂面 Q 与四棱柱体上方的水平面 S 相交于一条正垂线 CD，铅垂面 P 与四棱柱体前方正平面 R 相交于一条铅垂线 BF，CD 的正面投影和 BF 的水平投影分别积聚为一个点 c'（d'）和 b（f）。

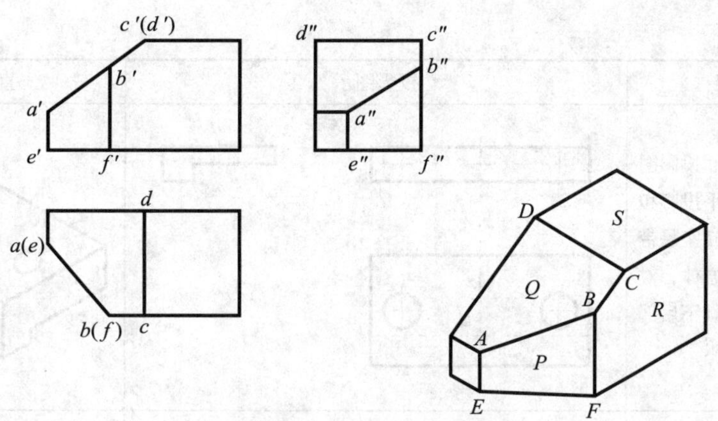

图 2—78　被截切的四棱柱体

2. 投影图中的图线

投影图中的图线可以是立体表面交线的投影或投影面垂直面的积聚性投影。如图 2—78 所示立体图的正垂面 Q 的正面投影积聚为线段 $a'c'$，铅垂面 P 的水平投影积聚为线段 ab；图 2—78 中立面图的 AB 为平面 Q 和平面 P 的交线，是一条一般位置直线，其三面投影分别为 ab、$a'b'$、$a''b''$，都倾斜于相应的投影轴。

3. 投影图中的封闭线框

在平面立体中，投影图中的封闭线框代表平面的投影。如图 2—78 所示正面投影中的封闭线框 $a'b'f'e'$ 为铅垂面 P 的投影。

识读组合体投影图的基本要领，可以归纳为“看投影图抓特征、分形体对投影、综合起来想整体、线面分析攻难点”。

任务实施

根据如图 2—76 所示组合体的三面投影图读出其实际形状，具体步骤见表 2—21。

表 2—21　　　　组合体三面投影图的读图步骤

读图步骤	投影图示	直观图示
1. 认真观察组合体三面投影图。对其进行形体分析，形体可分解为：底座 1、后背板 2 和肋板 3 三部分	1　2　3　3	

续表

读图步骤	投影图示	直观图示
2. 对底座的三面投影图进行分析。从水平投影和正面投影可知，底座是带有两个圆孔的长方体，对应侧面投影可知其下后部切割掉一个长方体	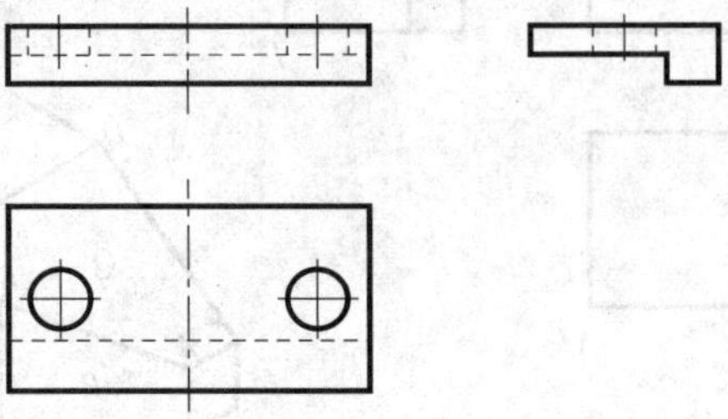	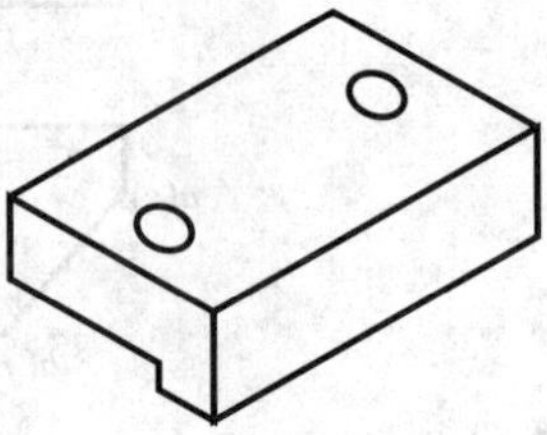
3. 对后背板的三面投影图进行分析。从水平投影、正面投影和侧面投影可知，其为一切去一个半圆槽的长方体	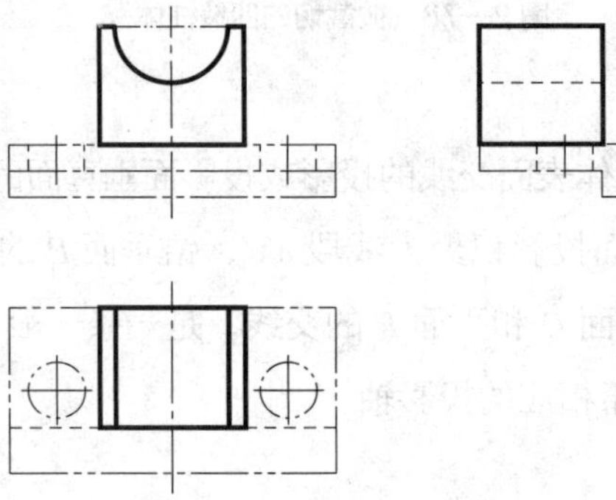	
4. 对肋板的三面投影图进行分析。从正面投影和其他两面投影可知其为两个相同的直角三棱柱	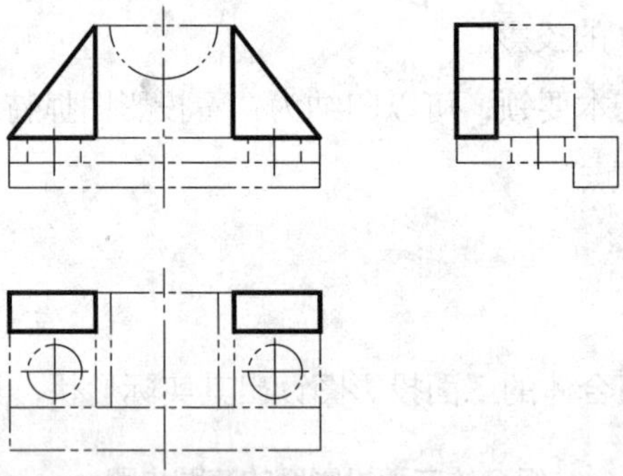	
5. 把想象出来的底板、背板和肋板按投影图表示的位置关系组合起来，即可得出整个形体的形状	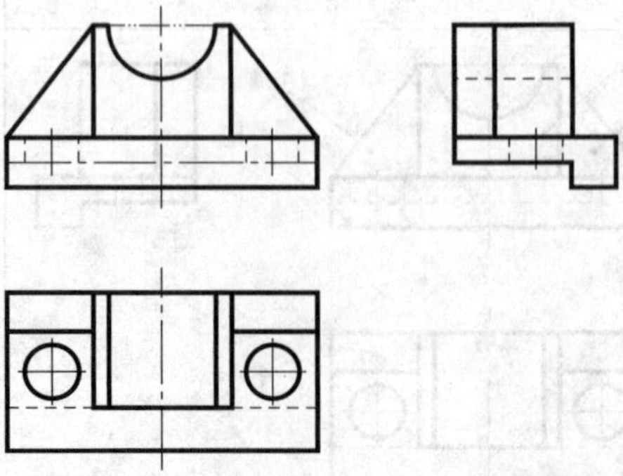	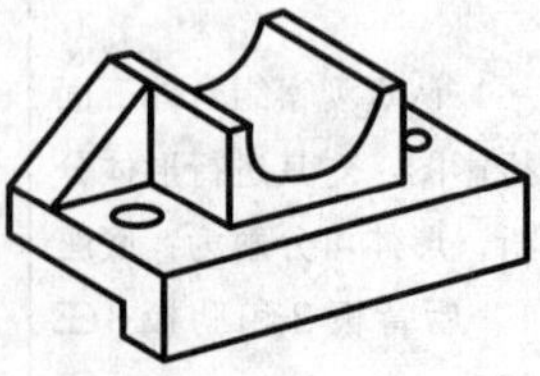

知识链接

识读组合体三面投影图时需要注意的问题

1. 掌握三面投影图的投影规律，熟悉形体的长、宽、高三个方向和上、下、左、右、前、后六个方位在投影图上的对应位置。

2. 掌握点、线、面的投影特性，能从投影图上的线段、线框来确定线、面的空间位置、形状和在形体上的相应位置。

3. 要把几个投影图联系起来进行分析。

4. 注意抓特征投影图

（1）形状特征投影图。最能反映物体形状特征的投影图，如图 2—79a 所示。

（2）位置特征投影图。最能反映物体位置特征的投影图，如图 2—79b 所示。

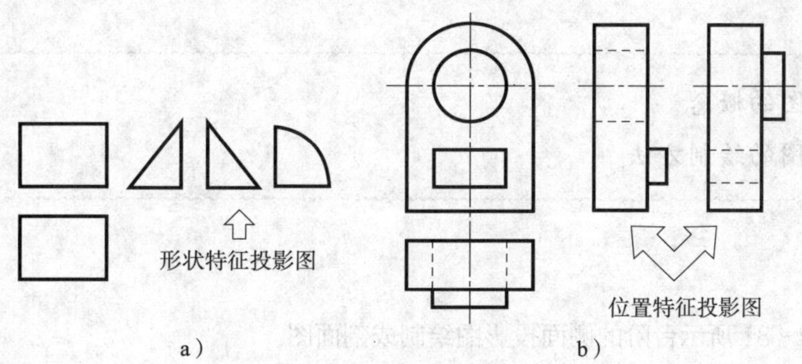

图 2—79　特征投影图

思考与练习

根据如图 2—80 所示形体的三面投影图，想象出形体的空间形状。

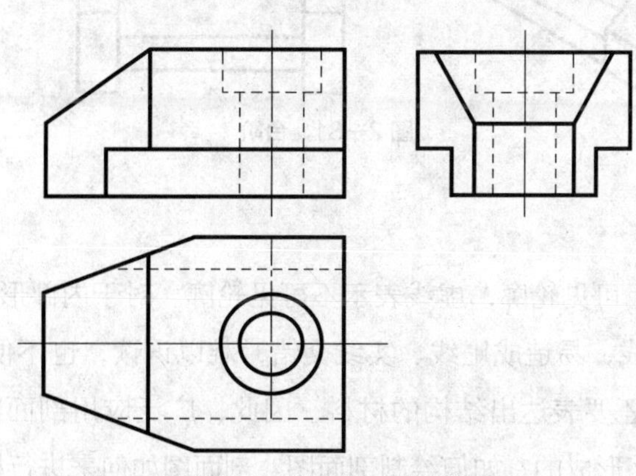

图 2—80　形体的三面投影图

课题六

绘制园林形体的剖面图和断面图

建筑工程中常采用剖面图（机械行业习惯称之为剖视图）和断面图表达园林形体的三面投影图中虚线表示的不可见结构。剖面图不仅要反映被剖切位置的图形，而且要反映剖切位置后面形体的投影情况，属于立体投影图。断面图只反映当前断面的情况，属于面投影图。

任务一 绘制台阶的剖面图

任务目标

◇掌握剖面图的概念

◇掌握剖面图的绘制方法

任务提出

将如图 2—81 所示台阶的侧面投影图绘制成剖面图。

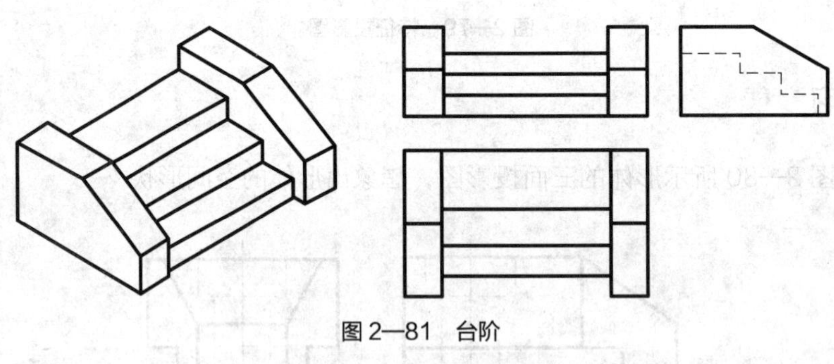

图 2—81 台阶

任务分析

投影图中实线表示可见轮廓，虚线表示不可见轮廓。对于内部形状复杂的物体，其投影图将会出现很多虚线，易造成虚线、实线交错，难以识读，也不便于标注尺寸。另外，在土建工程中，通常还要表达出结构的材料，因此，广泛应用剖面图和断面图的表达方法。那么剖面图是怎么形成的？如何绘制剖面图？剖面图如何来进行标注呢？

相关知识

一、剖面图的形成

假想用一剖切平面将形体剖开，移去剖切平面和观察者之间的部分，将其余部分向投影面投射，并在断面的轮廓线内画出表示形体材料的图例（常见建筑材料图例见表2—22），即形成剖面图。如图2—82所示为机械零件的剖视图的形成过程。

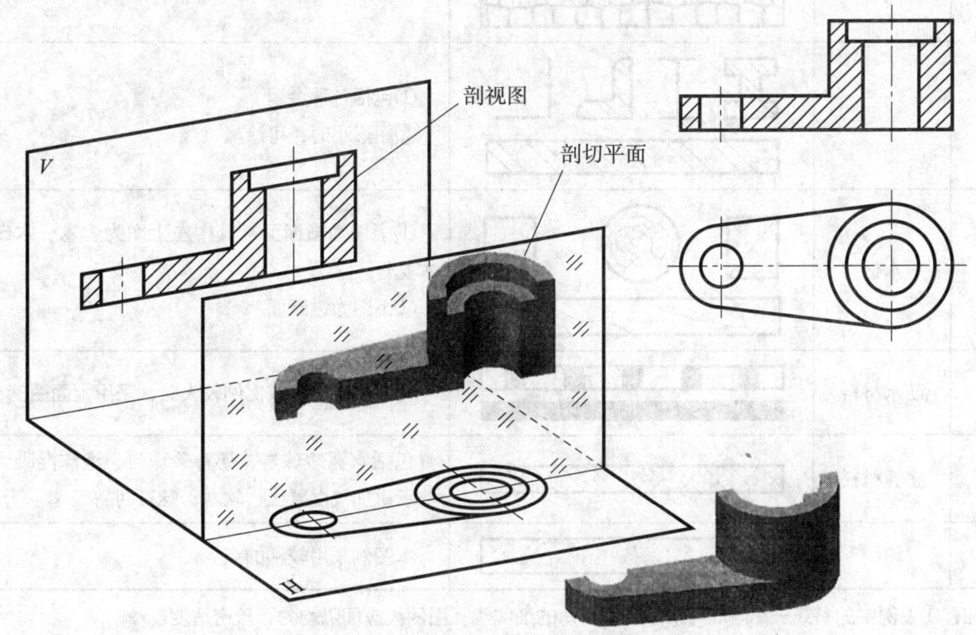

图2—82 机械零件剖视图的形成

表2—22 常用建筑材料图例

——参考《房屋建筑制图统一标准》(GB/T 50001—2010)

序号	名称	图例	说明
1	自然土壤		包括各种自然土壤
2	夯实土壤		
3	普通砖		包括实心砖、多孔砖、砌块等砖体。断面较窄不易绘出图例线时，可涂红，并在图纸备注中加注说明，画出该材料图例
4	混凝土		①本图例指能承重的混凝土 ②包括各种强度等级、骨料、添加剂的混凝土 ③在剖面图上画出钢筋时，不画图例线 ④断面图形小、不易画出图例线时，可涂黑
5	钢筋混凝土		

续表

序号	名称	图例	说明
6	饰面砖		包括铺地砖、马赛克、陶瓷锦砖、人造大理石等
7	砂、灰土		
8	毛石		
9	金属		①包括各种金属 ②图形小时，可涂黑
10	木材		①上图为横断面，其中左上图为垫木、木砖、木龙骨 ②下图为纵断面
11	防水材料		构造层次较多或比例较大时，采用上面图例
12	多孔材料		包括水泥珍珠岩、沥青珍珠岩、泡沫混凝土、非承重加气混凝土、软木、蛭石制品等
13	粉刷		本图例采用较稀的点

注：①图例中的斜线一律画成与水平成 45° 角的细实线。图例线应间隔均匀，疏密适度。

②同一物体的各个剖面区域，其剖面线或材料图例的画法一致。不同物体两个相同的图例相接时，图例线宜错开或使倾斜方向相反。

二、剖面图的画法

1. 确定剖切平面的位置。剖切面应平行于某一投影面。为了能清楚地表达物体内部不可见部分的真实形状，剖切位置一般应选择能够反映形体全貌、构造特征以及有代表性的部分，如选在形体的对称平面上，或者通过孔的中心线、槽的对称线等。

2. 确定剖切面区域的形状，画出投射时可以看到的部分（看不到的部分的虚线可以不画）。

3. 在断面的轮廓线内画上材料图例。如图 2—83 所示为机械零件剖视图的画法。

三、剖视图的标注

剖视图的标注内容如图 2—83 所示。

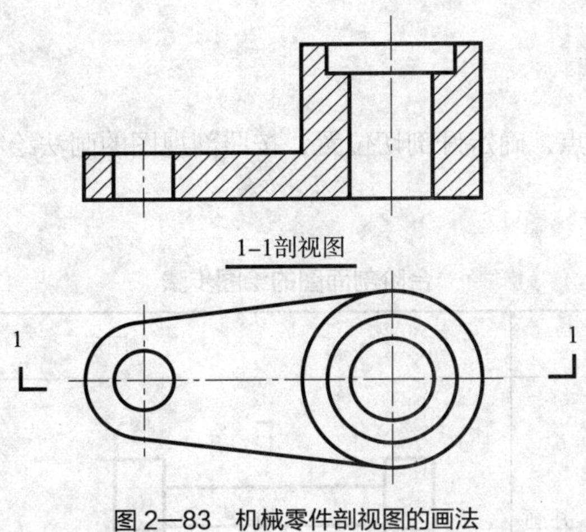

图 2—83　机械零件剖视图的画法

1. 剖切位置线

剖切位置线用来表明剖切平面的位置，用两段的粗实线（长 6 ~ 10 mm）表示，画在与剖切平面垂直的投影图两侧，不与轮廓线相交，且留少许间隙。

2. 投射方向线及编号

投射方向用来表明剖切后的投影方向，用两段垂直于剖切位置线的粗实线（长 4 ~ 6 mm）表示，画在剖切位置线的外侧，其指向即为投射方向。剖面图的编号用阿拉伯数字按顺序从左到右、从上到下连续编排，并注写在投射方向线的端部。剖切位置线如有转折时，在转折处也应注写相应的编号。

3. 剖面图的名称

在剖面图下方注写相应编号的图名作为剖面图的名称，并在图名下方画出等长的粗实线。

四、绘制剖面图的注意事项

1. 剖切是一种假想，因此除剖面图外，其他视图仍应按完整形体画出。

2. 剖切平面后方的可见部分应全部画出，不能遗漏。

3. 在剖面图上已经表达清楚的结构，在其他投影图上此部分结构的投影为虚线时，一般不再画出。但没有表示清楚的结构，允许画少量虚线。

4. 剖切平面通过柱、杆、墩、桩一类实心构件的对称面或平行于薄壁板面剖切时，不画材料图例。

5. 当剖切平面通过形体的对称平面，且剖面图又按投影关系配置时，可不加标注；对习惯使用的剖切位置（如画房屋平面图时，通过门、窗洞的剖切位置），可不标注剖切符号。

任务实施

仔细分析台阶的特点，确定好剖切位置，按照剖视图的画法绘制台阶剖面图，具体绘图步骤见表 2—23。

表 2—23　　台阶剖面图的绘图步骤

绘图步骤	图示
1. 确定剖切平面的位置，并画出剖切符号	
2. 想象把剖切线左边部分（点画线部分）移走，剖切到的是台阶部分，被剖切后的台阶形状可直观地投射到侧面投影图上，并画出后方可见部分	
3. 在剖面区域内画上材料图例，并标注剖面图名称	1 1 1–1部面图

知识链接

常用的全剖面图

全剖面图是指用剖切平面完全地剖开物体所得到的剖面图，它适用于表达外形简单内部结构复杂的形体。全剖面图的剖切方法如下：

1. 单一的剖切平面剖切

用平行于基本投影面的单一剖切平面剖切，图 2—83 及表 2—23 中所示台阶的剖面图均是用单一的剖切平面剖切得到的全剖面图。如图 2—84 所示房屋的全剖面图，平面图是用一个水平剖切面沿着门窗洞将房屋剖开，移去上边部分后，由上向下观看的全剖面图。在房屋的全剖面图中，砖墙图例可省略不画，但要把剖到的砖墙轮廓线画粗些（粗实线），以区别没有剖到的轮廓线（中实线）。门用 45° 角方向的中实线表示开启方向，窗扇简化为两条细实线。

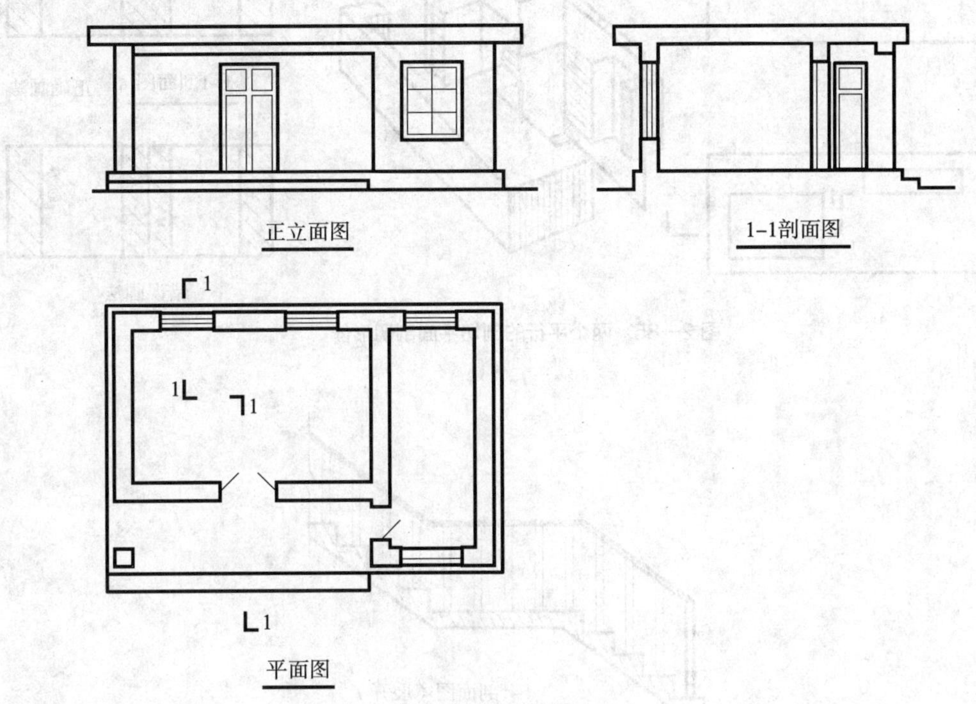

图 2—84　房屋全剖面图

2. 几个平行的剖切平面剖切

当物体内部结构较复杂，仅用一个剖切平面不能将物体内部结构全部表达出来时，可用几个与投影面平行的剖切平面剖切形体，再向投影面进行投射得到剖面图。

如图 2—84 所示房屋的 1—1 剖面图是用两个平行的侧平面剖切，移去左边部分后，由左向右观看的全剖面图。室内外地面线为加粗线（1.4*b*），1—1 剖面图只画室内外地面以上部分，图线画法同平面图。房屋的正立面图只画外形，不画表示内部的虚线。

在用几个平行的剖切平面时，剖切位置线的转折处应用两个端部垂直相交的粗实线画出，在转折处由于剖切所产生的物体的轮廓线在剖面图中不应画出，如图 2—85 所示。

3. 几个相交的剖切平面剖切

当物体有转折结构，用单一剖切平面或几个平行的剖切平面都不能表达清楚时，可用几个相交的剖切平面（交线垂直于某一投影面）剖切形体，并将与投影面不平行的那个剖

切平面剖开的结构及其有关部分绕剖切平面间的交线旋转到与基本投影面平行，再向基本投影面投射得到剖面图，如图 2—86 所示楼梯的全剖面图。这种剖面图的图名后应加注“展开”二字。

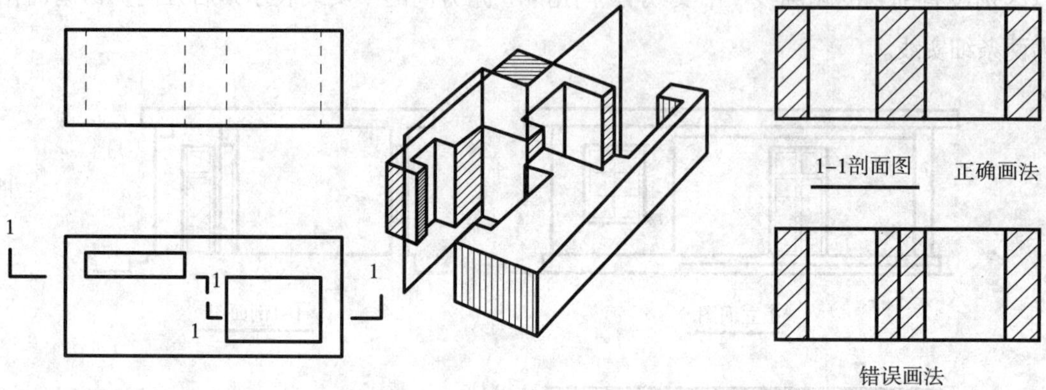

图 2—85 两个平行的剖切平面剖切形体

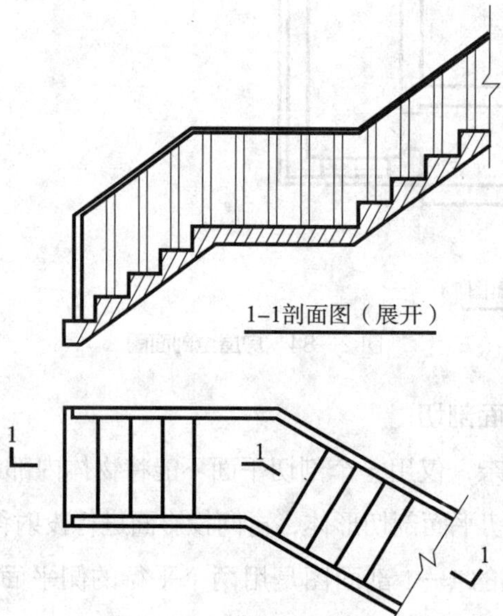

图 2—86 楼梯旋转剖面图

思考与练习

画出如图 2—87 所示水池的 1—1、2—2 剖面图。

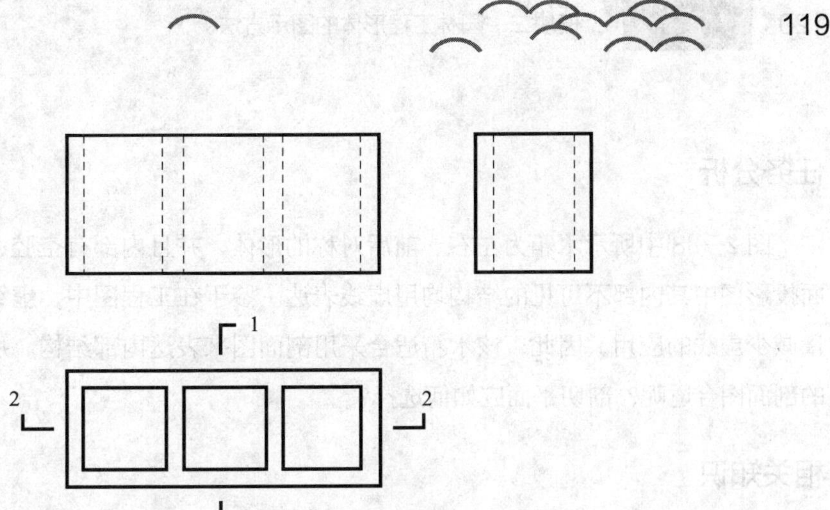

图 2—87　某水池的三面投影图

任务二　绘制水箱的半剖面图

任务目标

◇掌握半剖面图的概念
◇掌握半剖面图的绘制方法

任务提出

将如图 2—88 所示水箱的三面投影图绘制成半剖面图。

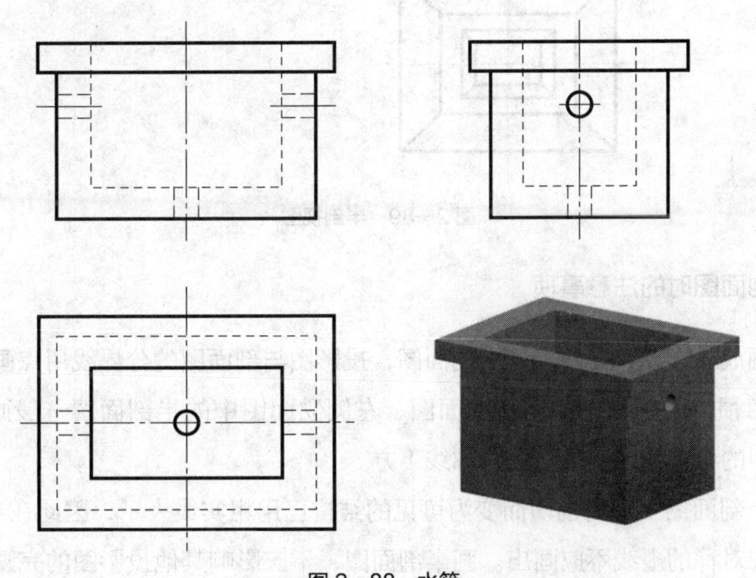

图 2—88　水箱

任务分析

图 2—88 中所示水箱为左右、前后对称的形体，并且内部有空腔、孔洞等结构，在三面投影图中其内部不可见的结构均用虚线表达。鉴于在工程图中，虚线表达力不强，应尽量减少虚线的应用，因此，该水箱适合采用剖面图来表达内部结构。那么，采用哪种类型的剖面图合适呢？剖切平面应如何选择？

相关知识

一、半剖面图的概念

当物体具有对称平面时，向垂直于对称平面的投影面上投射所得的图形，可以对称中心线为界，一半画成剖面图，另一半画成投影图，这样的图形即为半剖面图。图 2—89 中正立面图和左侧立面图均为半剖面图。在半剖面图中，一半画成剖面图以表达内部结构形状，另一半画成投影图以表达外部形状。

半剖面图适用于形状对称、内外结构均需表达的形体。

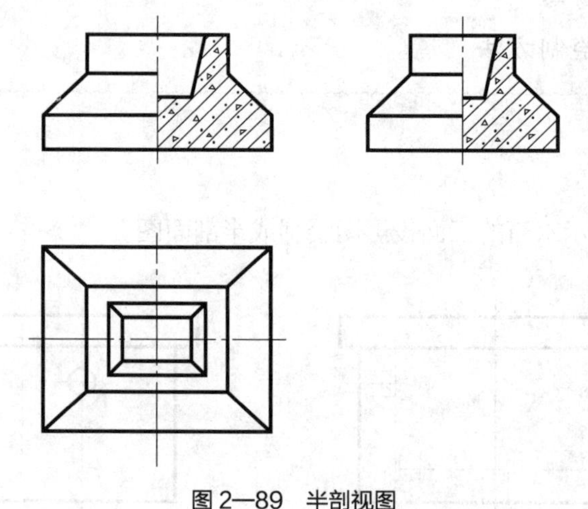

图 2—89　半剖视图

二、绘制半剖面图时的注意事项

1. 一半画成投影图，另一半画成剖面图，投影图与剖面图的分界线用点画线表示。

2. 根据习惯，半剖面图中，正立面图、左侧立面图中的半剖面图一般画在对称线右方，平面图中的半剖面图一般画在对称线下方。

3. 在半个剖面图中因为剖切而变为可见的结构已用粗实线表示，因此在半个投影图中与这些粗实线对称的虚线不应画出。画半剖面图，不应影响其他投影图的完整性。

4. 半剖面图标注方法与全剖面图相同，如按投影关系配置时，习惯上不予以标注，如图 2—89 所示。

任务实施

由于水箱左右前后对称，内外结构均需表达，因此适合采用半剖面图进行绘制。仔细分析水箱结构的特点，确定正立面图、左侧立面图和平面图均采用半剖。具体绘制步骤见表 2—24。

表 2—24　　水箱半剖面图的绘图步骤

绘图步骤	图示
1. 正立面图改画成半剖面图 剖切平面为正平面，通过水箱前后对称平面，剖至正立面图的对称中心线处 正立面图对称中心线的右边一半画成剖面图，左边一半画成投影图（只画可见部分）	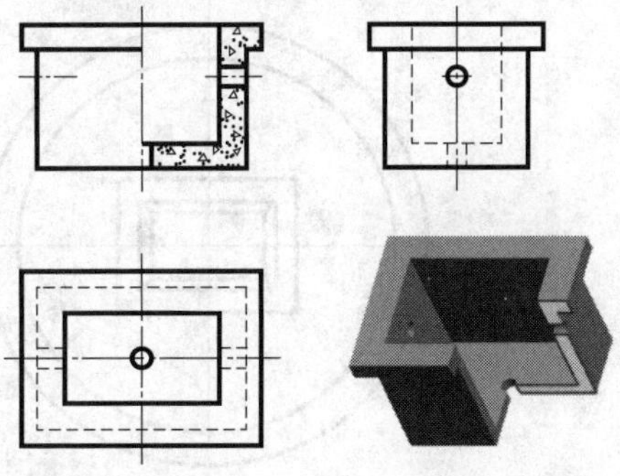
2. 左侧立面图改画成半剖面图 剖切平面为侧平面，通过水箱的左右对称平面，剖至左侧立面图的对称中心线处 左侧立面图对称中心线的右边一半画成剖面图，左边一半画成投影图（只画可见部分）	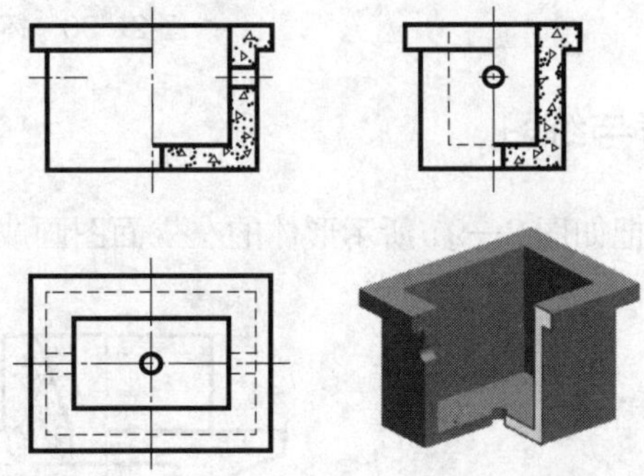
3. 平面图改画成半剖面图 剖切平面为水平面，通过水箱左右小圆孔的轴线，剖至平面图的前后对称中心线处 平面图对称中心线的前面一半画成剖面图，后面一半画成投影图（只画可见部分）	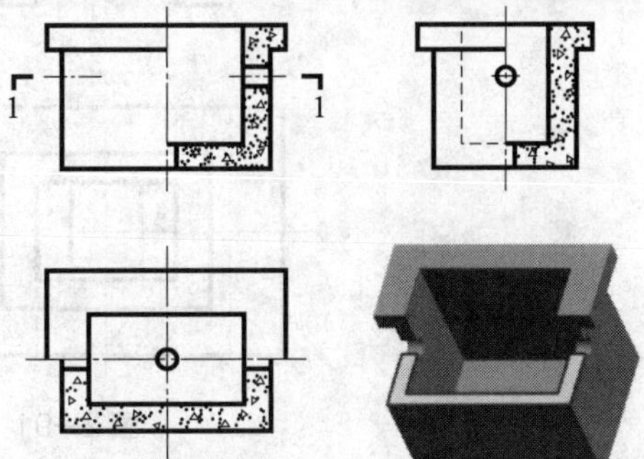 1　1 1-1剖面图

知识链接

在半剖面图中标注内部对称结构的尺寸时，只画一边的尺寸界限和尺寸起止符号，尺寸线应超过对称轴线，尺寸数字是整个对称结构的尺寸，如图 2—90 所示。

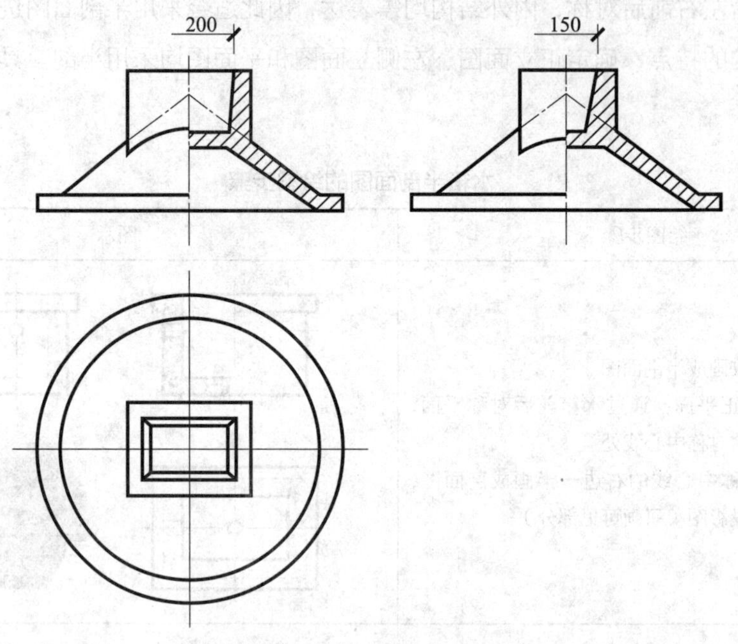

图 2—90　杯型基础的半剖面图

思考与练习

把如图 2—91 所示形体的左立面图画成半剖面图。

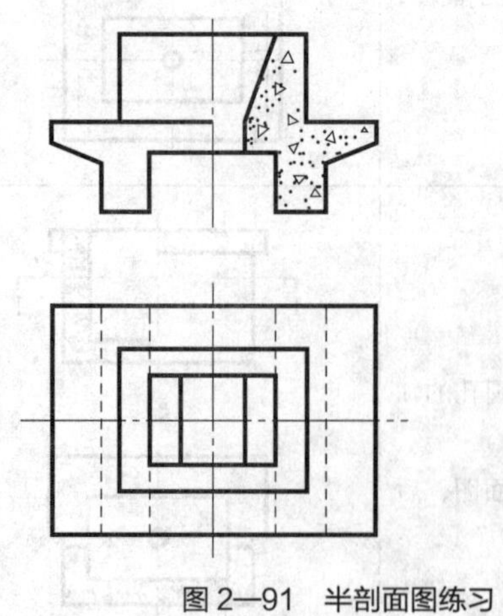

图 2—91　半剖面图练习

任务三　绘制沟管的局部剖面图

任务目标

◇掌握局部剖面图的概念

◇掌握局部剖面图的绘制方法

任务提出

绘制如图 2—92 所示沟管的局部剖面图。

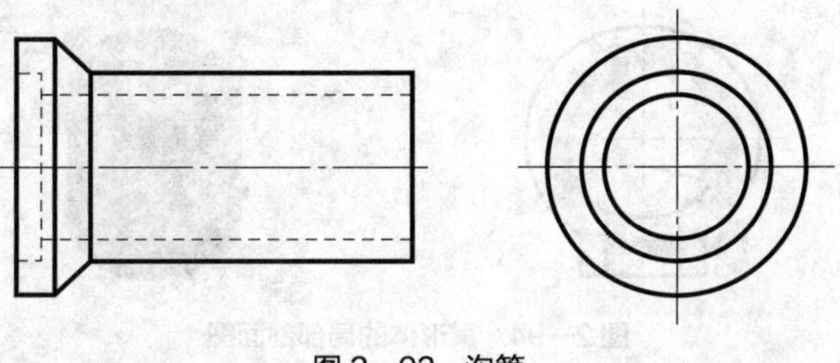

图 2—92　沟管

任务分析

如图 2—92 所示沟管为同轴回转体，内部是台阶孔结构。如前所述，通过剖切平面剖开形体，可以使内部不可见的结构变得可见，因此，该沟管适合采用剖面图来表达。那么，采用哪种类型的剖面图才能既表达出沟管的大部分外形结构，又局部地表达出沟管内部的台阶孔结构呢？剖切平面应如何选择呢？

相关知识

一、局部剖面图的概念

局部剖面图是表示物体局部内部构造的剖面图。在局部剖面图中，它保留了原物体投影图的大部分外部形状，在投影图和局部图之间，用波浪线作为分界线。如图 2—93 所示，假想用一个平行于相应投影面的剖切平面局部地剖开墙身。

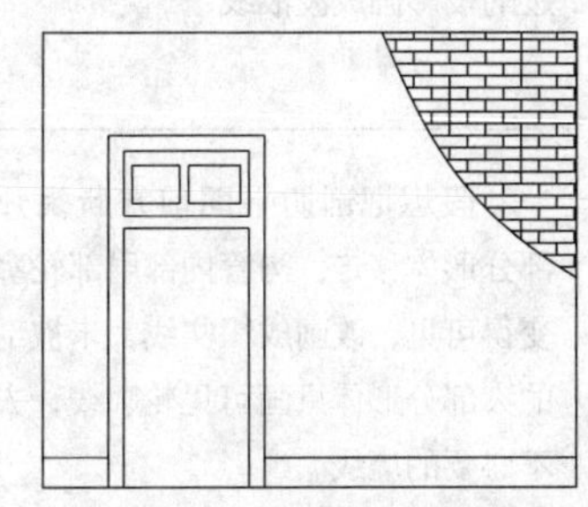

图 2—93　某墙身的局部剖面图

局部剖面图主要用于不适宜全剖面图或半剖面图，且内、外结构都需要表达的形体。

二、绘制局部剖面图的注意事项

1. 波浪线可看成形体断裂痕迹的投影，故只能画在形体的实体部分，不能与图中其他图线重合，也不能超出轮廓线。如图 2—94 所示。

2. 凡形体上与剖切平面相交的可见空洞的投影，波浪线必须断开。

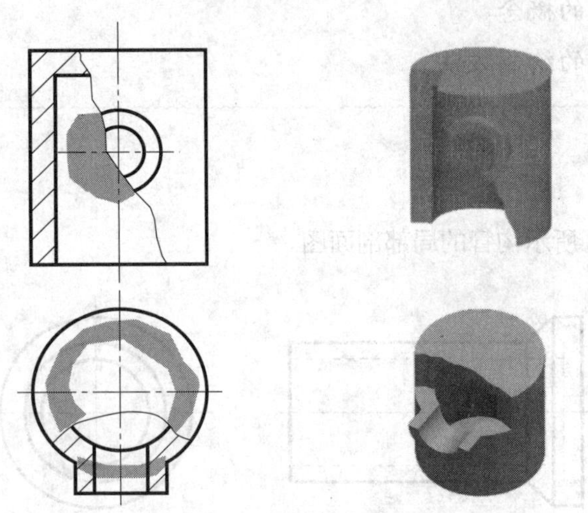

图 2—94 某形体的局部剖面图

任务实施

根据该沟管的结构，选择采用局部剖面图表达，将其正立面图改画成局部剖面图。具体绘图步骤见表 2—25。

表 2—25 沟管局部剖面图的绘图步骤

绘图步骤	图示
1. 确定剖切平面的位置，剖切平面为通过沟管轴线的正平面，断裂痕迹的投影画成波浪线	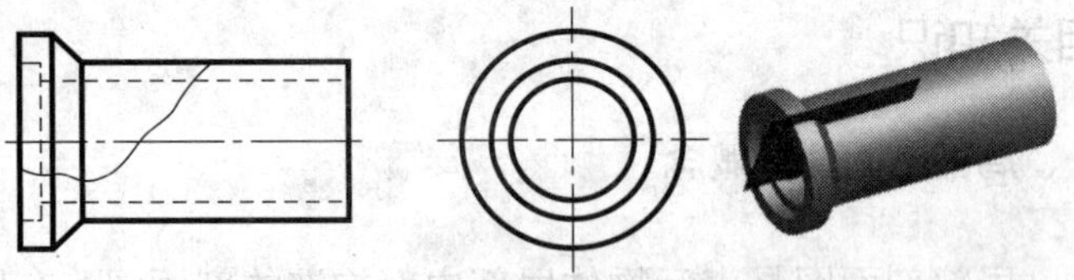
2. 假想把剖切平面前方断裂开的部分形体移走，沟管内部局部轮廓线变得可见，改画成粗实线，未被剖开的大部分形体只画可见轮廓线，去除不必要的虚线	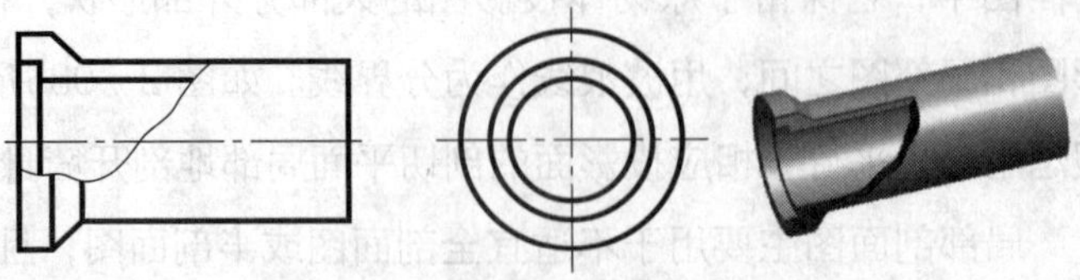

续表

绘图步骤	图示
3.根据沟管的材料类型，在剖面区域内画上材料图例	

知识链接

在土建工程中，对于有分层结构的形体，常用分层局部剖面图。分层局部剖面图应按层次以波浪线为界将各层分开，如图2—95所示。分层局部剖面图多用于表达楼层、地面和墙面的材料和构造。

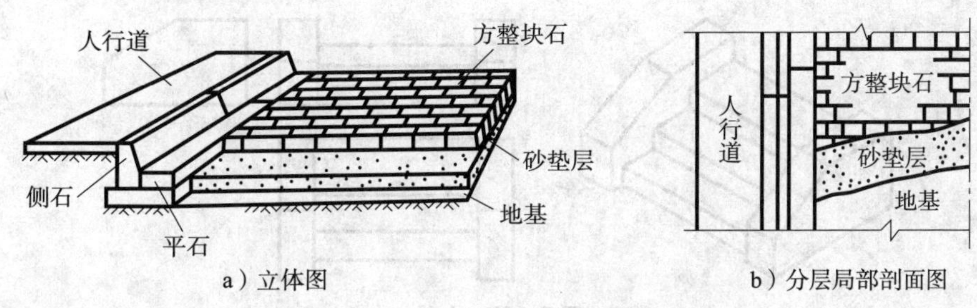

图2—95　路面立体图及其分层局部剖面图

思考与练习

把如图2—96所示形体的正立面图改画成局部剖面图。

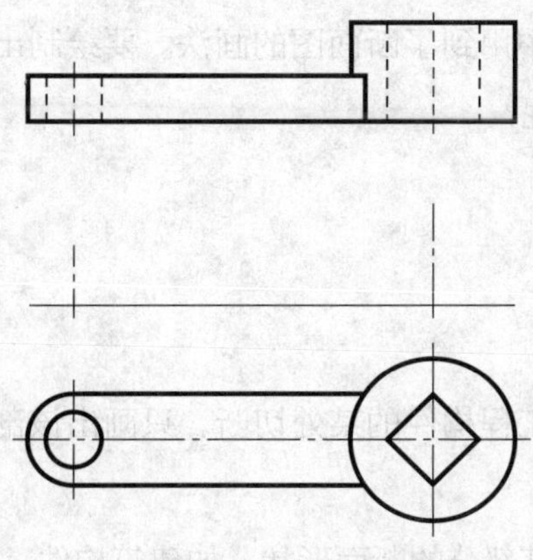

图2—96　局部剖面图练习

任务四　绘制断面图

任务目标

◇了解断面的概念

◇掌握断面与剖面的区别

◇准确绘制断面图

任务提出

绘制如图 2—97 所示台阶的断面图。

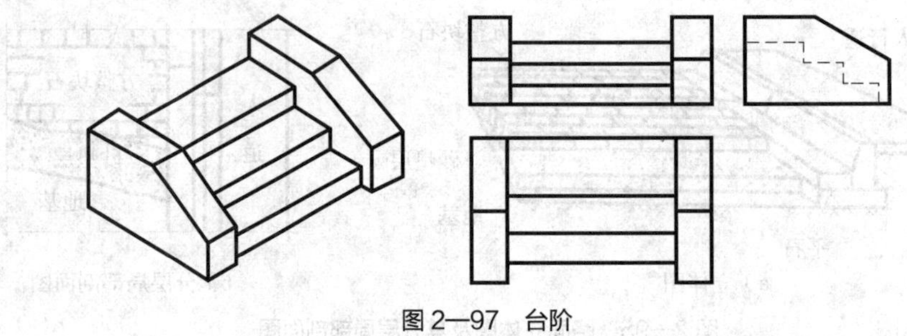

图 2—97　台阶

任务分析

在园林施工过程中，往往需要对园林工程构件的内部结构作详细的描述，剖面图虽能达到这一要求，但不够简练。为突出强调园林工程构件某一处的结构特点，可采用表达其断面形状的图形，图 2—98 中用到了断面图的画法。要绘制出园林工程构件的断面图，应该采用什么样的方法和步骤呢？

相关知识

一、断面图的概念

假想用剖切平面将园林工程构件的某处切断，只画出该剖切平面与园林工程构件接触部分（断面区域）的图形。

断面图常用于表达物体某部分的断面形状，如建筑构件、杆件及型材等的断面。

二、断面图的种类

1. 移出断面图

（1）画法。移出断面图画在投影图之外，轮廓线用粗实线绘制，配置在剖切线的延长线上或其他适当的位置，如图 2—98 所示。

剖切平面通过回转面形成的孔或凹坑的轴线时，应按剖面画。

当剖切平面通过非圆孔，会导致完全分离的两个断面时，这些结构也应按剖面画。

用两个或多个相交的剖切平面剖切得出的移出断面，中间一般应断开（有时为了得到完整的剖面图，也允许中间不断开），如图 2—99 所示。

（2）标注方法。移出断面图的标注内容包括剖切符号和断面图的名称。

1）配置在剖切线的延长线上的不对称的移出断面图，可省略断面图的名称。

2）配置在剖切线的延长线上的对称的移出断面图，可不标注剖切符号和断面图的名称。

3）其余情况需全部标注剖切符号和断面图的名称。

1-1断面图

2-2断面图

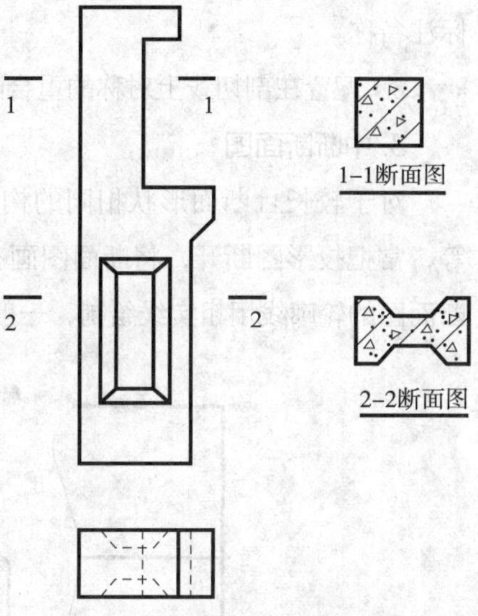

图 2—98　移出断面图

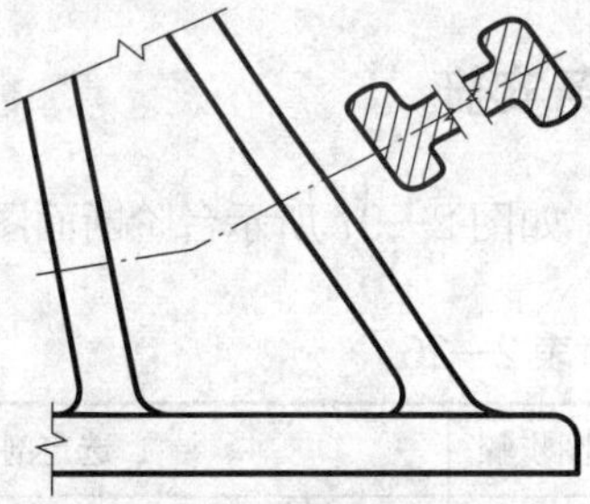

图 2—99　移出断面图

2. 重合断面图

（1）画法。重合断面图画在投影图之内，当投影图中的轮廓线与断面图的图线重合时，投影图中的轮廓线仍应连续画出，不得间断。

机械类制图中重合断面轮廓线用细实线绘制，如图 2—100 所示。建筑类制图中通常将重合断面轮廓线用粗实线绘制。若重合断面的轮廓不是封闭的线框，其轮廓线要比投影图轮廓线粗，并在轮廓线范围内，沿轮廓线边缘画出与轮廓线成 45° 角方向的图例线（细

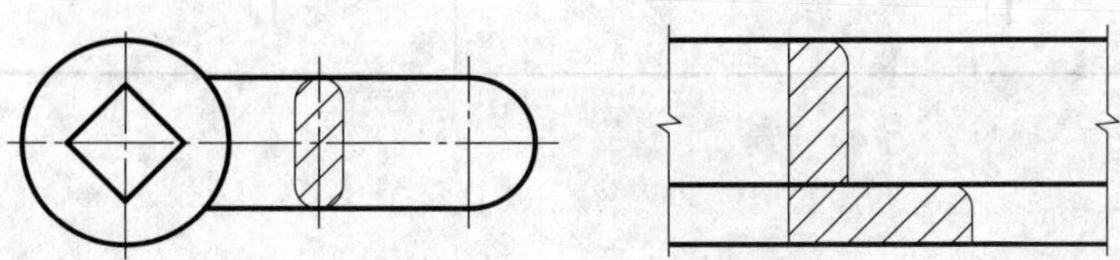

图 2—100　重合断面图图

实线），如图 2—101 所示。

（2）标注方法

1）配置在剖切线上的不对称的重合断面图，可不标注名称。

2）配置在剖切线上对称的重合断面图，可不标注。

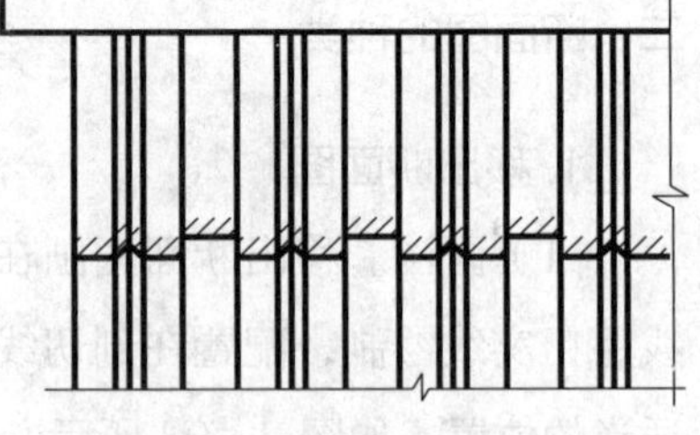
图 2—101　墙壁装饰重合断面图

3. 中断断面图

对于较长且断面形状相同的构件，如杆件、型材等，常把投影图断开，将断面图画在中断处，称为中断断面图，如图 2—102 所示。中断断面图的轮廓线用粗实线绘制，一般不需要标注。

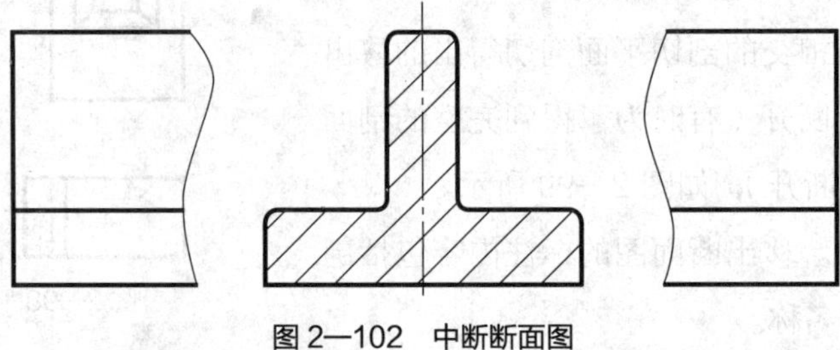
图 2—102　中断断面图

任务实施

如图 2—97 所示台阶断面图的绘制步骤见表 2—26。

表 2—26　台阶断面图的绘图步骤

绘图步骤	1. 选定剖切平面	2. 画出断面图
图示	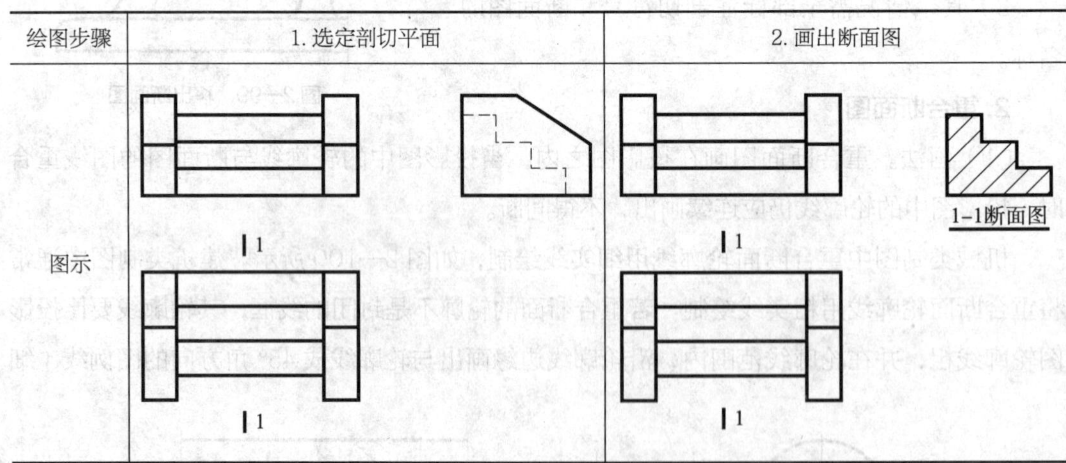	

思考与练习

绘制如图 2—103 所示形体的移出断面图。

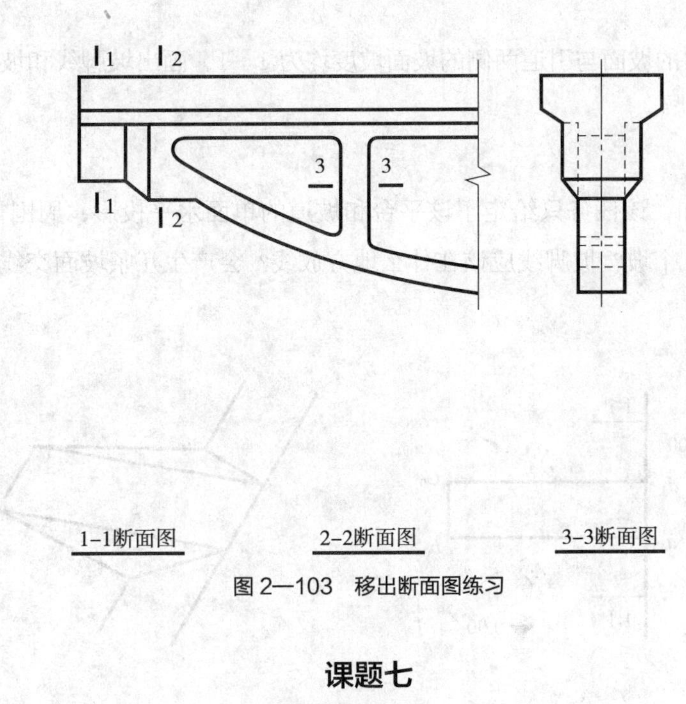

图 2—103　移出断面图练习

课题七

标高投影

建筑工程与地形有着紧密的联系，在设计和施工中，常常需要绘制地形图以便在图纸上解决相关的工程问题。由于地面的形状往往比较复杂，长度方向尺寸和高度方向尺寸相差很大，用投影图表示作图困难且不易表达清楚。因此，在生产实践中人们在水平投影图上加注形体上特征点、线、面的高程，以高程数字取代立面图的作用，从而创造出一种更适宜表达地形面的投影方法，即标高投影。

任务一　绘制建筑物与水平地面的交线

任务目标

◇掌握标高投影的概念

◇能够绘制点、线、面的标高投影

◇能够绘制建筑物与水平地面的交线

任务提出

如图 2—104 所示，在高程为零的地面修建一平台，台顶高程 4 m，有一斜坡引道通到平台顶面，平台的坡面与引道两侧的坡面坡度均为 1∶1，画出坡脚线和坡面交线。

任务分析

通过分析可知，该任务只给定了该平台和坡道的单面水平投影，周围需要修成 1∶1 的坡，那需要修几个坡？坡脚线应该在什么地方放线？会产生几条坡面交线？如何计算和绘制出交线？

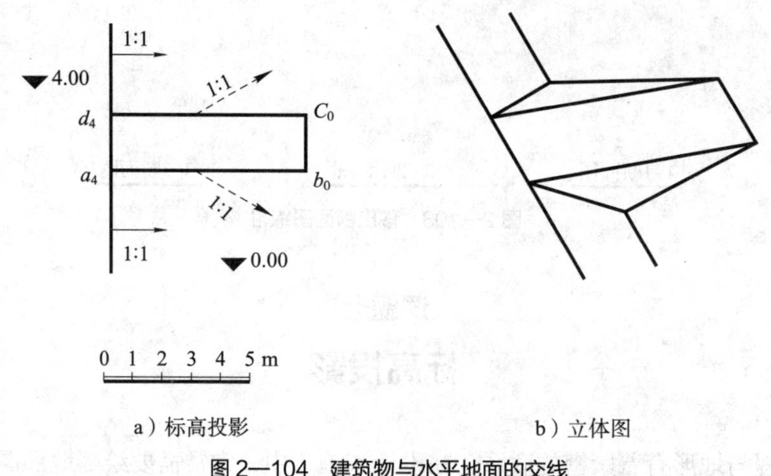

a）标高投影　　b）立体图

图 2—104　建筑物与水平地面的交线

相关知识

一、点和直线的标高投影

如图 2—105a 所示，若点 *A* 位于已知水平面 *H* 的上方 5 单位，点 *B* 位于 *H* 面内，点 *C* 位于 *H* 面下方 3 单位，那么，在 *A*、*B*、*C* 点的水平投影 *a*、*b*、*c* 旁边注上相应的高度值 5、0、−3，即得点 *A*、*B*、*C* 的标高投影图（见图 2—105b）。此时，5、0、−3 等高度值称为各点的标高。通常以 *H* 面作为基准面，它的标高为 0。高于 *H* 面的标高为正，低于 *H* 面的标高为负。

在标高投影图上，为了充分确定形体的空间形状和位置，还必须在标高投影图上附比例尺，并注明刻度单位，如图 2—105b 所示。标高投影图常用的单位为 m。

直线的标高投影如图 2—106 所示，a_3b_5 就是直线 *AB* 的标高投影。

如图 2—107 所示，也可用直线上一个点的标高投影并标注直线的坡度和方向来表示直线，箭头的方向指向下坡。

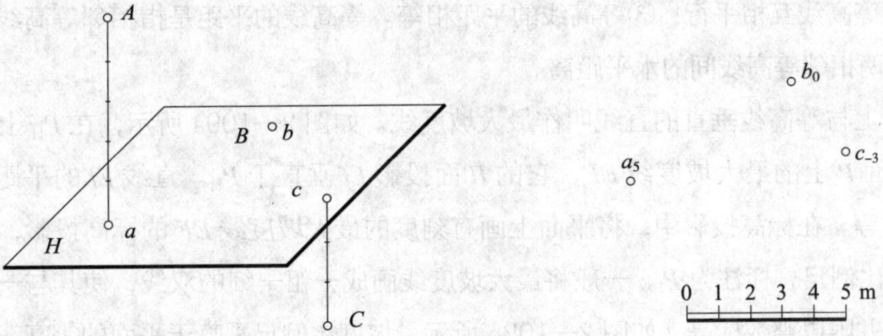

图 2—105　点的标高投影

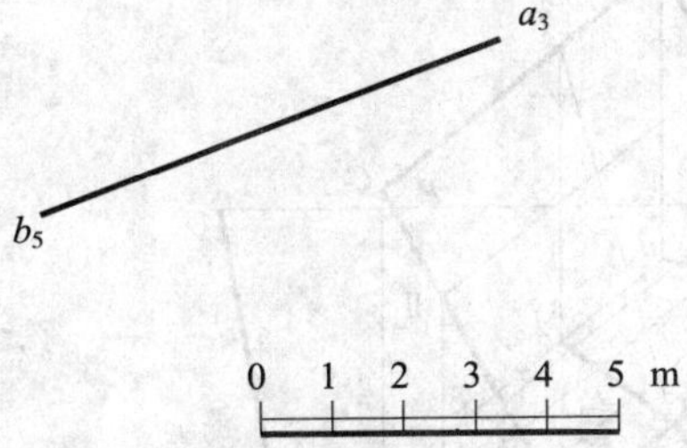

图 2—106　直线的标高投影

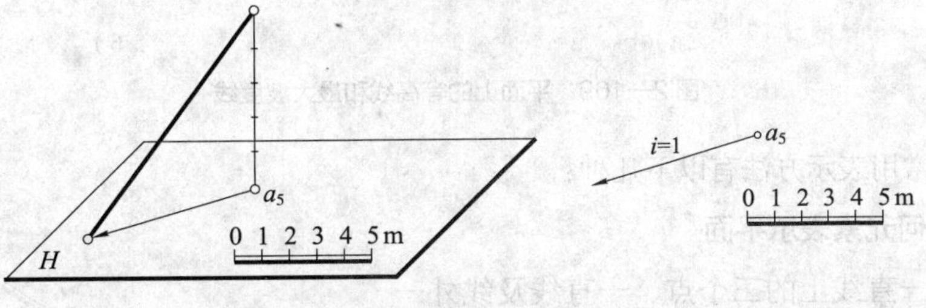

图 2—107　直线的表示法

直线的坡度 i，就是当其水平距离为一单位时的高差（见图 2—108）。

若直线 AB 的标高投影 a_2b_4，它的长度即 AB 的水平距离为 L，AB 两点的高差为 H，则直线的坡度 $i=H/L$。

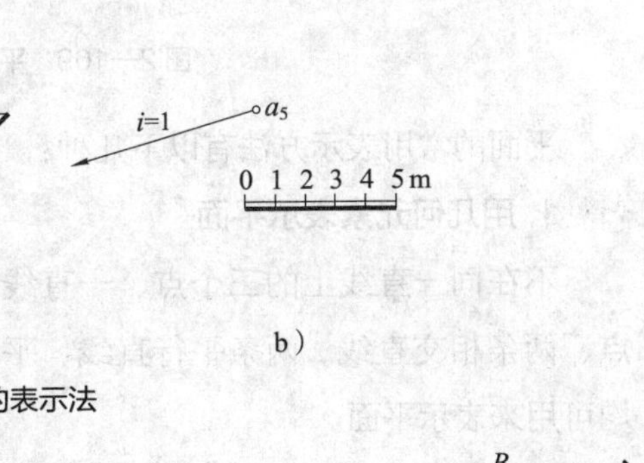

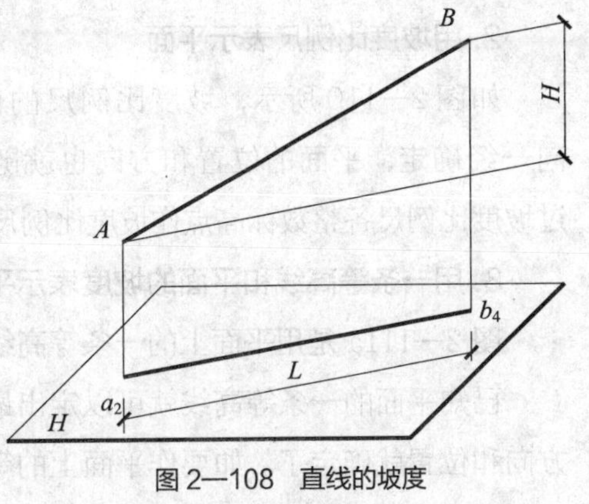

图 2—108　直线的坡度

二、平面的标高投影

平面的等高线有以下特性：①等高线是

直线；②等高线互相平行；③等高线的平距相等。等高线的平距是指相邻等高线的高差为 1 m 时，两相邻等高线间的水平距离。

平面上与等高线垂直的直线叫作最大坡度线。如图 2—109a 所示，在 P_H 上任取一点 E，引平面 P 上的最大坡度线 EF，它的 H 面投影 Ef 垂直于 P_H。直线 Ef 的平距与平面 P 的平距相等。在标高投影中，将平面上画有刻度的最大坡度线 EF 的标高投影，称为平面 P 的坡度比例尺，标注为 P_i。一般将最大坡度线画成一粗一细的双线，使其与一般直线有所区别，并附以整数标高，如图 2—109b 所示。坡度比例尺垂直于平面的等高线，它的间距等于平面的间距。

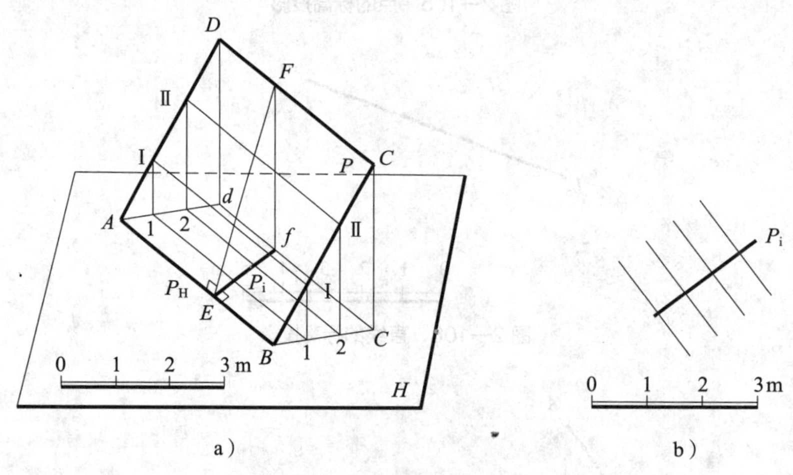

图 2—109　平面上的等高线和最大坡度线

平面的常用表示方法有以下几种：

1. 用几何元素表示平面

不在同一直线上的三个点、一直线及线外一点、两条相交直线、两条平行直线、平面图形等均可用来表示平面。

2. 用坡度比例尺表示平面

如图 2—110 所示，坡度比例尺的位置和方向一经确定，平面的位置和方向也就随之而定。过坡度比例尺各整数标高点作坡度比例尺的垂线，即得平面上的等高线。

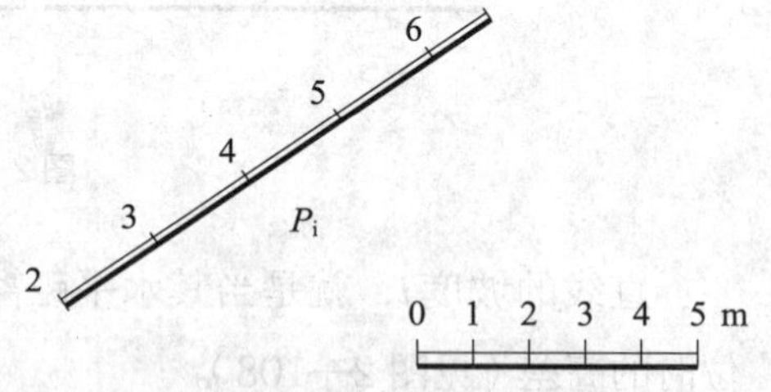

图 2—110　用坡度比例尺表示平面

3. 用一条等高线和平面的坡度表示平面

图 2—111a 是用平面上的一条等高线和平面的坡度表示平面。

已知平面的一条等高线就可以定出最大坡度线的方向，又给出平面的坡度，则平面的方向和位置就确定了。如要作平面上的等高线，可先作已知等高线的垂线，在垂线上按图中所给比例截取水平距离，过各分点作已知等高线的平行线，即得平面上的等高线的标高投影，如图 2—111b 所示。

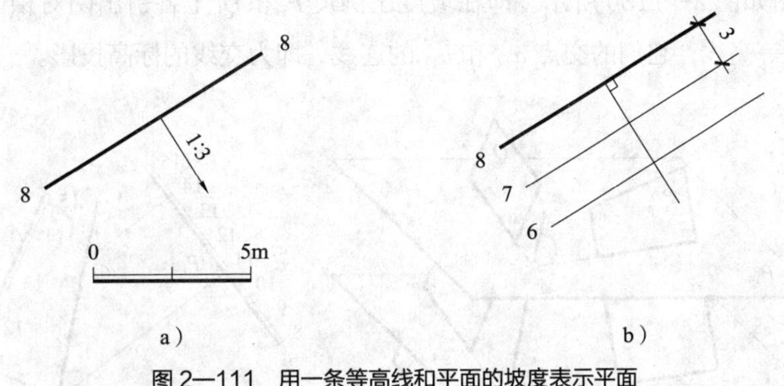

图 2—111　用一条等高线和平面的坡度表示平面

4. 用一条直线和平面的坡度表示平面

过一条直线可以作无数平面，然而平面的坡度给定后，又指出平面的倾斜方向，则此平面的位置也就确定了。如图 2—112a 所示，图中的箭头只是表明平面向直线的某一边倾斜，不表明坡度的方向，因此画成虚箭头。

如图 2—112b 所示，平面由直线 a_5b_9 和平面的坡度 i=1：2 给出，求平面的等高线。过 a_5 有一条标高为 5 的等高线，过 b_9 有一条标高为 9 的等高线。两条等高线之间的水平距离：$L=H/i=$（9−5）×2=8 m。

过定点 a_5 作直线，使与另一定点 b_9 的距离等于定长 8 m。以 b_9 为圆心，R=8 m 为半径（按图中所给比例量取），在平面的倾斜方向画圆弧，再过 a_5 作圆弧的切线，就得到标高为 5 的等高线。四等分 a_5b_9，就得直线上标高为 6、7、8 的点，过各分点作直线与等高线 5 平行，就得到 6、7、8 三条等高线。

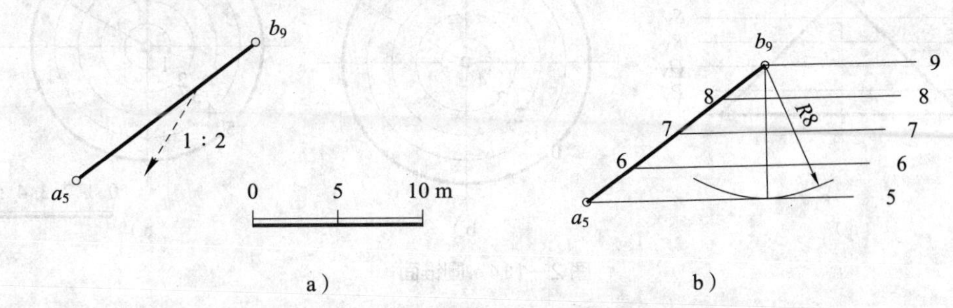

图 2—112　用一条等高线和平面的坡度表示平面

若两平面相交，可用辅助平面法求它们的交线。在标高投影图中所引的辅助平面，最方便是引整数标高的水平面，如图 2—113a 所示。这时，所引辅助平面与已知平面的交线，就分别是两已知平面上相同整数标高的等高线，它们必然相交于一点。引两个辅助平

面，可得两个交点，连接起来，即得交线。可引申为：两面（平面或曲面）上相同标高等高线的交点的连线，就是两面的交线。

具体作图如图 2—113b 所示。即在坡度比例尺 P_i 和 Q_i 上各引出两对相同标高（例如 11 和 14）的等高线，它们的交点 a_{14} 和 b_{11} 的连线，即为交线的标高投影。

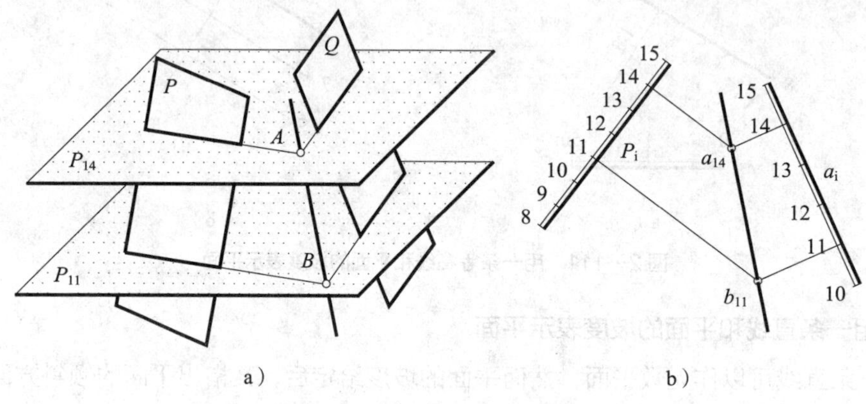

图 2—113 求两平面的交线

三、曲面的标高投影

如图 2—114a 所示为一正圆锥，用一系列高程为整数的水平面 P、Q 等与它相截，等高线均为同心圆，而且间距相等。如图 2—114b 所示，在等高线上应注明标高，最后还应注明锥顶标高。如图 2—114c 所示为倒圆锥面，因为它的等高线越向外，标高数值越大。

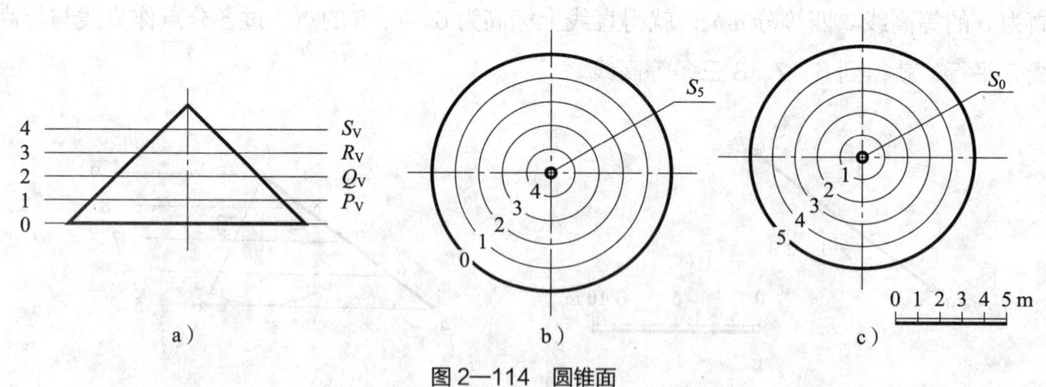

图 2—114 圆锥面

在土石方工程中，常将建筑物边坡建造成正圆锥面。如图 2—115 所示，图中一长一短的细实线是示坡线，由坡顶指向下坡。圆锥面上的示坡线是素线方向，通过锥顶；平面上的示坡线垂直于等高线。

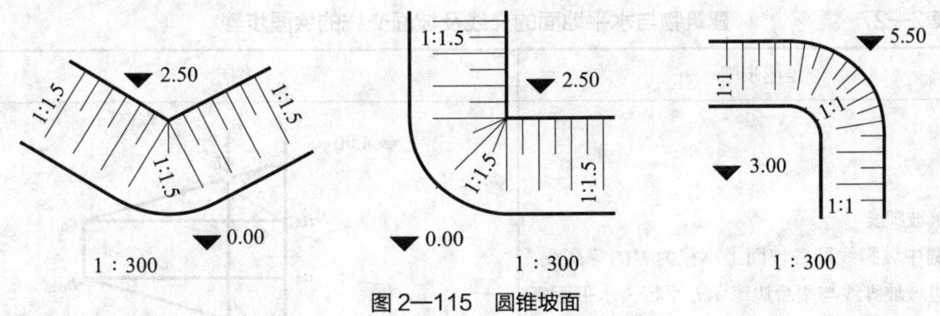

图 2—115　圆锥坡面

四、建筑物与水平地面的交线

建筑物表面可以是平面、圆锥面或同坡曲面等，它们与水平面的交线是一条等高线，所以求建筑物与水平地面的交线，实际上就是画出建筑物表面上相应的等高线。实际工程中，把建筑物相邻两坡面的交线称为坡面交线，把挖方边坡与地面的交线称为开挖线，把填方坡面与地面的交线称为坡脚线。

在高程为零的地面挖一基坑，坑底标高为 -3 m，坑底形状和各棱面坡度如图 2—116a 所示，画出开挖线和坡面交线。

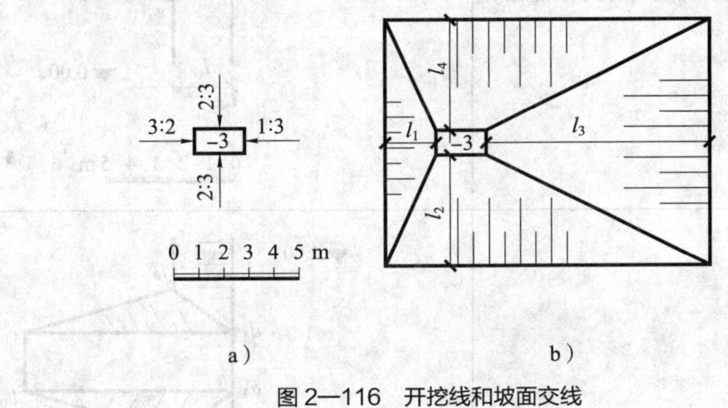

图 2—116　开挖线和坡面交线

作法：

1. 求开挖线。本例中开挖线是各坡面上同高程为零的等高线，它们分别与相应坑底边线平行，其水平距离 L_1=3×2/3=2 m，L_3=3×3/1=9 m，L_2=L_4=3×3/2=4.5 m。

2. 求坡面交线。分别连接相邻坡面上同高程等高线的两个交点，即得四条坡面交线。

3. 最后画出各坡面的示坡线。如图 2—116b 所示。

任务实施

如图 2—104 所示建筑物与水平地面的交线及坡面交线的具体绘制步骤见表 2—27。

表 2—27　　建筑物与水平地面的交线及坡面交线的绘图步骤

绘图步骤	图示
1. 求坡脚线 本例中坡脚线即各坡面上高程为零的等高线。平台边坡坡脚线与平台边缘 a_4d_4 平行，水平距离 L_1=1×4=4 m 求引道边坡坡脚线，分别以 a_4、d_4 为圆心，L_2=1×4=4 m 为半径画圆，自 b_0、c_0 作切线	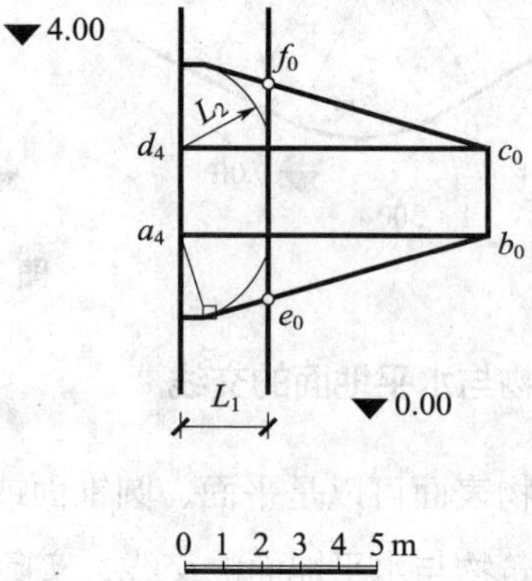
2. 求坡面交线 分别连接平台边坡和引道边坡的共有点 a_4e_0、d_4f_0	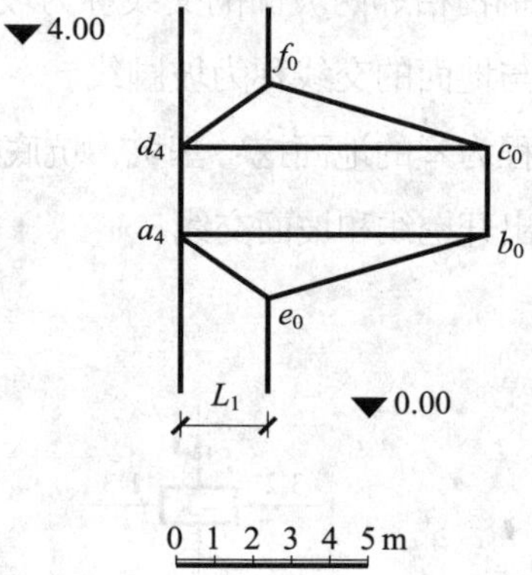
3. 画出示坡线，清理图面，完成作图	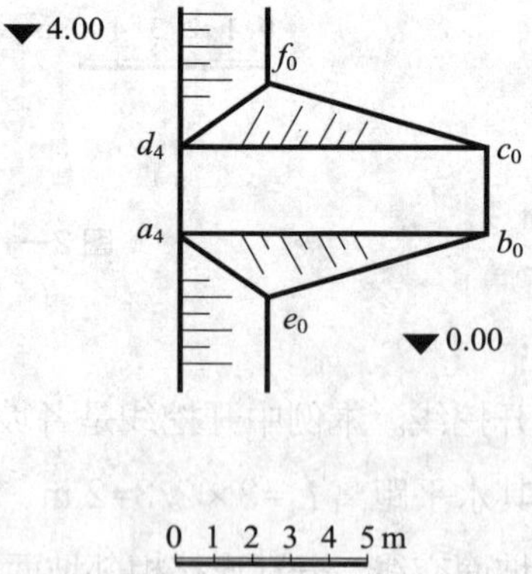

思考与练习

在高程为 3 m 的地面上修建一高程为 7 m 的平台，平台顶的形状及边坡的坡度如图 2—117 所示，求坡脚线和坡面交线。

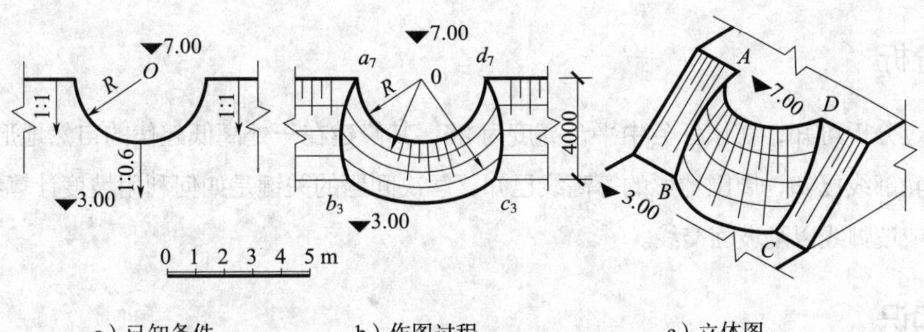

a）已知条件　　b）作图过程　　c）立体图

图 2—117　求作坡脚线和坡面交线

任务二　绘制建筑物与地形面的交线

任务目标

◇掌握地形等高线的识读要点

◇能绘制地形剖面图

◇能绘制建筑物与地形面的交线

任务提出

如图 2—118a 所示，在山坡上修建一个水平场地，场地高程为 25 m，填方坡度为 1：1.5，挖方坡度为 1：1，求各边坡与地面交线及各坡面交线。

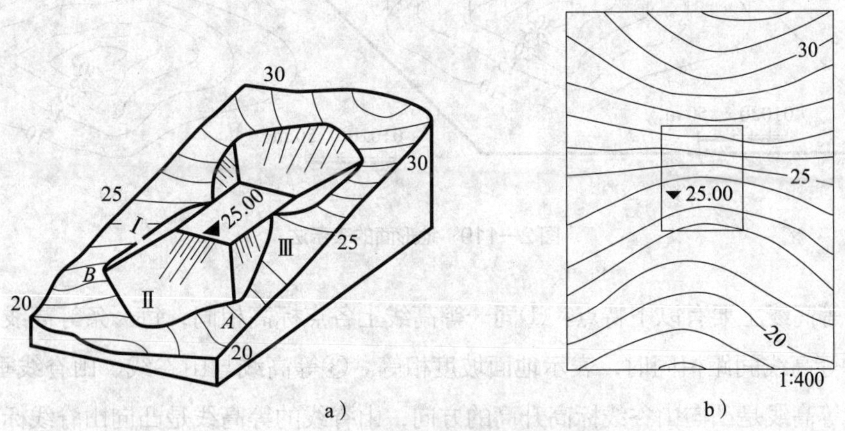

图 2—118　建筑物与地形面的交线

任务分析

通过分析可知，在该任务中平台高度为 25，其修建在一处高低起伏的自然地形面上，平台的轮廓线已知，周围地形的等高线已知，解决问题的关键是如何利用坡度计算绘制出开挖线或坡脚线以及坡面交线。

相关知识

一、地形面的表示

1. 地形等高线

如图 2—119 所示，用水平面截割小山丘，可得到一系列不规则曲线，即为等高线。它是天然地形与一组有高程的水平面相交后，投影在平面图上，绘出的迹线。将地面上标高相同的点相连接而成的直线或曲线，称为地形等高线。

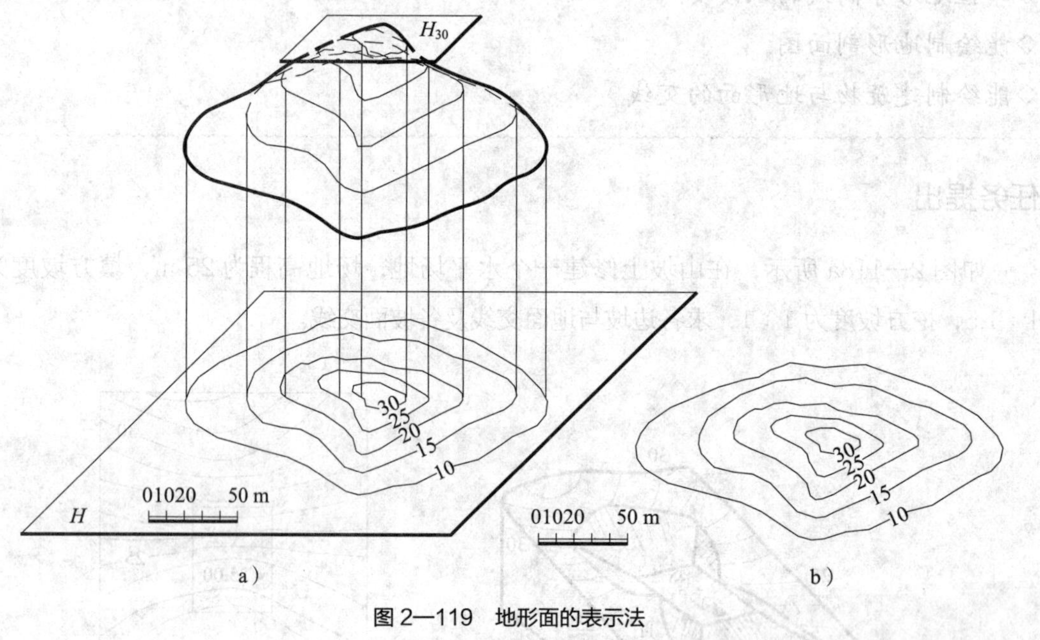

图 2—119　地形面的表示法

地形等高线主要有以下特点：①同一等高线上各点标高相同，每一条等高线总是闭合曲线。②等高线间距相同时，表示地面坡度相等。③等高线与山谷线、山脊线垂直相交。山谷线的等高线是凸向山谷线标高升高的方向，山脊线的等高线是凸向山脊线标高降低的方向。④等高线一般不交叉、重叠、合并，一旦出现前述情形，则为悬岩、峭壁、陡坎、梯阶处。⑤等高线越密，表示地势越陡；反之地势越缓。

2. 地形图

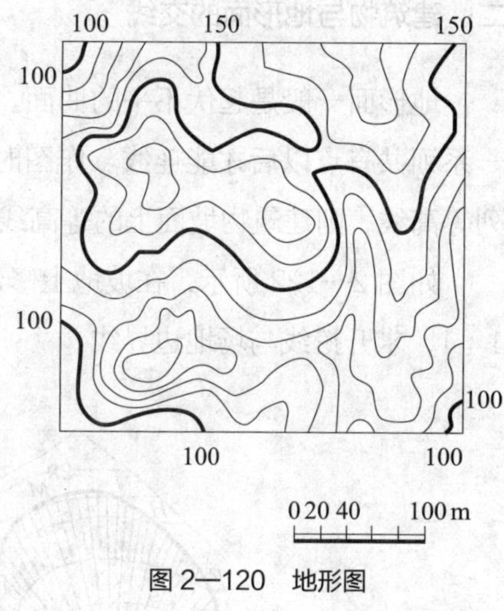

图 2—120　地形图

绘出地形等高线的水平投影，并注明每条等高线的高程，就得到地形面的标高投影，这种图样称为地形图，如图 2—120 所示。

在地形图中，通常每隔四条等高线画一条较粗的线，并注明标高数字，单位为“m”，称为计曲线。按规定，标高数字的字头应指向上坡注写。从图中可看出，两条相邻等高线的高差是 10 m。图的中部在 150 m 标高附近有两处环状等高线，表明这两个地方是山头。两山头之间是鞍部。图左上角等高线较密，表明地面的坡度大；图的右上部分等高线稀疏，表明地势较缓。

用铅垂面剖切地形面，所得到的剖面形状称为地形剖面图。如图 2—121 所示，已知管线两端的高程分别为 21.5 m、23.5 m，求管线 *AB* 与地面的交点。作图方法如下：

（1）过 1—1 作铅垂面，找出它与地形面各等高线的交点。

（2）按图形比例画出一组平行的等高线，20、21、22 等。

（3）自各交点向上作铅垂线，与相应的高程相交，得到一系列点。

（4）把这些点光滑连成曲线，并画出自然土壤的图例。

（5）过管道两端的水平投影 *a*、*b* 点向上作铅垂线，得到 *A*、*B*，连接 *AB*，与地形面的交点 K_1、K_2、K_3、K_4 即为露出和埋入的分界点。将此四点向下作垂线，得到水平投影 k_1、k_2、k_3、k_4。露出地面的部分用实线绘制，埋入地面的部分用虚线绘制。

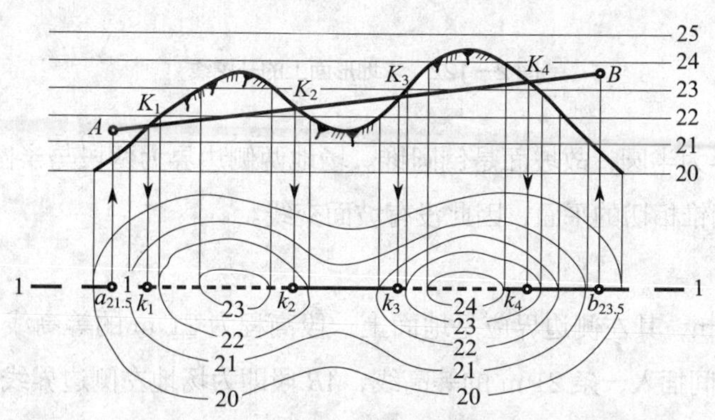

图 2—121　地形剖面图

二、建筑物与地形面的交线

地形面一般是起伏不平的曲面。建筑物与地面相交，交线是不规则的曲线，必须求出一系列共有点以后才能连线。作图时，先根据地形等高线的高差，在建筑物坡面上作一系列等高线，则建筑物坡面上的等高线与同高程地形等高线的交点就是交线上的共有点。

如图 2—122 所示，在坡地上修建一高程为 21 m 的水平场地，已知场地边坡的坡度为 1∶1，求开挖线与场地边界线。

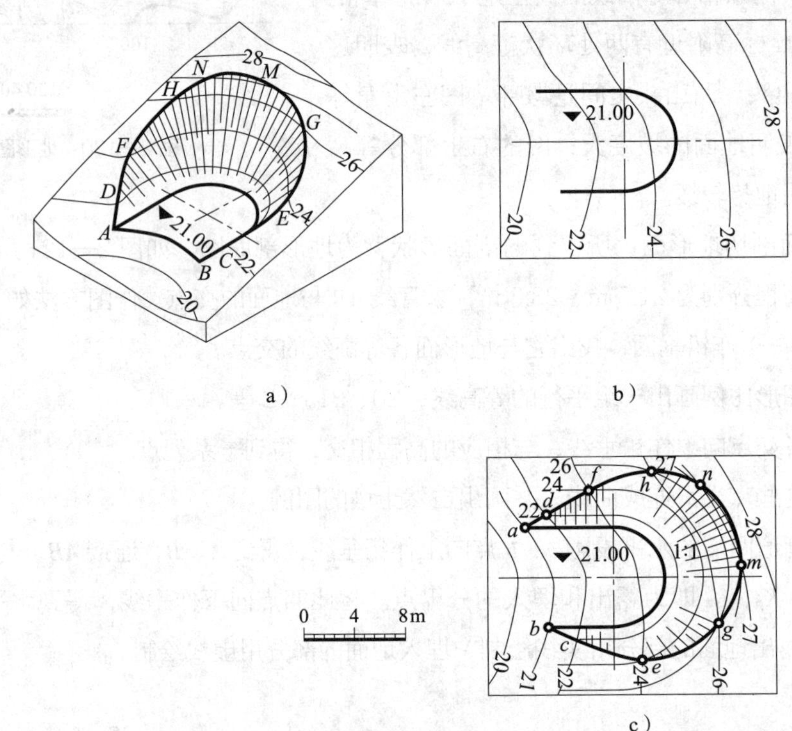

图 2—122　求地形面上的开挖线

场地右端边界为半圆，故坡面是倒圆锥。场地两侧边界为两段与半圆相切的直线，故坡面是两个与倒圆锥相切的平面，因此没有坡面交线。

作法：

1. 高程为 21 m，其左侧边界应是地面上一段高程为 21 m 的等高线。可在地面 20 m 和 22 m 等高线之间插入一条 21 m 的等高线，*AB* 段即为场地左侧边界线。

2. 作出坡面上与地面同高程的等高线，为此，坡面等高线间的高差应与地面等高线间的高差相同。取高差 1 m，水平距离也是 1 m，作坡面 22 m 的等高线。取高差 2 m，水平距离也是 2 m，可作出坡面上其他等高线。同高程等高线的交点，即是开挖线上的点。

3. 坡面与地面上高程 26 m 的两条等高线有两个交点 g、h，而高程 28 m 的等高线不相交。可在地面和坡面上各插入一条 27 m 的等高线，求得 m、n 两个交点，也是开挖线上的点。

4. 用光滑曲线连接各共有点，画出示坡线，完成作图。

任务实施

如图 2—118 所示建筑物与地形面的交线绘制步骤见表 2—28。

表 2—28　　建筑物与地形面的交线绘图步骤

绘图步骤	图示
1. 图形分析 水平广场的高程为 25 m，所以地面上高程为 25 m 的等高线是填方与挖方的分界线。地面高于 25 m 的一边需要挖，低于 25 m 的一边需要填。挖方部分有三个坡面，因此产生三条开挖线和两条坡面交线。同样，填方部分也有三个坡面，产生三条坡脚线和两条坡面交线。这些坡面都是平面，所以坡面交线都是直线	30 30 25 25.00 I III 25 B II 20 A 20
2. 作法 （1）地面上相邻等高线的高差为 1 m，所以坡面上相邻等高线的高差也是 1 m。填方坡度 1∶1.5，相邻等高线的水平距离为 1.5 m；挖方坡度为 1∶1，相邻等高线的水平距离为 1 m （2）求填方部分的坡脚线和坡面交线 画出Ⅰ、Ⅱ、Ⅲ坡面上的等高线。光滑连接坡面上和地面上同高程等高线的交点，即为坡脚线。坡脚线相交于 A、B 两点，广场的两个角点与 A、B 的连线即为坡面交线。因相邻坡面的坡度相等，故坡面交线应是 45° 线 （3）挖方部分的作图与填方部分相同 （4）画出示坡线，完成作图	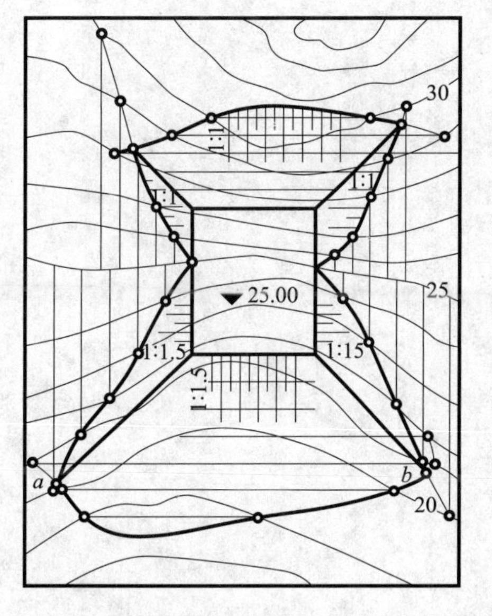

思考与练习

求作图 2—123 中的 1-1 地形剖面图。

图 2—123　地形剖面图绘制练习

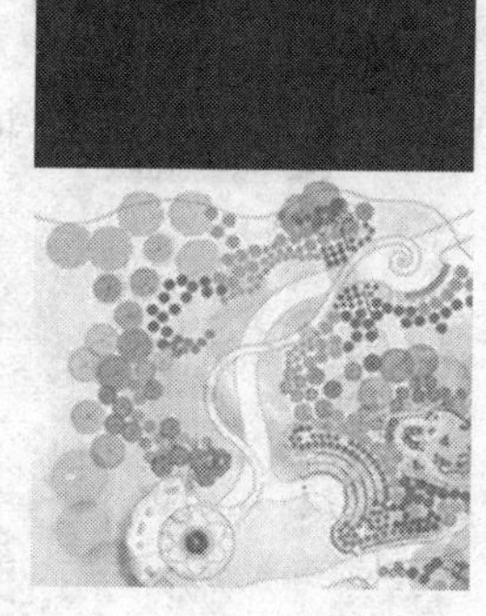

模块三

园林组成要素的表现技法

课题一

园林植物平面、立面、透视表现技法

园林是由植物、园路、水体、地形、建筑及小品等素材，根据功能要求、园景立意构思、经济技术条件等综合组成的统一体。植物是园林中有生命的构成要素。植物要素包括乔木、灌木、地被植物、草坪等。植物的四季景观、本身形态、色彩、气味等都是园林造景的题材。园林植物与地形、水体、建筑及小品等的有机搭配，可以形成优美的环境。园林植物的种类很多，在表示时应该按照其形态特征利用不同的图例加以区分。

任务一　绘制小型园林绿地平面图

任务目标

◇掌握乔木、灌木与地被植物、草坪的平面表示方法

◇能够使用针管笔、彩色铅笔绘制各类型植物的平面图

任务提出

绘制如图 3—1 所示的小型园林绿地平面图。要求各类型植物平面表示准确，线条清晰、利落、美观，色彩表现恰当。

任务分析

本任务中园林植物包括乔木、灌木与地被植物、草坪，其平面形象特征各有不同，绘制时注意加以区别。园路线条应工整、平直，植物线条应流畅、生动。图面整体颜色要在和谐中有所变化。

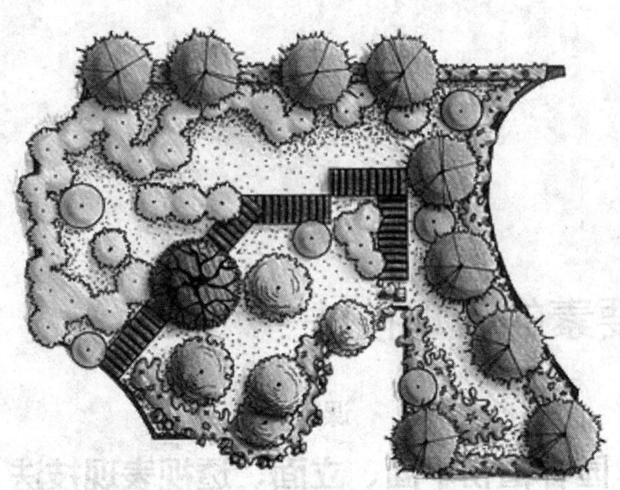

图 3—1　小型园林绿地平面图

相关知识

一、乔木的平面表示方法

乔木在平面图中一般采用“图例”概括地表示，如图 3—2 所示是乔木的平面表示方法。用一个圆圈表示树木成龄以后树冠的形状和大小，在圆心用大小不同的黑点表示树木的定植位置和树干的粗细。为了形象地区分不同种类的植物，常使用不同线型的轮廓线来表示不同树木的形象特征。

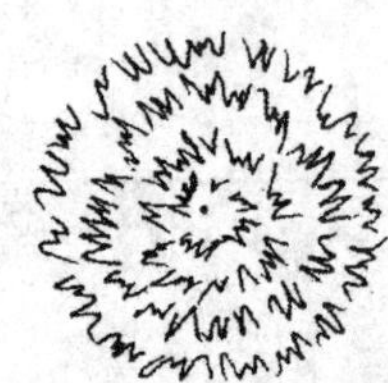 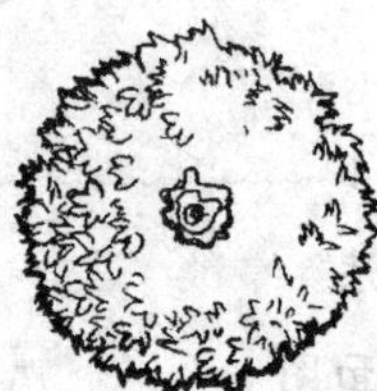 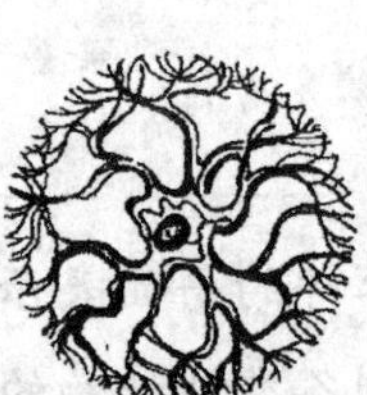 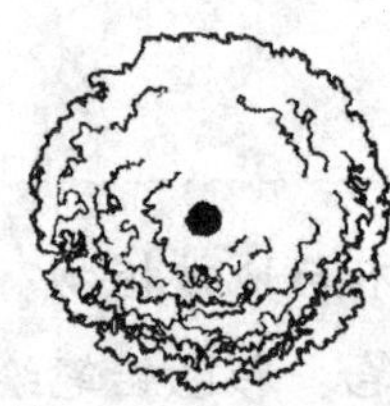 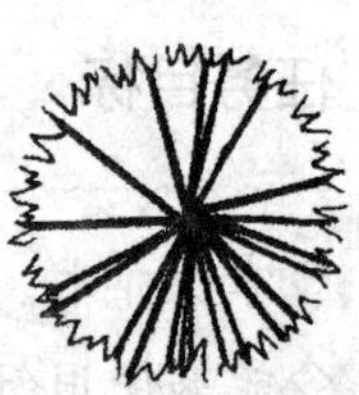

图 3—2　乔木的平面表示方法

二、灌木与地被植物的平面表示方法

灌木与地被植物没有明显的主干，它们的平面图主要是通过用线条勾勒丛植外缘的方法来表示，其轮廓线内部也需要描绘出植物的质感特征，如图 3—3 所示。

三、草坪的平面表示方法

在平面图中草坪的表示方法主要有打点法、小短线法和线段排列法。

1. 打点法

打点法是指用疏密不均的点表示草坪，如图 3—4a 所示。使用打点法表示草坪时，点的大小要均匀，距离树木、建筑、道路边缘以及草坪的边缘较近的区域点要密集，较远的地方点要相对疏散。

2. 小短线法

小短线法是指使用行间距相近的小短线排表示草坪，如图 3—4b 所示。排列整齐表示精细草坪，排列不整齐表示草地或管理粗放的草坪。

3. 线段排列法

线段排列法是相对灵活且常用的草坪表示方法，如图 3—4c 所示。线段行间可留空白也可断续的重叠，另外也可以使用斜线排列表示草坪。

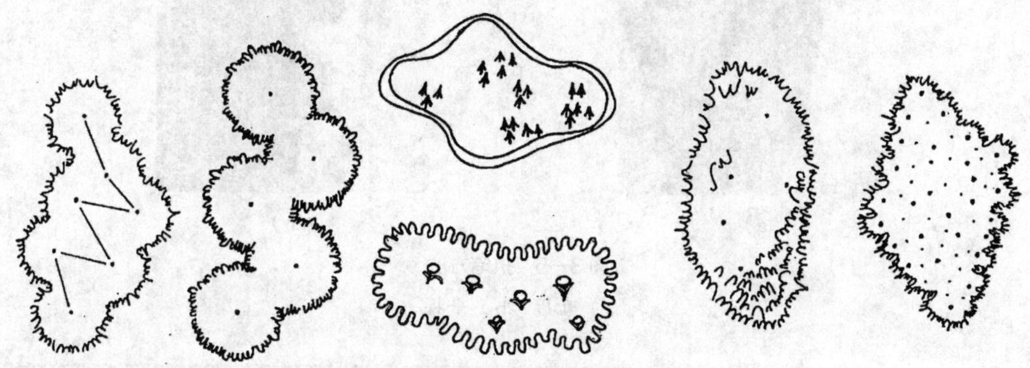

图 3—3　灌木与地被植物的平面表示方法

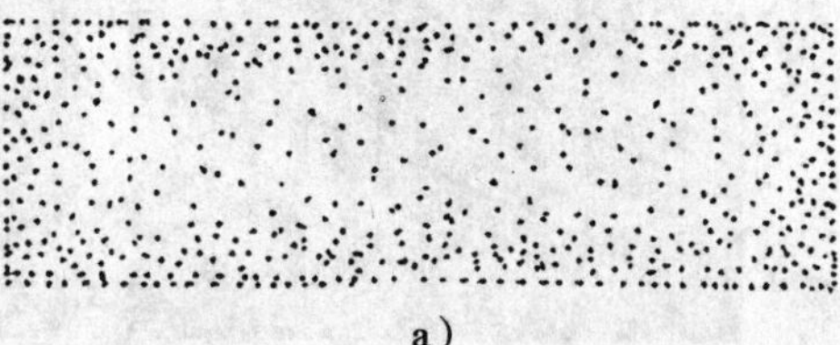

图 3—4　草坪的平面表示方法

a）打点法　b）小短线法　c）线段排列法

任务实施

一、工具准备和技法训练

1. 笔

笔包括铅笔、针管笔和彩色铅笔。彩色铅笔笔芯分为蜡制和水溶两种。其笔触肌理细

腻，色彩丰富，适合于初学者使用，24 色套装彩色铅笔就可以满足绘图需要。

执笔的方法有直握和平握两种。直握铅笔，着色笔触较明显，如图 3—5a 所示；平握铅笔，着色较均匀，如图 3—5b 所示。

常用的笔触面貌有平涂、退晕，排列笔触，叠加笔触等，如图 3—6 所示。

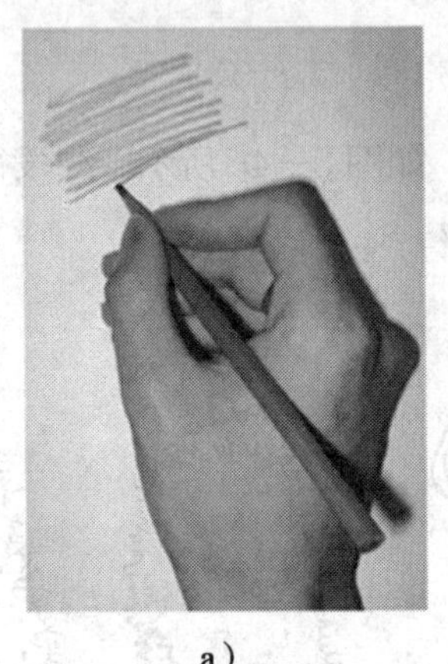

a）　　b）

图 3—5　执笔方法

a）直握　b）平握

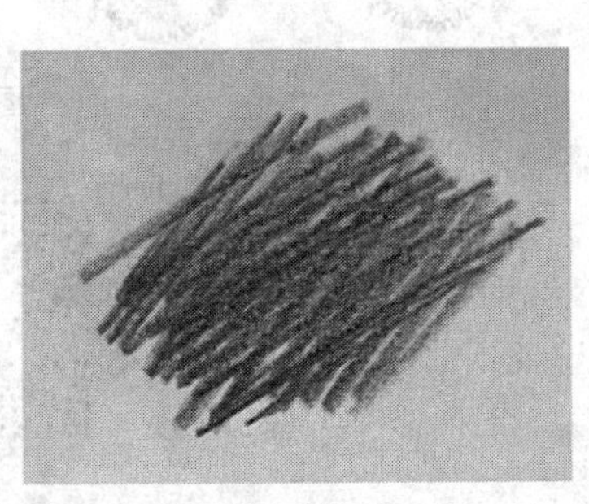

a）　　b）　　c）

图 3—6　笔触面貌

a）平涂、退晕　b）排列笔触　c）叠加笔触

2. 纸张

可以使用高级绘图纸、白板纸、硫酸纸等质地细密、吸水性能良好的纸张。

3. 其他辅助工具

直尺、三角尺、比例尺、丁字尺、圆规、擦图片、模板、毛刷、图板等。

二、平面图绘制步骤

1. 墨线稿阶段

先使用铅笔按照比例完成平面图的布局，确定各要素的位置、尺度和外轮廓形状，同时注意各类型植物平面表示方法的区别，然后使用针管笔描图，墨线要清晰、流畅、生动，起笔、收笔有力，中间行笔用力均衡，切忌反复描线。线的粗细、轻重要有变化，植物外轮廓线可以粗重一些，加强边界作用，内部细节特征描绘线条应稍细，如图 3—7 所示。

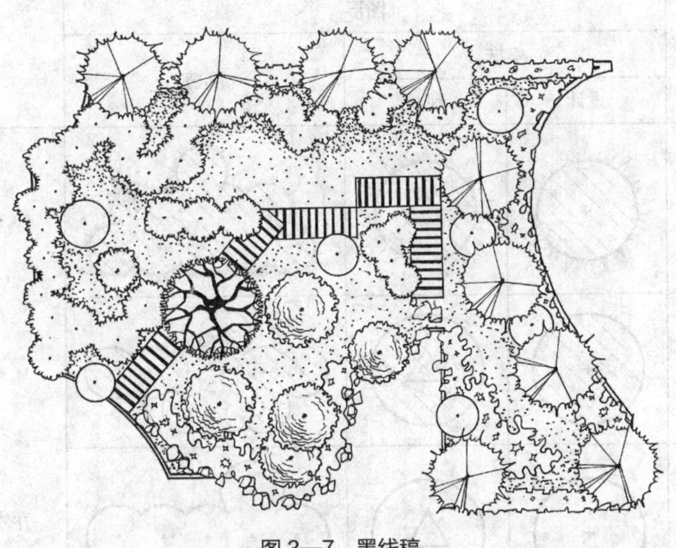

图 3—7　墨线稿

2. 着色稿阶段

在使用彩色铅笔为平面图进行着色时，要注意色彩的协调与变化，把握整幅图面的色彩效果。不要用同一种绿色表现所有植物，应该使用不同明度、不同纯度的绿色来表现，以此增强色彩的层次、韵律和图面的美观性，植物的阴影部分要适当强调，如图 3—8 所示。

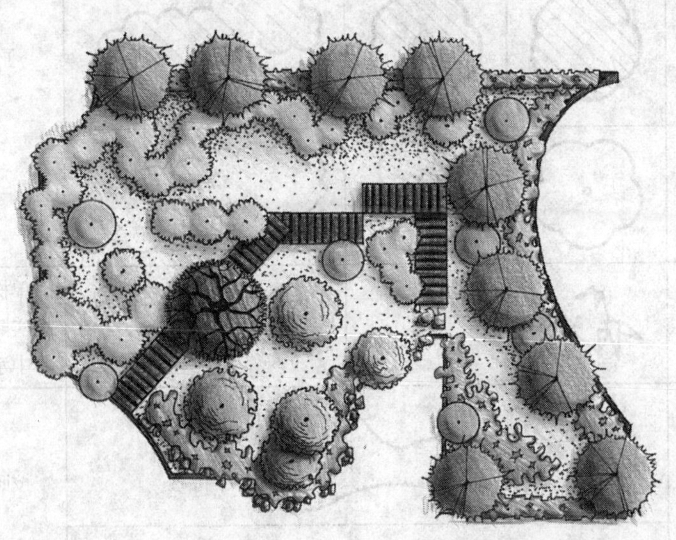

图 3—8　着色稿

知识链接

初步设计和施工图设计图纸的植物图例

——摘自《风景园林制图标准》(CJJ/T 67—2015)

序号	名称	图形			图形大小
		单株		群植	
		设计	现状		
1	常绿针叶乔木				乔木单株冠幅宜按实际冠幅为 3～6 m 绘制，灌木单株冠幅宜按实际冠幅为 1.5～3 m 绘制，可根据植物合理冠幅选择大小
2	常绿阔叶乔木				
3	落叶阔叶乔木				
4	常绿针叶灌木				
5	常绿阔叶灌木				
6	落叶阔叶灌木				
7	竹类				单株为示意；群植范围按实际分布情况绘制，在其中示意单株图例
8	地被				按照实际范围绘制
9	绿篱				

任务二　绘制小型园林绿地局部效果图

任务目标

◇掌握树木、灌木、绿篱、草坪的透视图表现方法
◇能够准确、生动地刻画各类植物的形态与质感特征
◇能够使用马克笔为园林植物进行色彩表现

任务提出

绘制如图 3—9 所示的小型园林绿地的局部效果图。要求对各类型植物的形态刻画准确；线条表现生动、自然；色彩层次丰富，效果真实。

图 3—9　小型园林绿地的局部效果图

任务分析

本任务的重点是植物体积感和层次关系的表现，在绘制时应注意受光面和背光面的区别。难点是画面空间关系的表现和整体气氛的渲染，在绘制时应注意色彩的协调性和丰富性。

相关知识

一、树木的立面及透视图表现方法

树木由枝、干、冠构成。要表现好树木的特征，平时应注意观察各种树木的结构和形态，对植物照片或实物进行写生训练。树木的外观形态可归纳为圆形、半圆形、三角形、锥形等几何形状。树干分为主干和枝干，其形状可归纳为鹿角式、蟹爪式、龙爪式等，不同树种树干的表面肌理也有显著差别。树叶分为阔叶和针叶两类，在绘制时要注意它们的形态差异和树叶分布的疏密构成。

在表现形式上可采取具象写实的方式，也可采取图案画法、线描画法等表现方式。写实画法可以通过光影调子来表现树木的体积关系和层次关系。图案画法主要是把握树木外轮廓形状和枝干、树叶等细节的形象特征，抓住本质进行有效取舍，使图面具有形式美感。线描画法是借鉴中国画白描的形式，利用线条的粗细、枯润、虚实等变化来表现树木的形态神韵。如图 3—10 所示是常见树木的立面及透视图的表现方法。

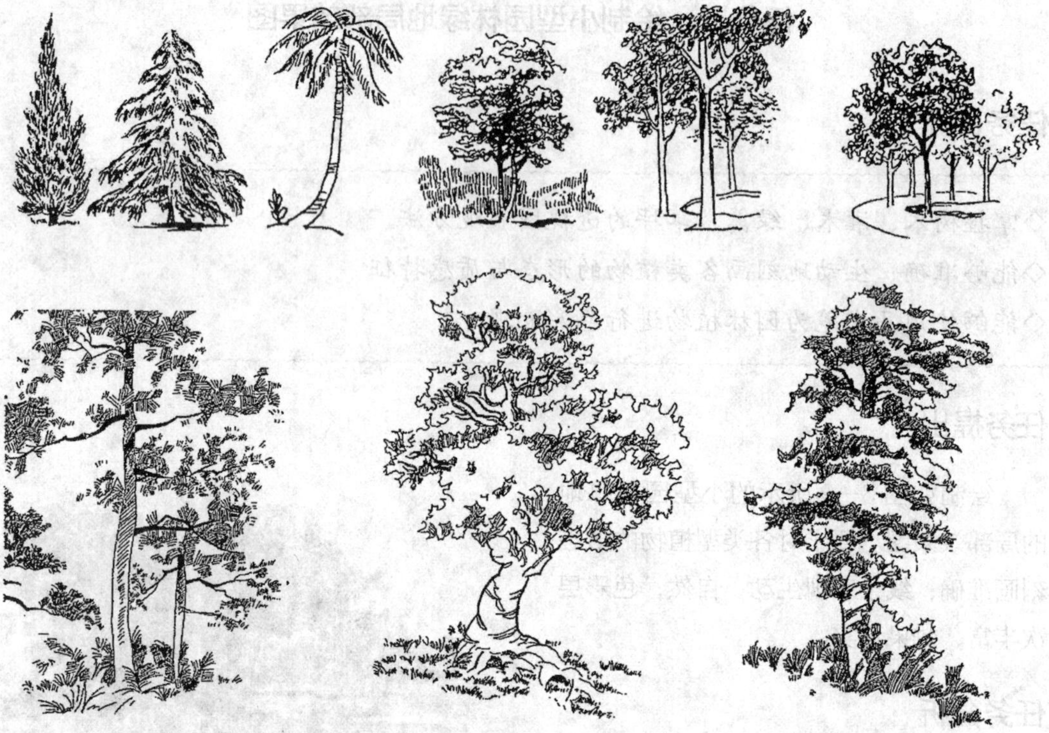

a）

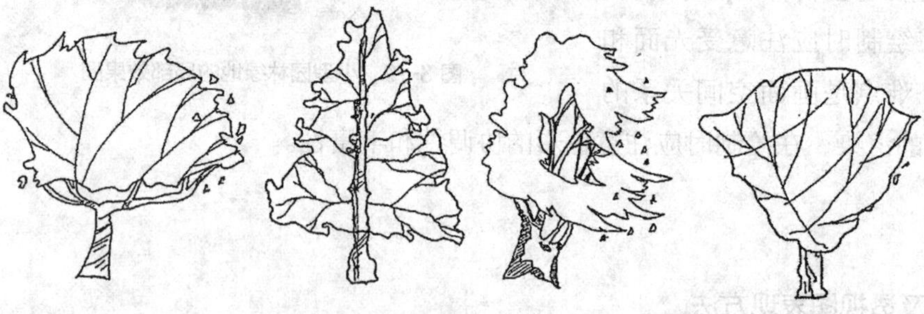

b）

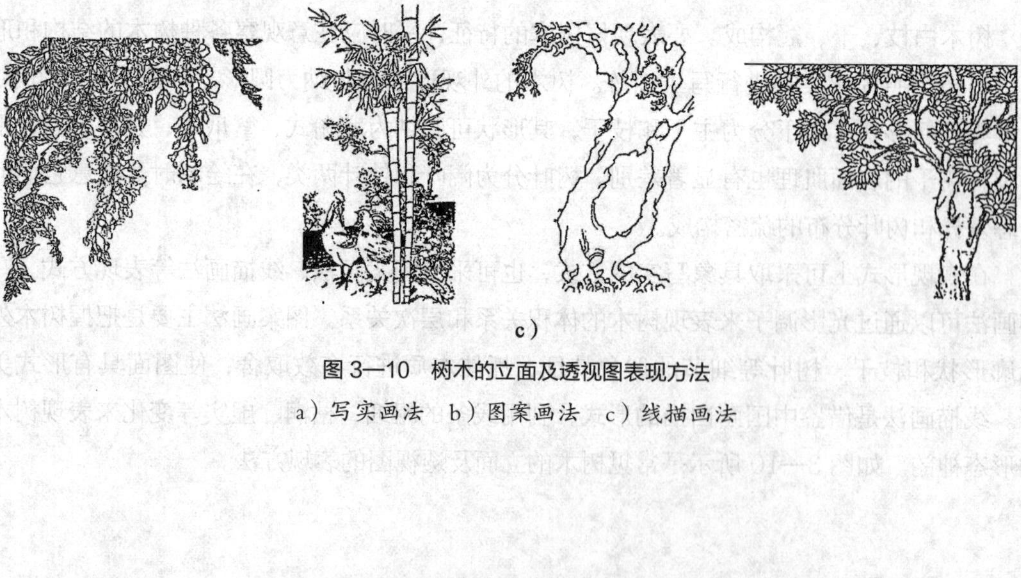

c）

图 3—10　树木的立面及透视图表现方法

a）写实画法　b）图案画法　c）线描画法

二、灌木、绿篱的立面及透视图表现方法

表现灌木的立面及透视图，要先用生动的线条描绘灌木的外部轮廓，内部可以用线勾勒出植物的层次和生长关系，也可以用明暗调子来表现灌木的体积感和层次感，如图 3—11a 所示。绿篱是经过人工修整的，具有规则外形的园林植物，起到划分空间的作用。在绘制绿篱时应体现出体积感、层次感以及秩序感，如图 3—11b 所示。

图 3—11 灌木、绿篱的立面及透视图表现方法

a）灌木 b）绿篱

三、草坪的立面及透视图表现方法

可以用生动的短竖线或波浪线排列表现草坪，绘制时要注意线的变化、疏密关系和近大远小的透视关系，要体现画面的节奏和韵律，如图 3—12 所示。

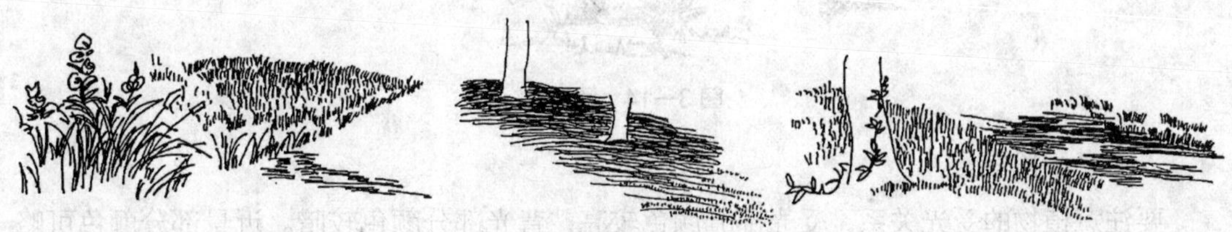

图 3—12 草坪的立面及透视图表现方法

任务实施

一、工具准备和技法训练

马克笔分为油性、水性和酒精性三种。它的笔头宽大，多呈方形，色彩丰富，渗色和过渡自然，具有极强的色彩表现力。常用的马克笔笔触表现如图 3—13 所示。

图 3—13　马克笔笔触表现

二、绘图步骤

1. 墨线稿阶段

首先使用铅笔进行构图，定好每组植物的位置，粗略画出植物的外轮廓。然后用针管笔勾画出植物的细节特征和空间关系，墨线要生动、流畅，阴影部分可用调子适当强调。如图 3—14 所示。

图 3—14　墨线稿

2. 着色稿阶段

要注意植物的受光关系，受光部分颜色较亮，背光部分颜色较暗。近景部分颜色可略偏暖，饱和度提高，笔触表现应生动、灵活；远景部分颜色相对偏冷，笔触表现可含蓄一些，这样能够增强画面的进深感。注意控制画面的整体色调，颜色可采用大面积协调，小面积对比，以免花乱，加强整体感。最终效果如图 3—9 所示。

知识链接

树木形态可谓千姿百态，种类不同，形态有别，即使同一种类的树木，其不同的生长阶段，形态也有很大差异。图 3—15 列举了最为常见的树冠与树木形态。

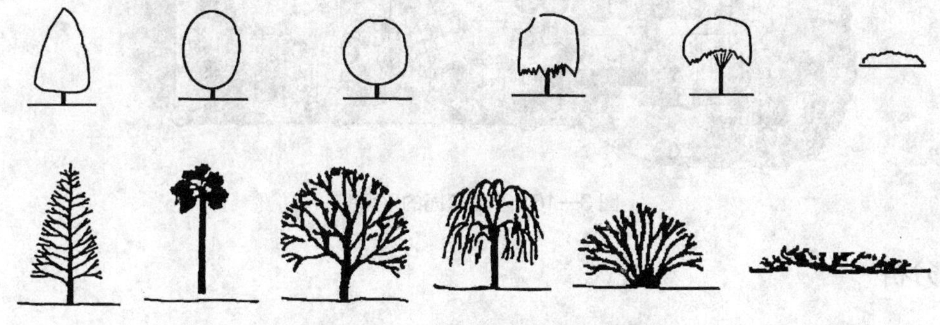

图 3—15 常见的树冠与树木形态

课题二

园林地形、园路、水体表现技法

地形是构成园林的骨架，主要包括平地、丘陵、山峰等类型。地形要素的利用和改造，将影响园林形式、建筑布局、植物配置、景观效果、给排水工程等因素。园路构成园林的脉络，并且在园林中起到交通组织和导游线的作用。水是园林的灵魂，水体可以简单地划分为静水和动水两种类型。静水包括湖、池、塘等形式，动水包括河、溪、喷泉等形式。

任务 绘制小型园林的平面图

任务目标

◇掌握地形、园路、水体的平面表示方法

◇能够准确绘制地形、园路、水体的平面图

任务提出

绘制如图 3—16 所示小型公园的平面图。要求地形、园路、水体平面表示准确，颜色协调中有变化，注意图面整体视觉效果。

图 3—16　小型公园的平面图

任务分析

本任务主要是练习园路、水体、地形的平面表示方法。其中局部地面采取图案来表现铺装，水体采用等深线法表示，地形采取等高线法表示。

相关知识

一、地形的平面表示方法

1. 等高线法

假想用一系列等距离的、水平的切面切割地形，得到由一系列封闭的曲线所组成的水平投影图，这种表示地形的方法称为等高线法，如图 3—17a 所示。

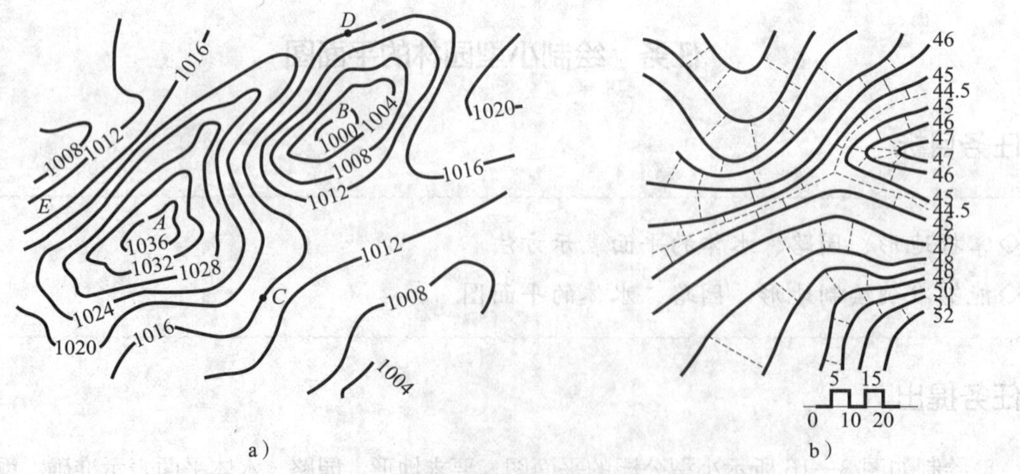

图 3—17　地形的平面表示方法

a）等高线法　b）坡度法

2. 坡度法

用坡度的等级来表示地形的陡、缓和分布状况的方法称为坡度法。坡度法根据等高距的大小、地形的复杂程度、各种活动内容对坡度的要求来划分坡度的等级制，并标注在图面上，如图 3—17b 所示。

二、园路的平面表示方法

在园林规划设计中，园路平面一般采用图形、图案来表示路面铺装和路面材质，如图 3—18 所示。

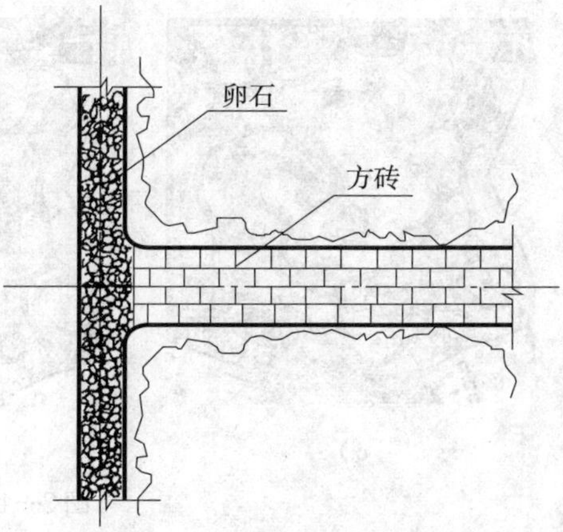

图 3—18　园路的平面表示方法

三、水体的平面表示方法

水体的平面表示可采用线条法、等深线法、平涂法和添景物法等方法。

1. 线条法

线条法是使用工具或徒手平行排列线条来表示水体的方法。线型可采用波纹线、水纹线、直线和曲线。绘制时，通过行笔的不同节奏和线的断、续来表现水体的特征。另外，运用线的不同面貌可表现出水体的动与静。静态水体适于用直线或小波纹线来表示，以求宁静，如图 3—19a 所示；动态水体适于用大波纹线、鱼鳞线来表示，以求活泼，如图 3—19b 所示。

2. 等深线法

等深线法是指在水岸线的内侧，根据岸线的曲折形状，用两到三条封闭细实线（形式类似于等高线）来表示水面的方法。一般用于表示形状不规则的水域，如图 3—19c 所示。

3. 平涂法

平涂法是指使用水彩、水粉、彩色铅笔、马克笔或墨水等平涂表示水面的方法。距离岸线较近的地方颜色要淡，较远的地方颜色要浓，也可以把水面均匀涂黑，如图 3—19d 所示。

4. 添景物法

添景物法是指通过添加与水面有关的内容表示水面的方法。添加内容包括水生植物、水上活动工具、码头、驳岸、露出水面的石头、水面产生的水纹线、涟漪、水圈等，如图 3—19e 所示。

任务实施

如图 3—16 所示小型公园平面图绘制步骤如下：

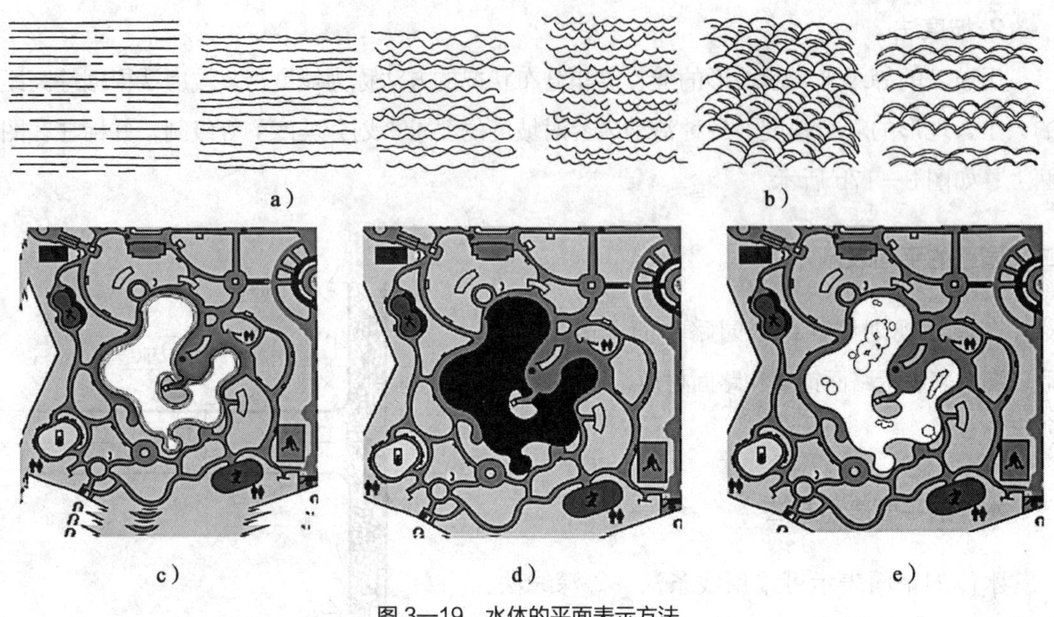

图 3—19　水体的平面表示方法

a）线条法表示静态水面　b）线条法表示动态水面　c）等深线法

d）平涂法　e）添景物法

一、墨线稿阶段

园路、水体、地形的平面表示应准确。铺装地采用图案来表现铺装和材质，以增加图面的丰富性和美观性。墨线要连贯、流畅，如图 3—20 所示。

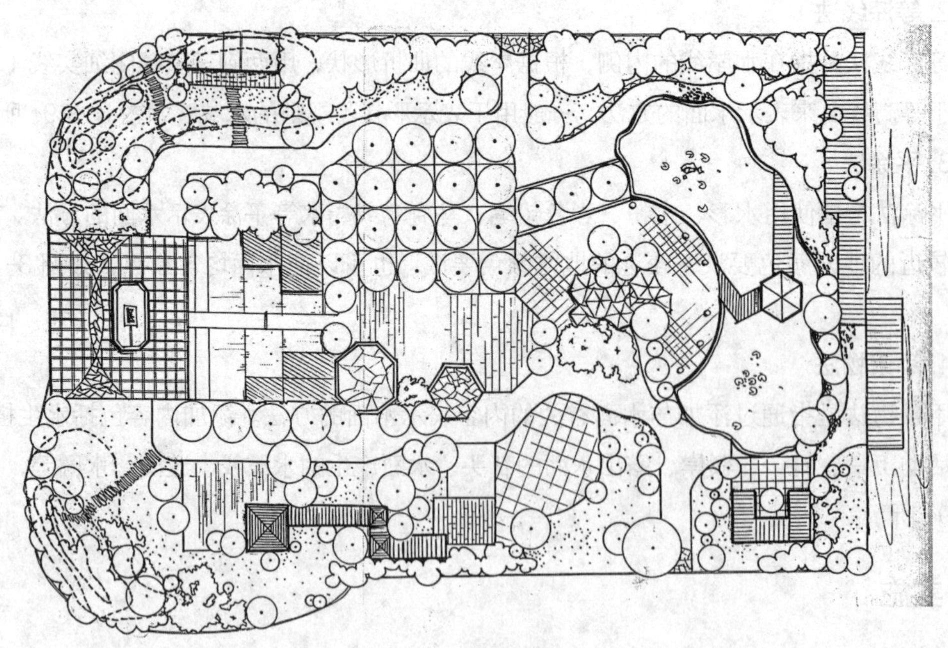

图 3—20　墨线稿

二、着色稿阶段

该阶段基本运用马克笔平涂方法表现。注意绿植、园路、水面的颜色区别。图面大面积绿色应有亮度、饱和度的变化，阴影部分颜色要加重。最终效果如图 3—16 所示。

知识链接

1. 园林铺地样式举例

常见的园路纹样如图 3—21 所示。

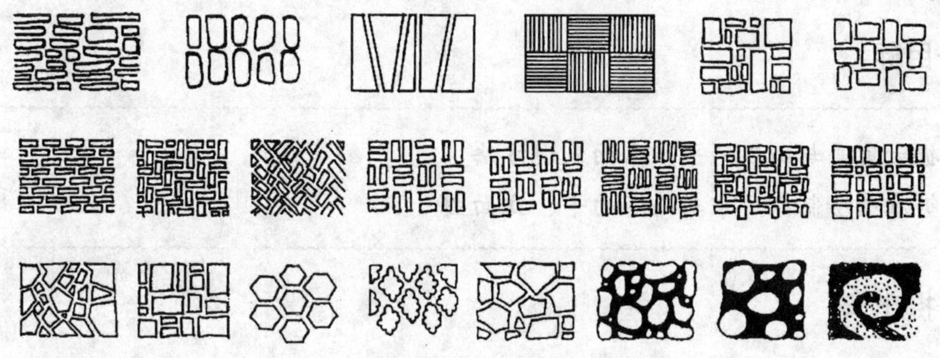

图 3—21 园路纹样

2. 喷泉、跌水的立面表现举例

常见的喷泉、跌水的立面表现如图 3—22 所示。

图 3—22 喷泉、跌水的立面表现

课题三

园林建筑及小品表现技法

园林建筑常被作为景点处理，既可以用来观景，又可以作为景观。园林小品是园林环境要素中起辅助功能或点缀作用的构成部分，它使园林景观更人性化、表现力更强。

任务一　绘制六角亭与山石的平、立面图

任务目标

◇掌握六角亭与山石的平、立面表现方法

◇能够准确绘制六角亭与山石的平、立面图

任务提出

绘制如图 3—23 所示六角亭与山石的平、立面图。要求六角亭各部分比例协调，线条工整；山石特征鲜明，线条生动。

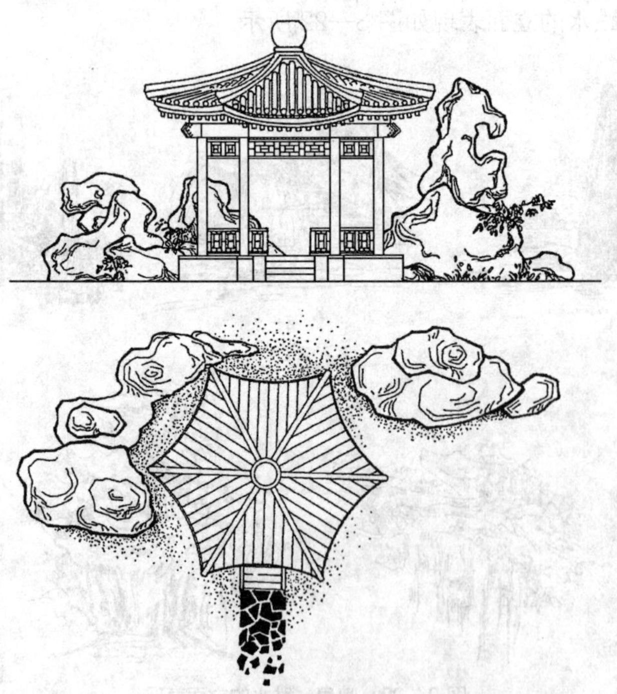

图 3—23　六角亭与山石的平、立面图

任务分析

本任务主要练习六角亭与山石的平、立面表现方法。其中六角亭为古建形式，由宝顶、屋脊、椙子等部分组成，绘制时应注意各部分的形象特征。山石的平、立面表现，要求线条要生动，并能表现出山石的形象特征。

相关知识

一、六角亭的立面表现方法

六角亭的宝顶部分一般宜长不宜短，使亭的造型更加挺拔俊美。屋脊也要有一定的高度，并且线角要分明，屋脊的曲线要流畅、饱满、舒展、有力，以增强展翅欲飞的气势。另外要注意屋顶、亭身、开间的比例关系，使亭的形象更加和谐、匀称，给人以视觉美感。

二、山石的平面、立面表现方法

山石是指在园林绿地中人工堆叠的观赏性假山。山石的平面、立面表现方法基本相同，用粗线条勾勒山石的外部轮廓，用细线来表现石块的结构和纹理，也可借鉴中国画中山石的表现方法，如图 3—24 所示。假山置石中常用的石材有湖石、黄石、青石、石笋、卵石、叠石等，各种石材外形和纹理均不同，在绘制时应注意线的变化。

图 3—24　山石的平面、立面表现方法

a）山石平面图例　b）山石立面图例

任务实施

一、绘制六角亭与山石的立面图

六角亭各组成部分比例协调、美观，线条工整、利落。山石的外轮廓线要加粗，内部表现结构和纹理的细线要有变化，避免雷同。

1. 绘制亭顶、底座、柱子（见图 3—25）

2. 绘制楣子、坐凳（见图 3—26）

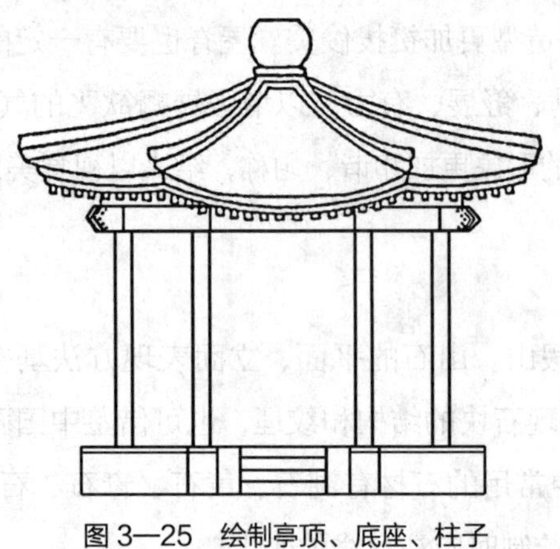

图 3—25　绘制亭顶、底座、柱子

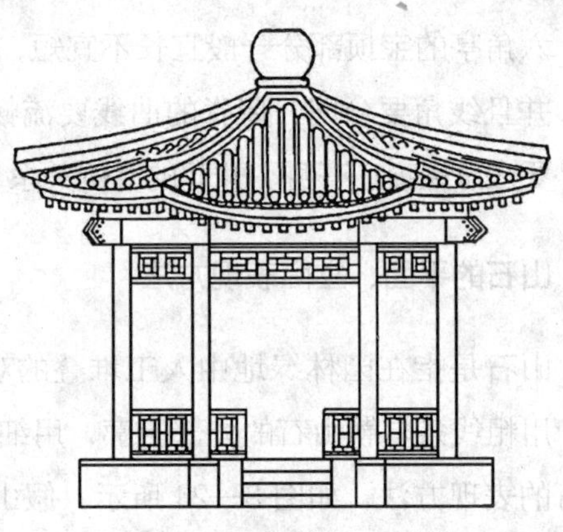

图 3—26　绘制楣子、坐凳

3. 绘制山石（见图 3—27）

图 3—27　绘制山石

二、绘制六角亭与山石的平面图

绘制平面图时，注意六角亭与山石的位置关系以及平面表现的不同特点。

1. 绘制亭子、台阶等（见图 3—28）

2. 绘制山石（见图 3—29）

3. 添加草坪与铺装，完成平面图（最终效果见图 3—23）

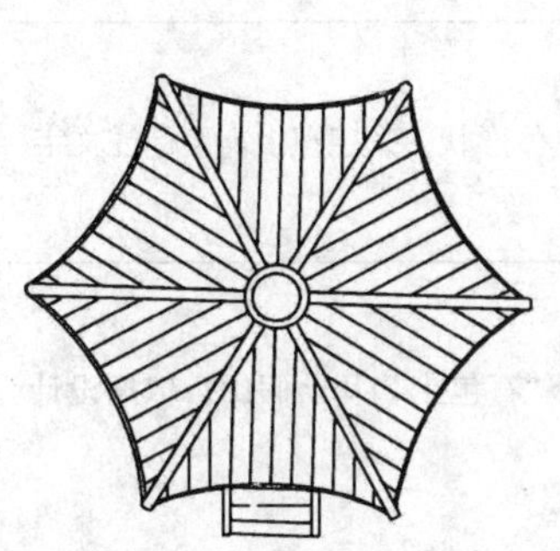

图 3—28　绘制亭子、台阶

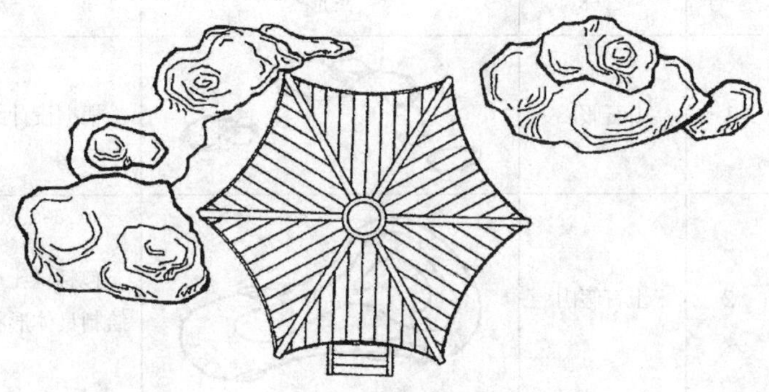

图 3—29　绘制山石

知识链接

1. 现代亭

现代亭的特点是形式比较自由，材质变化更加丰富，整体造型趋于简洁，细节处理和颜色运用更富于个性化，如图 3—30 所示。在绘图时应加以注意和体现。

图 3—30　现代亭样式

2. 山石图例

设计图纸常用山石图例

——摘自《风景园林制图标准》(CJJ/T 67—2015)

序号	名称	图形	说明
1	山石假山		根据设计绘制具体形状，人工塑山需要标注文字
2	土石假山		包括“土包石”“石包土”及土假山，依据设计绘制具体形状
3	独立景石		依据设计绘制具体形状

任务二　绘制廊架的平、立面图

任务目标

◇掌握廊架的平、立面表示方法

◇能够准确绘制廊架的平、立面图

任务提出

绘制如图 3—31 所示廊架的平、立面图，要求造型美观、结构合理、线条工整。

任务分析

本任务主要练习廊架的平、立面表示方法。廊架的柱面与其他部分材质不同，绘制时应注意区别。廊架、植物和人物三部分的位置关系和比例关系要合理、恰当。

相关知识

廊架在园林中可以起到划分空间的作用，也可以起到围合空间的作用，形成围中有透、围透结合的空间效果。其入口是人流集散处，经常出现于廊架的两端或中部。在立面

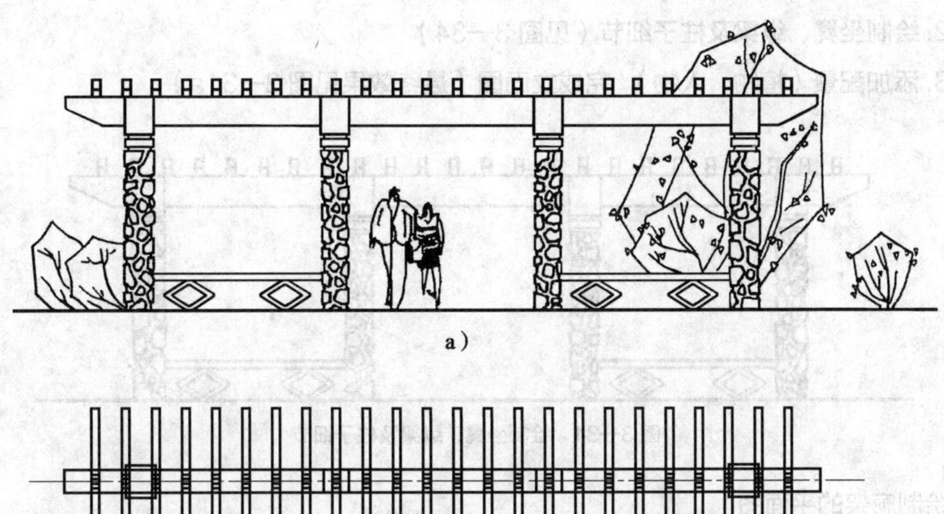
a）

b）

图 3—31　廊架

a）立面图　b）平面图

图绘制中，可以利用不同材质的纹理变化来增强图面的美观效果，如图 3—32 所示。另外还可以适当添加人物、植物等形象，这样既丰富了画面，又可直观感受廊架的尺度。

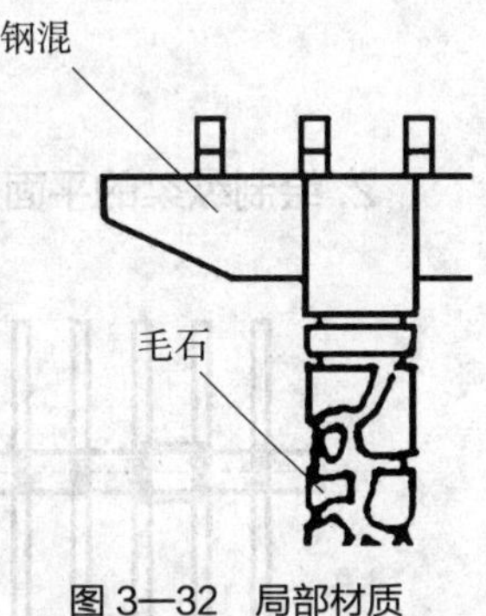

图 3—32　局部材质

任务实施

一、绘制廊架的立面图

在绘制时先定好柱的位置，注意廊架整体长度和高度的比例关系。柱面材质的表现形象、准确，植物和人物表现生动、美观。

1. 绘制廊架外轮廓线（见图 3—33）

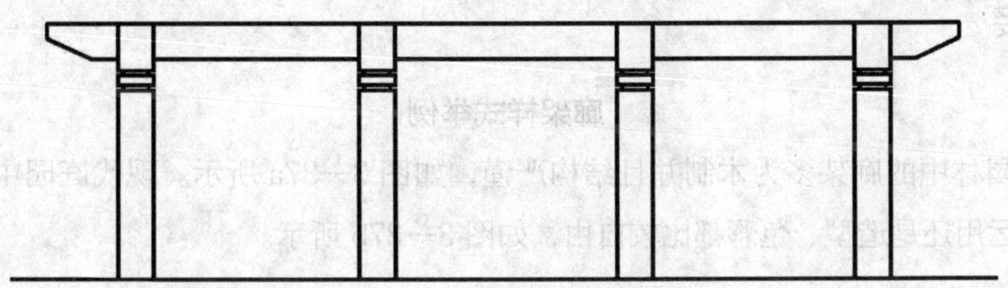
图 3—33　廊架外轮廓线

2. 绘制坐凳、纵梁及柱子细节（见图 3—34）

3. 添加配景（植物、人物），完成立面图（最终效果见图 3—31a）

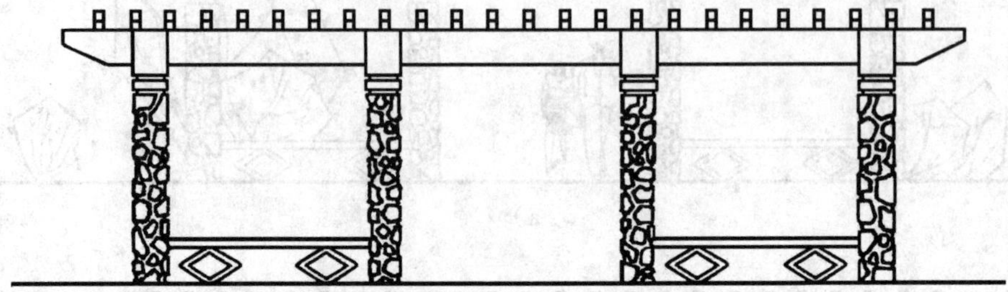
图 3—34　绘制坐凳、纵梁及柱子细节

二、绘制廊架的平面图

绘制时注意廊架长度和宽度的比例关系，注意整体结构的合理性。

1. 绘制横梁及柱子的平面图（见图 3—35）

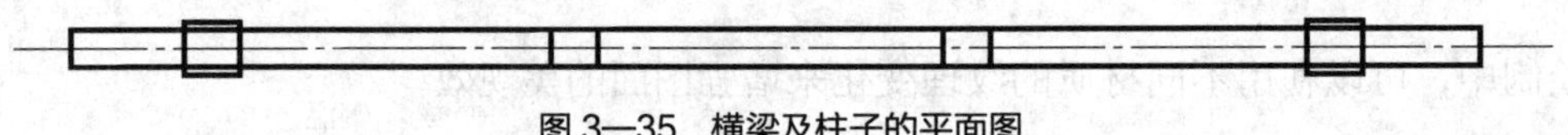
图 3—35　横梁及柱子的平面图

2. 绘制纵梁的平面图（见图 3—36）

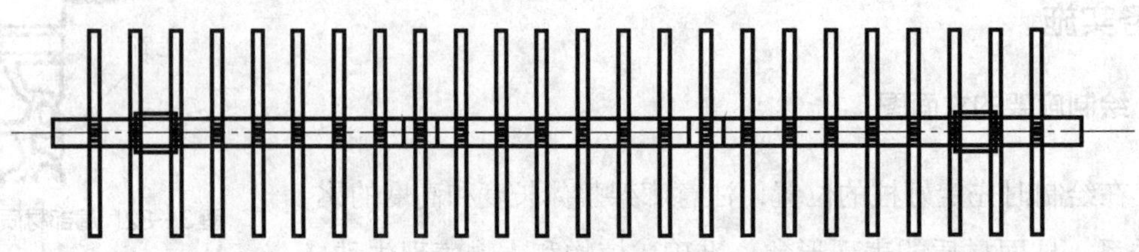
图 3—36　纵梁的平面图

最终效果如图 3—31 所示。

知识链接

廊架样式举例

古典园林中的廊架多为木制并且结构严谨，如图 3—37a 所示。现代庭园中的廊架无论是材料运用还是造型、色彩都比较自由，如图 3—37b 所示。

a）

b）

图 3—37　廊架样式举例

a）古典园林中的廊架　b）现代庭园中的廊架

任务三　绘制圆桌与坐凳的平、立面图

任务目标

◇掌握圆桌与坐凳的平、立面表现方法

◇能够准确绘制圆桌与坐凳的平、立面图

任务提出

绘制如图 3—38 所示圆桌与坐凳的平、立面图。要求整体造型美观并具有细节变化，桌面、柱、底座比例适当，线条工整。

任务分析

本任务主要练习圆桌的平、立面表现方法。圆桌造型层次变化比较丰富，绘制时注意线的层级和转折关系。坐凳、植物、地面铺装纹样可以加强图面的丰富性和美观性。

相关知识

圆桌立面造型要协调、美观。设计风格可采用端庄、厚重的中国传统样式，也可打破常规，采用注重自然、简约、时尚、个性、视觉陌生感的现代形式。圆桌立面的表现方法如图 3—39 所示。

图 3—38　圆桌与坐凳的平、立面图

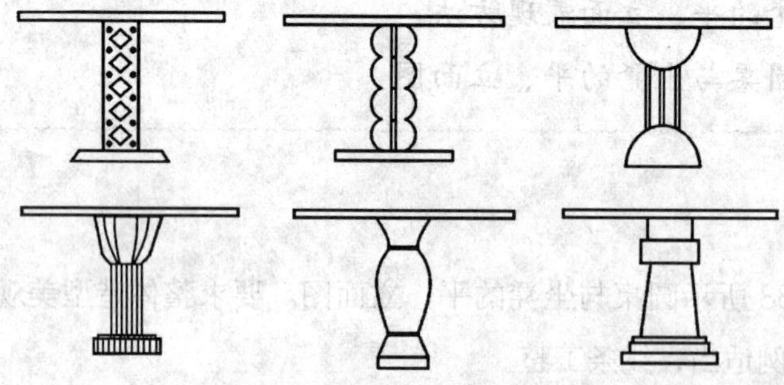

图 3—39　圆桌立面的表现方法

任务实施

一、绘制圆桌与坐凳的立面图

绘制立面图时要注意圆桌桌面、立柱、底座线条的层次关系；桌与凳的比例关系。可适当添加植物立面来增加图面的美观性。

1. 绘制圆桌（见图 3—40）

2. 绘制坐凳及配景（见图 3—41）

图 3—40　绘制圆桌

图 3—41　绘制坐凳及配景

二、绘制圆桌与坐凳的平面图

绘制平面图时要注意圆桌与坐凳的比例关系。可适当采用地面铺装纹样来增加图面的丰富性。

1. 绘制桌面和坐凳平面图（见图 3—42）

2. 绘制地面铺装及配景（见图 3—43）

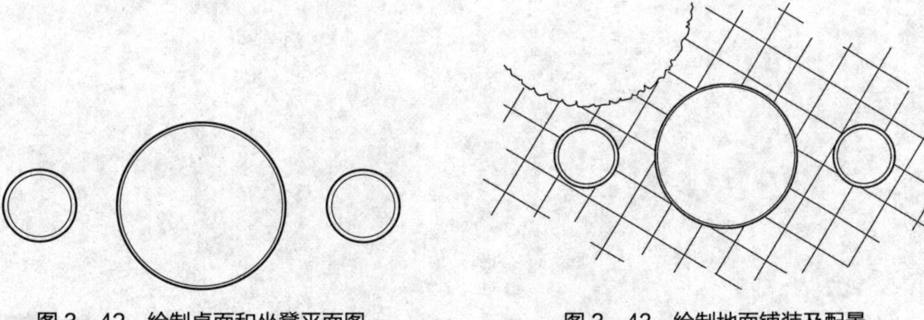

图 3—42　绘制桌面和坐凳平面图

图 3—43　绘制地面铺装及配景

知识链接

圆桌与坐凳样式

不同风格的圆桌与坐凳造型适合不同的环境氛围，给人以不同的视觉感受。常见的圆桌与坐凳样式如图 3—44 所示。

图 3—44　常见的圆桌与坐凳样式

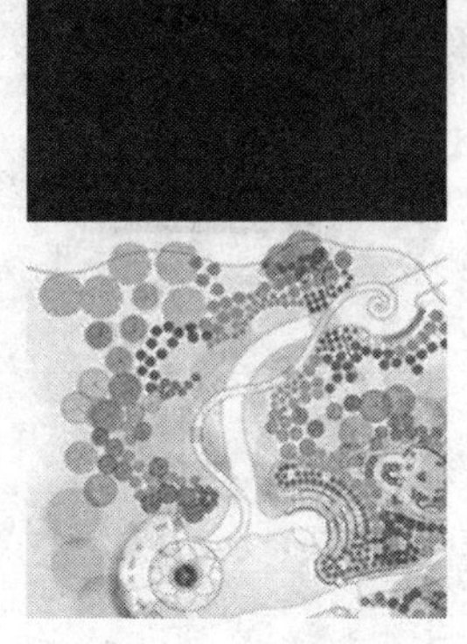

模块四

园林设计图的绘制

课题一

识读与绘制园林总平面图

总平面图是水平投影图，主要表现规划用地范围内的总体规划设计，反映园林各组成部分的尺寸和平面关系以及各种造园要素的布局位置，是反映园林工程总体设计意图的主要图样。如图 4—1 所示是一幅小游园的总平面设计图，从图中可以看到整个场地近似为长方形，中心入口道路呈南北走向，北端直通老年活动中心活动室，南北两条环行游步道将场地有机地连为一体，其间布置了景亭、花架、花池、桌凳等园林建筑小品。从图中可以看到不同园林要素的表示方法各异，所使用的线型也各不相同，那么如何识读总平面图呢？如何绘制总平面图呢？

任务一　识读园林总平面图

任务目标

◇了解常用园林总平面图图例

◇能够读懂园林总平面图

◇掌握正确的读图方法及步骤

任务提出

识读如图 4—1 所示老年活动中心园林绿化的总平面图。要求能够看懂图中表示的所有园林要素并熟识相关图例，掌握正确的读图方法。

图 4—1　老年活动中心园林绿化总平面图

任务分析

图 4—1 中涉及了不同的园林要素，它们分别表示什么含义呢？读园林总平面图时有什么方法和要求？

相关知识

一、园林总平面图所表现的内容

园林总平面图主要表现用地范围内园林总体规划设计意图，它能够反映出组成园林各要素的布局位置、平面尺寸以及平面关系。具体包括：

1. 规划用地的现状和范围。

2. 对原有地形、地貌的改造和新的规划。

3. 依照比例表示出规划用地范围内各园林组成要素的位置和外轮廓线。

4. 反映出规划用地范围内园林植物的种植位置。

5. 图例、比例尺、指北针或风向频率玫瑰图。

6. 标题栏、会签栏，设计说明。

二、园林各要素的表示方法

在园林规划设计图纸中，一般情况下总体规划设计图的比例较小，因此设计师不可能以真实大小将构想中的各种造园要素表达于图样上，而是采取一些经国家统一制定的或“约定俗成”的简单而形象的图形来概括表达其规划设计意图，这些简单而形象的图形称为“图例”。

1. 地形

在总体规划设计图纸中，地形的高低变化及其分布情况通常用等高线来表示。一般规定：设计地形的等高线用细实线绘制，原地形等高线用细虚线绘制，设计平面图中等高线可以不标注高程。

2. 水体

水体一般用两条线表示。外面的一条表示水体边界线（即驳岸线），用特粗实线绘制；里面的一条表示水面，用细实线绘制。

3. 园林建筑

园林建筑用粗实线画出断面轮廓，用中实线画出其他可见轮廓。也可采用屋顶平面图来表示（仅适用于坡屋顶和曲面屋顶），用粗实线画出外轮廓，用细实线画出屋面。对花架、花坛等建筑小品用细实线画出投影轮廓。

4. 山石

山石均采用其水平轮廓线概括表示，以粗实线绘出边缘轮廓，以细实线概括绘出高低起伏。

5. 道路

道路用细实线画出路缘，对铺装路面也可按设计图案简略示出。

6. 植物

在总体规划图中，植物一般只区分出针叶、阔叶，常绿、落叶，乔木、灌木等大的分类，不要求表示出具体种类。

三、园林总平面图的用途

1. 园林总平面图是绘制其他图样（如竖向设计图、植物种植设计图、效果图）的主要依据。

2. 园林总平面图是指导园林施工的主要技术性文件。

任务实施

一、准备工作

准备直尺或比例尺及纸、笔。

二、园林总平面图的识读

1. 看图名、比例、设计说明及风向频率玫瑰图或指北针

根据图名、设计说明、指北针、比例和风向频率玫瑰图，可以了解园林总体规划设计的意图和工程性质、设计范围、工程和朝向等基本概念，为进一步了解图样做好准备。从图 4—2 的标题可以看到，此图为某老年活动中心园林绿化总平面图。从指北针指向正上可以看出，场地近似南北走向。根据右下角的比例尺可以量取场地尺寸大小。例如门球场长边尺寸为 24.8 m。

2. 看等高线和水位线

了解园林地形和水体布置情况，从而对全园的地形骨架有一个基本的印象。从图 4—2 中的场地形状可看出南宽北窄，设计范围内有一幢建筑和一个活动场地。

3. 看图例和文字说明

明确新建景观的平面位置，了解总体布局情况。从图 4—1 上的文字标示可知，老年活动中心新建园林建筑有三处，分别是入口东侧的弧形花架、西侧和后部的景亭。中部主干道直通老年活动中心活动室，两个环形游步道连接整个游园。

4. 看坐标或尺寸

根据坐标或尺寸查找施工放线的依据。利用比例尺所示比例可量取图中园林各要素平面投影尺寸及其相对位置。

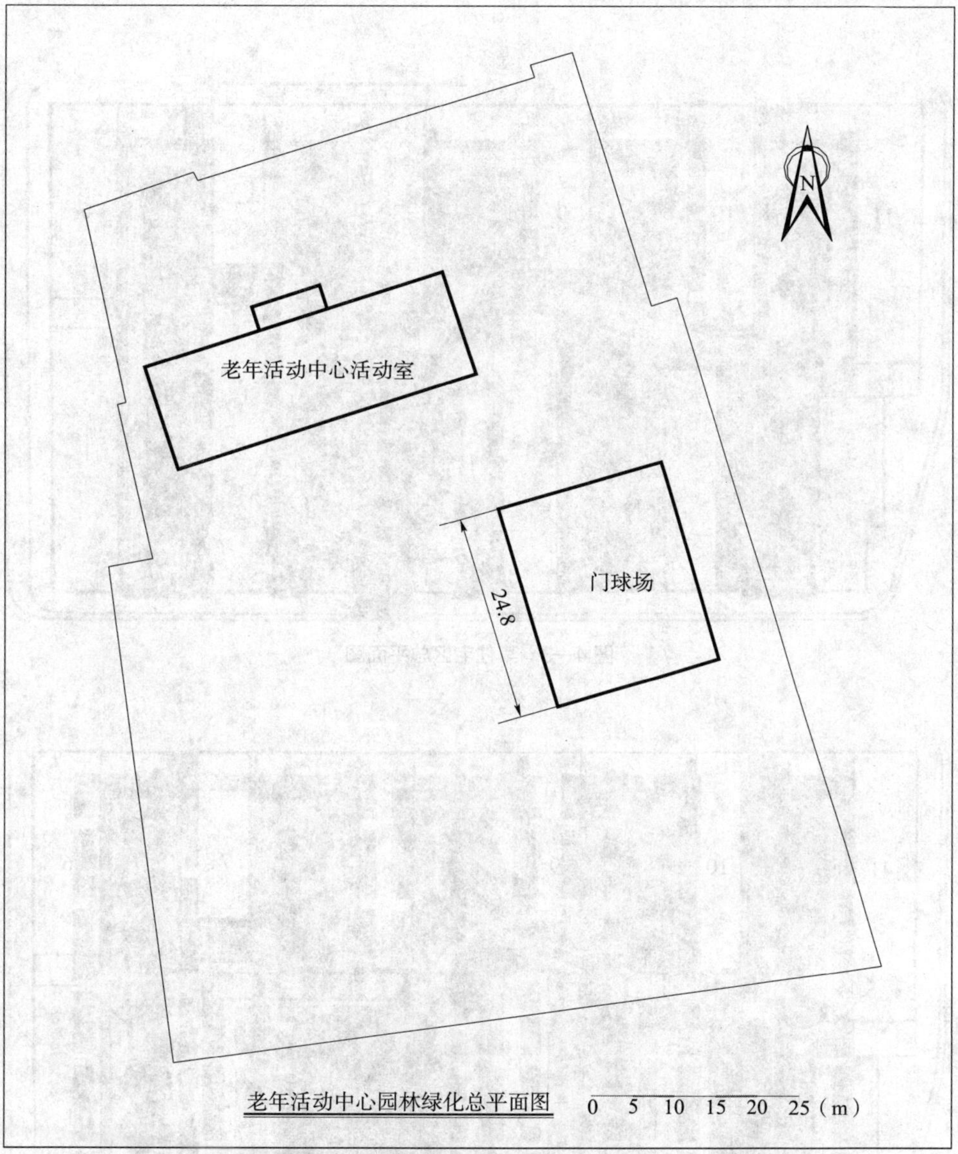

老年活动中心活动室

门球场

24.8

老年活动中心园林绿化总平面图　0　5　10　15　20　25（m）

图 4—2　读取图纸基本信息

知识链接

通常一套完整的园林设计图纸应该包括总平面图、现状分析图、功能分区图、道路系统设计图、竖向设计图、景观分析图、种植设计图、园林建筑小品单体设计图以及电气规划图和管线规划图等，在实际工作中可根据需要适当增减。如图 4—3、图 4—4、图 4—5 所示，分别是某住宅区的总平面图、景观分析图和交通分析图。

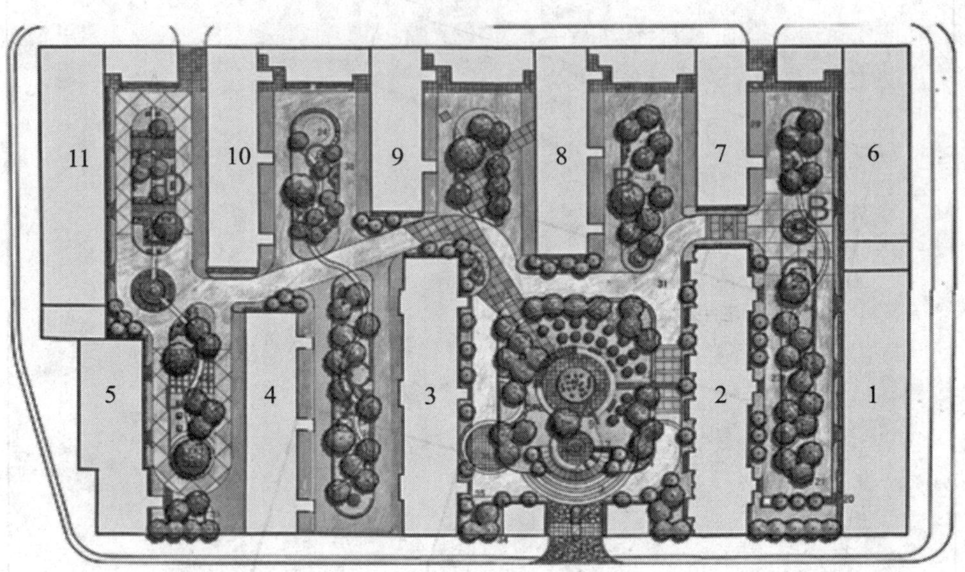

图 4—3　某住宅区总平面图

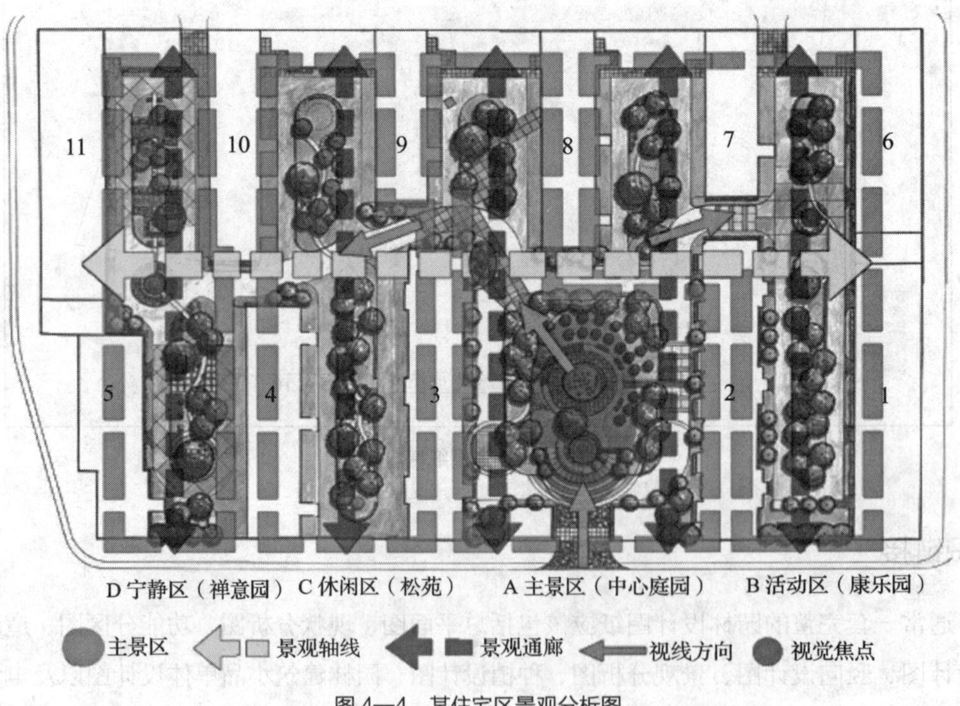

图 4—4　某住宅区景观分析图

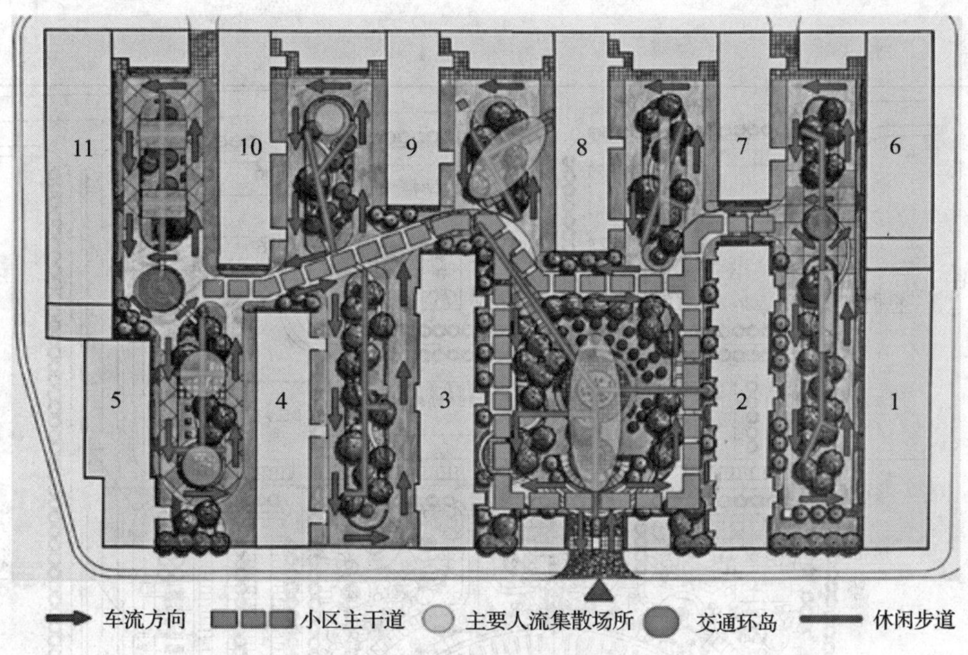

图 4—5　某住宅区交通分析图

思考与练习

阅读如图 4—6 所示的某医院附属亭园总平面图，识读图样基本信息、图例、说明等内容。

任务二　绘制园林总平面图

任务目标

◇了解园林总平面图使用的比例和包含的图线

◇了解园林总平面图的绘图步骤

◇能够正确绘制园林总平面图

任务提出

阅读如图 4—7 所示的某居住区总平面图，要求能读懂图中所有园林要素，并能正确地抄绘此总平面图。

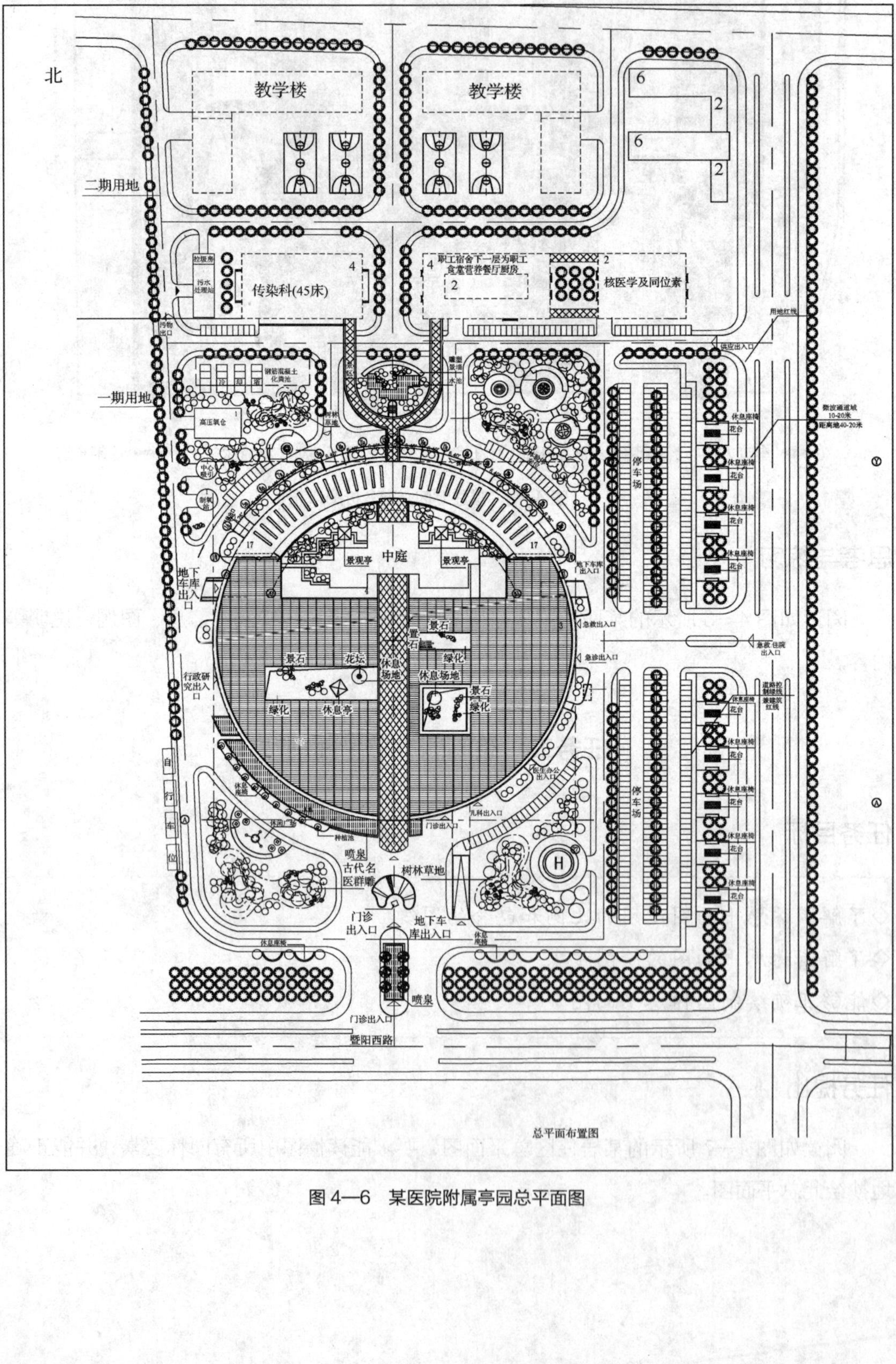

总平面布置图

图 4—6　某医院附属亭园总平面图

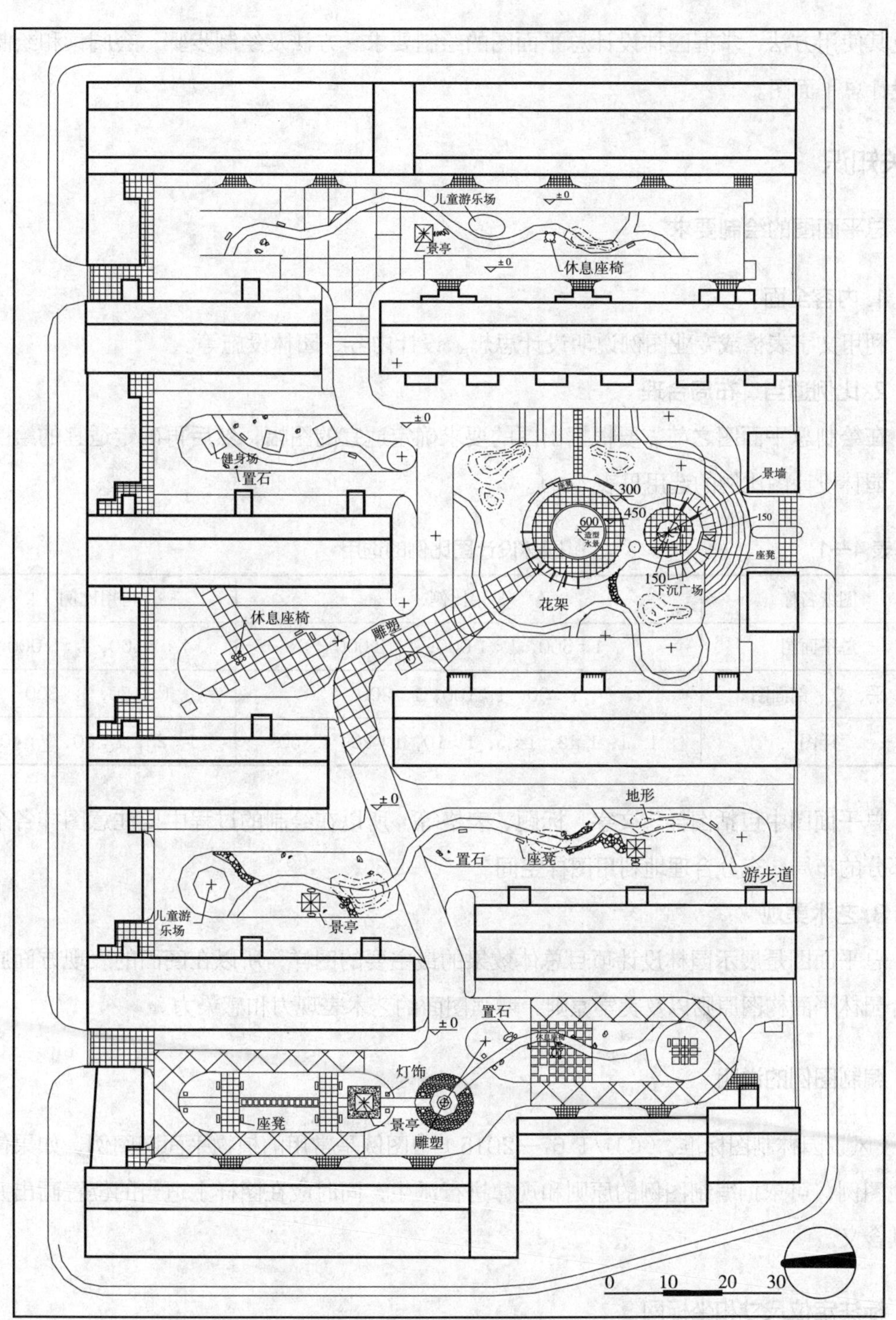

图 4—7 某居住区总平面图

任务分析

图 4—7 是典型的居住区园林设计总平面图。抄绘此总平面图，要求熟练掌握制图工

具及其使用方法，掌握园林设计总平面图的绘制要求、方法及绘制步骤，会阅读和绘制园林设计总平面图。

相关知识

一、总平面图的绘制要求

1. 内容全面

利用文字表格或专业图例说明设计思想、设计内容、园林设施等。

2. 比例适当、布局合理

在绘制总平面图之前需要根据出图的要求确定适宜的图幅，然后再确定适宜的绘图比例。园林设计图比例的选用见表 4—1。

表 4—1　　园林设计图比例的选用

图纸名称	常用比例	可用比例
总平面图	1∶500，1∶1 000，1∶2 000	1∶2 500，1∶5 000
平、立、剖面图	1∶50，1∶100，1∶200	1∶150，1∶300
详图	1∶1，1∶2，1∶5，1∶10，1∶20，1∶50	1∶25，1∶30，1∶40

总平面图中包括图样、文字、标题、表格等，所以在绘制的过程中要注意图样各个组成部分的布局，充分合理地利用图样空间。

3. 艺术美观

总平面图是展示园林设计项目总体效果的最主要的图样，所以在图面的表现方面应该结合园林平面构图原则以及美学原则，增强图面的艺术表现力和感染力。

二、编制图例的说明

《风景园林制图标准》（CJJ/T 67—2015）中图例是常用的植物平面图图例，如果使用其他图例，可依据编制图例的原则和规律进行派生，同时应在图样上适当的位置画出并注明其含义。

三、标注定位尺寸和坐标网

园林设计总平面图中定位方式有两种：一种是根据原有景物定位，标注新设计主要景物与原有景物之间的相对距离；另一种是采用直角坐标网定位。直角坐标网又有建筑坐标网和测量坐标网两种标注方式。建筑坐标网是以工程范围内的某一点为“零”点，再按一定距离画出网格，水平方向为 *B* 轴，垂直方向为 *A* 轴。测量坐标网是根据造园所在地的测量基准点的坐标，确定网格的坐标，水平方向为 *Y* 轴，垂直方向为 *X* 轴，坐标格用细实线绘制。

四、绘制比例尺、指北针或风向频率玫瑰图

1. 比例尺

为了便于阅读，园林设计总平面图宜采用线段比例尺，如图 4—8 所示。

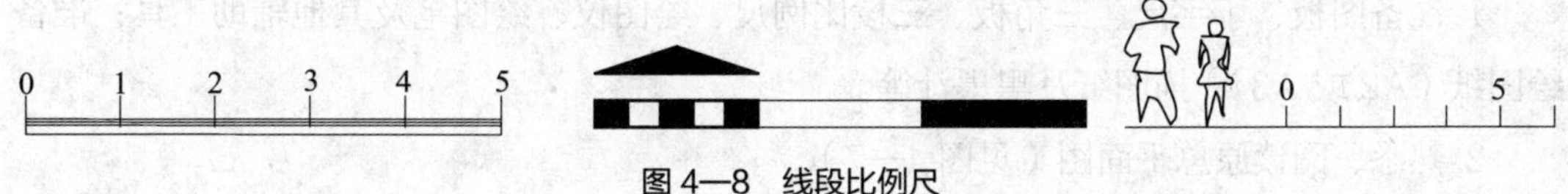

图 4—8　线段比例尺

2. 指北针或风向频率玫瑰图

总平面图中的指北针可参照国家标准中的图例符号，即画一直径为 24 mm 的圆，在圆中画一指针，指针的尾部宽为 3 mm，尖端所指的方向为北向，线型为细实线，指针头部应注“北”或“N”，如图 4—9 所示。如需较大直径的指北针时，指针的尾部宽度宜为直径的 1/8。指北向符号也可以自行设计，如图 4—9 所示。

风向频率玫瑰图也是总平面图上用来表示该地区每年风向频率的标志，其形状如图 4—10 所示。它是以十字坐标标定出东、南、西、北、东南、东北、西北、西南等几个方向后，根据该地区多年平均统计的各个方向吹风次数的百分数值而绘成的折线图形。图上所表示的风的吹向，是指从外面吹向地区中心的方向。

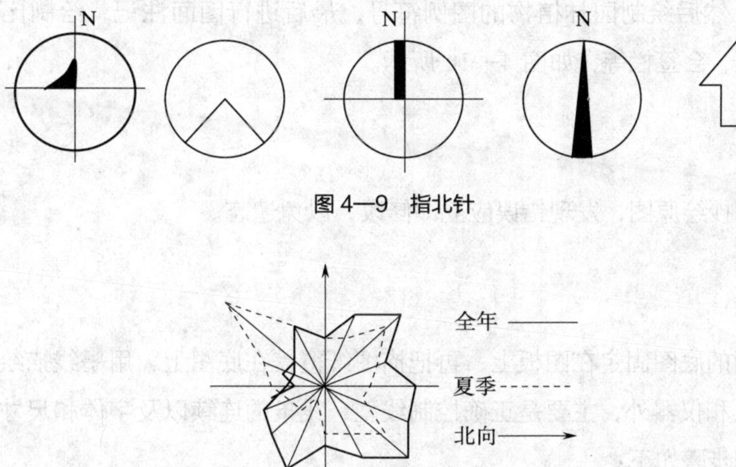

图 4—9　指北针

图 4—10　风向频率玫瑰图

五、书写设计说明

为了更清楚地表达设计意图，必要时总平面图上可书写说明性文字，如图例说明、公园的方位、朝向、占地范围、地形、地貌、周围环境及建筑物室内外绝对标高等。

任务实施

一、准备工作

1. 准备图板、丁字尺、三角板、三棱比例尺、绘图仪、绘图笔及其他辅助工具；准备绘图纸（A2 或 A3）、描图纸及黑墨汁等。

2. 熟悉、阅读原总平面图（见图 4—7）。

3. 固定图纸。根据原总平面图的大小（视需要可等大、放大或缩小抄绘）确定图样幅面，并将图纸置于图板左上方，用透明胶带固定。

二、绘制图样线稿

画线稿需用 HB 或 H 铅笔，画出轻细的线条。

1. 先画图框、标题栏和会签栏的外框线。

2. 构图并确定视图位置。根据图形大小，留出上、下、左、右边界，使视图在整个图面的中央。整体考虑图面所有内容，合理安排，使图面整齐、美观。

3. 绘制顺序。首先绘制坐标网格或定位轴线、中心线，其次绘制图中的现状地形与保留的地物，如图 4—11、图 4—12 所示，接着绘制设计地形与新设计的各造园要素等，如图 4—13 所示，然后绘制园林植物的图例符号，最后进行图面注记，绘制比例尺、指北针，填写标题栏、会签栏等，如图 4—14 所示。

三、检查图样

核对底图和抄绘原图，发现错误应立即修改，以免遗忘。

四、上墨线

先将抄绘后的底图固定在图板上，再把描图纸覆盖在底图上，用墨线描绘。上墨时除应正确使用工具和仪器外，主要是正确控制线型、线条的连续以及字体和尺寸标注的整齐端正。具体描图步骤如下：

1. 描图面造园各要素。

2. 描坐标网格或定位轴线和中心线。

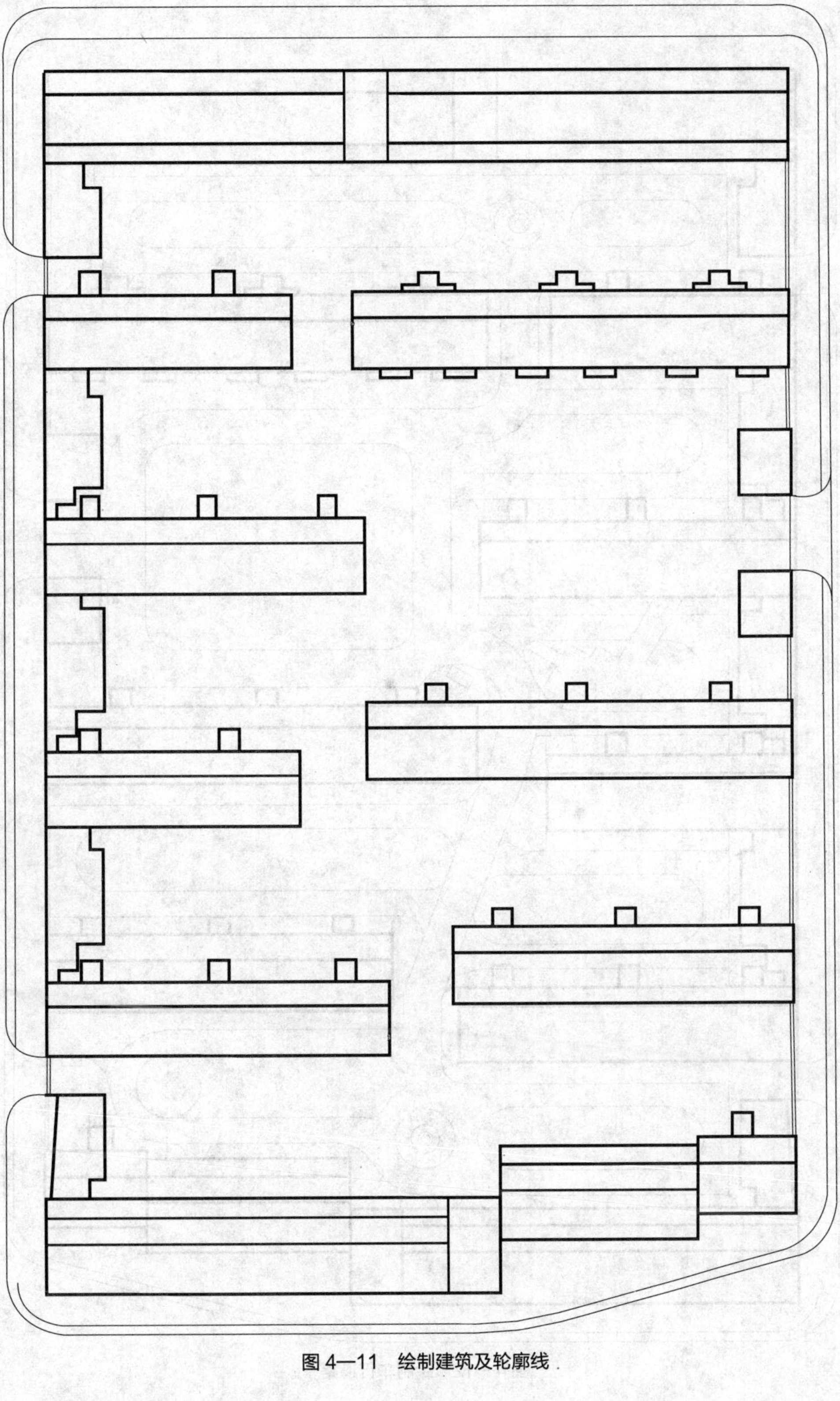

图 4—11　绘制建筑及轮廓线

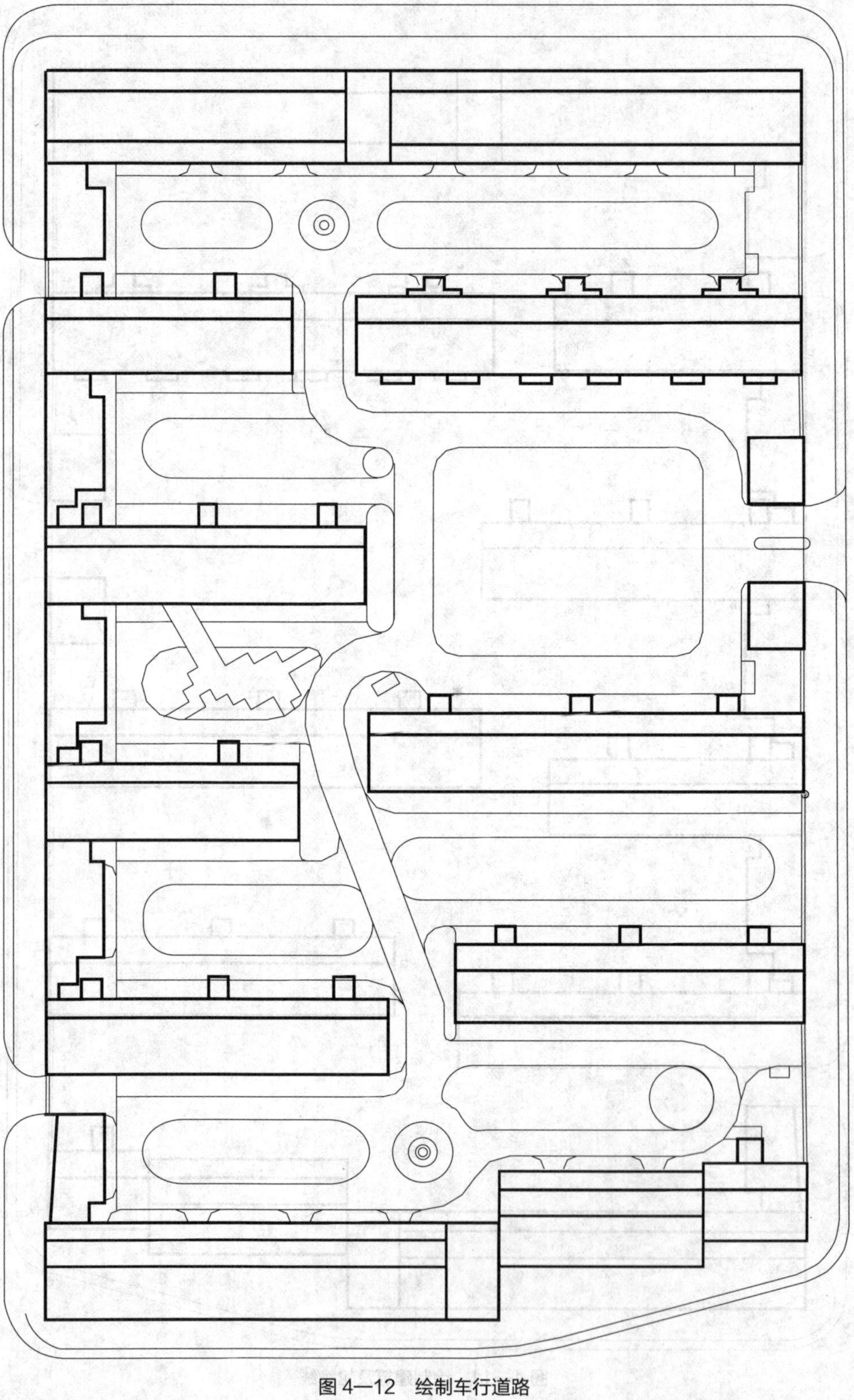

图 4—12　绘制车行道路

图 4—12　绘制车行道路

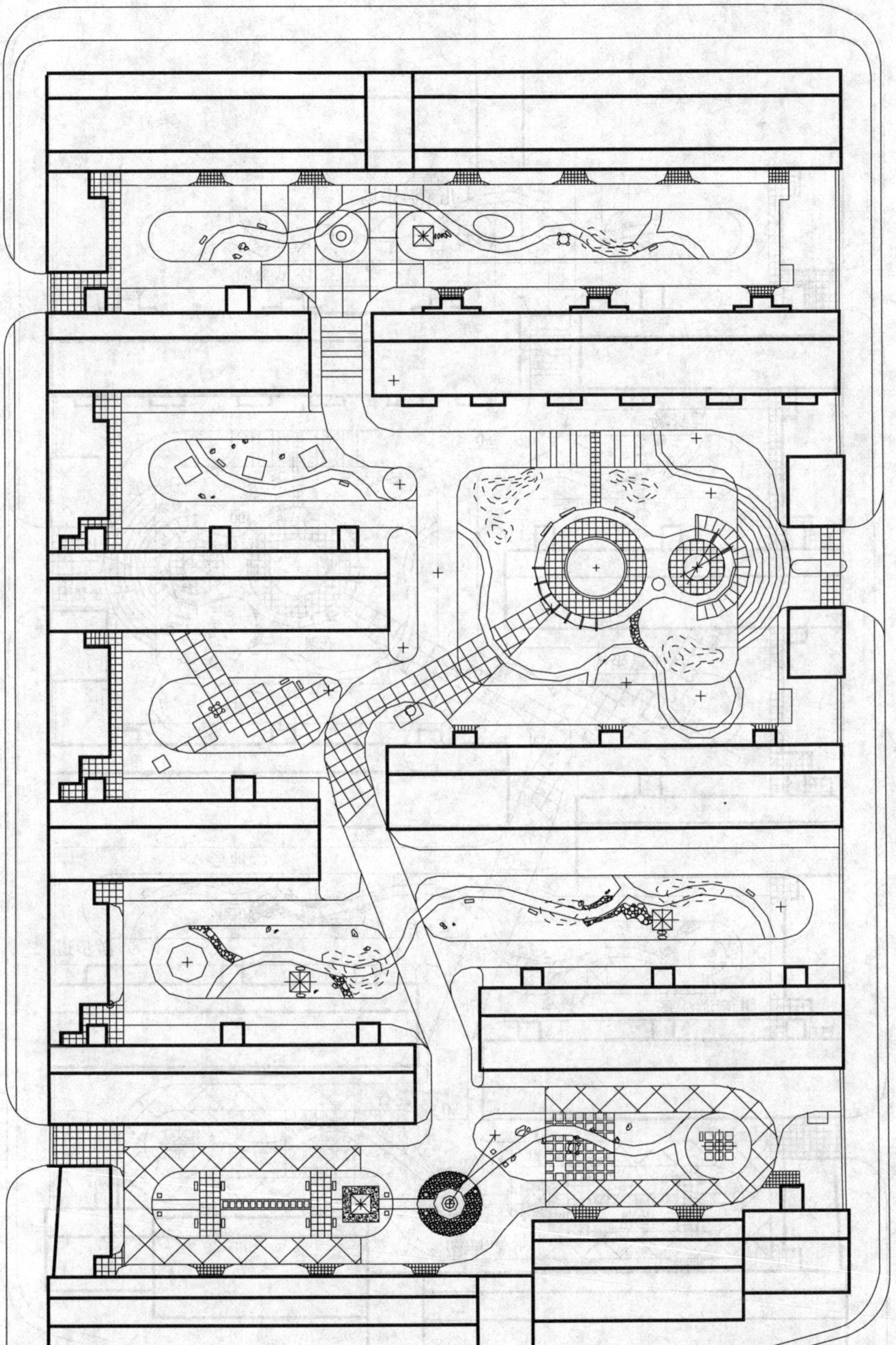

图 4—13　绘制园林建筑及小品

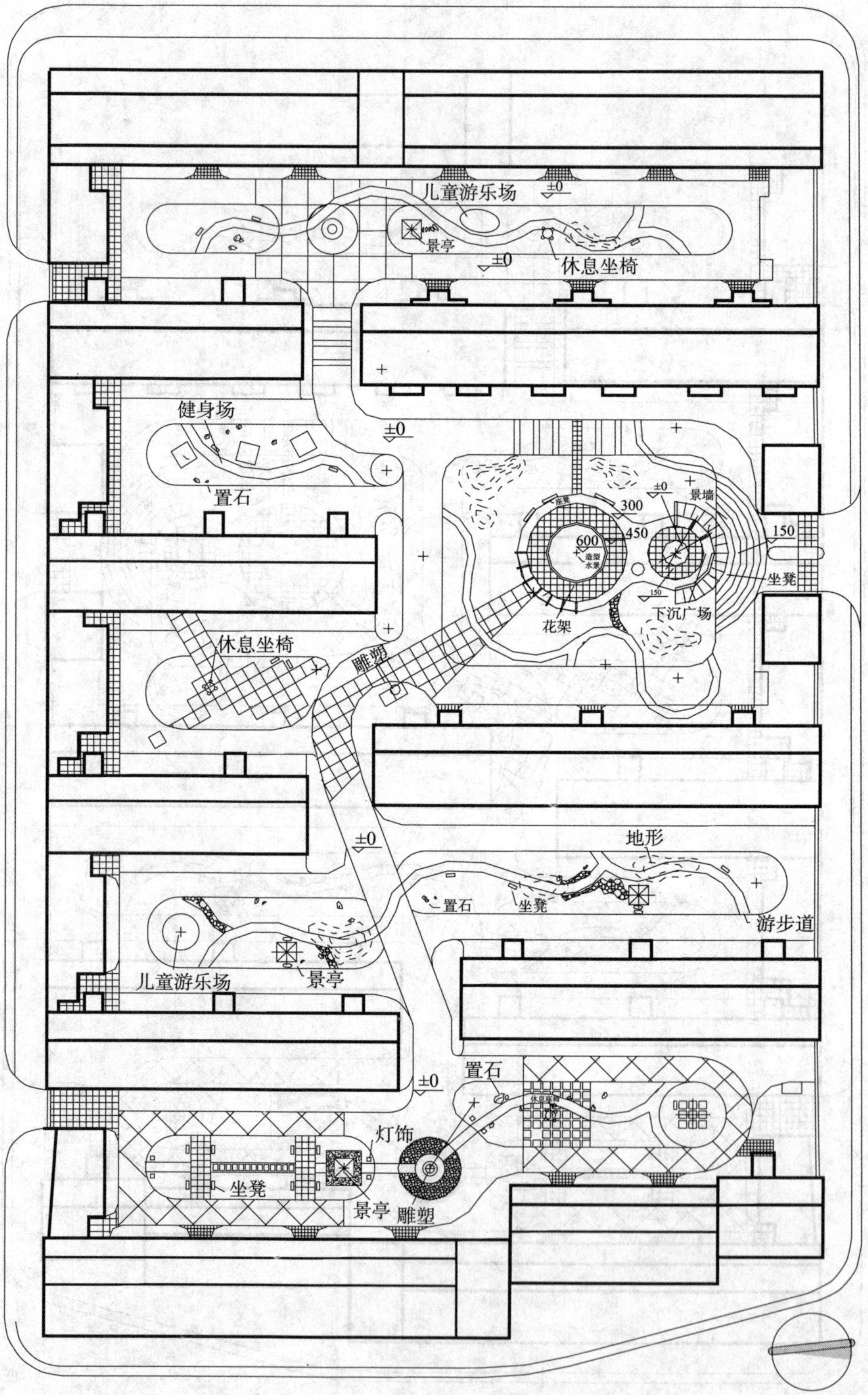

儿童游乐场
±0
景亭
±0
休息坐椅
健身场
±0
置石
景墙
±0
300
600
450
150
坐凳
花架
下沉广场
休息坐椅
雕塑
±0
地形
置石
坐凳
游步道
儿童游乐场
景亭
±0
置石
灯饰
坐凳
景亭
雕塑

图 4—14　标注文字

3. 进行图面注记。

4. 描图框和标题栏等。

知识链接

现状分析图

现状分析是园林设计首先需要做的工作，是设计工作的切入点，也是设计意向产生的基础。现状分析是否到位，直接关系到设计方案的可行性、科学性和合理性。现状分析一般用现状分析图来表现。现状分析图包括的内容主要有以下两个方面。

1. 自然因素

自然因素包括地形、气候、土壤、水文、主导风向、噪声等。

2. 人工因素

人工因素包括人工设施、人文条件、服务对象、业主要求、用地情况、视觉因素等。每项分析都应该得出分析结果，并用不同字体或图形标示与现状表述加以区别，如图4—15所示。

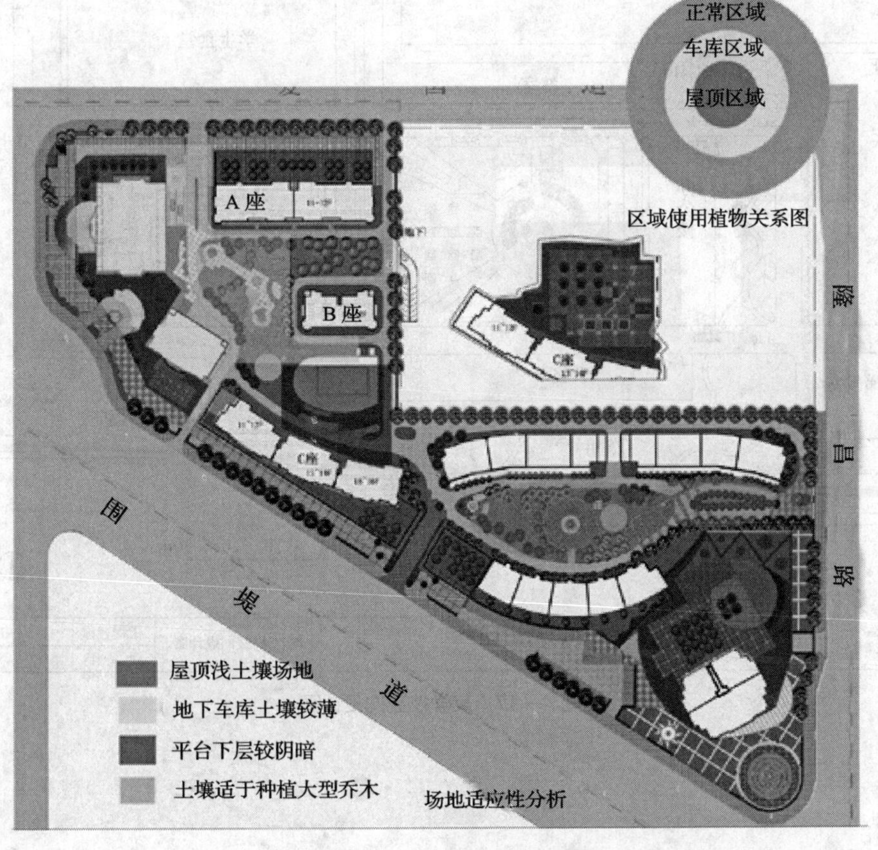

图4—15 现状分析图

思考与练习

选择适当比例抄绘如图 4—16 所示的平面图形，要求图线清楚，粗细分明，曲线过渡自然，图例规范，字体工整。

课题二

识读与绘制竖向设计图

竖向设计图是根据设计平面图及原地形图绘制的地形详图，它借助标注高程的方法，表示地形在竖直方向上的变化情况，它是施工时地形处理的依据。如图 4—17 所示是某学校的竖向设计图，从图中可以看到不同位置点所标示的高程以及道路因高程变化所产生的坡度，那么这些高程标注代表什么含义呢？绘制竖向设计图有何步骤及要求？

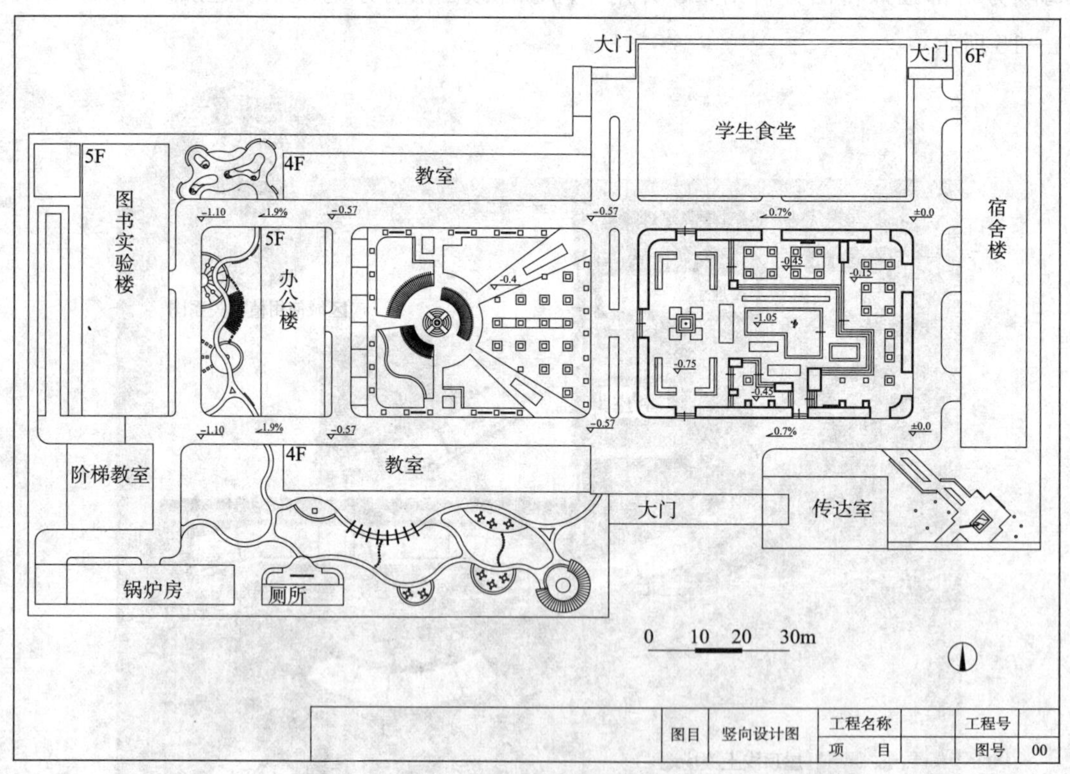

图 4—17 某学校竖向设计图

某居住区总平面图

图 4—16

任务一　识读竖向设计图

任务目标

◇了解竖向设计图包含的内容
◇能够正确读懂竖向设计图

任务提出

识读如图 4—17 所示的某学校竖向设计图，要求能够通过识读图中的高程及坡度标注，分析出场地设计地形走向。

任务分析

图 4—17 中涉及了竖向图中的高程和坡度等的标注，如何进行识读？读图的方法有哪些？读图的顺序步骤是什么？

相关知识

一、等高线的概念

在地图上，把陆地表面海拔高度相等的各点连接成的线，称为等高线。把地面上海拔高度相同的点连成的闭合曲线垂直投影到一个标准面上，并按比例缩小画在图纸上，就得到等高线。等高线也可以看作是不同海拔高度的水平面与实际地面的交线，所以等高线是闭合曲线，如图 4—18 所示。

等高线能反映地表起伏的势态和地表形态的特征，如图 4—19 所示。

二、竖向设计图的内容与用途

竖向设计图是指在一块场地上进行垂直于水平面方向的布置和处理园林用地的竖向设计，也就是园林中各个景点、各种设施及地貌等在高程上如何创造高低变化和协调统一的设计。

竖向设计图是造园工程土方调配预算和地形改造施工的主要依据。

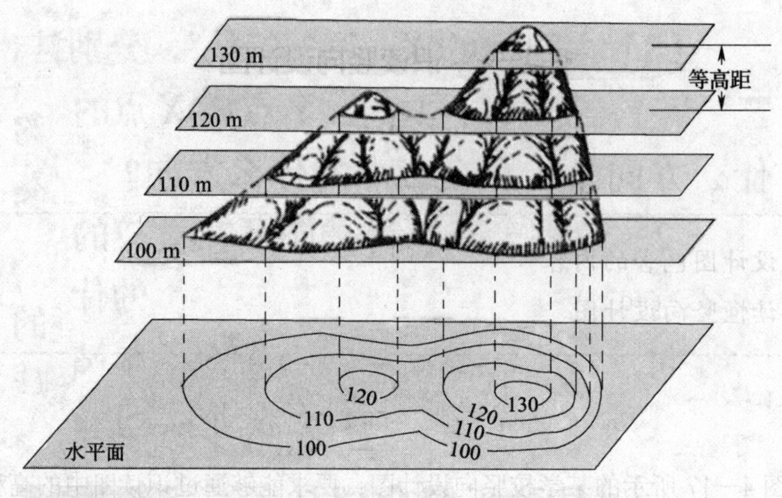

图 4—18　等高线示意图

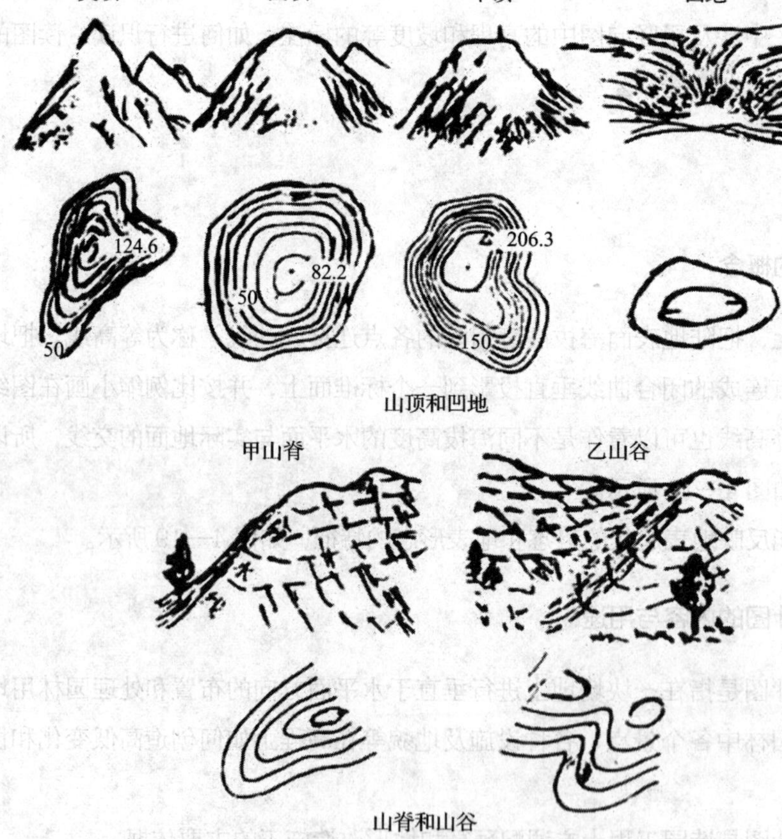

图 4—19　地貌识别

任务实施

一、看图名、比例、指北针、所处方位和设计范围

（略）

二、看等高线的含义

看等高线的分布及高程标注，了解地形高低变化；看水体深度及与原地形对比，了解土方工程情况。从图中可以看出东侧宿舍楼一侧道路标高为 ±0.0，西侧降低为 -0.57、-1.10，可知此校园地形东高西低，东西两端间高差约为 1.1 m。

三、看排水方向

东西走向道路有高程变化，此段道路自东向西会有一定坡度，从图中可以看到东侧和西侧两段道路坡度分别为 0.7%和 1.9%。标注坡度时，在坡度数字下，应加注坡度符号，坡度符号的箭头，一般应指向下坡方向。

四、看坐标，确定施工放线依据

观察整个坐标系，查找坐标原点和放线基点，确定各新建园林要素在坐标系中的位置。

知识链接

分区平面图、景观分析图

1. 分区平面图

对于复杂园林工程，应采用分区将整个工程分成若干个区，分区名称宜采用大写英文字母或罗马字母表示。在园林设计中分区的形式多种多样，通常按照使用功能进行分区，称为功能分区。分区范围的表示有多种方法，在园林设计中常用的是“泡泡图”法，也就是每一分区的范围都用一个粗实线绘制的圆圈表示。

2. 景观分析图

景观分析图包括对园林设计意向、设计理念的分析，景区的划分，景观序列的组织、主要景观以及主要景观的局部效果图、立面图等。如图 4—20 所示是某居住区的景观分析图。

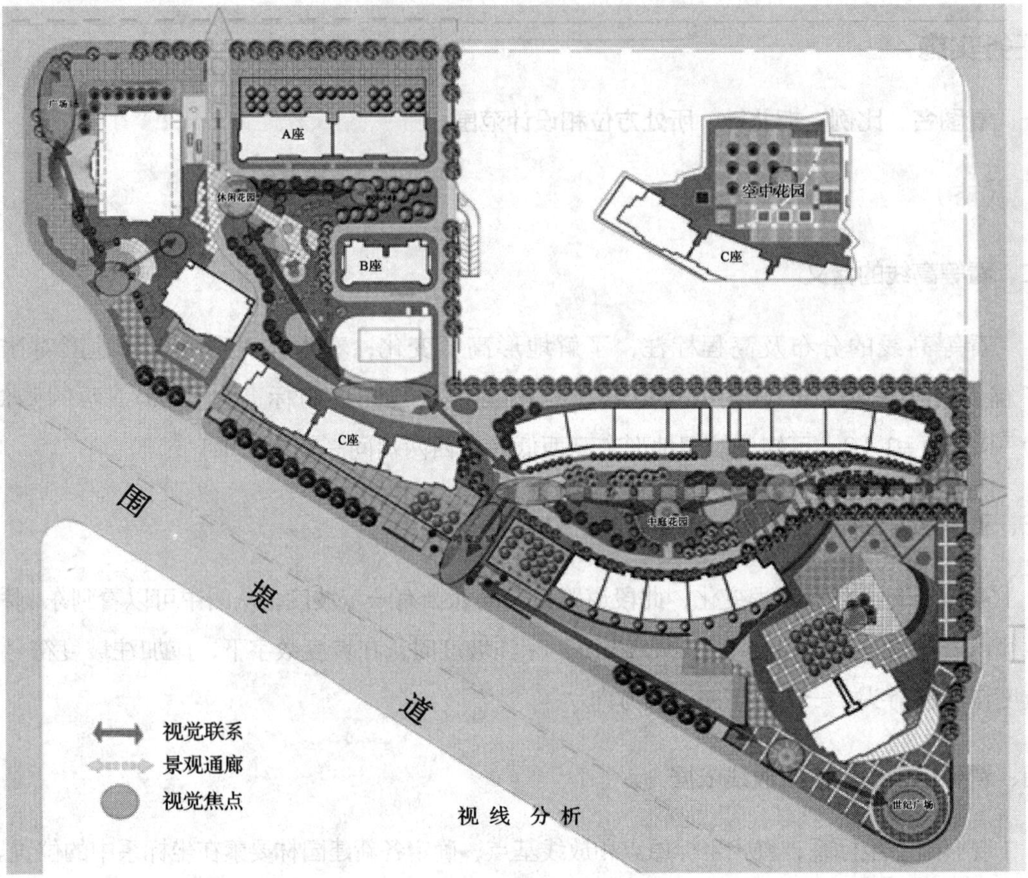

图 4—20　景观分析图

思考与练习

阅读如图 4—21 所示的某小区竖向设计图，读懂高程、等高线、坡向等相关信息。

任务二　绘制竖向设计图

任务目标

◇熟悉竖向设计图的绘制要点

◇能够正确绘制竖向设计图

任务提出

识读并绘制如图 4—22 所示的某医院竖向设计图。要求掌握园林地形地貌的分析方

三
路
用地红线
会所北广场
商铺
商铺
商铺
商铺
石鼓广场
商铺
商铺
商铺
所南广场
狮泉广场
欧式柱廊
东入口大门(广场)
泳池
7
5
6
南园
排风井
四
路

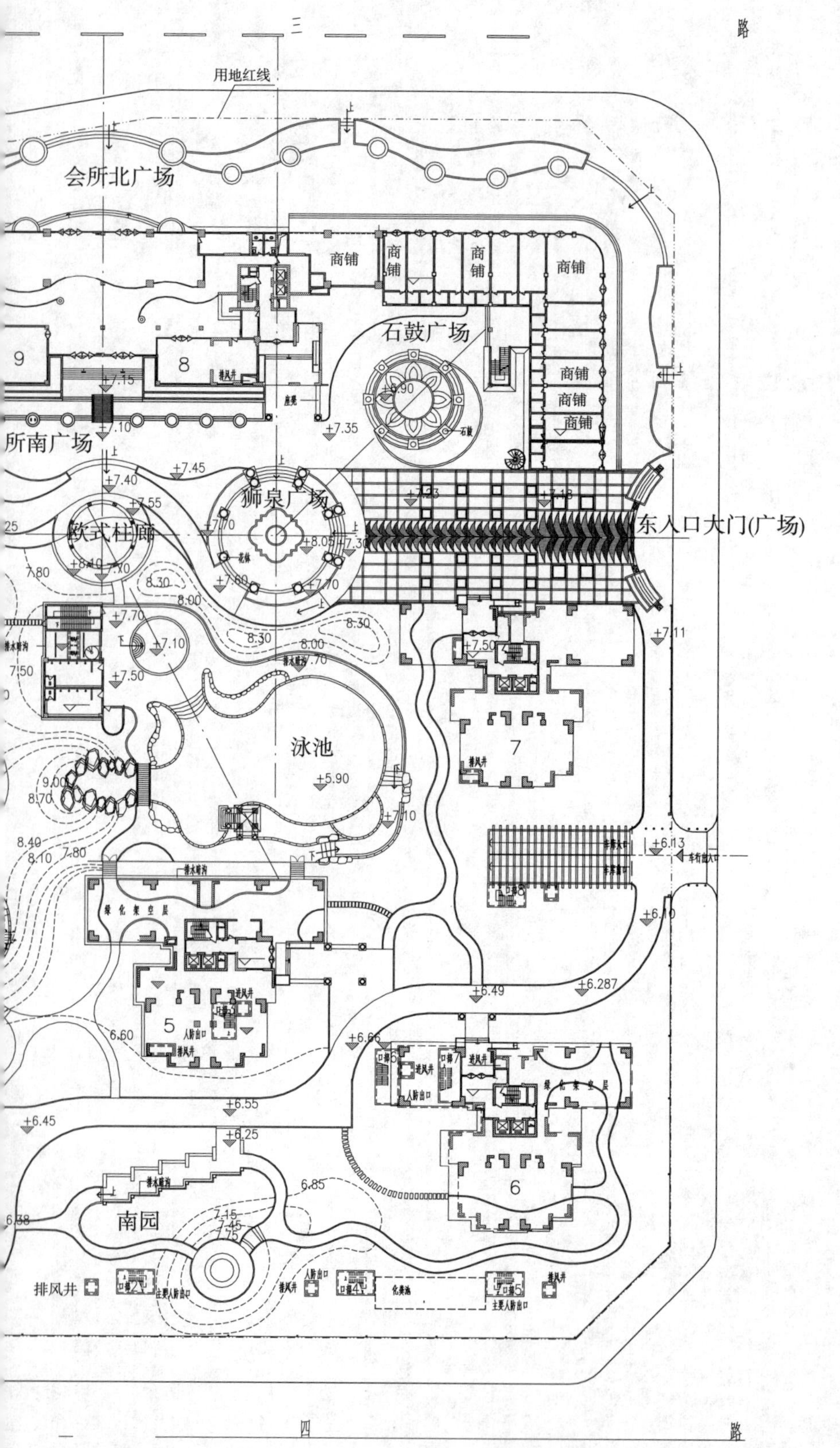

某小区竖向设计图

福
华
绿色不锈钢
网式靠椅
儿童广场
+7.20
地下室外墙
轴线位置
用地红线
+7.00
+6.80
+7.45
+6.90
+7.20
7.50
7.80
休闲地(一)
+6.80
西入口大门(广场)
+6.55
欢乐广场
+5.83
+5.85
8.40
8.70
9.00
+9.00
用地红线
跨街屋顶花园
山顶圆
+6.35
+5.95
+6.00
+6.40
+6.30
3
4
+6.05
休闲广场(一)
+6.10
+6.31
福
华
图 4—21

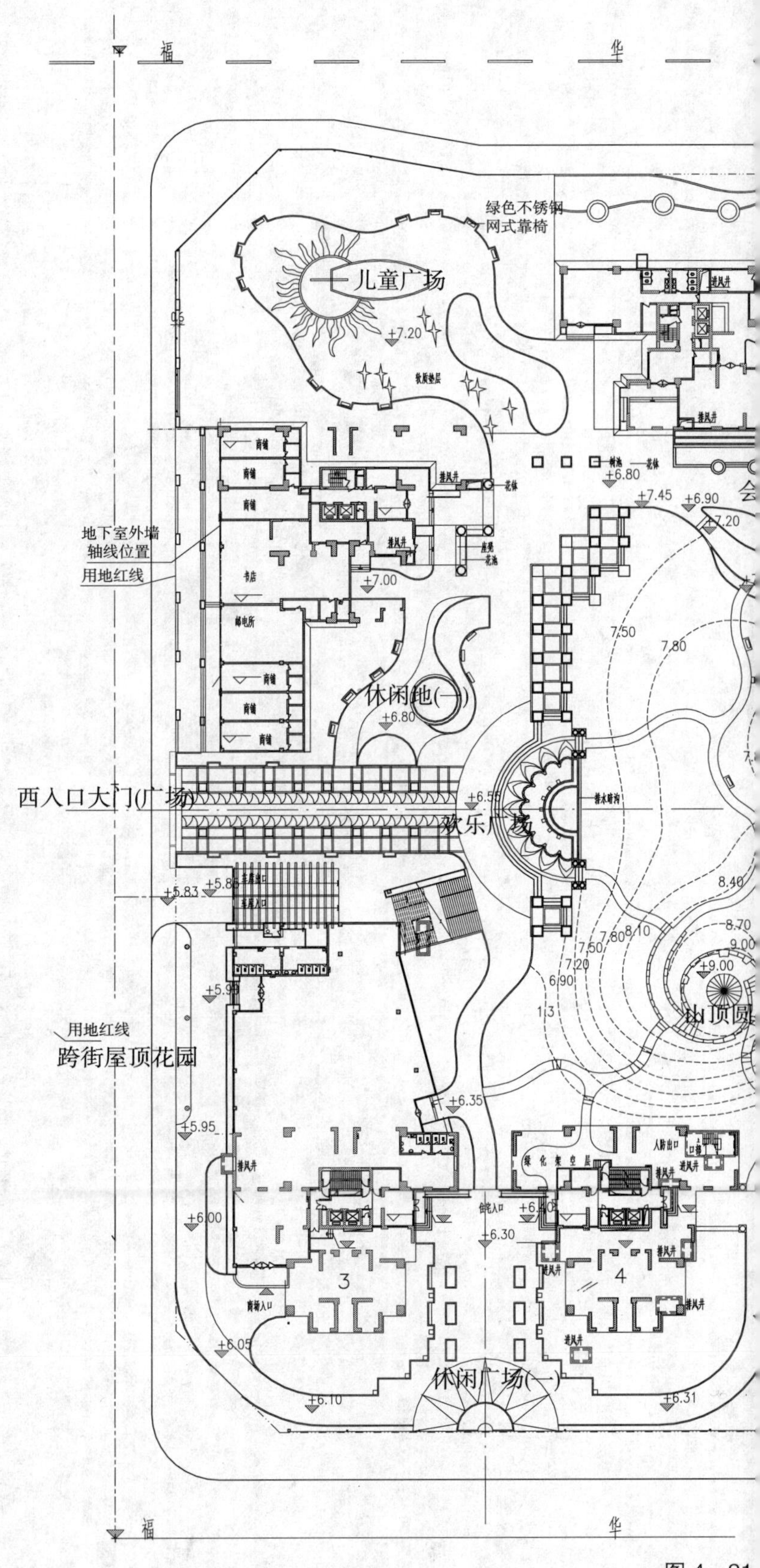

病房楼
58.40<±0.000>
病房楼
花钵
旱喷
景墙
连廊B
构架
雕塑
园路
木地板
木坐凳
木地板
鹅卵石铺地
坐凳
医技楼
58.40<±0.000>
地埋式污水处理
木坐凳
连廊C
连廊A
连廊D
雕塑
鹅卵石铺地
东
趣味汀步
综合门诊楼
景墙
景墙
装饰景墙
急诊入口
水池
57.30
水池
58.40<±0.000>
木地板
地下车入口
57.20
地下车入口
喷水
路
绿地
绿地
停车场
停车场
北干渠
北干渠
57.15
构架
医院主入口
构架
景观灯
57.11
58.88
浦郑公路
注：
1. 图中标高为暂定标高，待城东路标高确定后再做调整
2. 本图仅为各建筑物定位用
3. 本图的坐标点以甲方提供的浦郑公路上的医院边界点为基础而定

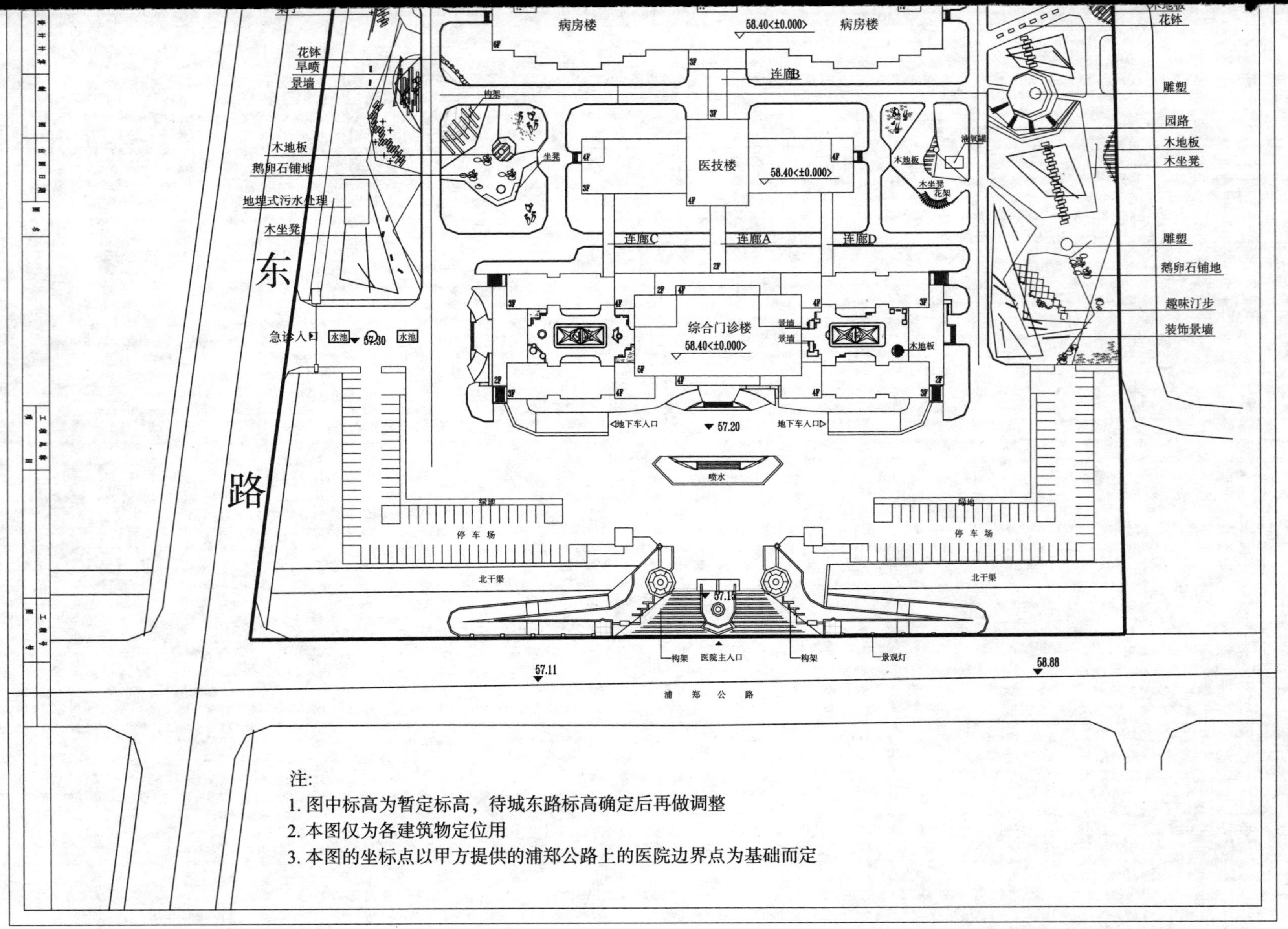

医院竖向设计图

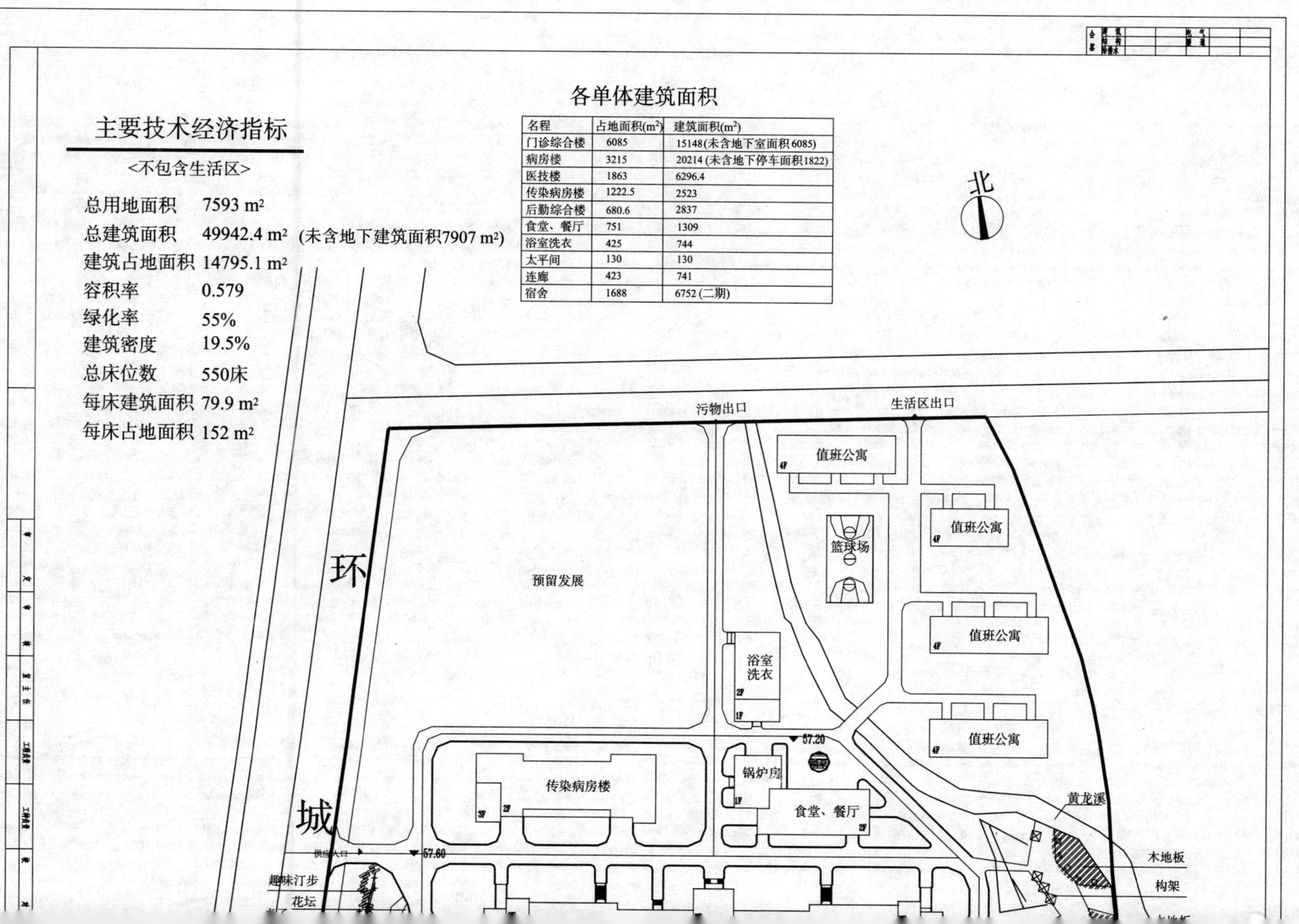

主要技术经济指标

<不包含生活区>

总用地面积 7593 m^2

总建筑面积 49942.4 m^2（未含地下建筑面积7907 m^2）

建筑占地面积 14795.1 m^2

容积率 0.579

绿化率 55%

建筑密度 19.5%

总床位数 550床

每床建筑面积 79.9 m^2

每床占地面积 152 m^2

各单体建筑面积

名程	占地面积(m^2)	建筑面积(m^2)
门诊综合楼	6085	15148(未含地下室面积6085)
病房楼	3215	20214(未含地下停车面积1822)
医技楼	1863	6296.4
传染病房楼	1222.5	2523
后勤综合楼	680.6	2837
食堂、餐厅	751	1309
浴室洗衣	425	744
太平间	130	130
连廊	423	741
宿舍	1688	6752(二期)

图 4—22 某

法，区分不同地形地貌的使用特征和性质，熟悉园林地形地貌同园路广场、园林建筑及小品、园林植物等其他园林组成要素的相互联系。

任务分析

绘制竖向设计图的关键是合理绘制出等高线，准确标注出各点的高程。

相关知识

一、绘制竖向设计图的步骤

1. 绘制等高线

在绘制竖向设计图时一般要根据地形设计中地形在竖向上的变化情况，选定合适的等高距。若地形变化不强烈，常用的等高距是 1 m。在竖向设计图中，一般用细实线表示设计地形的等高线，用细虚线表示原地形的等高线。等高线上应标注高程，高程数字处等高线需断开，高程数字的字头应该向山头，数字要排列整齐。周围平整地面高程标注为 ±0.00。低于相对零点为负，数字前面应写“-”号。高程单位为 m，要求保留两位小数。

2. 标注建筑、山石、道路高程

竖向设计图要求将总体规划设计图中的建筑、山石、道路、广场等园林组成要素按照水平投影轮廓绘制到竖向设计图中。其中建筑用中实线绘制，标注建筑首层室内地面标高；山石外轮廓用粗实线绘制，一般标注假山最高点高程；广场、道路用细实线绘制，标注转弯处、交叉口等点处高程。

3. 标注排水方向

对于排水方向的标注一般根据坡度，用单箭头来表示雨水排除方向。

4. 绘制方格图

为了便于施工放线，在竖向设计图中应设置方格网。设置时尽可能使方格的某一边落在某一固定建筑设施边线上（便于将方格网测设到施工现场），每一网格边长可根据需要确定 5 m、10 m、20 m 等，其比例应与图中比例保持一致。方格网应按顺序编号，一般规定：横向从左向右，用阿拉伯数字编号；纵向自下而上，用拉丁字母编号，并按测量基准点的坐标，标注出纵横第一网格坐标。

5. 绘制比例尺、指北针或风向频率玫瑰图

（略）

6. 标注标题栏、会签栏，书写设计说明

（略）

二、竖向设计图的绘制要求

1. 绘制地形分析平面图（坡度线法或分布法）：坡度分级合理，图样符合标准要求，图线应用恰当。

2. 绘制地形分析剖断面图：选择剖断面位置要合理，所绘制的地形分析剖断面图能充分说明地形地貌的主要特征，图样符合标准要求，图线应用恰当。

3. 作地形地貌分析说明：条理清晰，分析入微，观点正确。能区分不同地形地貌及其使用特征和性质，能联系园路广场、园林建筑及小品、园林植物等其他园林组成要素进行分析。

4. 绘制局部断面图：必要时可绘制出某一剖面的断面图，以便直观地表达剖面上竖向变化情况。图 4—23 和图 4—24 分别是某水岸景观的平面图和局部断面图。

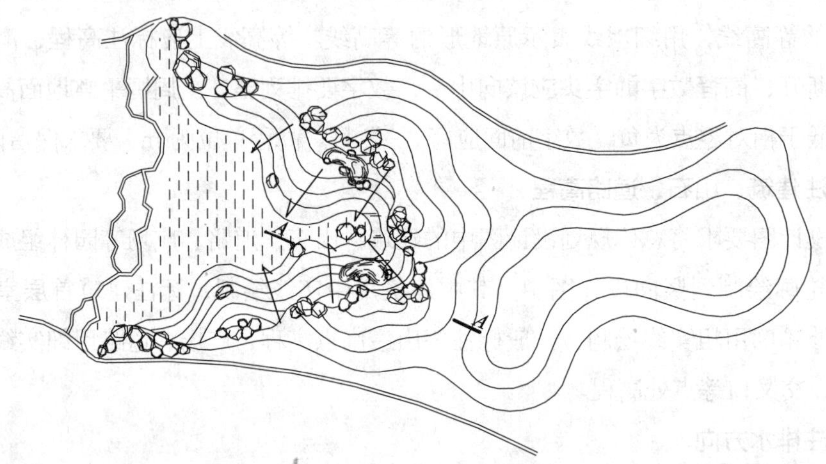

图 4—23　某水岸景观平面图

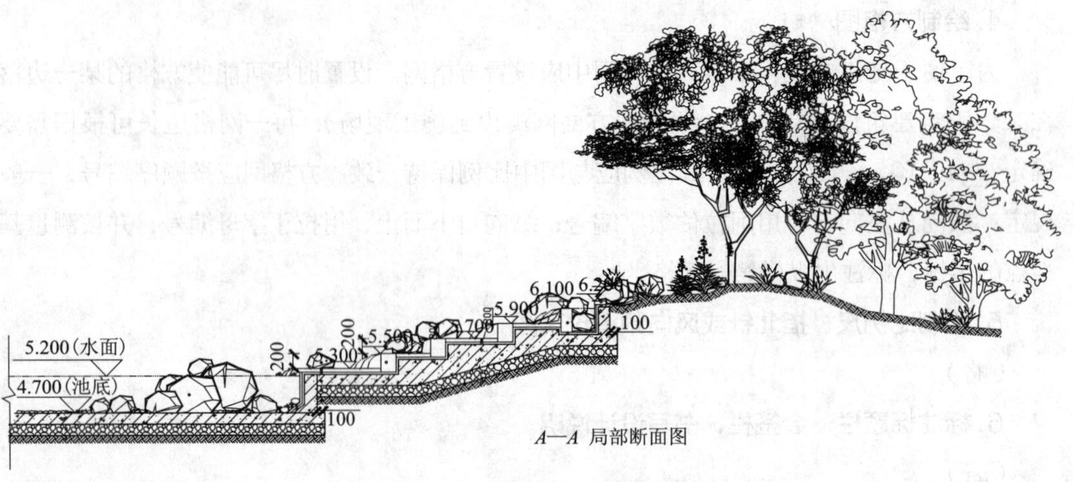

A—*A* 局部断面图

图 4—24　某水岸景观的局部断面图

任务实施

一、识读竖向设计图

首先识读平面图中的各个园林要素，然后识读高程、坡度、地形等高线等竖向设计相关的内容，最后分析场地地形特点。

二、抄绘平面设计图

参照原图进行平面图绘制，要求准确、详细、美观，要做到图面整洁、字体端正、标注清晰，图例符号简洁、美观、清晰。平面设计图如图 4—25 所示。

三、标注高程、坡度及文字说明

在抄绘完成的平面图上标注高程、坡度以及文字说明，要求竖向标注清晰，表示正确。最终效果如图 4—22 所示。

四、检查

对照竖向设计图检查图样是否正确，标注是否完整。

知识链接

地形剖面图的绘制

地形剖面图指沿地表某一直线方向上的垂直剖面图，以显示剖面线上断面地势起伏状况。地形剖面图是在等高线地形图的基础上绘制的。

地形图只能表示一定区域内的地面状况，包括高低起伏、坡度陡缓和地形类型等。地形剖面图能够更直观地表示地面的垂直变化。根据等高线图绘制的地形剖面图，在平整土地，修筑渠道、大堤，建设铁路、公路时，作为计算土石方工程量的依据。

（1）根据要求选取剖面线，剖面线可以是东西向或南北向的直线，也可以是东北西南向或西北东南向的斜线。

（2）画矩形，所画矩形要与等高线图等长，如图 4—26b 所示。

（3）用等高线图的高度作纵坐标，确定垂直比例尺。根据需要，一般比水平比例尺大若干倍。

（4）作平行水平线与垂直线。平行水平线是在所要画的剖面图上按照垂直高程（纵坐标上）引出来的。垂直线是从剖面线与等高线（等高线圈）的每个交点上开始，延长至剖面图相应的高程上为止，在止点处画上一个个小圆点，如图 4—26c 所示。

（5）连成曲线。将各个小圆点连成一条圆滑的曲线，即成为地形剖面图，如图 4—26c 所示。

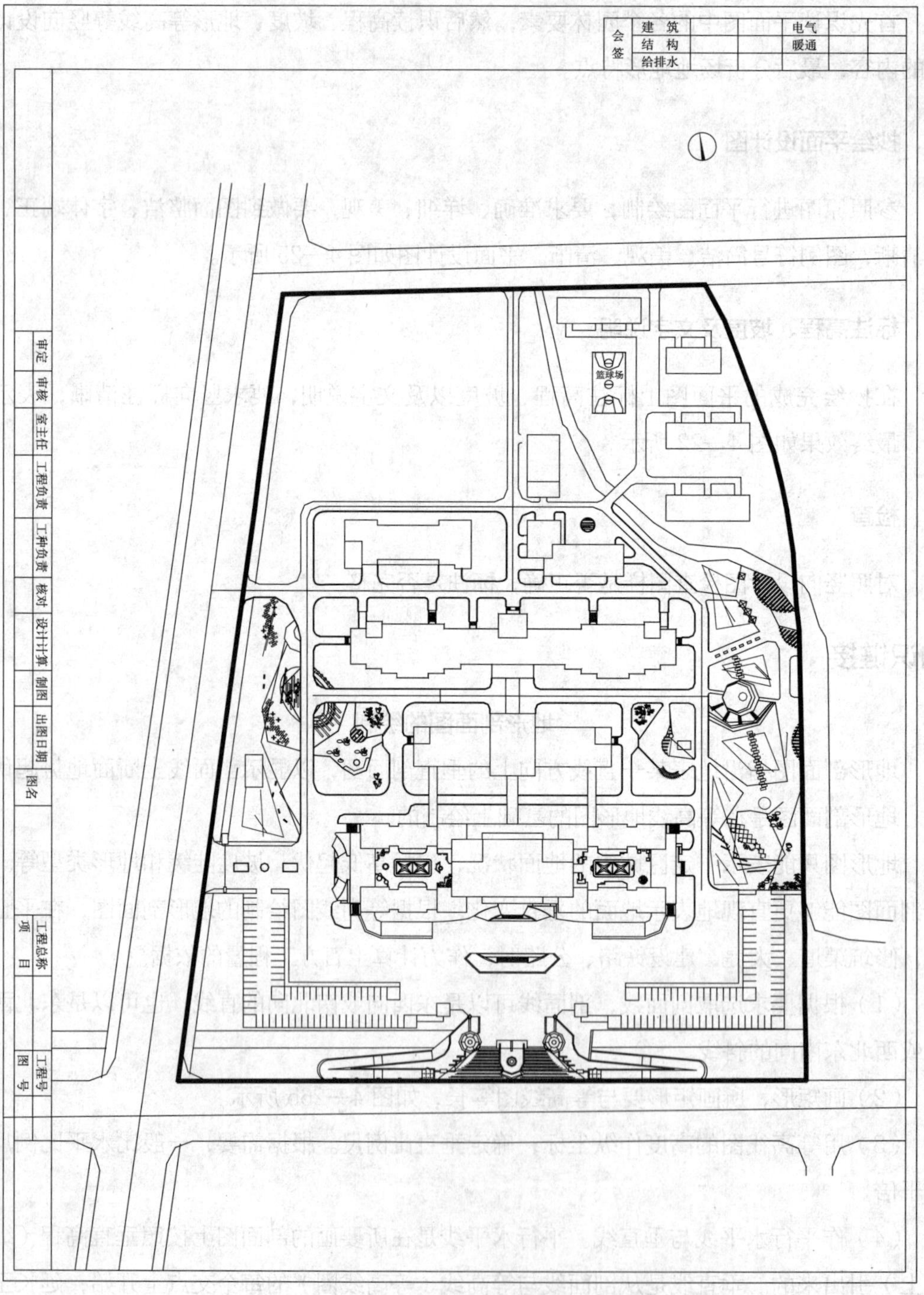

图 4—25　平面设计图

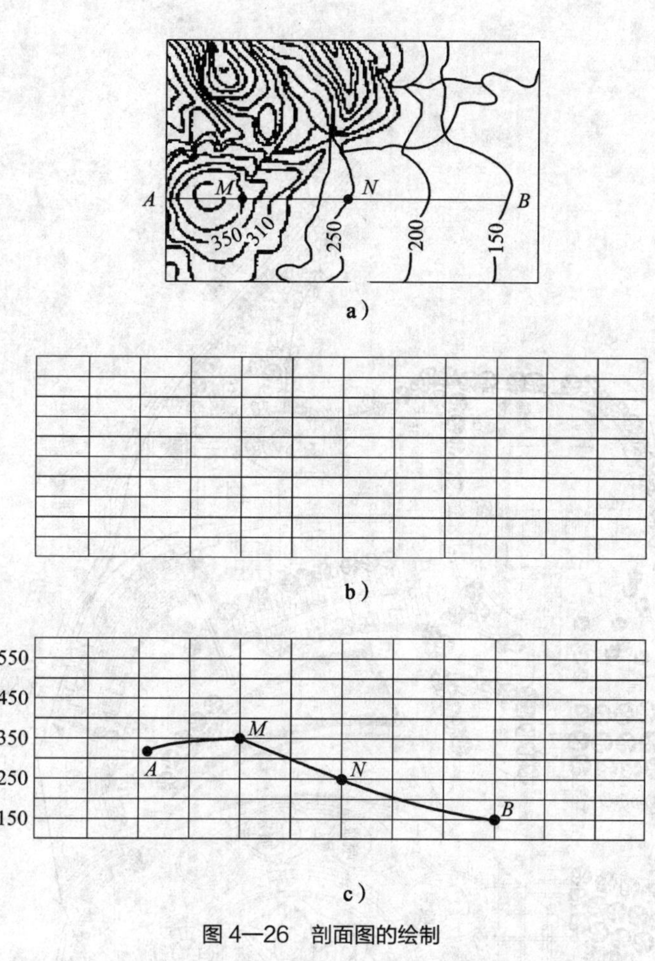

图 4—26 剖面图的绘制

a）等高线 b）矩形框 c）剖面图

思考与练习

绘制如图 4—27 所示某广场的竖向设计图，要求图线正确、接头准确、图面整洁、高程标注清楚。

课题三

识读与绘制园林种植设计图

种植设计图是在规划方案的基础上，以植物配植为主的设计图样。它能够准确地将设计师的思想和要求比较直观地表达出来，施工人员通过种植设计图，可以了解绿化范围，明确绿化工程的目的，创造出符合设计意图的优美环境。如图 4—28 所示为某小游园园林种植设计图中的乔木配置图，从图中可以看到小游园内乔木栽植的品种、位置、数量等相关内容。本课题主要介绍园林种植设计图的识读及绘制方法及步骤。

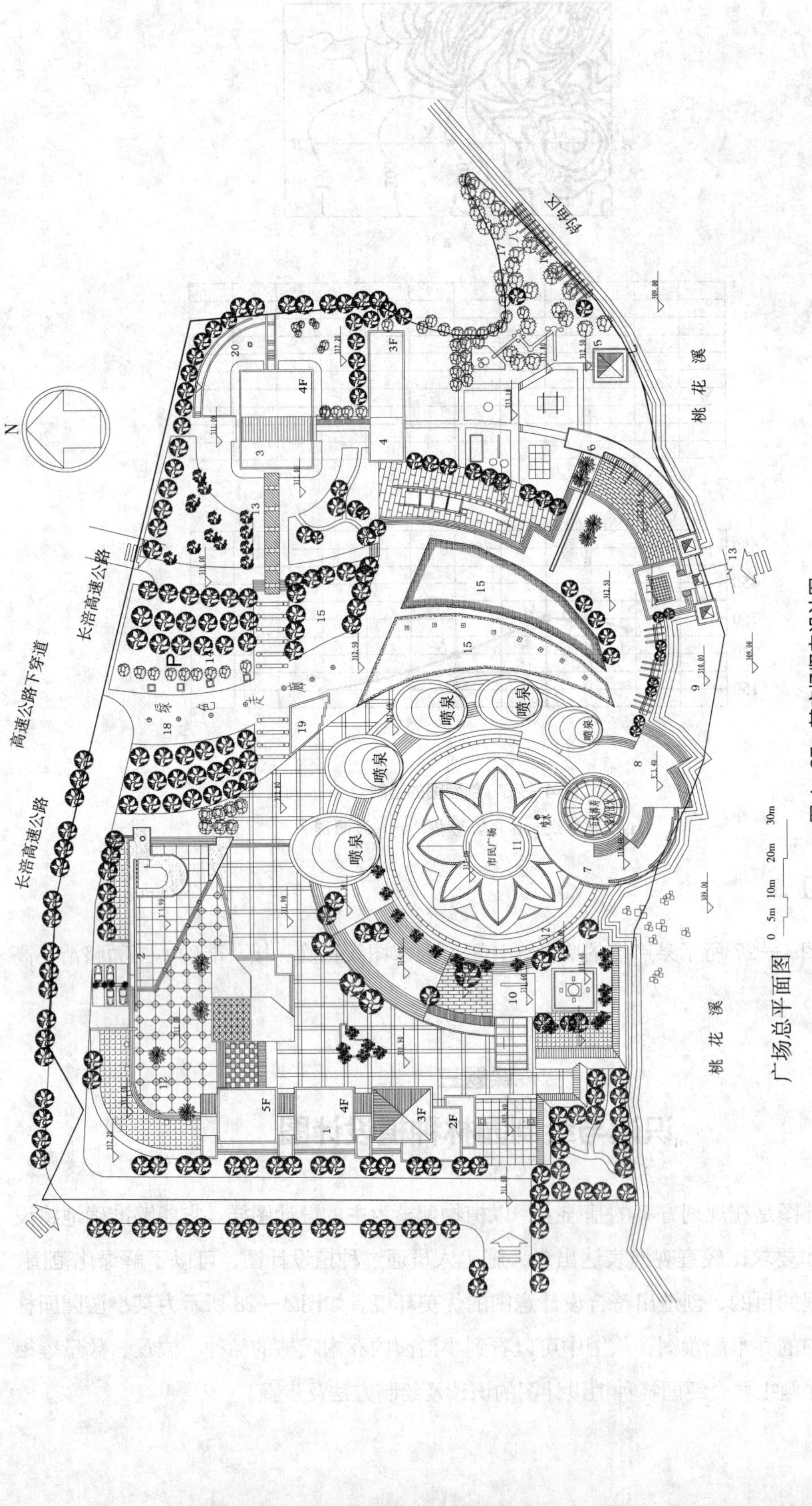

广场总平面图

图4—27　某广场竖向设计图

1—音影文化市场　2—浮雕照壁　3—集古楼（博物馆）　4—文化办公用房　5—神驰阁　6—清茗居（茶廊）　7—映莲池　8—揽月台　9—白沙滩　10—镂空照壁　11—广场建设志卧碑　12—下沉式迪厅（溜冰场）　13—栈桥　14—生态停车场　15—草坪　16—钓鱼廊（钓鱼区）　17—桃林　18—灯柱　19—酒廊（小卖部）　20—雕塑

任务　识读并抄绘园林种植设计图

任务目标

◇能够正确识读园林种植设计图
◇掌握园林种植设计图的绘制方法
◇熟悉园林种植设计图的分类

任务提出

识读如图 4—28 所示的园林种植设计图。要求掌握园林种植设计图的绘制方法，学习植物配置图的绘制方法，能够区分乔木、灌木、草坪等植物种类的不同表示方法。

任务分析

园林种植设计图是表示植物配置的种类、规格、数量、种植位置及类型和要求的平面图样，一般包括种植设计表现图、种植设计平面图和种植详图三种。

图 4—28 为乔木种植配置图，其中乔木使用不同的图例进行表示，它们分别表示什么含义呢？读植物配置图时有什么方法和要求？绘制植物配置图是怎样的顺序步骤？如何制作植物数量统计表？

相关知识

一、园林种植设计图的分类

1. 种植设计表现图

种植设计表现图即平面效果图，通常画出树木的落影。它不追求尺寸、位置的精确，而重在艺术地表现设计者的设计意图。如图 4—29 所示。

2. 种植设计平面图

种植设计平面图是表示植物位置、种类、规格、数量及种植类型的平面图，是组织种植施工和养护管理、编制预算的重要依据，如图 4—28 所示。图面需简洁、清楚、准确、规范。如果绿地面积不大，规划方案和园林种植设计图可合并为一张图。常用的比例为 1∶100 到 1∶500。

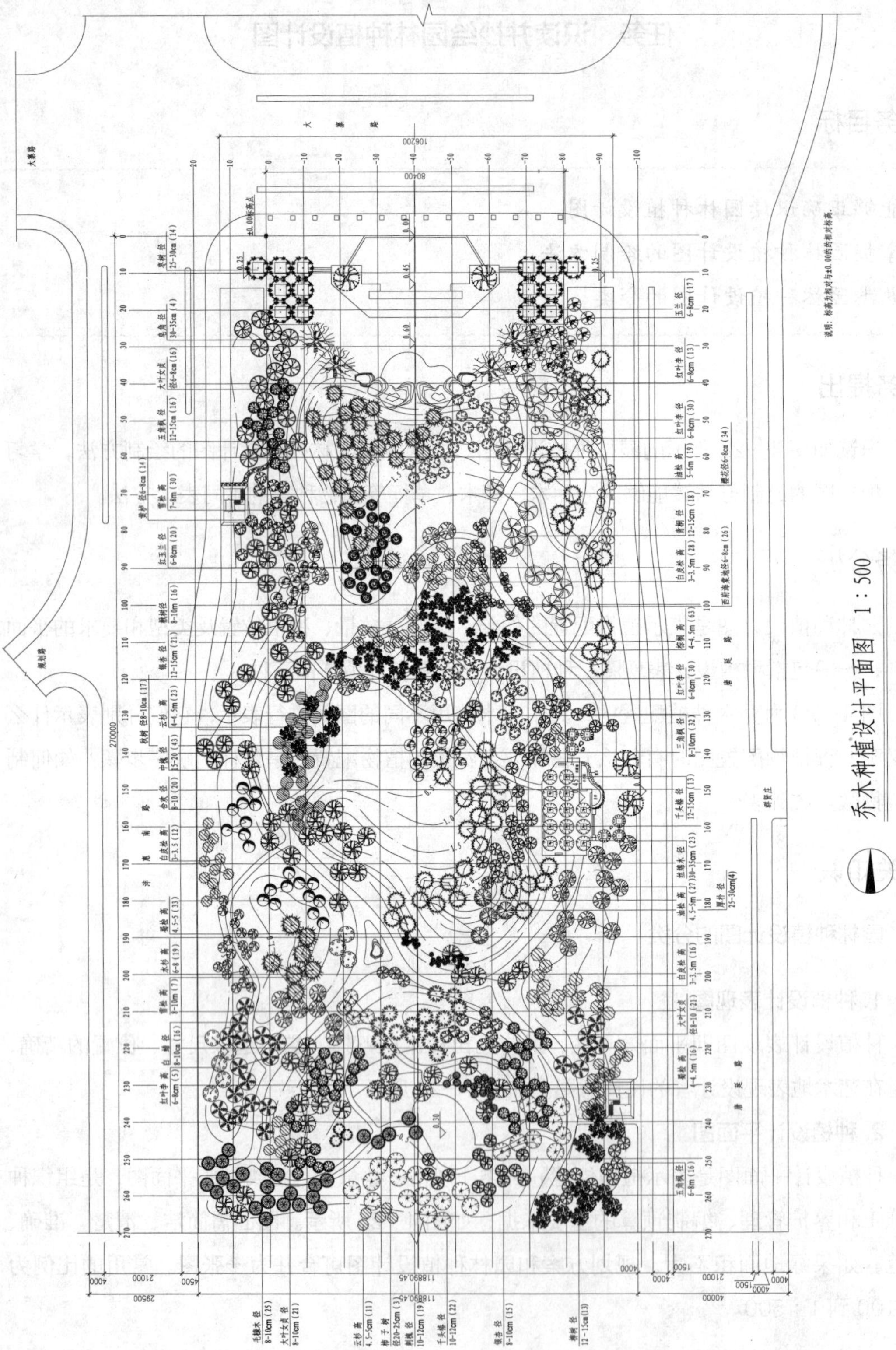

乔木种植设计平面图　1：500

图 4—28　某小游园园林种植设计图

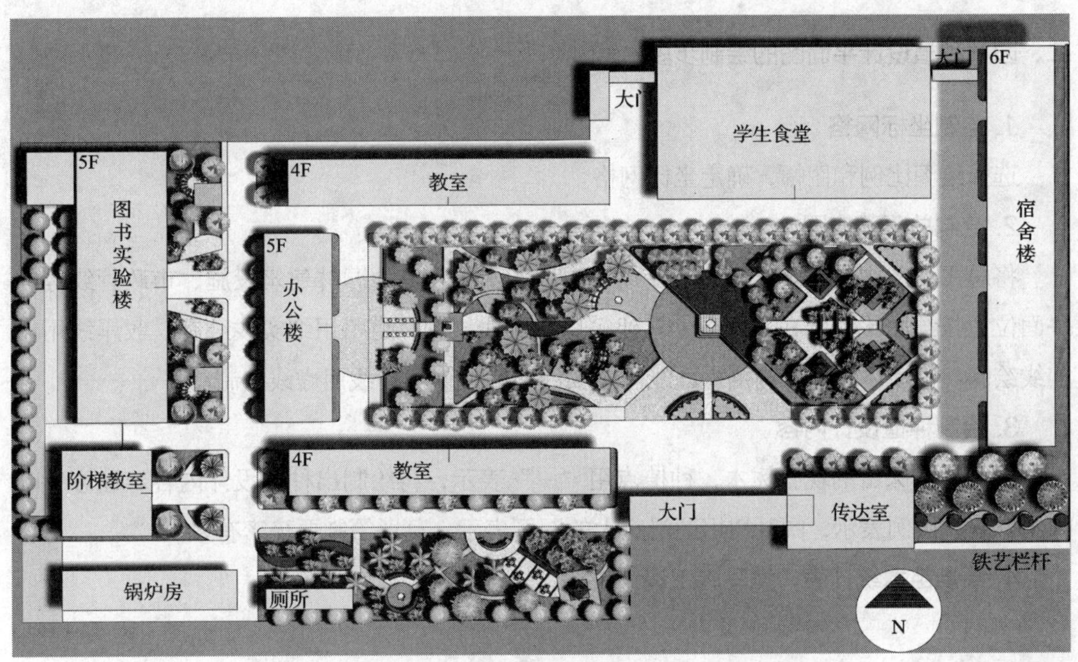

图 4—29　种植设计表现图

3. 种植详图

种植详图表明种植平面图中的其他细部尺寸、材料和做法等的平面图，常用大于等于 1：50 的比例。如图 4—30 所示。

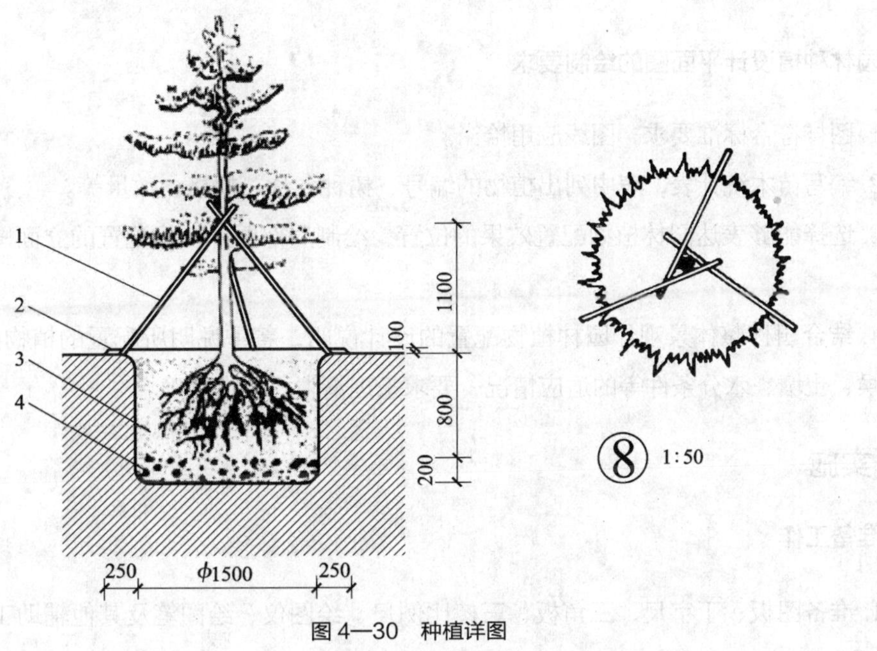

图 4—30　种植详图

1—支架　2—土埂　3—土壤　4—底肥

二、园林种植设计平面图的绘制步骤

1. 绘制坐标网格

选择绘图比例和图幅，确定坐标网格。

2. 绘制总平面底图

将总平面图中的建筑、道路、广场、山石、水体及其他园林建筑设施、市政管线等的平面位置按绘图比例绘在平面图上。建筑用中实线绘制，道路用细实线绘制，驳岸线用粗实线绘制，沿水体边界线内侧水面线用中实线绘制，地下管线用虚线绘制。

3. 绘制种植设计内容

先标明需保留的现有树木，种植点用“+”表示，再绘制出种植设计内容。注意针叶树用针刺状图例表示，阔叶树用圆滑宽大的图例表示，草坪绘制要疏密有致。

4. 绘制苗木统计表，编写施工设计说明

（略）

5. 绘制指北针或风向频率玫瑰图，注写比例和标题栏

（略）

6. 绘制种植详图

必要时按苗木统计表中的编号（即图号）绘制种植详图，说明种植某一树种时挖坑、覆土、施肥、支撑、种植等施工要求。

三、园林种植设计平面图的绘制要求

1. 图样符合标准要求，图线应用恰当。

2. 编写苗木统计表，表中列出植物的编号、树种名称、规格、数量等。

3. 选择能够表达园林植物配置效果的位置，绘制局部园林植物配置的立面图或透视效果图。

4. 结合园林整体景观作园林植物配置的设计说明，着重说明所配置的植物景观效果，与气候、土壤、水分条件等的适应情况，要求条理清晰、观点正确。

任务实施

一、准备工作

1. 准备图板、丁字尺、三角板、三棱比例尺、绘图仪、绘图笔及其他辅助工具；准备绘图纸（A2 或 A3）、描图纸及黑墨汁等。

2. 熟悉、阅读原植物配置图。

3. 固定图纸。将图纸置于图板左上方，用透明胶带固定。

二、识读种植设计平面图

1. 识读标题栏、比例、指北针或风向频率玫瑰图

从图 4—28 可以看到，此图纸名为“乔木种植设计平面图”，比例 1∶500，图纸右侧为北。

2. 识读图中索引编号和苗木统计表

从图 4—28 中读出栽植的植物种类，各类植物的规格和数量。如图纸上部左侧第一个标注为“红叶李”，高度 6～8 cm，数量 5 棵。

3. 识读植物种植定位尺寸

根据网格图量取植物栽植位置。从横纵网格线向植物图例中心量取垂直距离，即为植物栽植的坐标位置。

三、抄绘种植设计平面图

1. 选择绘图比例，确定图幅。

2. 绘制坐标网格或轴线，如图 4—31 所示。

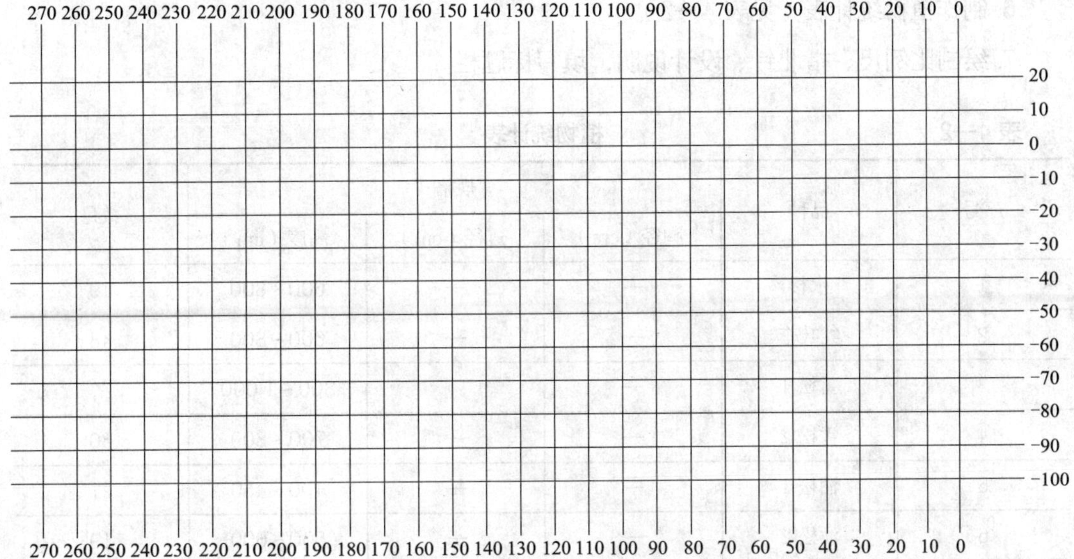

图 4—31　坐标网格

3. 绘制图形中建筑及小品、道路等其他造园要素，如图 4—32 所示。

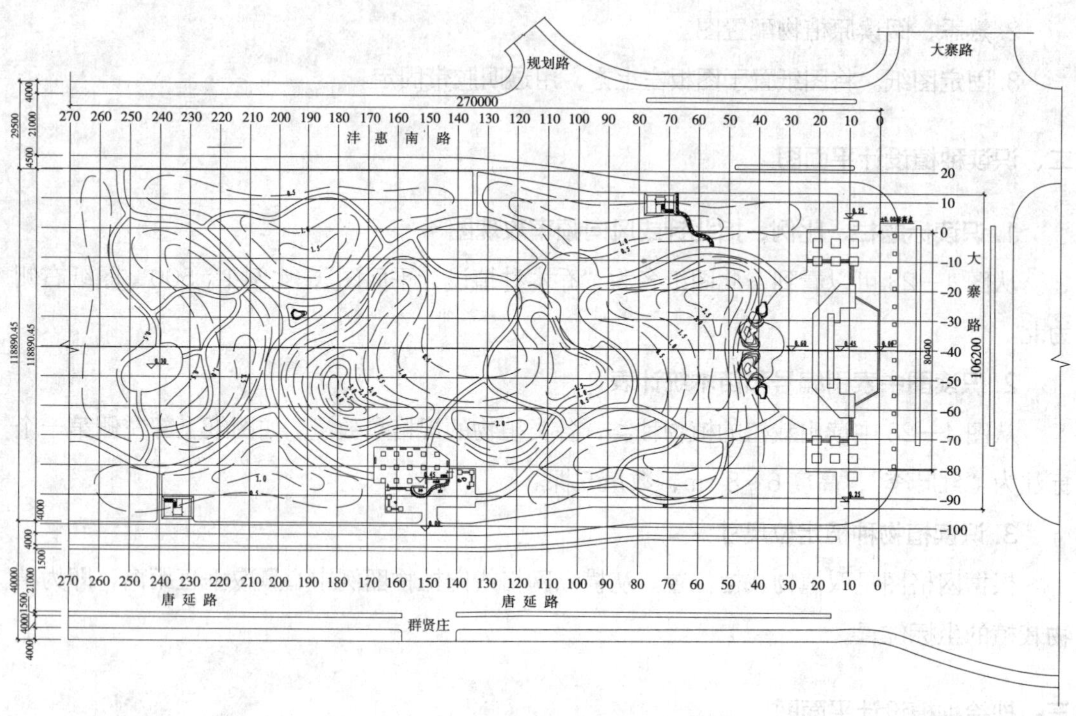

图 4—32　除植物外的其他景观

4. 绘制绿地及植物图例，如图 4—33 所示。

5. 标注植物种类及数量（必要时也可标注规格），如图 4—34 所示。

6. 制作植物统计表（见表 4—2）。

7. 绘制比例尺、指北针、设计说明，填写标题栏。

表 4—2　　植物统计表

序号	品种	规格			数量
		胸径（cm）	冠径（cm）	高度（cm）	
1	水杉	—	—	600～800	19
2	红叶李	—	—	600～800	48
3	雪松 1	—		800～1 000	7
4	雪松 2	—	—	700～800	30
5	油松 1	—	—	400～450	27
6	油松 2	—	—	500～600	19
7	棕榈	—	—	400～450	63
8	白皮松	—	—	300～350	40
9	云杉 1	—	—	400～450	23

续表

序号	品种	规格			数量
		胸径（cm）	冠径（cm）	高度（cm）	
10	云杉 2			450～500	21
11	蜀桧 1	—	—	400～500	38
12	蜀桧 2	—	—	400～450	16
13	大叶女贞 1	6～8	—	—	16
14	大叶女贞 2	8～10	—	—	42
15	中槐	15～20	—	—	43
16	丝棉木	30～35	—	—	23
17	三角枫	10～15	—	—	32
18	玉兰	6～8	—	—	17
19	红玉兰	6～8	—	—	20
20	五角枫 1	12～15	—	—	16
21	五角枫 2	6～8	—	—	16
22	刺槐	10～12	—	—	19
23	合欢	8～10	—	—	20
24	银杏 1	12～15	—	—	21
25	银杏 2	8～10	—	—	15
26	樱花	6～8	—	—	34
27	厚朴	25～30	—	—	4
28	柳树 1	8～10	—	—	16
29	柳树 2	12～15	—	—	13
30	黄栌	6～8	—	—	14
31	白蜡	8～10	—	—	16
32	千头椿 1	12～15	—	—	13
33	千头椿 2	10～12	—	—	22
34	青桐	12～15	—	—	18
35	柿子树	20～25	—	—	3
36	西府海棠	地径 6～8	—	—	26
37	皂角	30～36	—	—	4
38	枣树	25～30	—	—	14

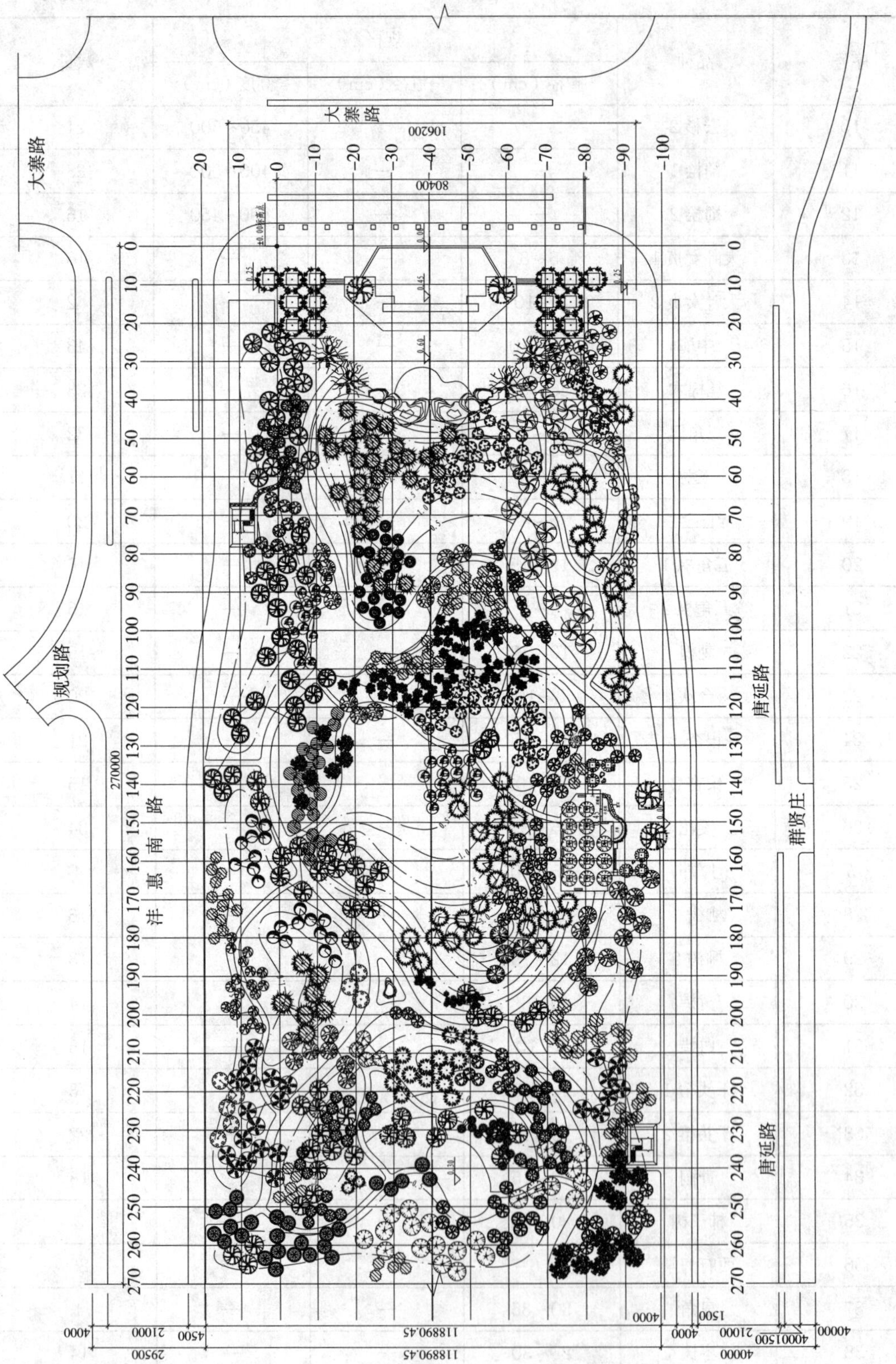

图 4—33　植物配置

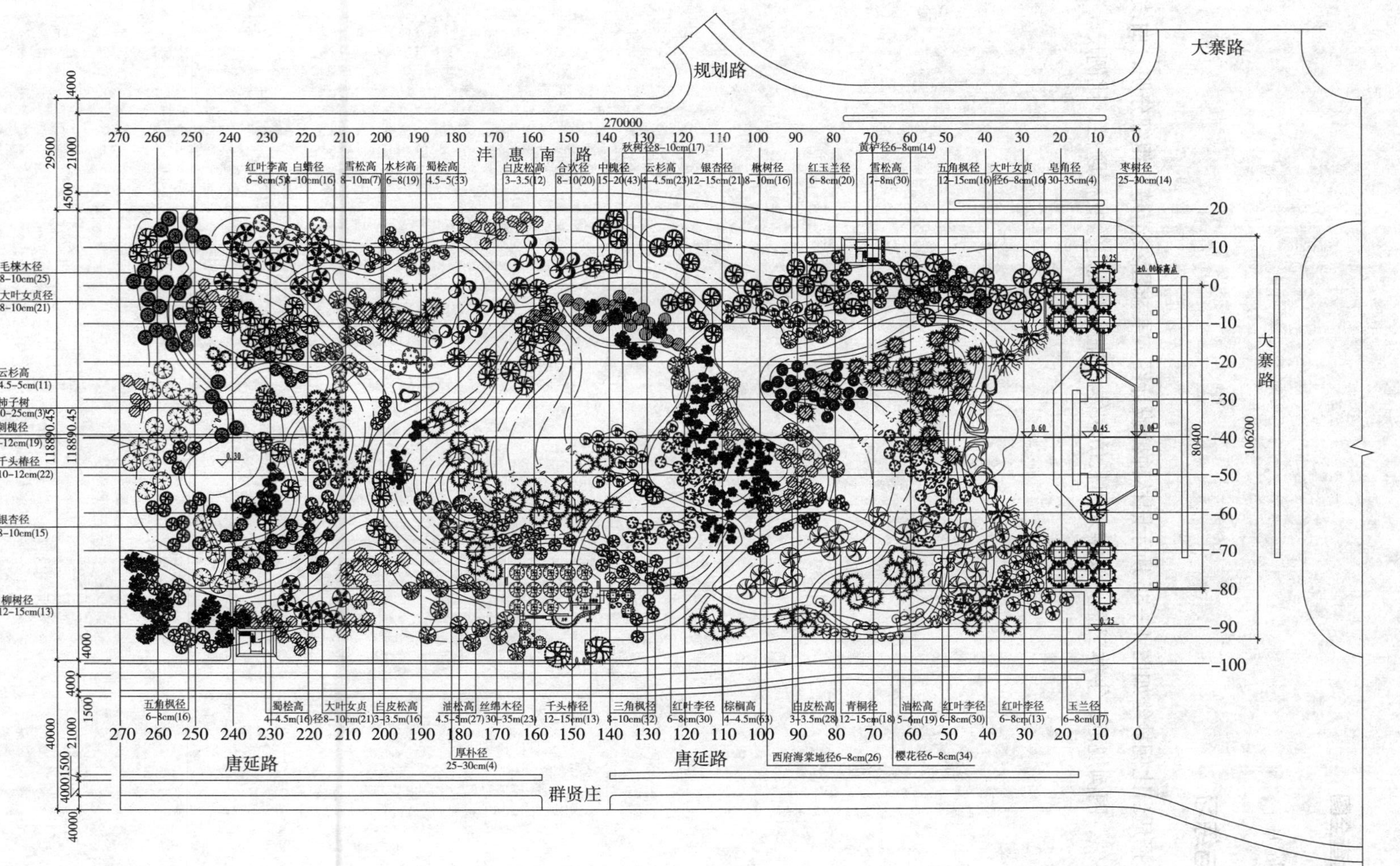

图4—34 标注植物名称、规格、数量

四、检查全图

（略）

思考与练习

选择适当比例抄绘如图 4—35 所示园林种植设计图。要求图线清楚，粗细分明，曲线过渡自然，图例规范，字体工整，汉字采用长仿宋体。并按照规定绘制标题栏、比例尺。

垂柳 NO.4(16)
火棘 NO.16(96平米)
鸢尾 NO.20(43平米)
日本晚樱
香樟
木槿 NO.17(126平米)
香樟 NO.8(23)
紫叶小檗 NO.14(146平米)
枫杨 NO.2(22)
日本晚樱 NO.6(14)
垂柳 NO.4(7)
三角枫 NO.3(5)
桂花 NO.9(3)
日本晚樱 NO.6(24)
垂柳 NO.4(2)
桂花 NO.9(15)
N
业主/发展商
CLIENT/DEVELOPER
工程名称
PROJECT NAME
审定人
APPROVED BY
主持人
PROJECT ARCHITECT
审核人
REVIEWED BY
设计人
ARCHITECT
校对人
CHECKED BY
绘图人
DRAWN BY
图纸名称
DRAWING TITLE
种植平面图
图纸编号
SHEET NO
工程编号
PROJECT NO
图纸比例
DRAWING SCALE
日期
DATE
注意
NOTE

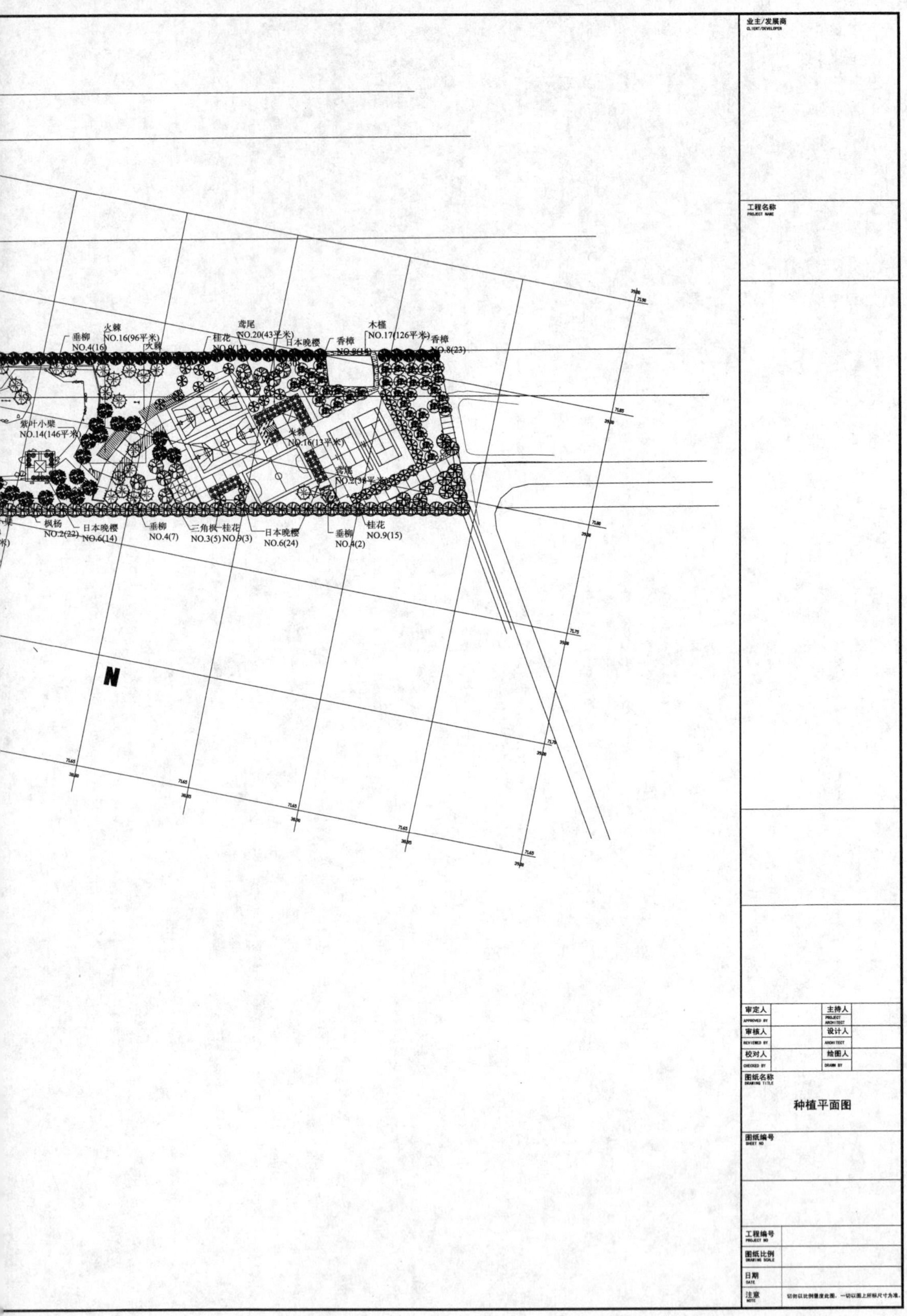

5 园林种植设计图

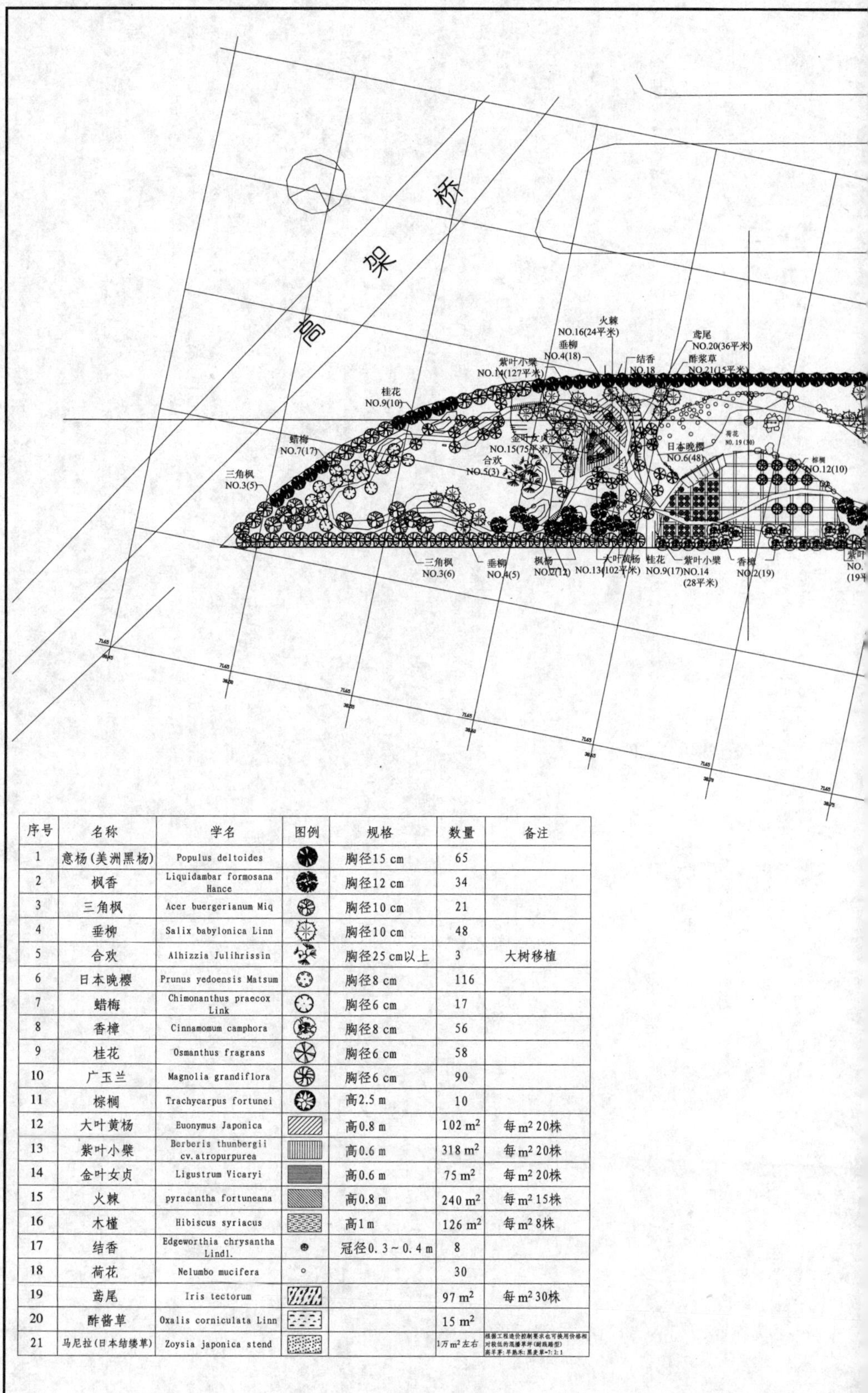

序号	名称	学名	图例	规格	数量	备注
1	意杨(美洲黑杨)	Populus deltoides		胸径15 cm	65	
2	枫香	Liquidambar formosana Hance		胸径12 cm	34	
3	三角枫	Acer buergerianum Miq		胸径10 cm	21	
4	垂柳	Salix babylonica Linn		胸径10 cm	48	
5	合欢	Alhizzia Julihrissin		胸径25 cm以上	3	大树移植
6	日本晚樱	Prunus yedoensis Matsum		胸径8 cm	116	
7	蜡梅	Chimonanthus praecox Link		胸径6 cm	17	
8	香樟	Cinnamomum camphora		胸径8 cm	56	
9	桂花	Osmanthus fragrans		胸径6 cm	58	
10	广玉兰	Magnolia grandiflora		胸径6 cm	90	
11	棕榈	Trachycarpus fortunei		高2.5 m	10	
12	大叶黄杨	Euonymus Japonica		高0.8 m	102 m^2	每 m^2 20株
13	紫叶小檗	Berberis thunbergii cv.atropurpurea		高0.6 m	318 m^2	每 m^2 20株
14	金叶女贞	Ligustrum Vicaryi		高0.6 m	75 m^2	每 m^2 20株
15	火棘	pyracantha fortuneana		高0.8 m	240 m^2	每 m^2 15株
16	木槿	Hibiscus syriacus		高1 m	126 m^2	每 m^2 8株
17	结香	Edgeworthia chrysantha Lindl.		冠径0.3～0.4 m	8	
18	荷花	Nelumbo mucifera			30	
19	鸢尾	Iris tectorum			97 m^2	每 m^2 30株
20	酢酱草	Oxalis corniculata Linn			15 m^2	
21	马尼拉(日本结缕草)	Zoysia japonica stend			1万 m^2 左右	根据工程造价控制要求也可换用价格相对较低的混播草坪(耐践踏型) 高羊茅: 早熟禾: 黑麦草=7:2:1

图 4—

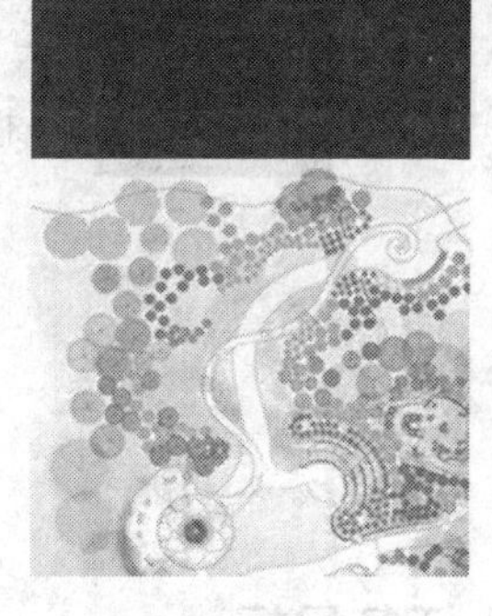

模块五

园林效果图的绘制

课题一

绘制轴测图

轴测图是物体在平行投影法下形成的一种单面投影图。如图 5—1 所示为台阶的三面投影图和正等测图。与三面投影图相比，正等测图能同时反映出物体长、宽、高三个方向的尺度，尽管台阶的一些表面形状有所改变，但整体形象生动、直观，富有立体感。因此，轴测图可以作为帮助读图、帮助表达设计构思的辅助图样。在园林制图中，常用的轴测图有正等测图、正面斜二测图和水平面斜等测图，本课题主要学习这几种轴测图的绘制方法。

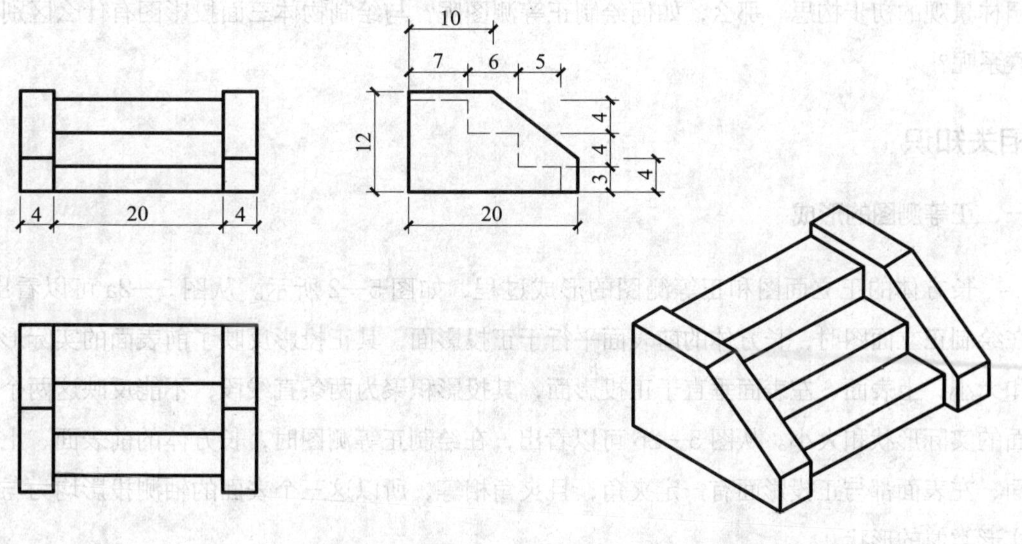

a）台阶的三面投影图　　b）台阶的正等测图

图 5—1　台阶

任务一　绘制台阶的正等测图

任务目标

◇了解正等测图的形成和投影特性

◇掌握绘制正等测图的方法和步骤

任务提出

绘制如图 5—1b 所示的台阶的正等测图，轴测图的尺度大小可从图 5—1a 的三面投影图中量取。

任务分析

台阶是园林建筑中最常见的组成部分。在模块二课题一中已经详细地讲解了绘制台阶三面投影图的基本方法。根据正投影的规律和绘制方法可知，三面投影图能够真实地反映出物体的形状和大小，但缺乏立体感，不直观。正等测图不但立体感强，直观性好，比较符合人们的观察习惯，而且简单易学。所以，在园林设计中，设计者常用正等测图表达对园林景观的初步构思。那么，如何绘制正等测图呢？与绘制物体三面投影图有什么区别和联系呢？

相关知识

一、正等测图的形成

长方体的正立面图和正等测图的形成过程，如图 5—2 所示。从图 5—2a 可以看出，在绘制正立面图时，长方体的前表面平行于正投影面，其正投影反映了前表面的实际形状和大小；上表面、左表面垂直于正投影面，其投影积聚为两条直线段，不能反映这两个表面的实际形状和大小。从图 5—2b 可以看出，在绘制正等测图时，长方体的前表面、上表面、左表面都与正投影面有一定夹角，且夹角相等，所以这三个表面的轴测投影均为与其实形类似的形状。

二、正等测图的轴间角和轴向变形系数

在图 5—2b 中，确定长方体各个要素之间相对位置关系的直角坐标轴 O_1X_1、O_1Y_1、

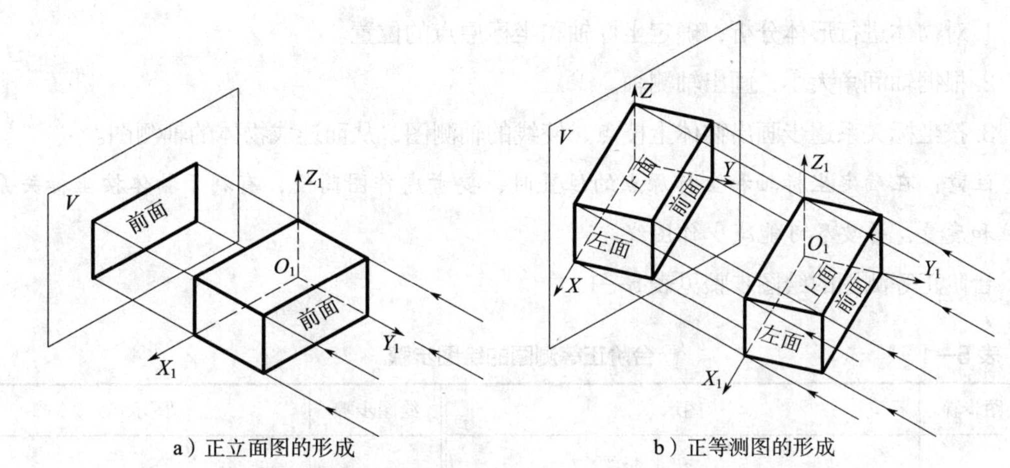

a）正立面图的形成　　b）正等测图的形成

图 5—2　长方体正立面图与正等测图的形成

O_1Z_1 在轴测投影面上的投影是 *OX*、*OY*、*OZ*，*OX*、*OY*、*OZ* 称为轴测轴，简称为 *X*、*Y*、*Z* 轴。两根轴测轴之间的夹角∠*XOY*、∠*XOZ*、∠*YOZ*，称为轴间角，正等测图的轴间角皆为 120°，如图 5—3 所示。

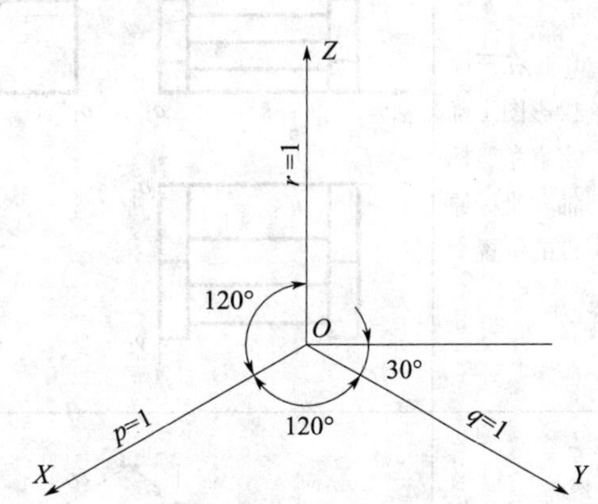

图 5—3　正等测图的轴间角和轴向简化伸缩系数

轴测轴上的单位长度与相应投影轴上的单位长度的比值，分别称为 *X*、*Y*、*Z* 轴的轴向伸缩系数，通常用 *p*、*q*、*r* 简化表示。在正等测图中，各轴的轴向伸缩系数都是相等的，其理论值约为 0.82。为了作图快捷、方便，国家制图标准《机械制图　轴测图》（GB/T 4458.3—2013）规定，三个轴测轴的轴向伸缩系数取值为 1，即 $p=q=r=1$。

三、轴测图的投影特性

轴测图是采用平行投影法得到的，它具有如下两个基本特性：

平行性——形体上两平行线段，在轴测图中仍然平行；形体上平行于坐标轴的直线段，其轴测图仍与相应的轴测轴平行。

从属性——形体棱线上点的轴测投影，仍在该线的轴测投影上；形体表面内线段的轴测投影，仍在该平面的轴测投影面内。

任务实施

画正等测图的方法有坐标法、切割法和综合法三种。通常，可按下列方法和步骤作出物体的正等测图：

1. 对物体进行形体分析，确定坐标轴和坐标原点的位置。

2. 根据轴间角大小，画出轴测轴。

3. 按坐标关系逐步画出物体上棱点、棱线的轴测图，从而连成物体的轴测图。

注意：在确定坐标轴和坐标原点的位置时，要考虑作图简便，有利于物体按坐标关系定位和度量，并要尽可能减少作图线。

台阶正等测图的绘图步骤见表5—1。

表5—1　　台阶正等测图的绘图步骤

绘图步骤	图示	绘图步骤	图示
1. 在三面投影图上确定直角坐标轴和坐标原点的位置	z_1' z_1'' x_1' o_1' o_1'' y_1'' x_1 o_1 y_1	2. 绘制轴测轴，并根据尺寸20、12、4绘制台阶一侧护板的正等测图	z 4 20 o x 12 y
3. 根据尺寸10、4绘制护板上的斜面的正等测图	10 4	4. 根据尺寸20绘制台阶另一侧的护板的正等测图	20
5. 根据尺寸7、6、5和尺寸3、4、4绘制三层台阶的位置	4 4 3 7 6 5	6. 绘制踏面的正等测图。检查、去掉多余的作图线，加深图形，完成作图	

注意：在加深轴测图时，只将物体上能够看见的轴测投影线加深为粗实线，而不可见的轴测投影线应擦除，必要时也可用虚线画出。

思考与练习

根据如图 5—4 所示杯形基础的平、立面投影图，绘制其正等测图。

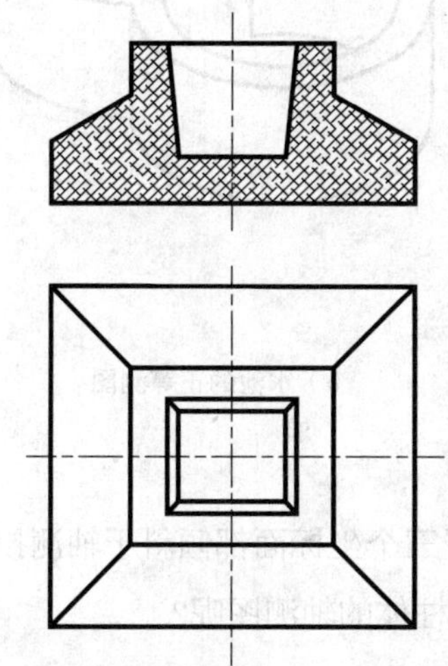

图 5—4　杯形基础的平、立面投影图

任务二　绘制水池的正等测图

任务目标

◇了解平行于坐标面的圆的正等测图的特点

◇掌握菱形法绘制椭圆的作图方法

◇掌握绘制回转体正等测图的方法和步骤

任务提出

绘制如图 5—5b 所示的水池的正等测图，轴测图的尺度大小可从图 5—5a 所示的投影图中量取。

任务分析

水池是园林建筑中常见的建筑物，一般用于园林水景设计，用以营造水景、假山、植物等动静结合的园林环境。如图 5—5 所示水池的形状是由几个圆柱体组合而成的。圆柱体属于典型的回转体。在图 5—5 中，圆柱体的回转轴线垂直于 *XOY* 坐标面，圆柱体的顶

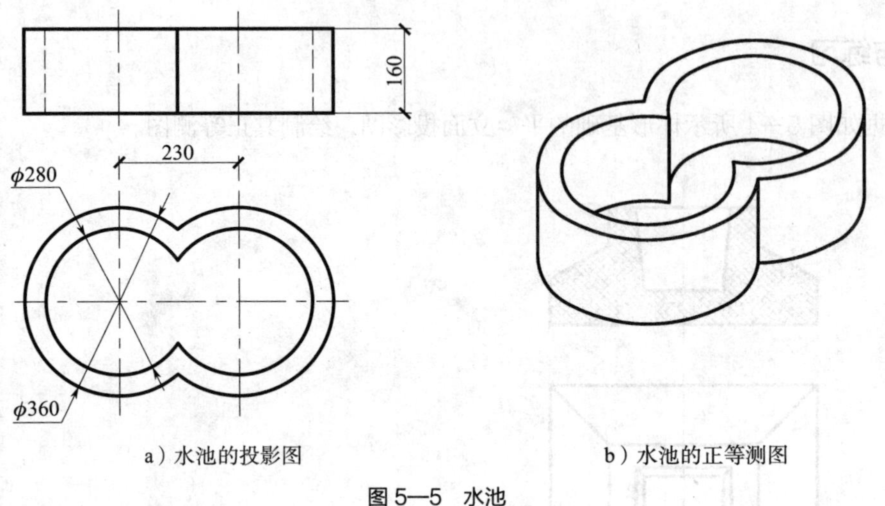

a）水池的投影图

b）水池的正等测图

图 5—5 水池

圆、底圆都平行于坐标面 *XOY*。在正等测图中，由于三个坐标面都倾斜于轴测投影面，那么如何绘制圆柱体顶圆、底圆的轴测图？如何绘制圆柱体的轴测图呢？

相关知识

一、平行于坐标面的圆的正等测图

在绘制正等测图时，因为形体的三个坐标面都倾斜于轴测投影面，所以平行于坐标面的圆的正等测图都是椭圆。如图 5—6 所示，画出了三个坐标面上相同直径圆的正等测图，它们都是形状相同的三个椭圆。每个坐标面上的椭圆的长轴在圆外切正方形的正等测图的长向对角线上，短轴在其短向对角线上。椭圆的作图方法有平行弦法、八点法和四心法三种。在正等测图中，常用四心法来绘制椭圆。

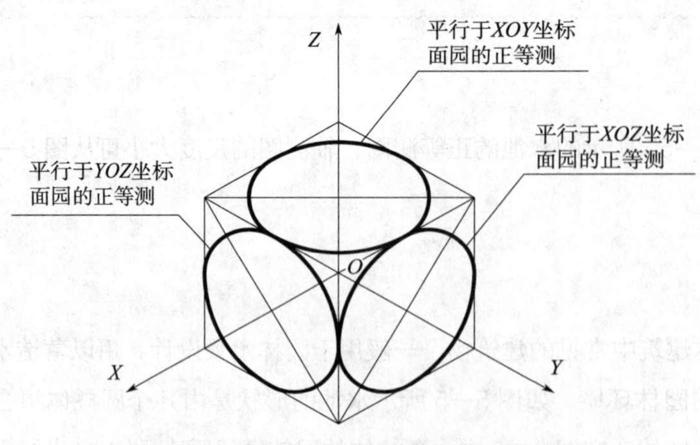

图 5—6 平行于不同坐标面的圆的正等测图

二、四心法绘制圆的正等测图

三面投影图上平行于坐标面的正方形，在正等测图中的投影为菱形；三面投影图上平行于坐标面的圆，在正等测图中的投影为内切于菱形的椭圆。绘制正等测图中的椭圆常采用“四心法”，它是用四段光滑连接的圆弧代替椭圆。下面以平行于水平坐标面的圆为例，分析圆的正等测图的画法，详细作图步骤见表 5—2。

表 5—2　　平行于水平面圆的正等测图画法

绘图步骤	图示	绘图步骤	图示
1. 选取圆心为坐标原点，作直角坐标轴。在投影图中作圆的外切正方形和四个切点 1_1、2_1、3_1、4_1	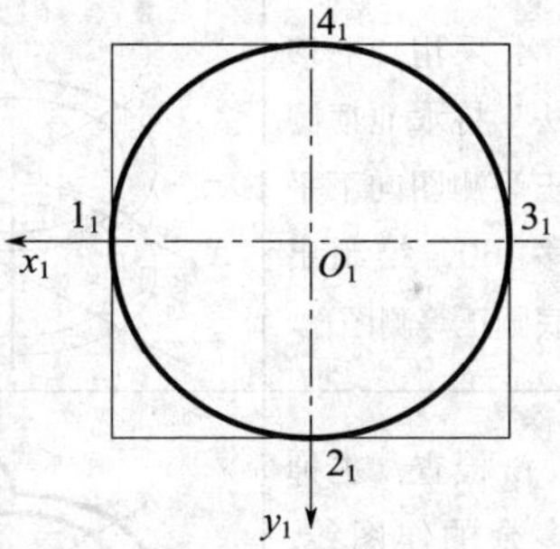	2. 作轴测轴和四个切点的轴测投影 1、2、3、4，过这四点作外切正方形的正等测图，得菱形。作菱形的对角线，即得椭圆的长轴和短轴	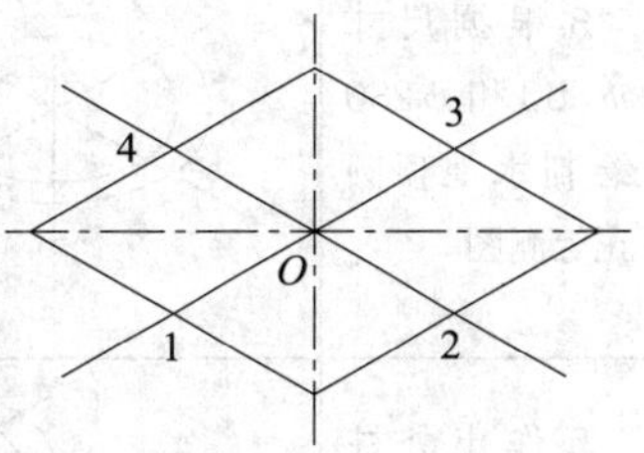
3. 连接 1*A*、2*A*、3*B*、4*B* 交菱形对角线于 *C*、*D* 两点。则 *A*、*B*、*C*、*D* 即为四段圆弧的圆心	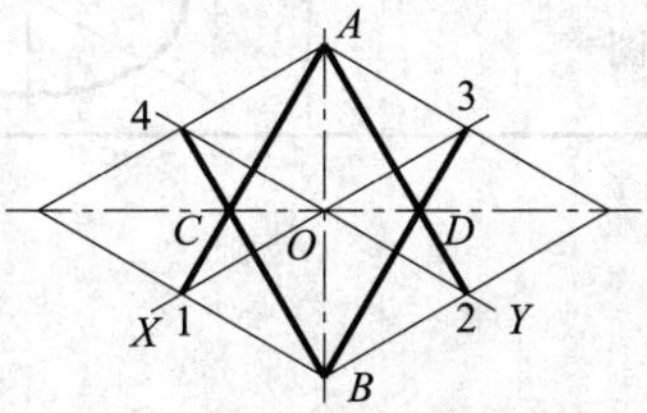	4. 分别以 *A*、*B* 为圆心，以 1*A* 为半径画圆弧；以 *C*、*D* 为圆心，以 4*C* 为半径画圆弧。四段圆弧即为所求	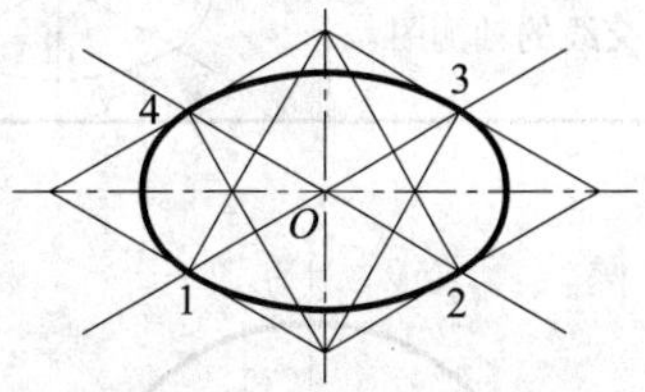

任务实施

水池的正等测图的绘制步骤详见表 5—3。

思考与练习

根据如图 5—7 所示组合体的三面投影图，绘制其正等测图。

表 5—3 水池的正等测图的绘图步骤

绘图步骤	图示	绘图步骤	图示
1. 在投影图上确定直角坐标轴 X_0、Y_0、Z_0 和坐标原点 O_0 的位置	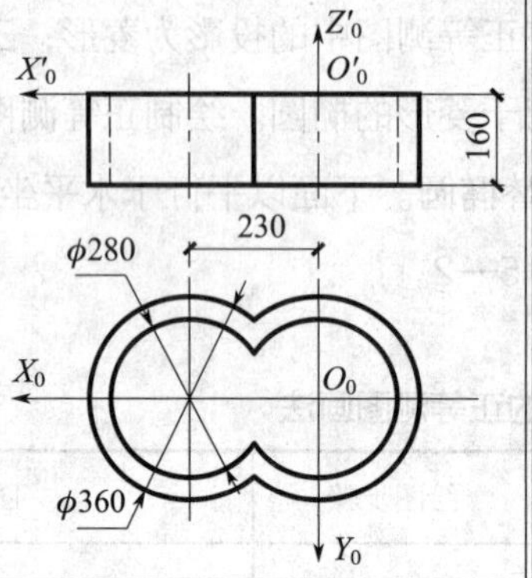	2. 绘制轴测轴 X、Y、Z 轴，并根据尺寸 230 确定左侧回转体轴线的轴测图位置	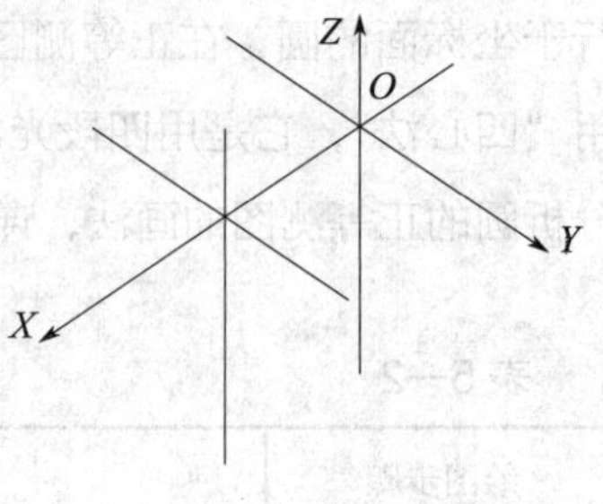
3. 根据尺寸 ϕ360 和 ϕ280 绘制水池顶圆正等测图	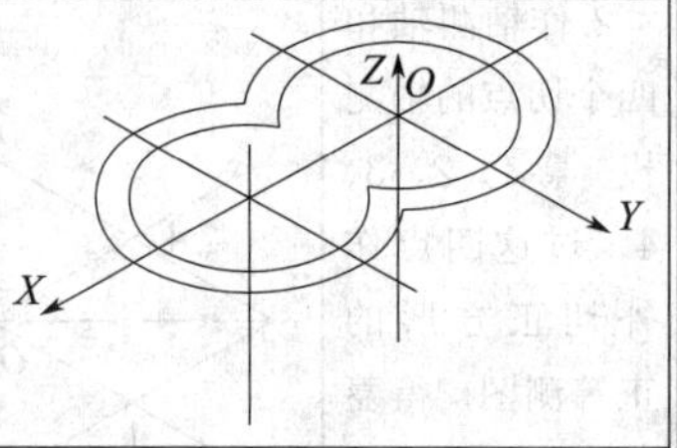	4. 采用“平移法”将水池顶圆正等测图向下平移 160，绘制出底圆正等测图	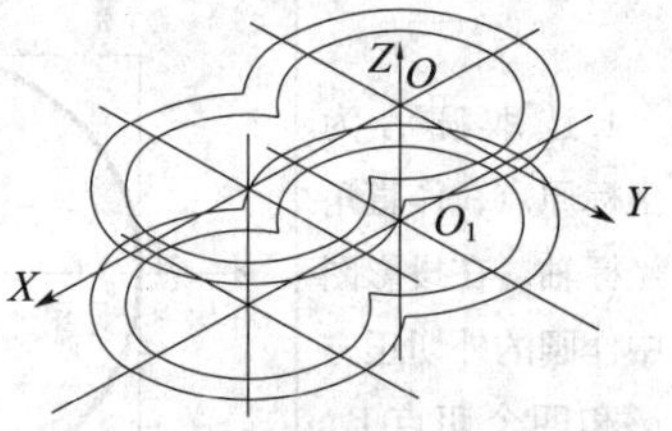
5. 作出外柱面转向轮廓线（上下椭圆公切线）和内柱面交线的轴测图	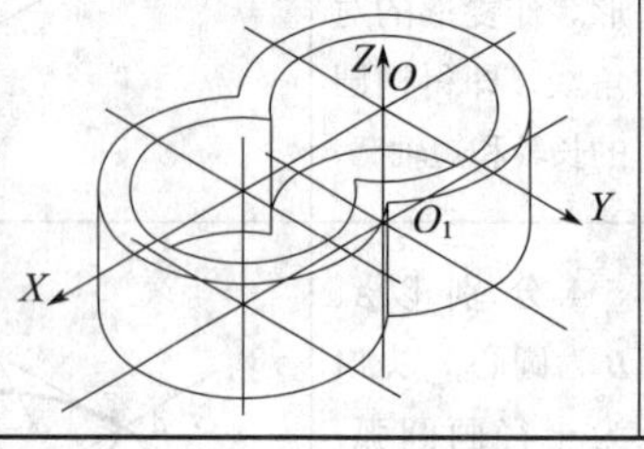	6. 检查，去掉多余的作图线，加深可见的轴测投影线，完成作图	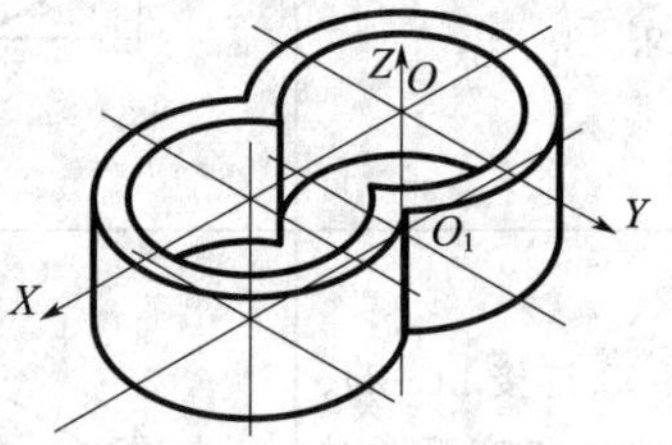

图 5—7 组合体的三面投影图

知识链接

平行于 *XOZ* 坐标面的圆的正等测图的绘制步骤见表 5—4。

表 5—4　　平行于 *XOZ* 坐标面的圆的正等测图的绘图步骤

绘图步骤	图示	绘图步骤	图示
1. 正方体正等测图的前表面平行于 *XOZ* 轴测坐标面。连接菱形对角线，得 13、24 线段	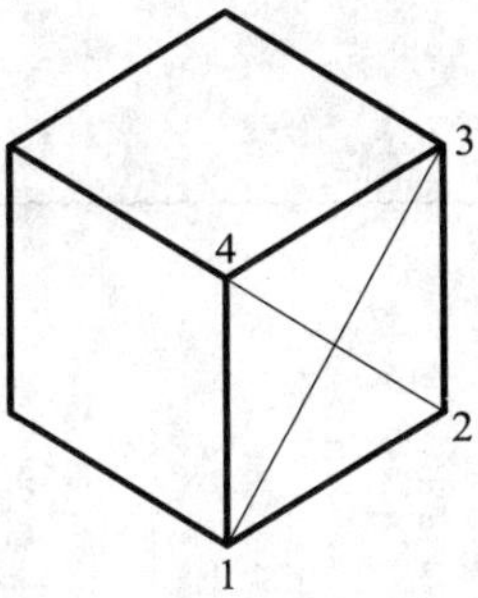 1 2 3 4	2. 连接菱形边各中点，得 57、68 线段	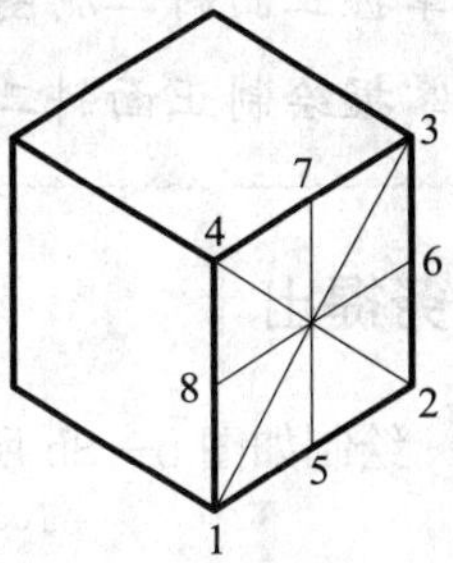 1 2 3 4 5 6 7 8
3. 连接 45、46、27、28 线段，交菱形长向对角线 13 于 9、10 两点	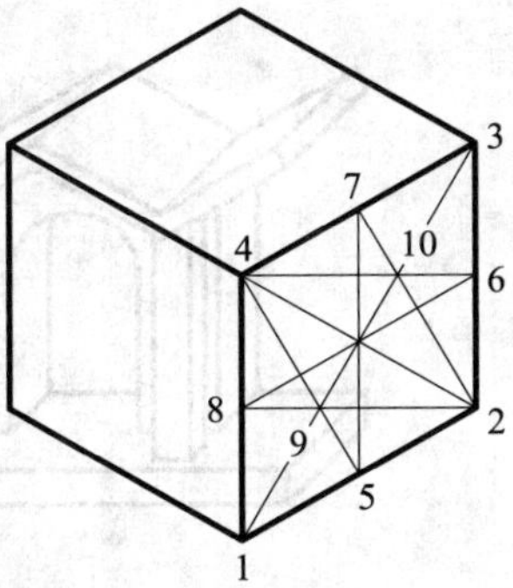 1 2 3 4 5 6 7 8 9 10	4. 分别以 2、4 点为圆心，27、46 线段长度为半径画圆弧	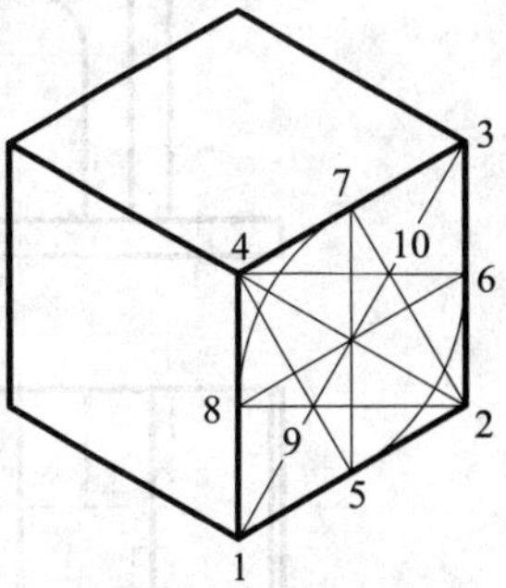 1 2 3 4 5 6 7 8 9 10
5. 分别以 9、10 点为圆心，95、106 线段长度为半径画圆弧	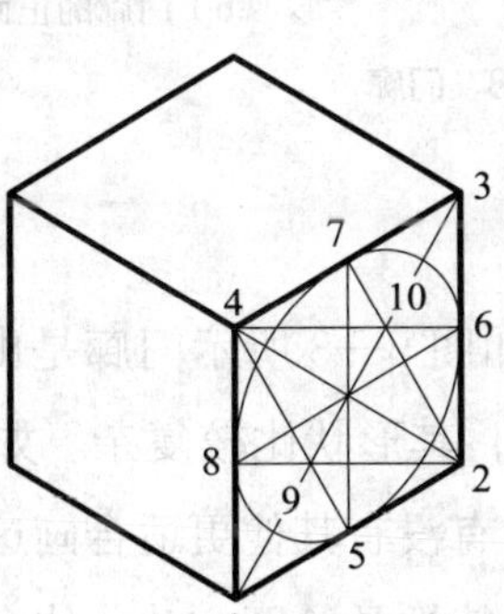 1 2 3 4 5 6 7 8 9 10	6. 检查，去掉多余的作图线，加深图形	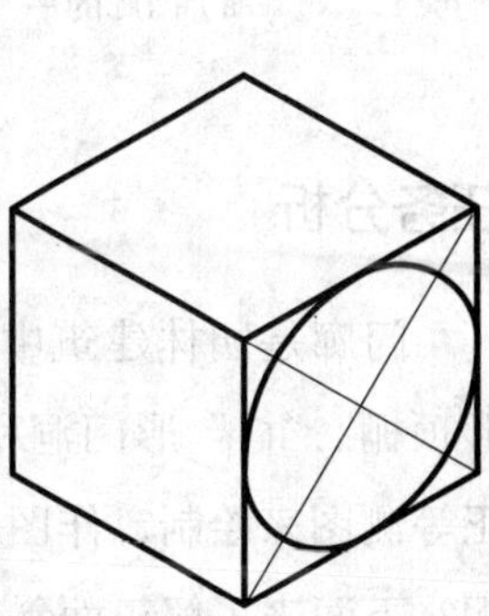

注：用同样的作图方法和步骤可完成平行于 *XOY*、*YOZ* 轴测坐标面的圆的正等测图。

任务三　绘制门廊的正面斜二测图

任务目标

◇了解正面斜二测图的形成

◇掌握正面斜二测图的投影特性

◇掌握绘制正面斜二测图的方法和步骤

任务提出

绘制如图 5—8b 所示门廊的正面斜二测图。

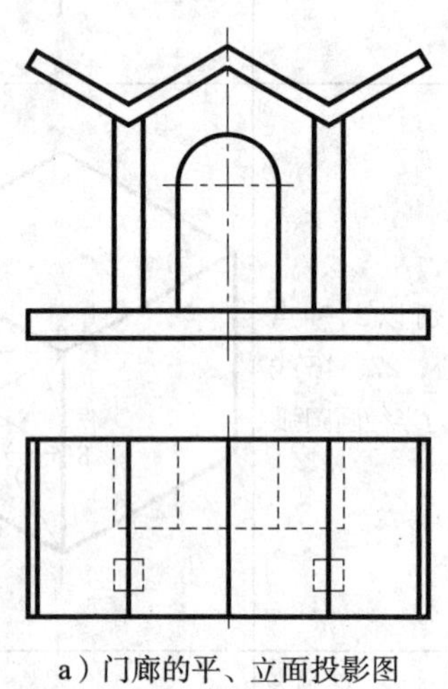

a）门廊的平、立面投影图

b）门廊的正面斜二测图

图 5—8　门廊

任务分析

门廊是园林建筑中常见的组成部分。如图 5—8 所示门廊是由“□”形地基、“W”形顶棚、“∩”形门洞和两根立柱组合而成，其形状比较复杂。如果采用前面学习过的正等测图来绘制，作图就相当烦琐。那么，有没有其他更适合画这类形体轴测图的方法呢？下面来了解正面斜二侧图的形成、投影特性及绘图方法，体会与正等测图的区别和联系。

相关知识

一、正面斜二测图的形成

如图 5—9 所示，如果使坐标轴 O_1Z_1 处于铅垂位置，使坐标面 $X_1O_1Z_1$ 平行于轴测投影面，采用斜投影的方法（投射方向与三个坐标轴都不相平行）向正投影面投射，也能得到一种具有一定立体感的轴测图，这种轴测图称作正面斜轴测图。正面斜轴测图的轴测轴 X 和 Z 仍为水平方向和垂直方向，轴间角 $\angle XOZ=90°$，轴向伸缩系数为 1，物体上平行于坐标面 $X_1O_1Z_1$ 的直线、曲线和平面图形在正面斜轴测图中都反映真长和真形；而轴测轴 Y 的方向和轴向伸缩系数可随着投射方向的变化而变化，当 Y 轴轴向伸缩系数等于 0.5 时，即为正面斜二测图。

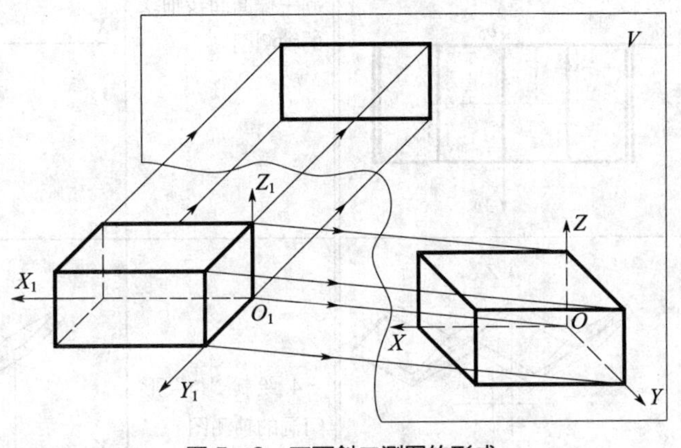

图 5—9　正面斜二测图的形成

由于物体上与轴测投影面平行的平面在正面斜轴测图中不会发生变形，因此特别适合绘制正面有回转体结构的形体。

二、正面斜二测图的轴间角和轴向变化系数

根据正面斜二测图的形成过程，为了作图更加简便、快捷，通常将 X 轴处于水平方向，Z 轴处于垂直方向，通过 O 点作与水平方向成 45° 角的直线，即为 Y 轴。图 5—10 表示了正面斜二测图的轴间角为：$\angle XOZ=90°$，$\angle XOY=135°$，$\angle YOZ=135°$；X、Z 轴的轴向伸缩系数是 1，Y 轴的轴向伸缩系数是 0.5，即 $p=q=1$，$r=0.5$。

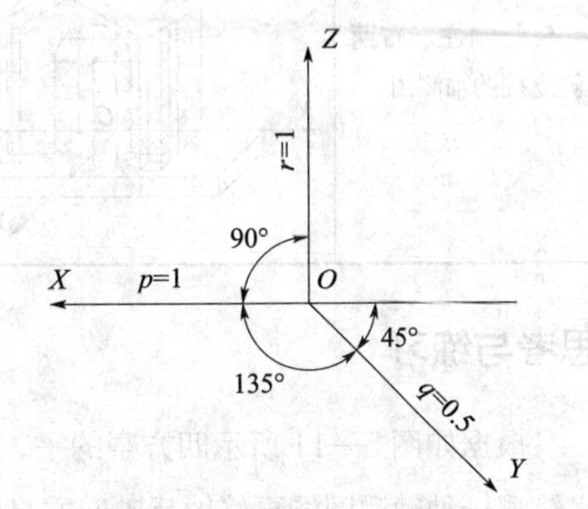

图 5—10　正面斜二测图的轴间角和轴向伸缩系数

任务实施

门廊正面斜二测图的绘图步骤见表 5—5。

表 5—5 门廊正面斜二测图的绘图步骤

绘图步骤	图示	绘图步骤	图示
1. 在投影图上确定直角坐标轴和坐标原点的位置	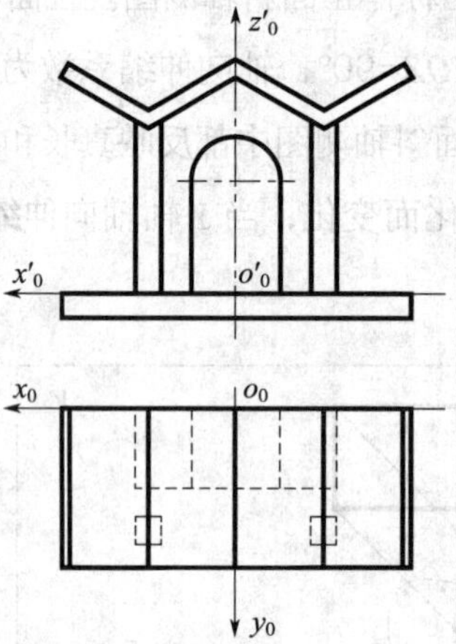	2. 绘制轴测轴，并确定“∩”形门洞中柱面回转轴线的轴测图	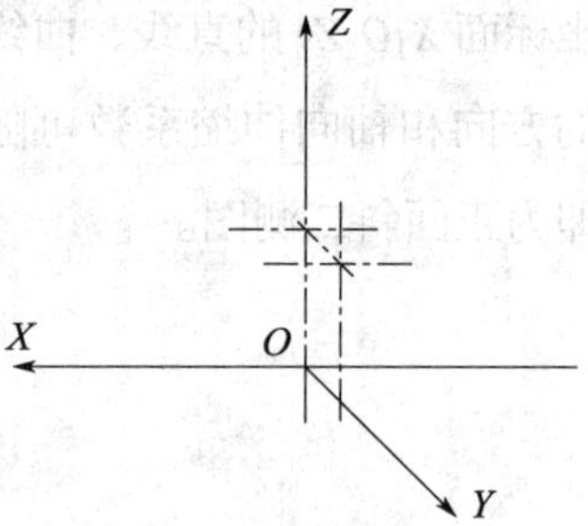
3. 绘制“□”形地基、“W”形顶棚的轴测图	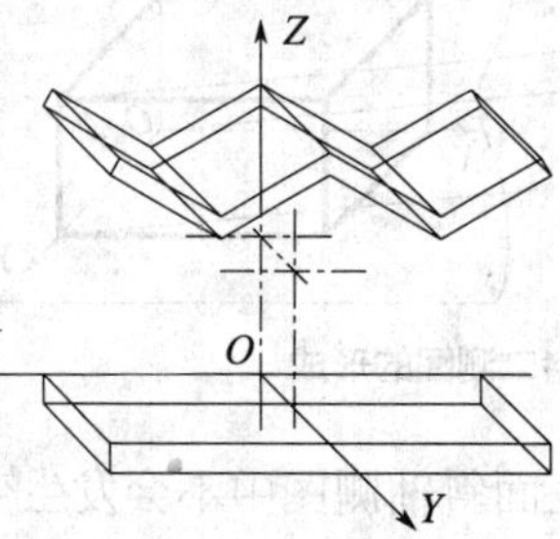	4. 绘制“∩”形门洞的轴测图	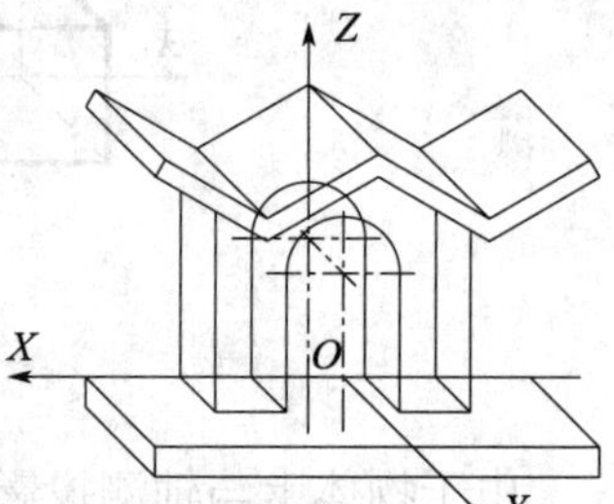
5. 绘制左、右两侧立柱的轴测图	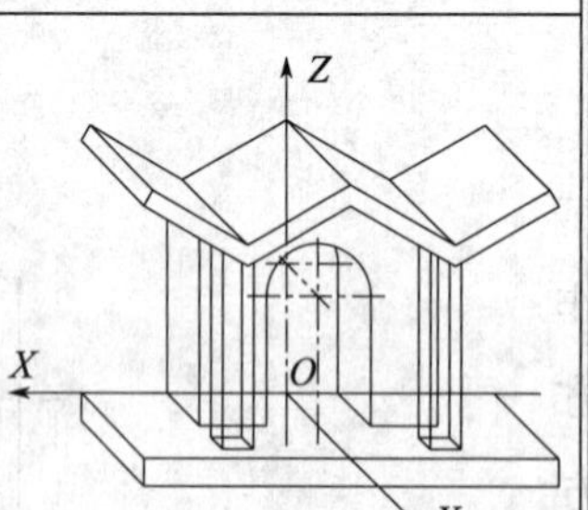	6. 检查，去掉多余的作图线，加深可见的轴测投影线，完成作图	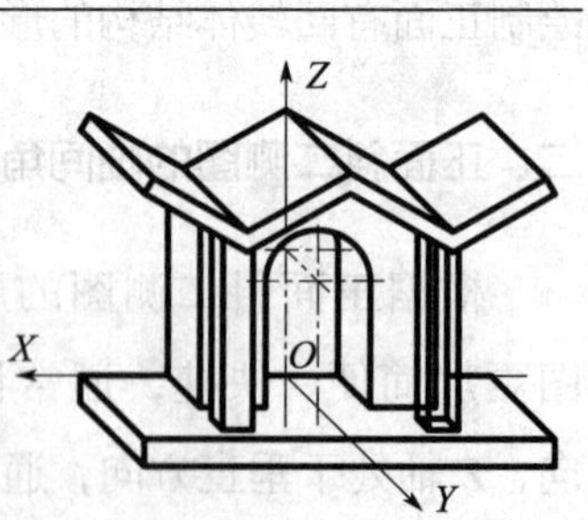

思考与练习

根据如图 5—11 所示四方亭的平、立面投影图，绘制其正面斜二测图和正等测图，试比较哪一种轴测图能更好地反映四方亭的真实效果。

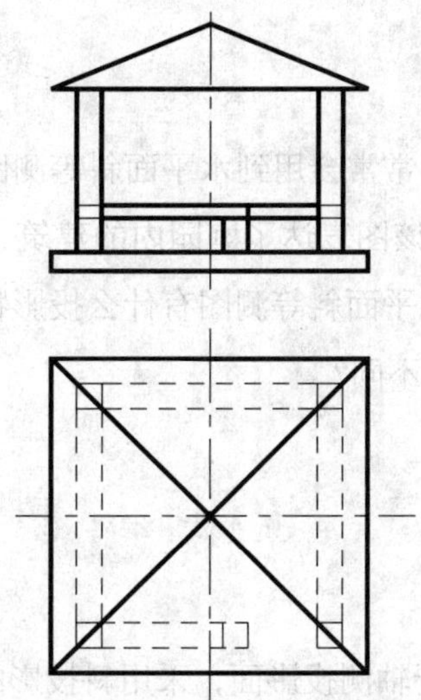

图 5—11　四方亭的平、立面投影图

任务四　绘制庭园的水平面斜等测图

任务目标

◇了解水平面斜等测图的轴测投影特性

◇掌握绘制水平面斜等测图的方法和步骤

任务提出

绘制如图 5—12b 所示庭园的水平面斜等测图。

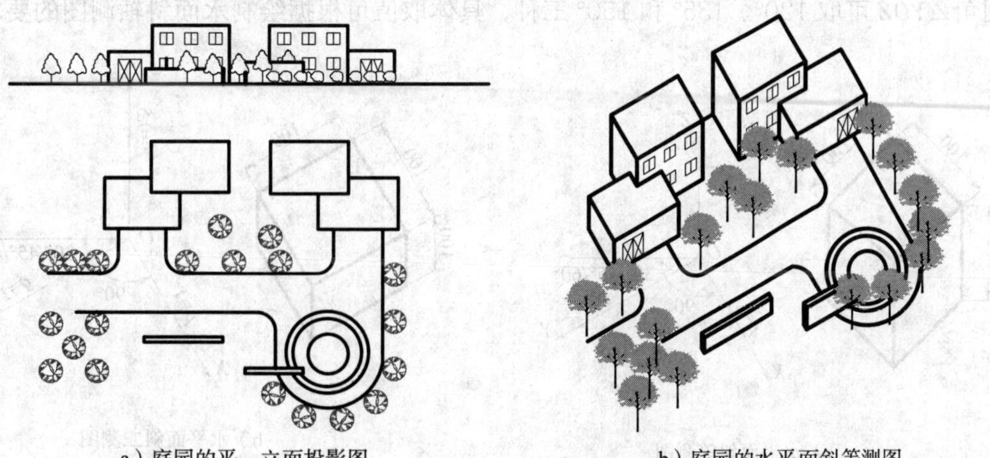

a）庭园的平、立面投影图　　b）庭园的水平面斜等测图

图 5—12　庭园的投影图和水平面斜等测图

任务分析

在园林规划与设计工作中，常常会用到水平面斜等测图表达某区域的总体布局和整体设计思路。如图 5—12b 所示，该图表达了庭园内的建筑、道路、绿化带、休闲区的相对位置关系和整体布局。那么，水平面斜等测图有什么投影特点？轴测轴之间的夹角和轴向变形系数与正面斜二测图有什么不同？

相关知识

一、水平面斜轴测图的特点

如果使坐标面 $X_1O_1Y_1$ 平行于轴测投影面，采用斜投影的方法（投射方向与三个坐标轴都不相平行）则可以获得水平面斜轴测图。在这种情况下，轴测轴 X、Y 轴仍然互相垂直，轴向变形系数为 1，物体上平行于坐标面 $X_1O_1Y_1$ 的直线、曲线和平面形状在水平面斜轴测图中都反映真长和真形。

二、水平面斜轴测图的轴间角和轴向变形系数

常用的水平面斜轴测图有水平面斜等测图和水平面斜二测图两种，应用较多的是水平面斜等测图。为了作图简捷、方便，并使绘制的水平面斜轴测图符合人们的观察习惯，往往将轴测轴 Z 轴处于铅垂位置。由此一来，相应的轴测轴 X、Y 轴将会随之偏转一定的角度，一般偏转 30°、45°、60°，如图 5—13 所示。

图 5—13a 表示了水平面斜等测图的轴间角和各轴轴向伸缩系数；图 5—12b 表示了水平面斜二测图的轴间角和各轴轴向伸缩系数。应当注意：轴间角 $\angle XOY$ 始终为 90°，轴间角 $\angle YOZ$ 可取 120°、135° 和 150° 三种，具体取值可根据绘制水面斜轴测图的要求而

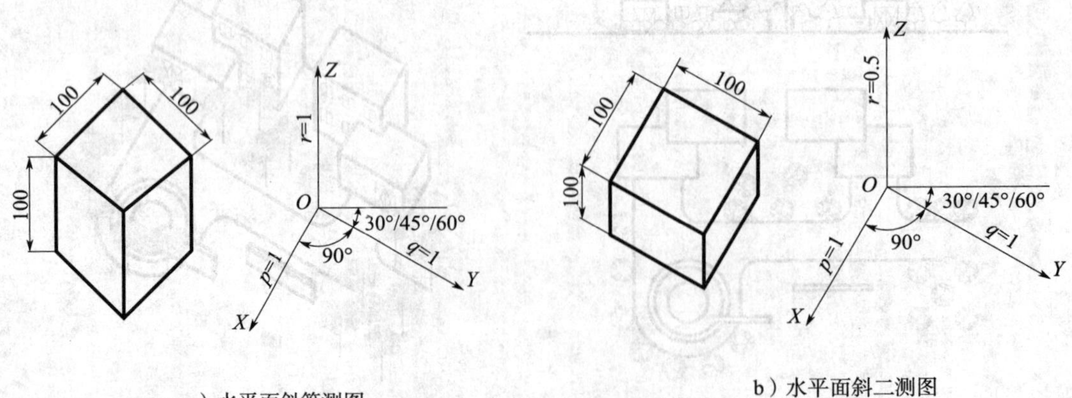

a）水平面斜等测图

b）水平面斜二测图

图 5—13 水平面斜轴测图

定，相应地∠XOZ 也有三种取值，分别是 150°、135° 和 120°；水平面斜等测图的三向轴向伸缩系数均为 1，水平面斜二测图中 X、Y 轴的轴向伸缩系数为 1，Z 轴的轴向伸缩系数为 0.5。

任务实施

庭园的水平面斜等测图的绘图步骤见表 5—6。

表 5—6　　庭园的水平面斜等测图的绘图步骤

绘图步骤	图示	绘图步骤	图示
1. 确定直角坐标轴和坐标原点，（取轴间角∠YOZ=150°），画出轴测轴，并绘制庭园地面上的整体布局图		2. 自建筑各角点作铅垂线，量取各自高度，确定建筑群的轴测图轮廓	
3. 绘制建筑群中门窗、道路等局部轴测图的轮廓		4. 徒手绘制绿化带树木、休闲区等轴测图，并检查，确认无误后，擦除多余的作图线，加深图形	

思考与练习

如图 5—14 所示为某建筑群的平、立面投影图，绘制出建筑群的水平面斜等测图和水平面斜二测图，并比较、分析这两种轴测图的效果。

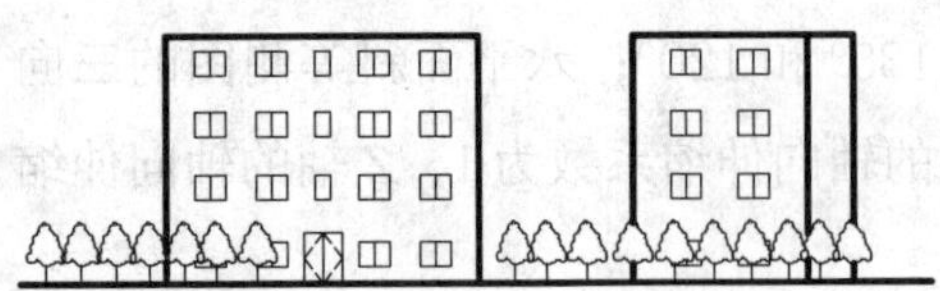

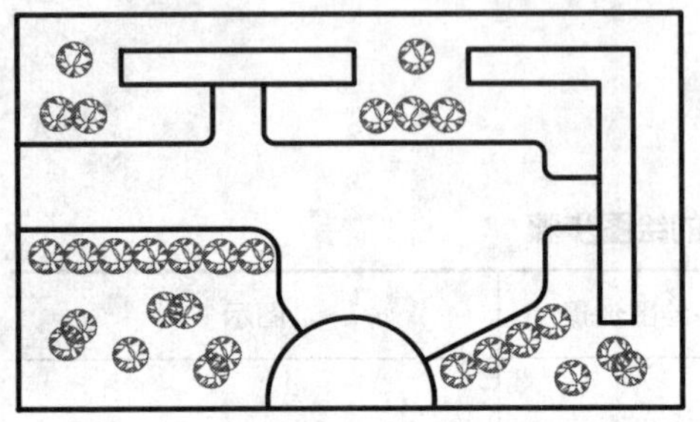

图 5—14　某建筑群的正、立面投影图

课题二
绘制透视图

透视图也称透视，是采用中心投影法将物体投射到一个投影面上，获得能够反映出物体三维空间形象的一种单面投影图。它具有近大远小、近高远低的视觉效果，如图 5—15 所示。由于透视投影在绘图中引入了视平线、视高、灭点等要素，符合人们观察物体的方式和习惯，所以透视图与轴测图相比，空间立体感更强，更能生动形象地表达设计者的设计构思、传递设计意图。因此，透视图在园林制图中被广泛应用。本课题主要学习几种常用透视图的绘制方法。

图 5—15　透视图的特征

任务一　用视线法绘制房屋的透视图

任务目标

◇了解透视图的形成，熟悉透视图中常用名词术语
◇掌握视线法绘制透视图的基本原理
◇掌握视线法绘制透视图的方法和步骤

任务提出

用视线法绘制如图 5—16 所示房屋的透视图。

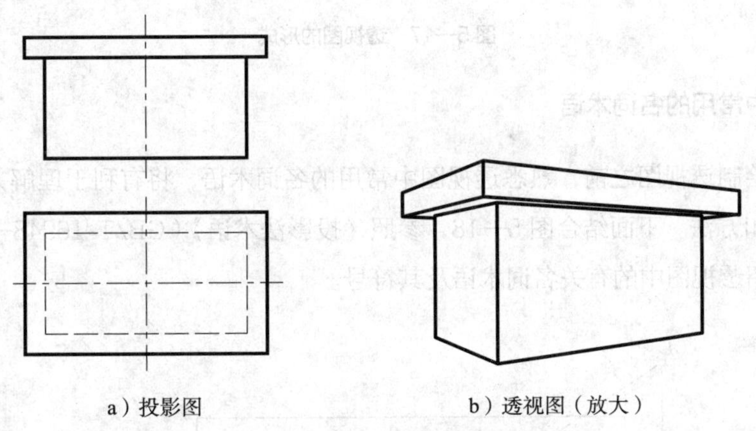
a）投影图　　b）透视图（放大）

图 5—16　房屋的投影图和透视图

任务分析

学习绘制透视图的作图方法应从简单形体入手，由浅入深，逐步领会、掌握。如图 5—16 所示的平板单层房屋，房屋是由屋顶和墙体两个四棱柱叠加组合而成。本任务要求通过学习，掌握绘制简单形体透视图的基本作图方法和步骤。为了更好地理解所学知识，首先来了解透视图的形成过程和作图原理。

相关知识

一、透视图的形成

透视图是采用中心投影法获得的能够反映物体三维立体形象的一种单面投影图，其形成过程如图 5—17 所示。设想在观测者和物体之间放置一幅透明的画面（投影面），连接

视点（投影中心）与物体上的各个棱点，将获得一系列视线（投影线），这些视线会与画面有对应的相交点，依次连接这些相交点就会勾勒出一个反映物体立体形象的平面图形，该图形即为透视图。

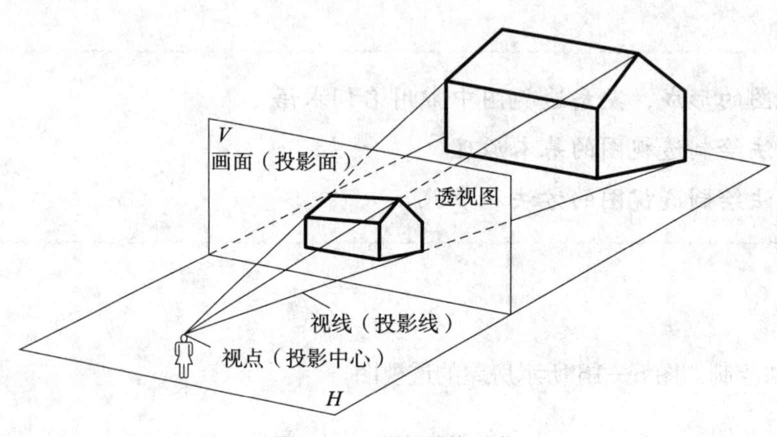

图 5—17　透视图的形成

二、透视图中常用的名词术语

在学习绘制透视图之前，熟悉透视图中常用的名词术语，将有利于理解并掌握透视图的作图原理和方法。下面结合图 5—18，参照《投影法术语》（GB/T 16948—1997）的相关规定，介绍透视图中的有关名词术语及其符号。

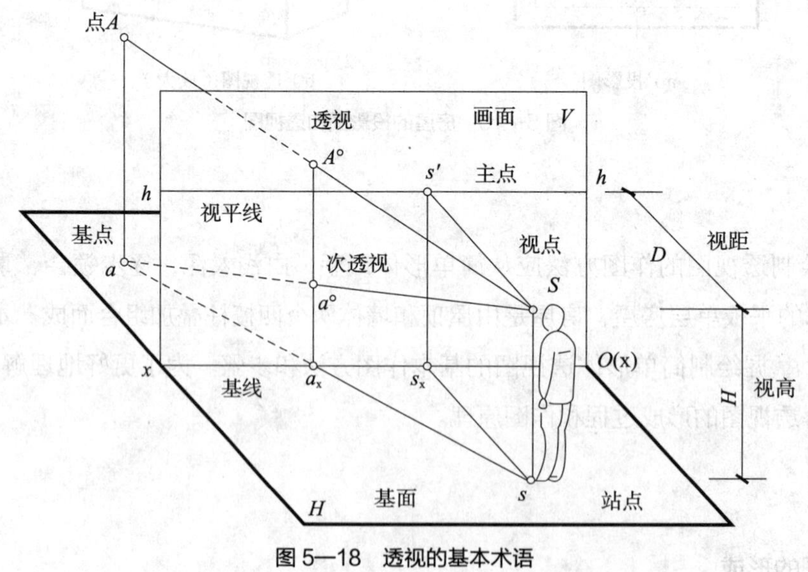

图 5—18　透视的基本术语

1. 基面 *H*

基面是指放置物体或景物的水平面，相当于水平投影面，用 *H* 表示。

2. 画面 V

画面是指画透视图的平面，相当于正立投影面，用 V 表示。

3. 基线 OX/XX

基线是指基面 H 和画面 V 的交线，相当于投影轴，用 OX/XX 表示。

4. 视点 S

视点是指透视投影中心的位置，相当于观测者的眼睛，用 S 表示。

5. 站点 s、视高 H

站点是指视点 S 的水平投影（又称驻点），相当于观察者站立点的位置，用 s 表示。视高 H 应是视点 S 到基面的距离，用 H 表示，视高 $H=Ss$。

6. 主点 s'、视距 D

主点是指视点 S 在画面 V 上的正投影（又称心点），用 s' 表示。视距应是视点 S 到画面的距离，用 D 表示，视距 $D=Ss'$。

7. 视平线 hh

视平线是指通过视点 S 所作的水平面与画面 P 的交线，用 hh 表示。

8. 点 A 的透视 $A°$

点 A 的透视是视点 S 与空间点 A 的连线，即视线 SA 与画面的相交点，用 $A°$ 表示。若点 A 在画面内，其透视与本身重合。

9. 点 A 的次透视 $a°$

空间点 A 的水平投影 a 的透视称为点 A 的次透视，用 $a°$ 表示。

10. 透视高度

空间点 A 的透视 $A°$ 与次透视 $a°$ 之间的距离 $A°a°$ 即为点 A 的透视高度，且 $A°$ 与 $a°$ 始终位于一条垂直线上。

11. 真高线

如果点 A 在画面内，Aa 的透视就是其本身。通常把画面上的铅垂线称作真高线。

12. 迹点 N

迹点是指空间直线与画面的相交点，用 N 表示。迹点的透视 $N°$ 即为其本身。画面倾斜线的透视必然通过直线迹点 N。如图 5—19 所示，直线 AB 的透视 $A°B°$ 过其迹点 N，而且该直线的次透视 $a°b°$ 必然通过迹点的次透视 $n°$。

13. 灭点 M

灭点是指直线上无限远点的透视，用 M 表示。如图 5—19 所示，M 即为直线 AB 上无限远点的透视。根据透视图的形成过程，灭点 M 的求做方法是：从视点 S 向无限远点引视线 $SM \parallel AB$，视线 SM 与画面的相交点即为灭点。

14. 直线的全透视

直线的迹点 N 与灭点 M 的连线即为直线的全透视。如图 5—19 所示，线段 AB 的透视 $A^{\circ}B^{\circ}$ 必在直线 AB 的全透视上。

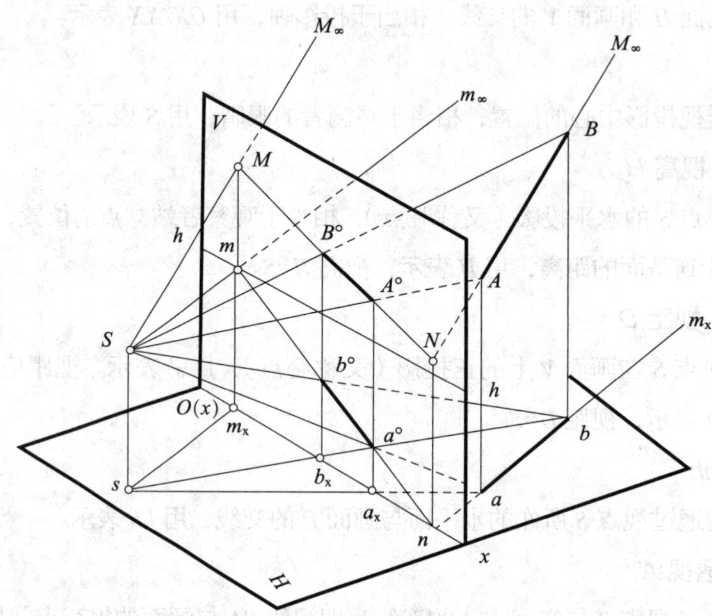

图 5—19　画面倾斜线的灭点和迹点

三、视线法绘制透视图的原理

在绘制透视图时，根据作图原理的不同，可将作图方法分为视线法和量点法两种。现以图 5—19、图 5—20 中直线 AB 的透视为例，说明视线法的作图原理。根据直线的迹点和灭点确定其透视方向，然后利用经过直线端点的视线确定端点的透视，得到直线的透视。

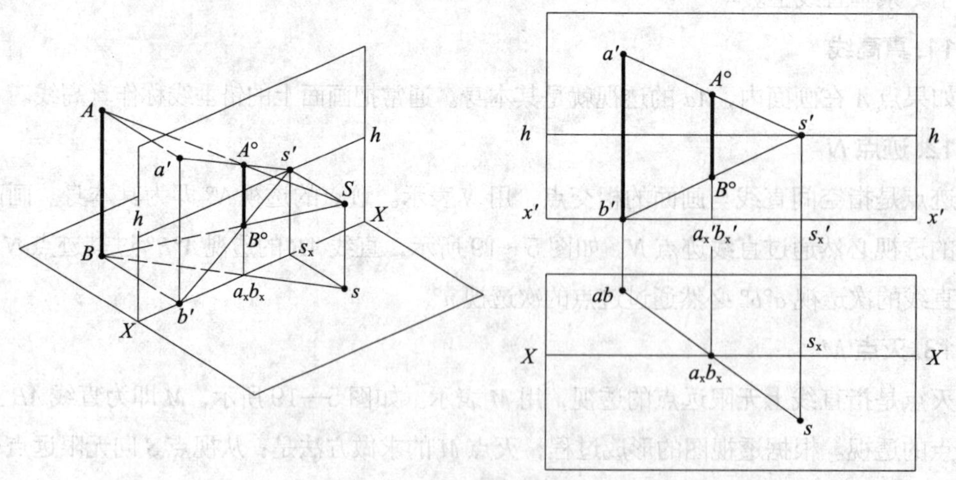

图 5—20　视线法作图原理

任务实施

用视线法绘制房屋透视图的步骤详见表 5—7。

表 5—7　　视线法绘制房屋透视图的步骤

绘图步骤	图示
1. 确定绘制透视图的相关参数 确定视高 H、视距 D、画面与房屋正立面的偏角 β 以及画面与房屋的前后相对位置	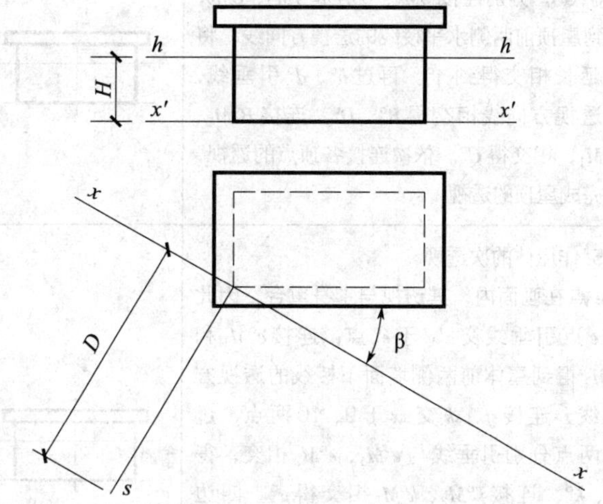
2. 确定房屋正立面、侧立面的透视灭点 过站点 s 作直线 sm_1、sm_2 分别平行于房屋正立面、侧立面水平投影的平行线，交基线水平投影 xx 于 m_1、m_2。再过 m_1、m_2 作垂线，交视平线 hh 于 M_1、M_2 两点，即为所求 注：为了便于作图，右图是将房屋、画面、站点等要素的平面投影一起右旋 β 角后所得	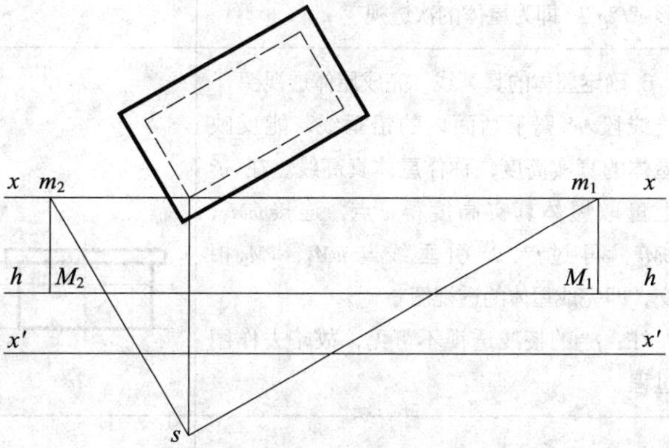
3. 求作屋顶的次透视 求作屋顶的次透视就是求作屋顶水平投影 $abcd$ 的透视图。线段 ab、ad 交 xx 于 1、2 点，这两点属于画面内点，其透视与本身重合，分别过 1、2 点作垂线交 $x'x'$，得两点透视 1°、2°。连接 $1°M_1$、$2°M_2$，得线段 ab、ad 的透视方向线，两线交点即是 $a°$；再连接 sb、sd 交 xx 于 3、4 两点，过这两点作垂线，交 $1°M_1$、$2°M_2$ 得 $b°$、$d°$。连接 $b°M_2$、$d°M_1$，两线相交得 $c°$。四边形 $a°b°c°d°$ 即为屋顶的次透视	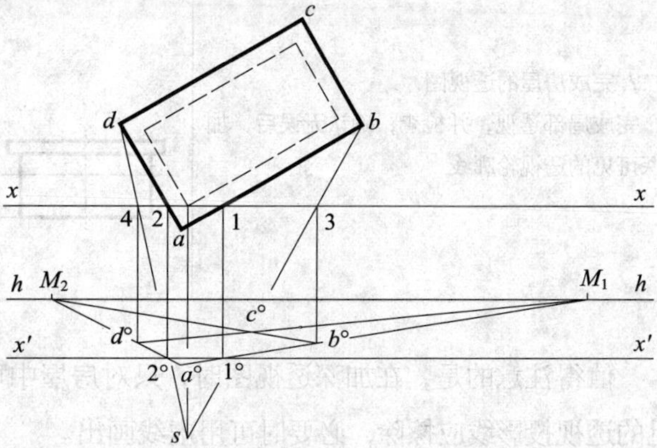

续表

绘图步骤	图示
4. 确定屋顶的真高线，完成屋顶透视图 线段 11°和 22°属于画面内的铅垂线，能反映屋顶的真实高度，称作屋顶真高线。在真高线 11°（或 22°）上量取屋顶的高度 56（或 78），分别连接 $5M_1$、$6M_1$ 和 $7M_2$、$8M_2$，得到屋顶前两侧水平棱线的透视方向线，将其延长相交得到 $A°$。再过 $b°$、$d°$ 引垂线，与透视方向线相交得 $B°$、$D°$。连接 $B°M_2$、$D°M_1$，相交得 $C°$。依次连接各顶点的透视，则完成屋顶的透视	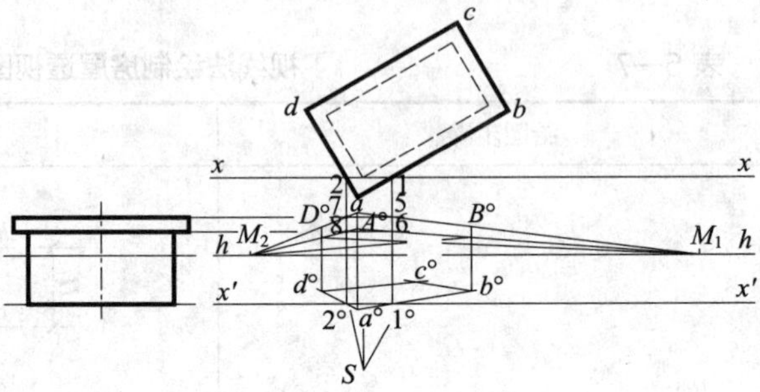
5. 作屋体的次透视 e 点在画面内，其透视与本身重合，因此过 e 点引垂线交 $x'x'$ 于 $e°$ 点，连接 $e°M_1$ 和 $e°M_2$ 得到屋体前两侧墙面下棱线的透视方向线。连接 sf、sk 交 xx 于 9、10 两点，过这两点分别引垂线与 $e°M_1$、$e°M_2$ 相交，得 $f°$、$k°$，连接 $f°M_2$、$k°M_1$ 相交得 $g°$。四边形 $e°f°g°k°$ 即为屋体的次透视	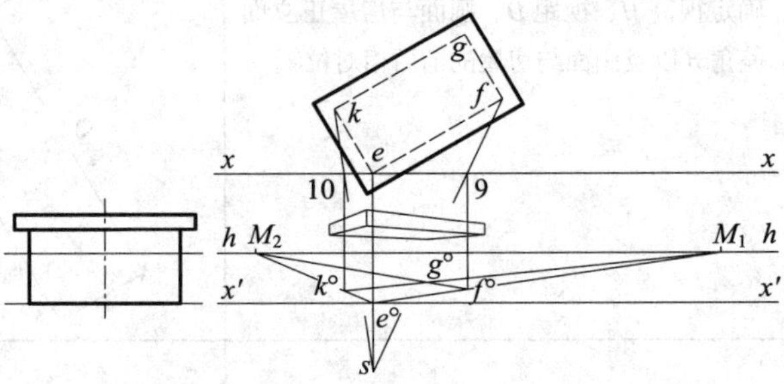
6. 确定屋体的真高线，完成屋体透视图 线段 $ee°$ 属于画面内的铅垂线，能反映屋体的真实高度，称作屋体真高线。在 $ee°$ 上量取屋体真实高度得 w 点，连接 wM_1、wM_2。再过 $f°$、$k°$ 引垂线与 wM_1、wM_2 相交，即完成屋体的透视图 注：$f°$ 的棱线透视不可见，故略去作图过程	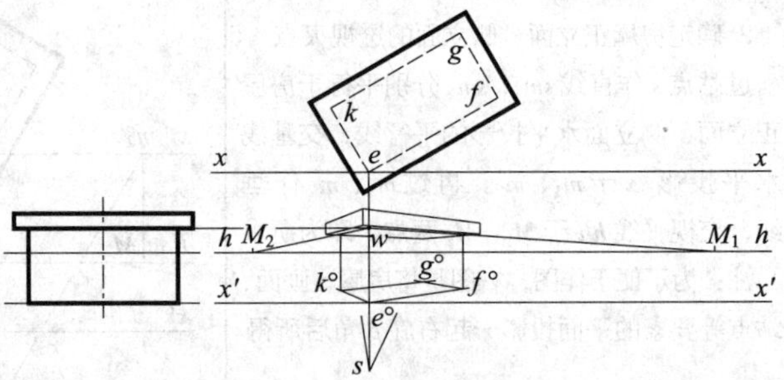
7. 完成房屋的透视图 完成局部透视，并检查，确认无误后，加深可见的透视轮廓线	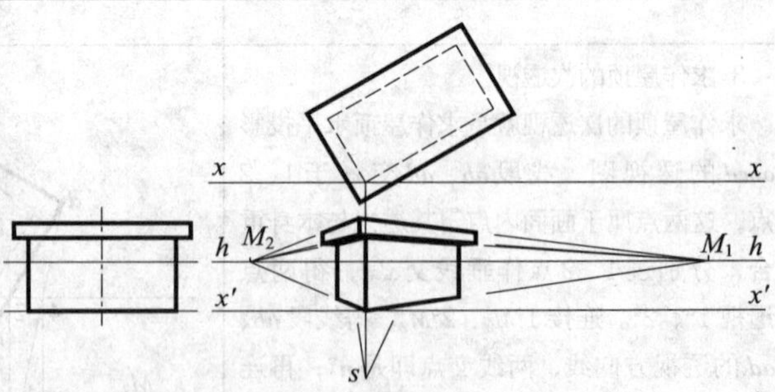

值得注意的是，在加深透视图时，只对房屋中可见的透视投影线加深为粗实线，不可见的透视投影线应擦除，必要时可用虚线画出。

思考与练习

根据给定的已知条件，用视线法绘制如图 5—21 所示的房屋透视图。

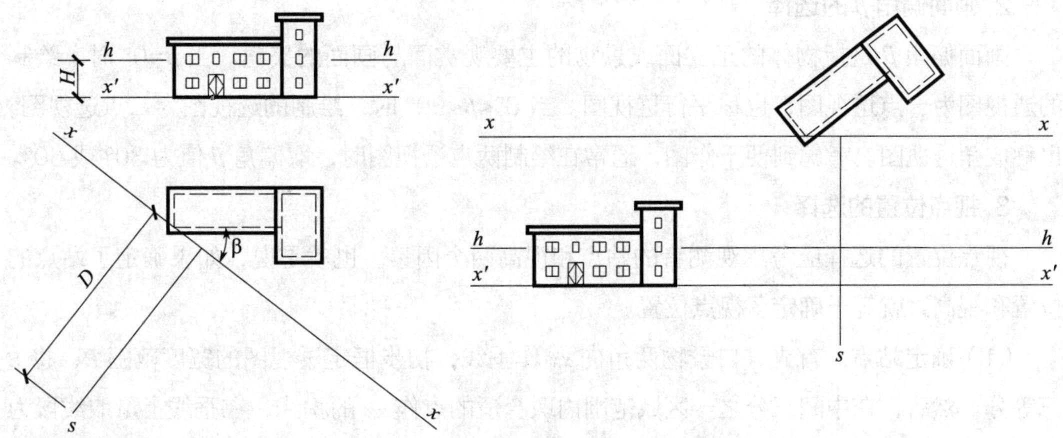

图 5—21　房屋的投影图及画面、视点位置

知识链接

画面、偏角、视点位置的选择

为了使绘制的透视图形象逼真，能够合理地反映出景物的真实性，作图时应适当选择画面、偏角和视点与景物的相对位置，如图 5—22 所示。

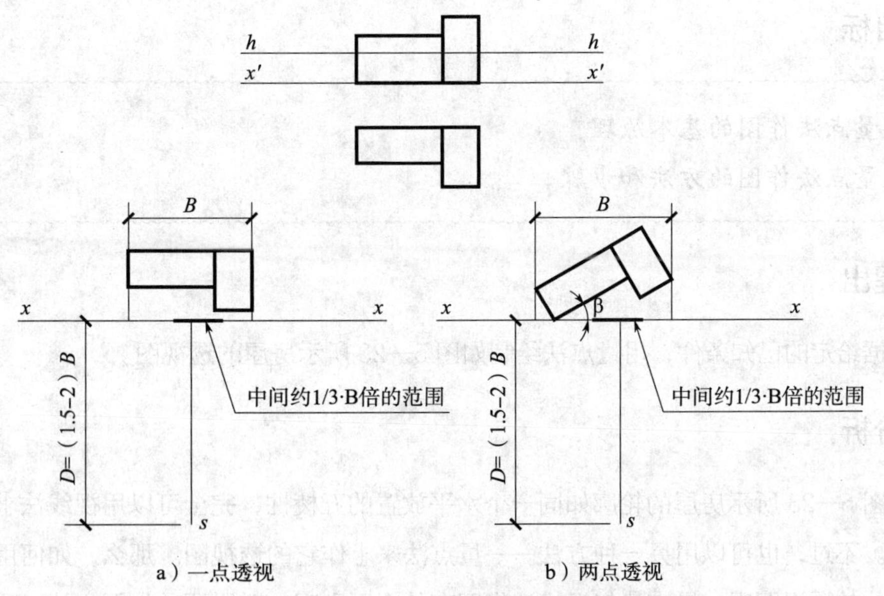

图 5—22　视点、画面位置的确定

1. 画面位置的选择

根据透视图的形成过程可知，一般选择画面为透明的平面，将画面放置于观测者与景物之间，而且画面与基面垂直。

2. 画面偏角 β 的选择

画面偏角 β 是指物体的正立面或景物的主要观赏面与画面的夹角。当 β=0° 时，绘制的透视图为一点透视图，也称平行透视图。当 0°<β<90° 时，绘制的透视图为二点透视图，也称成角透视图。考虑到便于作图，通常在绘制两点透视图时，取偏角 β 值为 30° 或 60°。

3. 视点位置的选择

视点位置的选择应考虑观测者的站点和视高两个因素。也就是说，如果确定了站点的位置和视高，就等于确定了视点位置。

（1）确定站点。首先，自景物两角向 xx 作垂线，初步框定透视图的宽度范围 B，将 B 三等分。然后，在中间三分之一区域范围内取合适的点作 xx 的垂线，在垂线上量取线段为 B 长度的 1.5～2 倍，即得站点 s。

（2）确定视高。考虑人体的身高值（大约 1.5～1.8 m），根据所表达景观的总高度和绘图需要，确定视高位置。比如，为了表达建筑物的高耸感，可考虑取在建筑物的中下部，约总高度的 1/3 处；为了表达景观的整体全貌，视高可取高过 2 m 的位置。

任务二　用量点法绘制房屋的透视图

任务目标

◇理解量点法作图的基本原理

◇掌握量点法作图的方法和步骤

任务提出

根据给定的已知条件，用量点法绘制如图 5—23 所示房屋的透视图。

任务分析

如图 5—23 所示房屋的轮廓如同一个水平放置的五棱柱，完全可以用视线法求作它的透视图。不过，也可以用另一种方法——量点法来求作它的透视图。那么，如何用量点法求作物体的透视图呢？量点法与视线法作图有什么区别呢？对比两种作图方法，哪种作图方法更简捷、方便呢？

相关知识

参照图 5—19、图 5—24，回顾并学习“迹点—灭点法”完成基面内线段 AB 的透视作图过程。

第一步　求作基面内直线 AB 的迹点透视：反向延长线段 AB 交基面内基线于 n 点，过 n 作垂线交画面内基线于 N 点，即得直线 AB 的迹点透视（即 N 点与 $N°$ 点重合）。

第二步　求作基面内直线 AB 的灭点：过站点 s 作 $sm \parallel AB$ 交基面内基线于 m 点，过点 m 作垂线交视平线于 M 点，即得直线 AB 的灭点。连接 NM 则为直线 AB 的透视方向线。

第三步　求作直线 AB 两端点的透视位置：为了确定 $A°$、$B°$ 在透视线 MN 上的位置，在基面内基线上截取 $nA_1=nA$，$nB_1=nB$（$A_1B_1=AB$），连接 AA_1、BB_1，则 $AA_1 \parallel BB_1$。过站点 s 作 $sl \parallel AA_1$ 交基面内基线于 l 点，过点 l 作垂线交视平线于 L 点，即得辅助线 AA_1、BB_1 的灭点。将基面内基线上的辅助点 A_1、B_1（辅助线 AA_1、BB_1 的迹点）引到画面内的基线上，即得辅助线的迹点透视。连接 A_1L、B_1L 与透视线 MN 相交，其交点即为 $A°$、$B°$，连接并加深即得基面内直线 AB 的透视 $A°B°$。

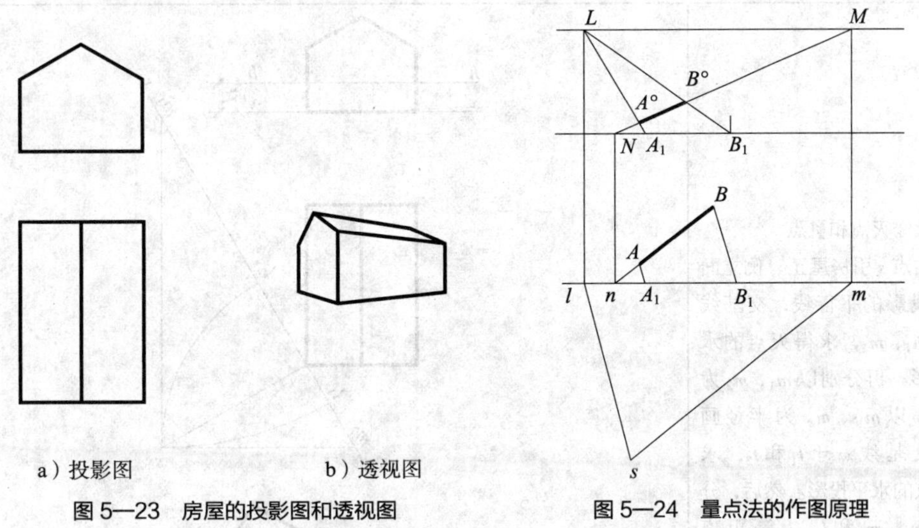

a）投影图　　b）透视图

图 5—23　房屋的投影图和透视图　　图 5—24　量点法的作图原理

根据求作基面内线段 AB 的作图过程，来讨论一下量点法作透视图的原理：在图 5—24 中，因为 $nA=nA_1$，所以 $\triangle nAA_1$ 是等腰三角形；又因 $sm \parallel nA$，$sl \parallel AA_1$，所以 $\triangle nAA_1 \backsim \triangle msl$，因此 $\triangle msl$ 亦是等腰三角形，即 $ms=ml$；而 $ml=ML$，所以，在视平线上就可截取 $ML=ml=ms$，获得 L 点。在作图过程中，通常在画面基线上依次截取各线段实际长度（$NA_1=nA_1=nA$，$NB_1=nB_1=nB$），再借助 L 点求作直线或直线上点的透视位置，所以将 L 点称作灭点 M 的量点。

任务实施

用量点法绘制房屋透视图的步骤具体见表 5—8。

表 5—8　　量点法绘制房屋透视图的步骤

绘图步骤	图示
1. 确定绘制透视图的相关参数 确定视高 H、视距 D、画面与房屋立面偏角 β（β=30°）和画面与房屋的前后相对位置	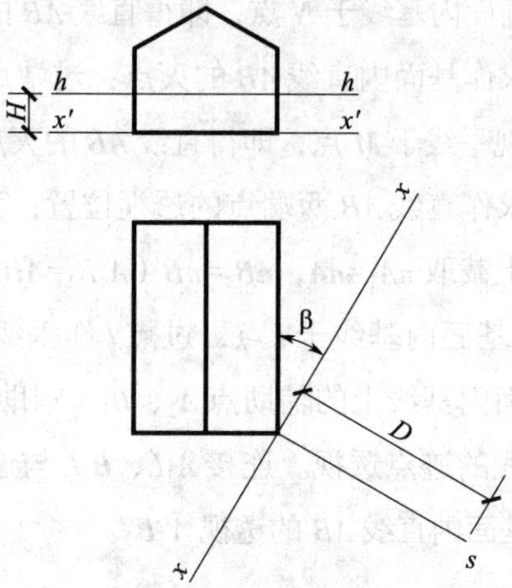
2. 求作灭点和量点 过站点 s 引房屋正、侧立面水平投影的平行线，交基线 xx 于 m_1、m_2，求得灭点的水平投影。再分别以 m_1、m_2 为圆心，以 m_1s、m_2s 为半径画弧，交基线 xx 于 l_1 和 l_2，求得量点的水平投影。然后，分别将 m_1、m_2 和 l_1、l_2 等距离的转移到视平线 hh 上，得 M_1、M_2 和 L_1、L_2 四点，即为所求灭点和量点	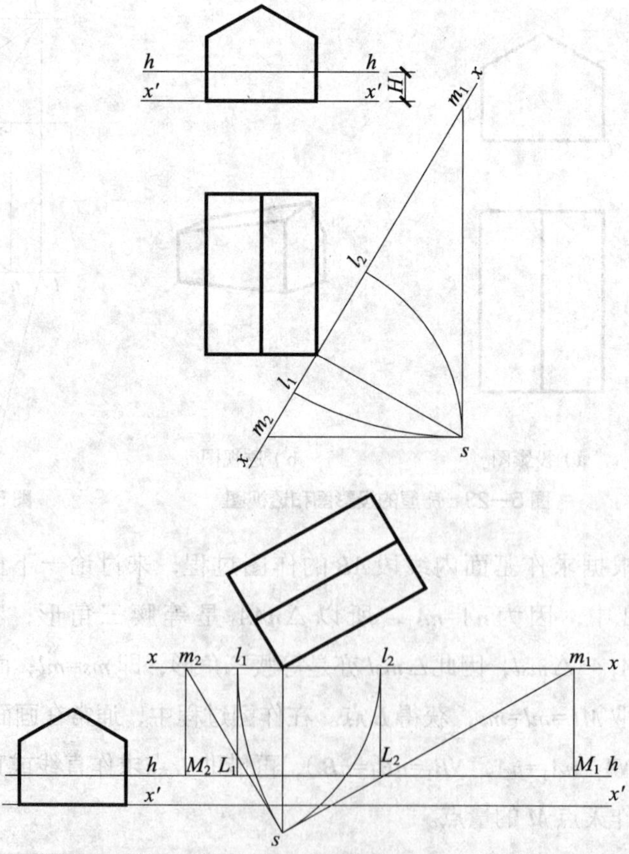

续表

绘图步骤	图示
3. 完成房屋的次透视 过 a 点引垂线交基线 $x'x'$ 于 $a°$ 点，连接 $a°M_1$、$a°M_2$，即得 ab、ad 的透视方向线；在基线 $x'x'$ 上截取 $a°b=ab$，$a°e=ae$，$a°d=ad$，连接 bL_1 与 $a°M_1$ 相交得 b 点透视 $b°$；连接 eL_2、dL_2 与 $a°M_2$ 分别相交得 e、d 点的透视 $e°$、$d°$；再分别连接 $b°M_2$、$d°M_1$、$e°M_1$，相交得 c 点、f 点的透视 $c°$、$f°$。图中 $a°b°f°c°d°e°$ 即为房屋的次透视	
4. 确定真高线，完成房屋的透视 过 $a°$ 作垂线，确定为房屋的真高线。在真高线上截取屋体的高度，将端点分别和两灭点相连，与过 $b°$、$d°$ 所作的垂线相交，即得屋体的透视图。再在真高线上截取屋脊的高度，将端点和灭点 M_2 相连，与过 $e°$ 所作的垂线相交得 $E°$；连接 $E°M_1$，与过 $f°$ 所作的垂线相交得 $F°$，即完成了房屋的透视	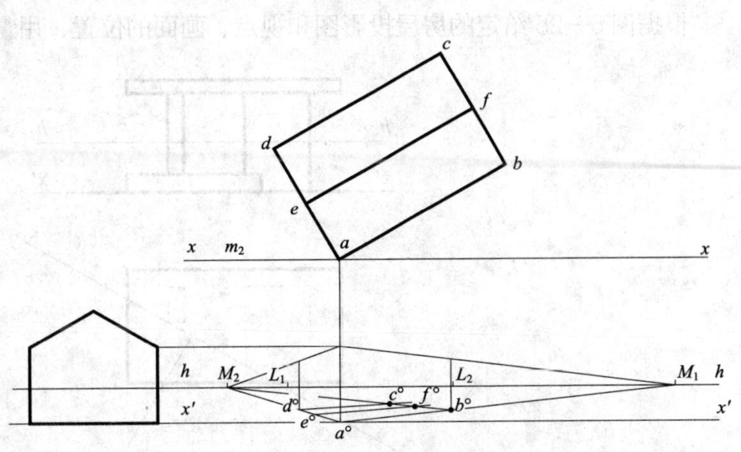

续表

绘图步骤	图示
	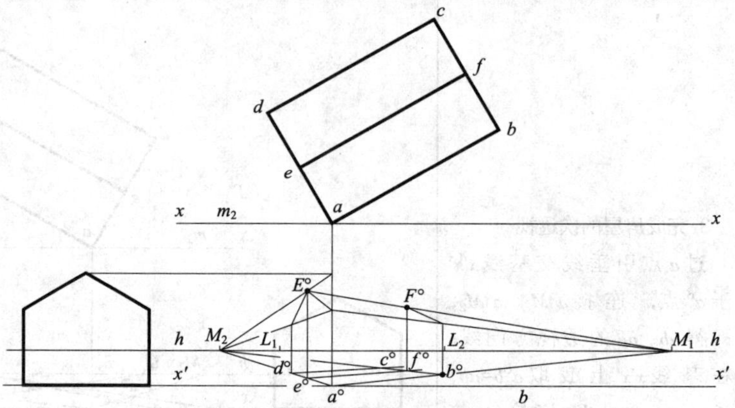
5. 检查，确认无误后，擦去多余的作图线，加深房屋的透视轮廓	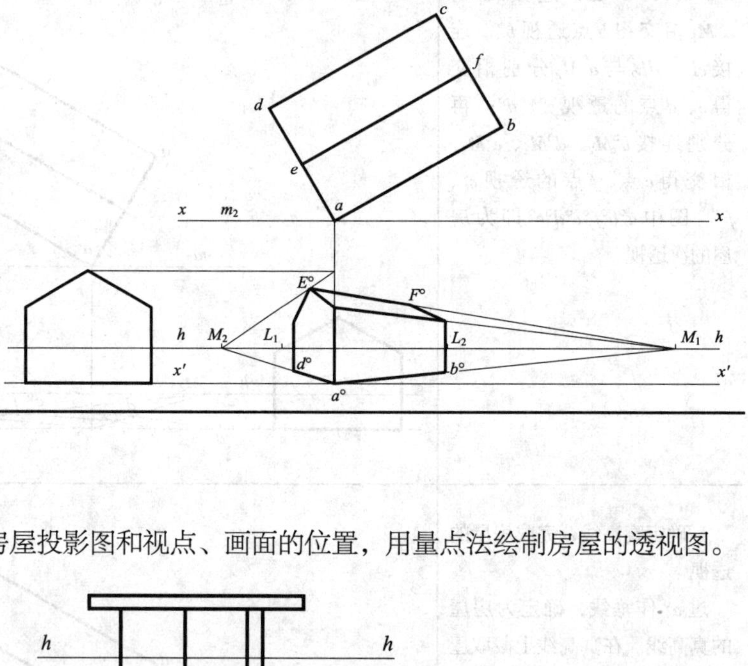

思考与练习

根据图 5—25 给定的房屋投影图和视点、画面的位置，用量点法绘制房屋的透视图。

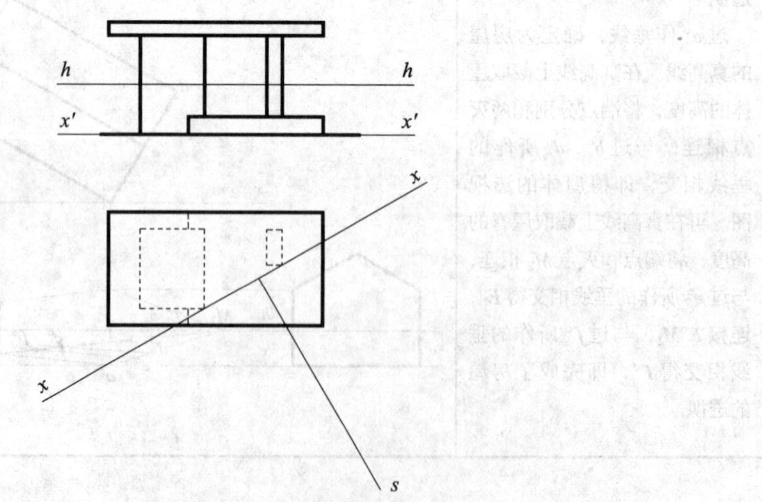

图 5—25 房屋的投影图及视点与画面的位置

任务三　用距点法绘制纪念碑的透视图

任务目标

◇了解距点法的概念及特点

◇理解用距点法求作直线透视的作图原理

◇掌握用距点法绘制透视图的方法和步骤

任务提出

如图 5—26 所示为纪念碑的投影图和透视图，根据给定的视点和画面位置，用量点法求作一点透视（也可称作距点法）绘制纪念碑的透视图。

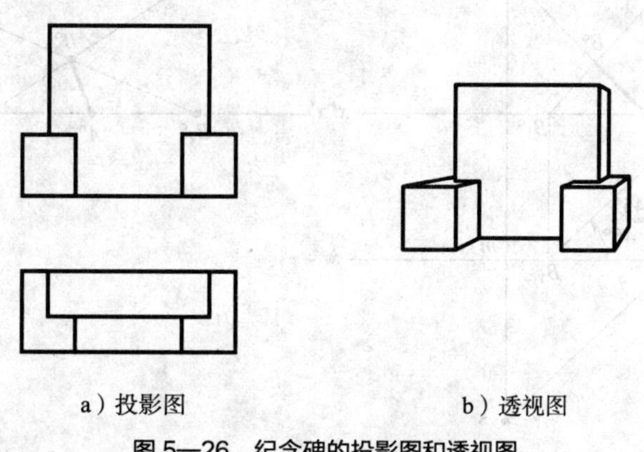

a）投影图　　b）透视图

图 5—26　纪念碑的投影图和透视图

任务分析

如图 5—26 所示的纪念碑左右对称，由底座和墙体两部分组成。该建筑物可看作是由多个棱柱叠合而成的组合体，因此，求作组合体上各个棱点、棱线的透视就可完成纪念碑的透视图。根据给定的已知条件可知，画面与纪念碑的正面平行，所以绘制的是一点透视（即平行透视），这完全不同于前面的学习任务。那么，纪念碑的正面透视有什么特点？与画面垂直的一组深向棱线的灭点在什么地方？为什么用量点法求作一点透视也可称作距点法？

相关知识

用距点法求作画面垂直线 AB 的透视作图过程如图 5—27a 所示。过站点 s 作 $sm // AB$，过 m 点作垂线与视平线正交，垂足点（即直线 AB 的灭点）与主点 s' 重合，连接 $A°s'$ 得直线 AB 的全长透视。在基面基线上截取 $AB=AB_1$，得辅助线 BB_1。过站点 s 作 $sl // BB_1$，过 l 点作垂线与视平线正交，垂足点 L 为辅助线 BB_1 的灭点，连接 $B_1°L$ 得辅助线 BB_1 的全长透视，它与 $A°s'$ 的交点即为 B 点的透视 $B°$。连接 $A°B°$ 即为直线 AB 的透视。

实际上，为了简化作图过程，通常在视平线上以主点 s' 为起点截取 $s'L=sm$，即视距的长度，获得辅助线的灭点 L。然后，在画面基线上截取 $A°B_1°=AB$，即线段实长，再连接 $A°s'$ 和 $B_1°L$，两线交点即为 B 点的透视 $B°$，从而获得直线 AB 的透视。

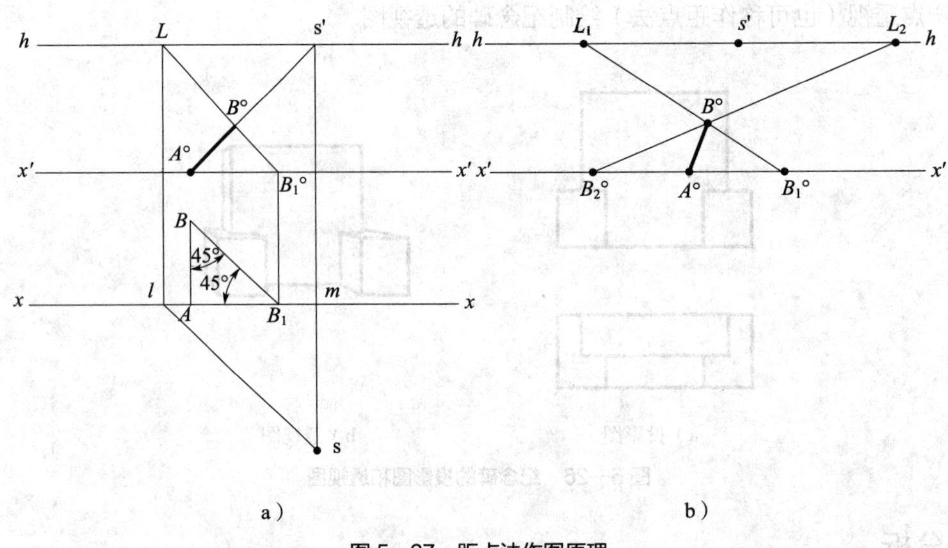

图 5—27　距点法作图原理

任务实施

用距点法绘制纪念碑透视图的步骤具体见表 5—9。

思考与练习

根据给定的视点和画面位置，用距点法绘制如图 5—28 所示房屋的透视图。

表 5—9　　　　距点法绘制纪念碑透视图的步骤

绘图步骤	图示
1. 确定绘制透视图的相关参数 确定视高 H、视距 D 和画面与房屋的前后相对位置，图中 β=0°	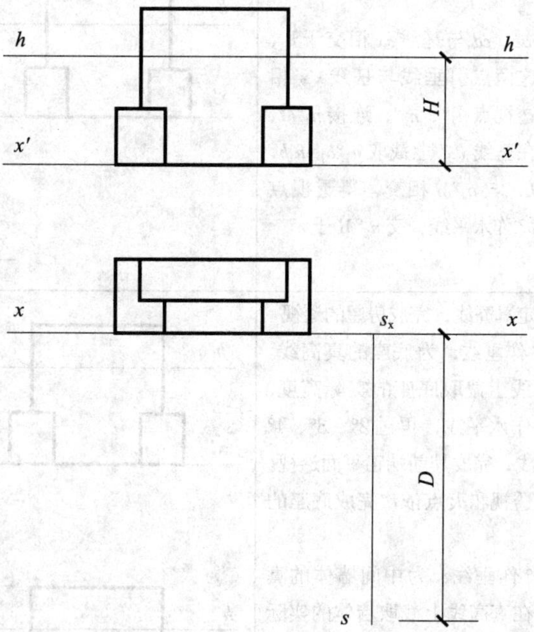
2. 求作灭点和量点 过基面内基线 xx 上的点 sx 向上引垂线，交视平线 hh 于点 M（s'），即得灭点（灭点与主点重合）。在视平线 hh 上截取 $ML=D=ss_x$，其端点 L 即为量点 由于灭点到量点的距离等于视距，故将此种作图方法称作距点法	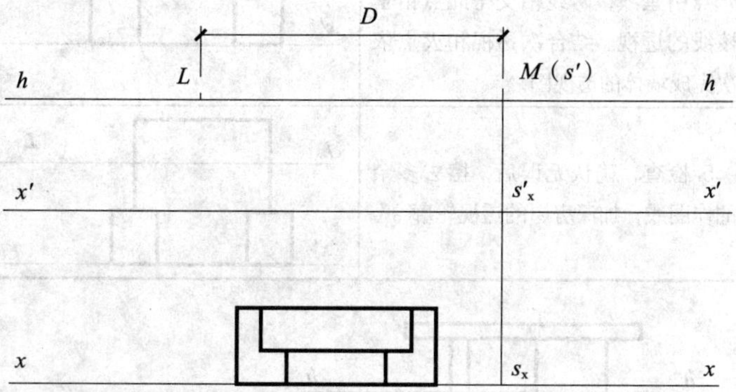
3. 求作纪念碑的次透视 过基线 xx 上的点 1、2、3、4 引垂线与基线 $x'x'$ 相交，得到透视点 1°、2°、3°、4°，连接 1°M、2°M、3°M、4°M；在基线 $x'x'$ 上截取 $1°6_1$=16，连接 6_1L，与 1°M 相交，得透视点 6°；过 6° 作水平线，交 4°M 于 5°	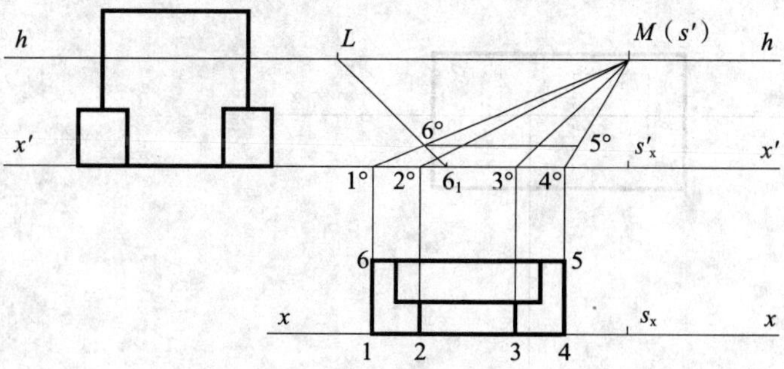

续表

绘图步骤	图示
延长 ab、cd 与基线 xx 相交于 n_1、n_2，过这两点引垂线与基线 $x'x'$ 相交，得透视点 n_1°、n_2°，连接 $n_1^\circ M$、$n_2^\circ M$；在基线 $x'x'$ 上截取 $n_1^\circ b_1=n_1b$，连接 b_1L，与 $n_1^\circ M$ 相交，得透视点 b°；过 b° 作水平线，交 $n_2^\circ M$ 于 c°	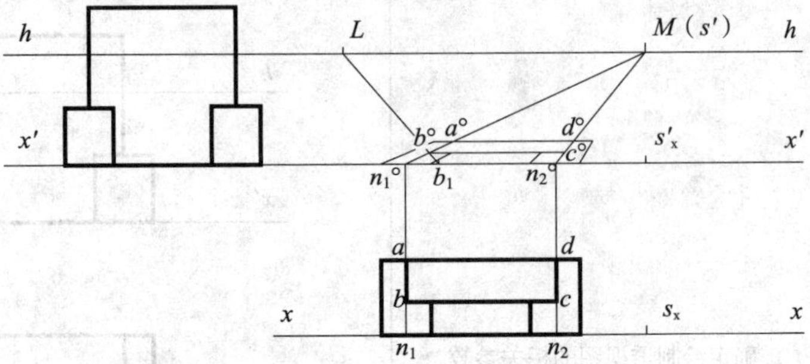
4. 确定真高线，完成房屋的透视 过 1° 作垂线，为底座的真高线。在真高线上截取底座的实际高度，过端点作水平线，再过 2°、3°、4° 点引垂线，完成其前端正平面透视。结合次透视和灭点依次完成底座的透视图 过 n_1° 作垂线，为中间墙体的真高线。在真高线上截取墙体的实际高度，过端点与灭点 M 相连，再过 b° 点引垂线，两线相交得此点铅垂棱线的透视。结合次透视和灭点依次完成墙体的透视图	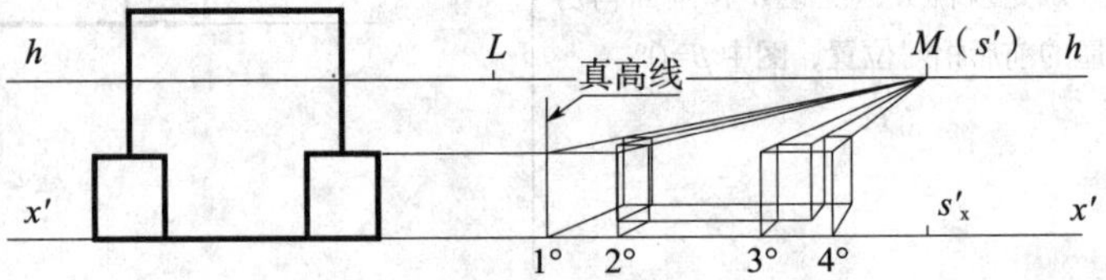 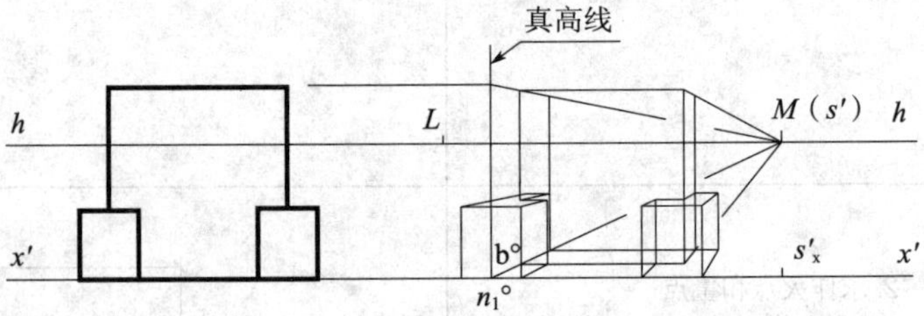
5. 检查，确认无误后，擦去多余的作图线，加深房屋的透视轮廓	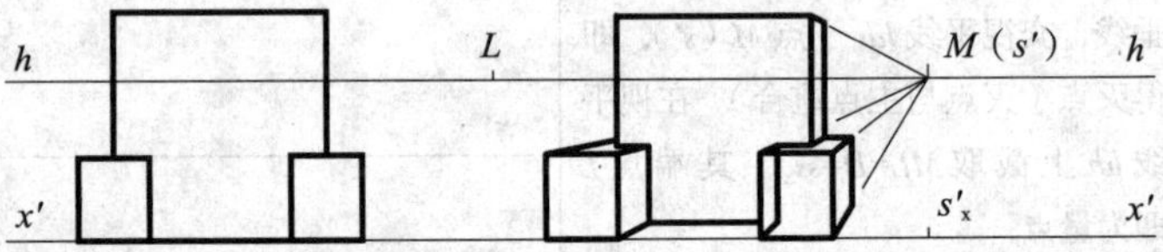

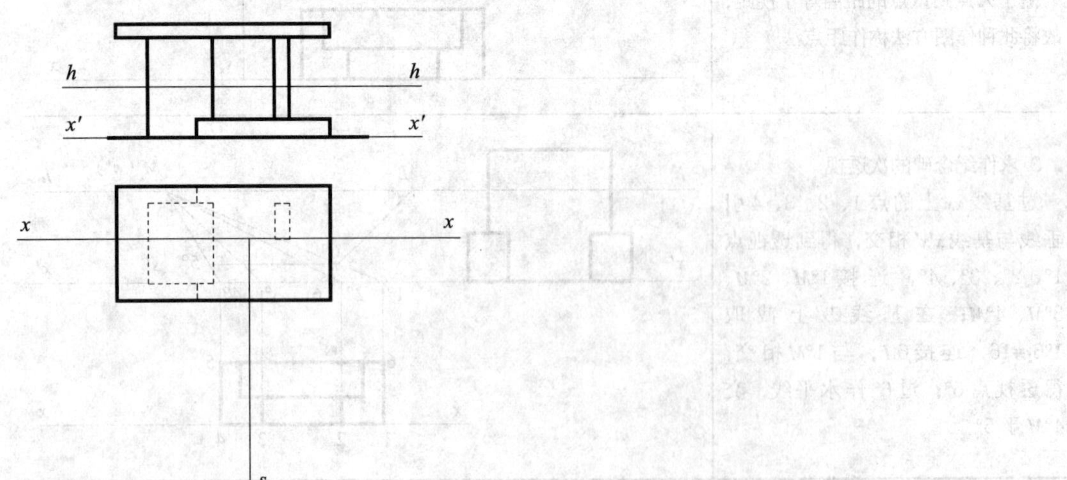

图 5—28　房屋的投影图及视点、画面位置

任务四　用量点法绘制拱门的透视图

任务目标

◇了解圆的透视特点及其作图方法

◇掌握回转体透视图的作图方法和步骤

任务提出

如图 5—29 所示为一拱形门的投影图和透视图，用量点法绘制拱门的透视图。

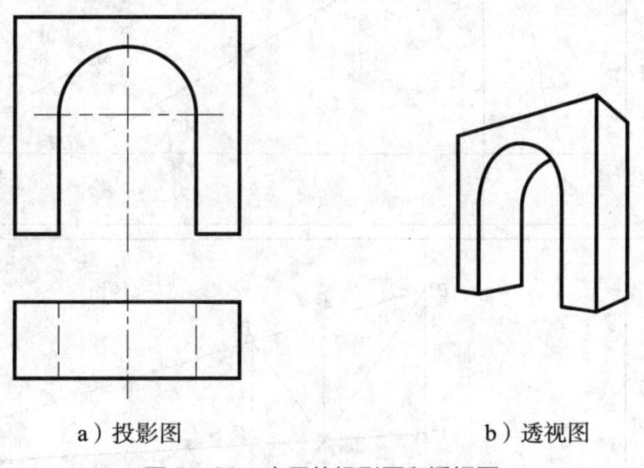

图 5—29　房屋的投影图和透视图

任务分析

图 5—29 中的拱门形状左右对称，类似于在正四棱柱形的墙体内挖切了一个“∩”形门洞。墙体为平面立体，它的透视求作方法在本教材前面章节中已经学习过，那么中间被挖切部分的“∩”形门洞的半圆柱面透视如何绘制呢?

相关知识

一、圆的透视特点

当圆平行于画面时，圆的透视仍然是圆，其圆心和半径的透视就是透视圆的圆心和半径。当圆所在的平面不平行于画面时，圆的透视一般是椭圆。

二、铅垂圆的透视作法

透视椭圆通常用“八点法”来绘制。“八点”是指圆外切正方形的四个切点和外切正方形对角线与圆相交的四个交点。求出这八个点的透视，再用曲线板光滑连接而得到的椭圆即为圆的透视。

当圆所在的平面为铅垂面时，称为铅垂圆，其透视图的作图步骤见表 5—10。

表 5—10　　绘制铅垂圆透视图的步骤

绘图步骤	图示
1. 确定画面、视高和灭点、量点 在平面图上画出圆的外切正方形。根据偏角 30° 和视距 *D* 确定量点和灭点	
2. 求四个切点的透视 作圆外切正方形的透视，并画出对角线和中线，得到四个切点的透视 1°、2°、3°、4° 四点	
3. 求对角线上的四点透视 以 1° 为圆心，1°*A*° 为半径画半圆，过 1° 作与 *A*°*B*° 成 45° 夹角的辅助线与圆交于 *E*、*F* 点，再过 *E*、*F* 作 *A*°*B*° 的垂线交 *A*°*B*° 于 9°、10° 两点，连接 9°*M* 和 10°*M*，与对角线 *A*°*D*°、*B*°*C*° 相交得到 5°、6°、7°、8° 四点，即为对角线上的四点透视	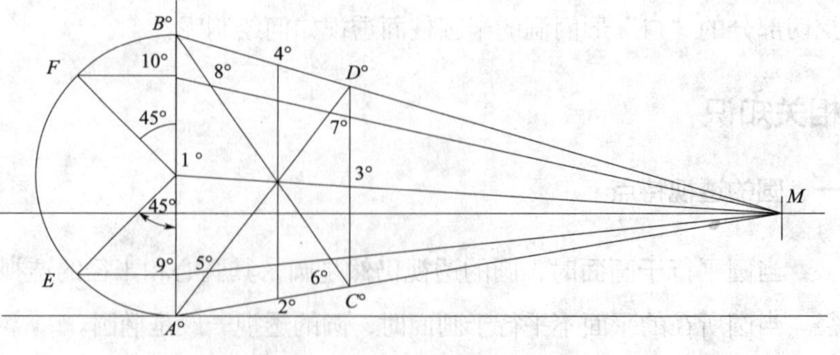

续表

绘图步骤	图示
4. 光滑连接1°、2°、3°、4°、5°、6°、7°、8°八点，即得到所求铅垂圆的透视	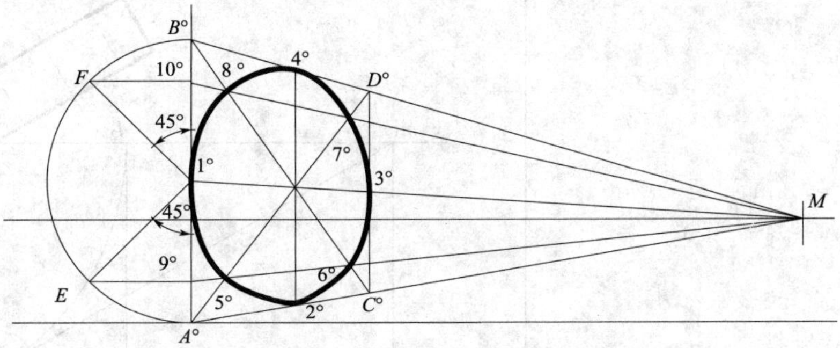

任务实施

拱门透视图的绘图步骤见表5—11。

表5—11　　　　拱门透视图的绘图步骤

绘图步骤	图示
1. 确定绘制透视图的相关参数 确定视高 H、视距 D、画面与房屋正立面的偏角 β 以及画面与房屋的前后相对位置	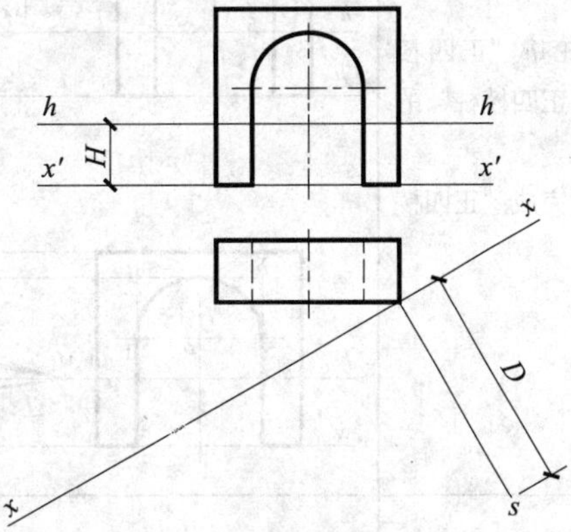
2. 确定灭点和量点 过站点 s 作 sm_1、sm_2 平行于拱门正、侧立面水平投影的平行线，交基线 xx 于 m_1、m_2，求得灭点的水平投影。再分别以 m_1、m_2 为圆心，以 m_1s、m_2s 为半径画弧，交基线 xx 于 l_1 和 l_2，求得量点的水平投影。然后，分别将 m_1、m_2 和 l_1、l_2 等距离的转移到视平线 hh 上，得 M_1、M_2 和 L_1、L_2 四点，即为所求灭点和量点	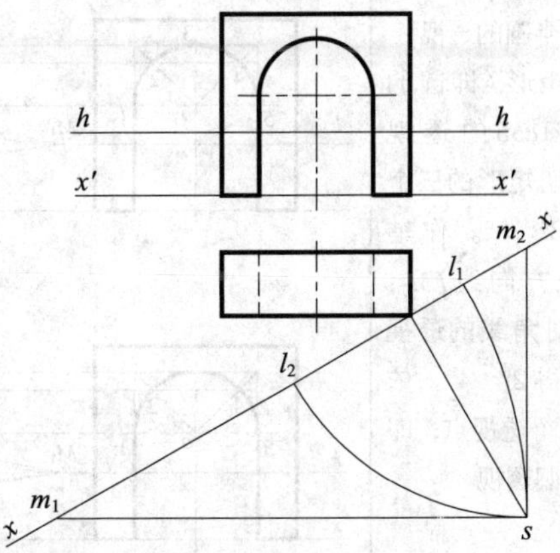

续表

<table>
<tr><th>绘图步骤</th><th>图示</th></tr>
<tr><td></td><td>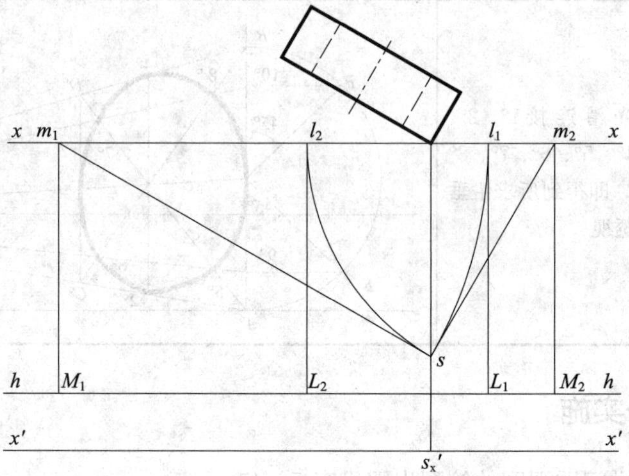
x
m1
l2
l1
m2
x
s
h
M1
L2
L1
M2
h
x'
x'
sx'</td></tr>
<tr><td>3. 绘制拱门轮廓“正四棱柱”的透视作“正四棱柱”的次透视
确定真高线，完成“正四棱柱”的透视</td><td>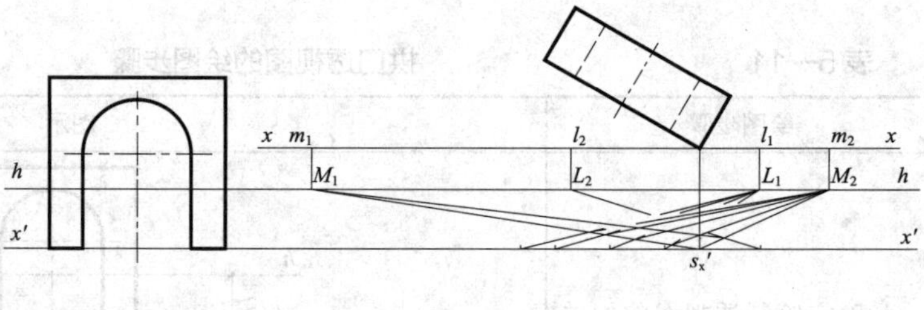
h
x'
x
m1
l2
l1
m2
x
M1
L2
L1
M2
h
x'
sx'
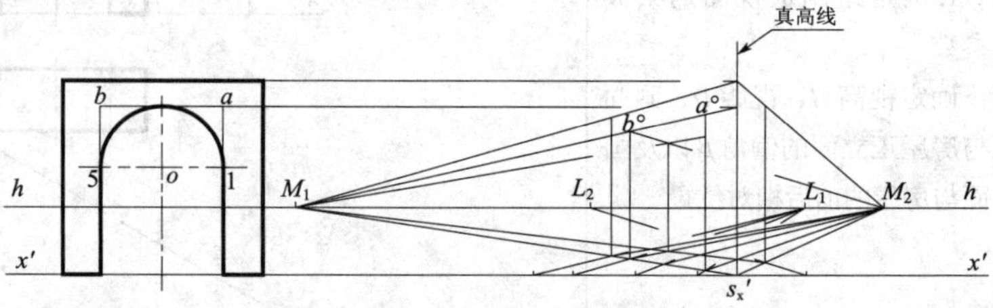
真高线
b
a
5
o
1
h
x'
M1
b°
a°
L2
L1
M2
h
x'
sx'</td></tr>
<tr><td>4. 绘制前立面半圆的透视
作半圆外切矩形（即圆的外切正方形）1ab5的透视1°a°b°5°，得外切矩形的三个切点透视1°、3°、5°。作辅助线24的透视方向线EM₁，与外切正方形对角线的透视o°a°、o°b°相交得2°、4°。依次光滑连接这五个透视点，即求得前立面的半圆透视</td><td>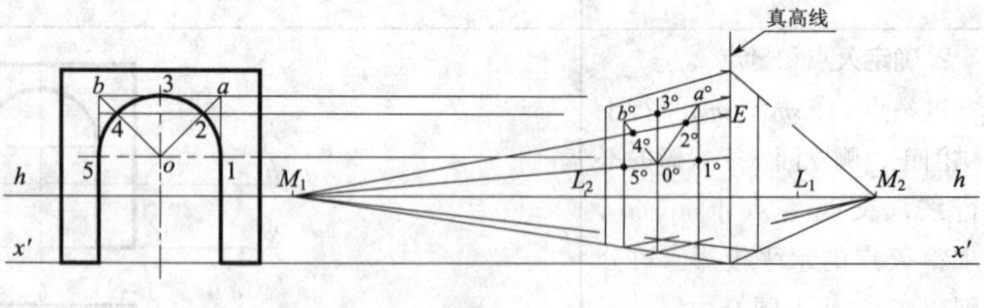
真高线
b
3
a
4
2
5
o
1
h
x'
M1
b°
3°
a°
E
4°
2°
5°
0°
1°
L2
L1
M2
h
x'
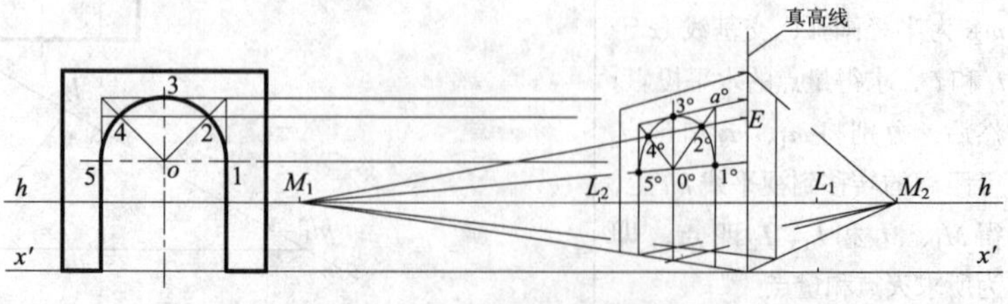
真高线
3
4
2
5
o
1
h
x'
M1
3°
a°
E
4°
2°
5°
0°
1°
L2
L1
M2
h
x'</td></tr>
</table>

续表

绘图步骤	图示
5. 绘制后立面半圆的透视 连接 $1^{\circ}M_2$、$3^{\circ}M_2$、$5^{\circ}M_2$，得半圆柱面内三切点位置素线的透视，与过后立面半圆外切矩形切点次透视所作的垂线相交，即求得 1_1°、3_1°、5_1°。以同样的方法求得 o_1°、a_1°、b_1°，连接 $2^{\circ}M_2$ 与 $o_1^{\circ}a_1^{\circ}$ 相交得 2_1°，连接 $4^{\circ}M_2$ 与 $o_1^{\circ}b_1^{\circ}$ 相交得 4_1°。依次光滑连接这五个透视点，即求得后立面的半圆透视	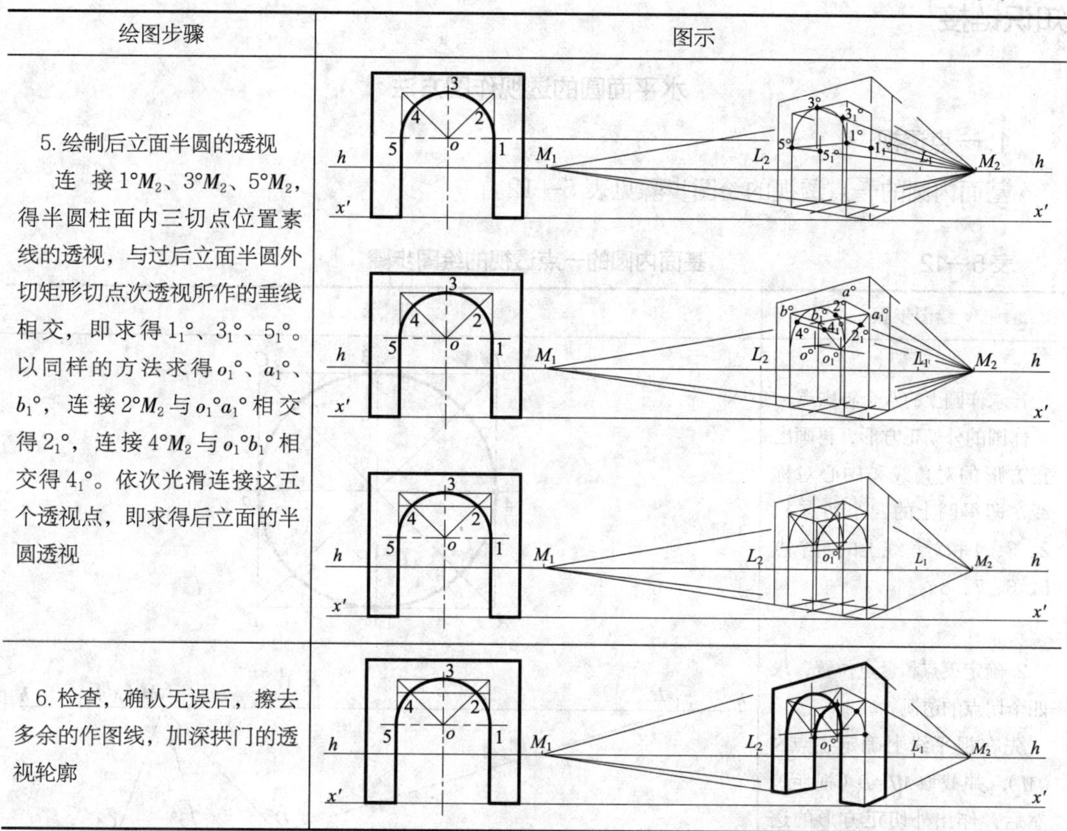
6. 检查，确认无误后，擦去多余的作图线，加深拱门的透视轮廓	

思考与练习

根据给定的已知条件，绘制如图 5—30 所示圆桌的透视图。

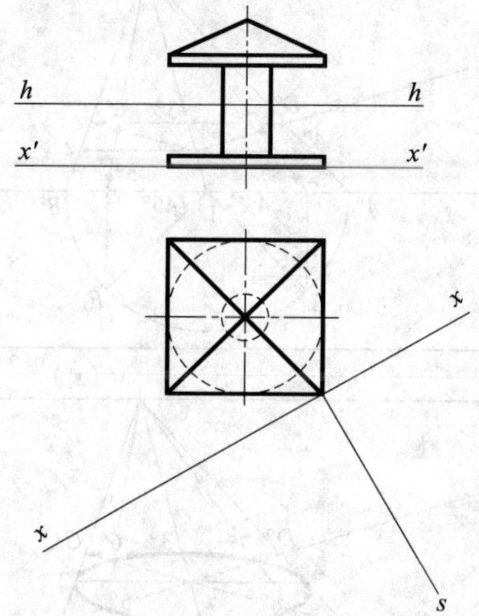

图 5—30　圆桌的投影图及画面、视点位置

知识链接

水平面圆的透视作图方法

1. 一点透视

基面内圆的一点透视的绘图步骤见表 5—12。

表 5—12 基面内圆的一点透视的绘图步骤

绘图步骤	图示
1. 求作圆上的八个特殊点 作圆的外切正方形，再画出正方形的对角线和中心对称线，即得圆上的四个切点 1、2、3、4 和对角线上的四个点 5、6、7、8	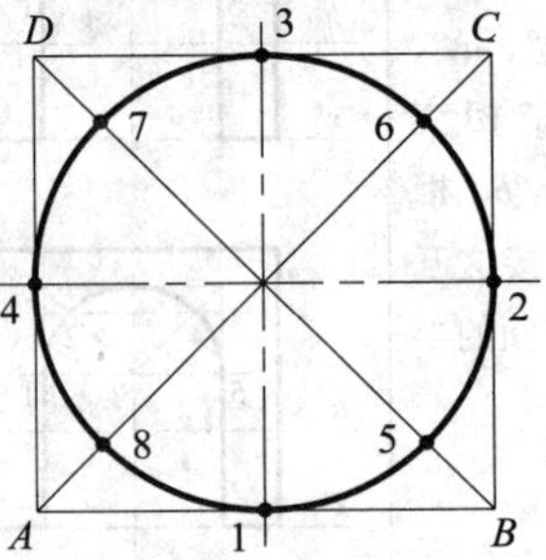 D C 3 7 6 4 2 8 5 A 1 B
2. 确定灭点和量点位置，求四个切点的透视 先在视平线上确定主点 S′（M），并截取 ML=D（视距）。然后，作出外切正方形的透视，再求作对角线和中心对称线的透视，得到四个切点的透视 1°、2°、3°、4°	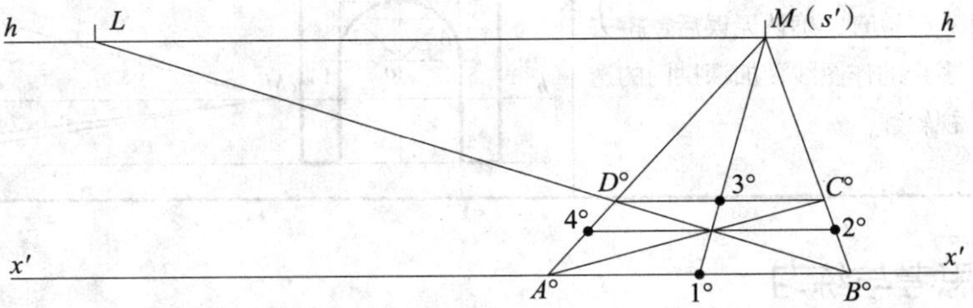 h L M（s′） h D° 3° C° 4° 2° x′ x′ A° 1° B°
3. 求对角线上四个点的透视 以 1° 为圆心、1°A° 为半径画半圆，过 1° 作与水平线成 45° 夹角的辅助线，交半圆于 E、F 点，再过 E、F 作 A°B° 的垂线，将垂足点与灭点相连，其连线与 A°C°、B°D° 相交得 5°、6°、7°、8°，即为对角线上四个点的透视	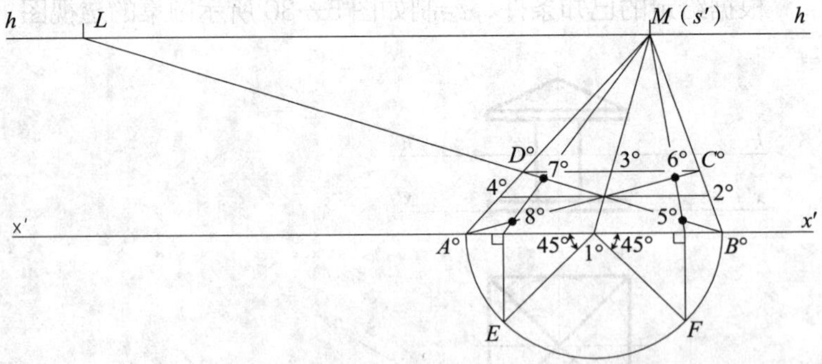 h L M（s′） h D° 7° 3° 6° C° 4° 2° 8° 5° x′ x′ A° 45° 1° 45° B° E F
4. 连接并加深椭圆 依次光滑连接 1°、2°、3°、4°、5°、6°、7°、8° 八个点，并检查，确认无误，加深椭圆图形	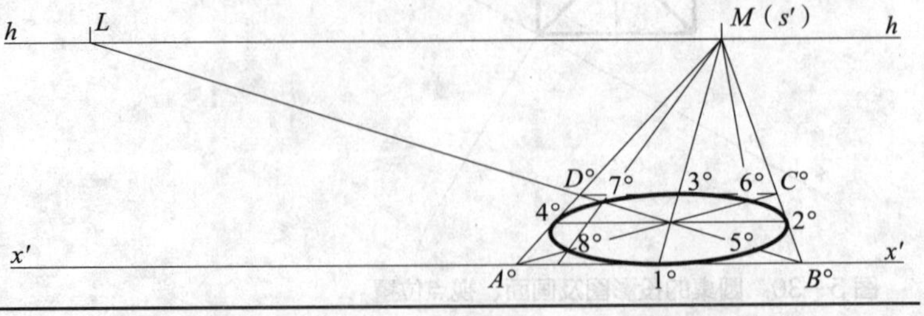 h L M（s′） h D° 7° 3° 6° C° 4° 2° 8° 5° x′ x′ A° 1° B°

2. 两点透视

基面内圆的两点透视的绘图步骤见表 5—13。

表 5—13　　基面内圆的两点透视的绘图步骤

绘图步骤	图示
1. 求作圆上的八个特殊点 作圆的外切正方形，再画出正方形的对角线和中心对称线，即得圆上的四个切点 1、2、3、4 和对角线上的四个点 5、6、7、8。并求作灭点和量点的水平投影	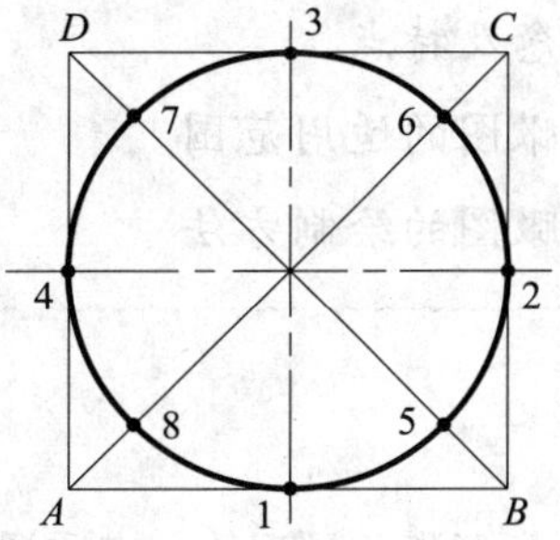
2. 确定灭点和量点的位置，并求作四个切点的透视 在视平线上确定主点、灭点、量点的位置。求作外切正方形的透视，再求作对角线和中心对称线的透视，得到四个切点的透视 1°、2°、3°、4°	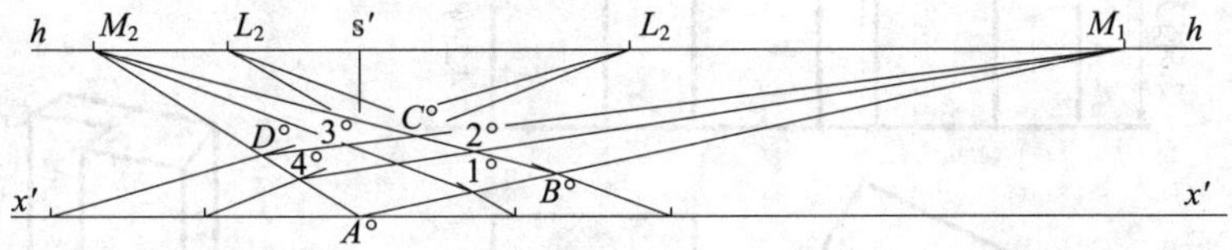
3. 求对角线上四个点的透视 以 1_1 为圆心、$1_1A°$ 为半径画半圆，过 1_1 作与水平线成 45° 夹角的辅助线，交半圆于 *E*、*F* 两点，过 *E*、*F* 点作 $1_1A°$ 的垂线，将垂足点与 L_1 相连，再将所得交点与 M_2 连接，此两连线与 *A*°*C*°、*B*°*D*° 相交得 5°、6°、7°、8°，即为对角线上四个点的透视	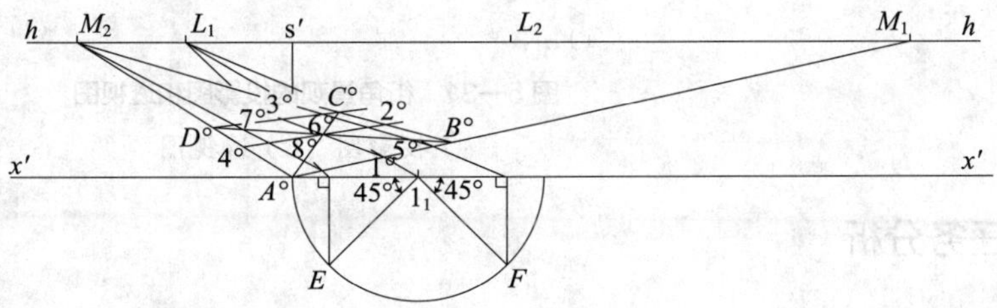
4. 检查，确认无误后，依次光滑连接这八个透视点，并加深图形	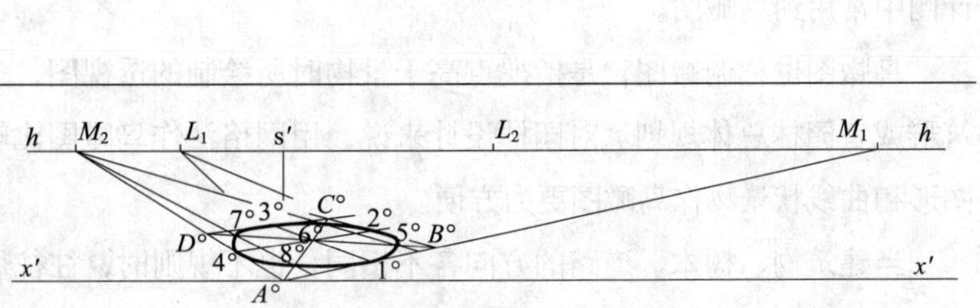

任务五　用一点透视网格法绘制街角景观的鸟瞰图

任务目标

◇了解鸟瞰图的概念及特点

◇了解一点透视鸟瞰图的适用范围

◇掌握一点透视鸟瞰图的绘制方法

任务提出

绘制如图 5—31 所示街角景观的一点透视鸟瞰图。

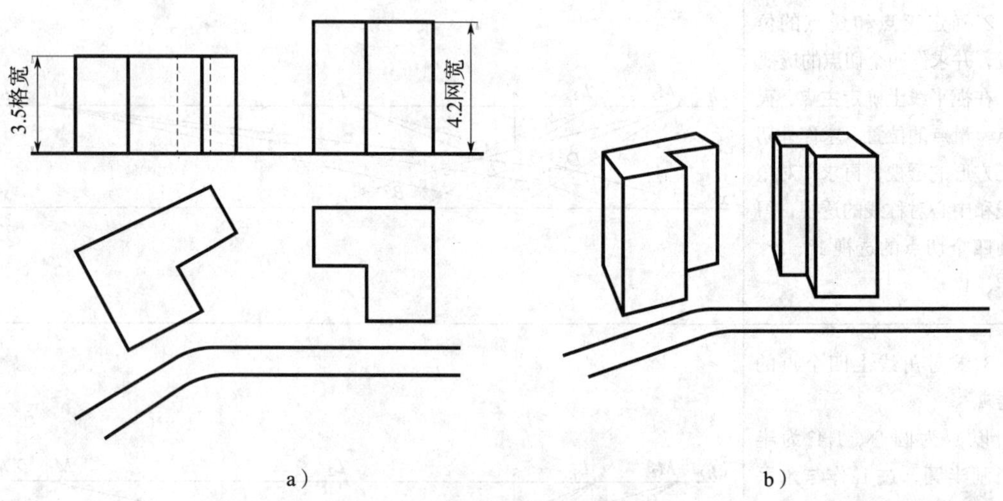

图 5—31　街角景观的投影图和透视图

a）投影图　b）透视图

任务分析

图 5—31 的街角景观图中，建筑物和道路的方向排列不规则，对于这种情况，园林设计图中常用到鸟瞰图。

鸟瞰图也称俯瞰图，是指视点高于景物时所绘制的透视图，多用于表达某一区域的建筑群或者园林总体规划。对园林设计来说，用网格法作鸟瞰图比较实用，尤其是对不规则图形和曲线状景物作鸟瞰图更为方便。

当建筑物、树木、道路的方向各不相同，也不规则时，往往用一点透视方格网来绘制鸟瞰图。

任务实施

街角景观一点透视鸟瞰图的绘图步骤见表 5—14。

表 5—14　　街角景观一点透视鸟瞰图的绘图步骤

绘图步骤	图示
1. 确定画面和站点位置，并绘制方格网 按照选定的方格网宽画出正方形网格，使一组网格线平行于画面，另一组垂直于画面。要求将所有建筑物尽可能包含在网格内	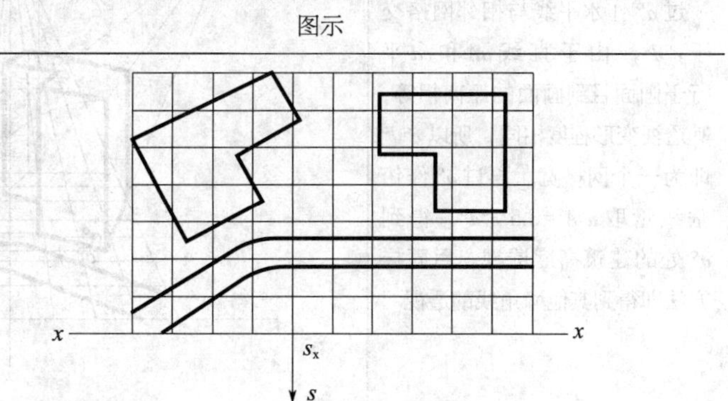
2. 确定主点和量点，并作方格网的一点透视 在视平线上确定主点 s'（M），并截取 $s'L=D$（视距），即为方格网对角线的灭点。按选定的视高画出基线 $x'x'$，并在基线上定出一组垂直于画面的网格线迹点，连接各迹点和主点，得到垂直于画面的网格线透视。连接 10°L 即为对角线的透视，再过对角线与透视线的交点作基线 $x'x'$ 的平行线，得到另一组网格线的透视	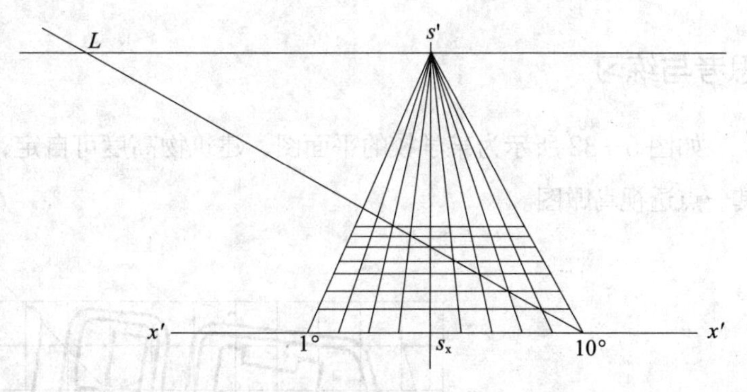
3. 画建筑物、道路的次透视 根据平面图中建筑物、道路在网格中的位置，确定出它们在方格网透视中的位置，即得次透视	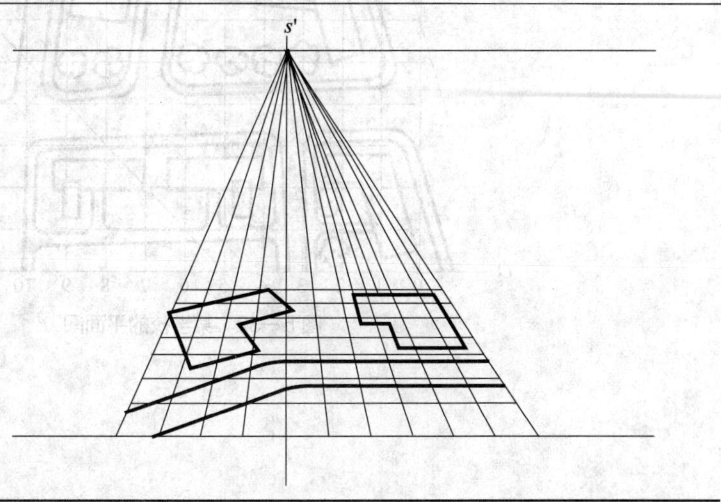

续表

绘图步骤	图示
4. 量取透视高度，完成鸟瞰图 过 $a°$ 作水平线与相邻网格交于 $c°d°$，由于直线 aA 和 cd 平行于画面且到画面的距离相等，其透视变形程度相同，所以 $c°d°$ 即为一个网格宽。再过 $a°$ 作铅垂线量取 $a°A°$=3.5 $c°d°$，得到 $a°$ 处的建筑高度透视。用同样方法即得到其他墙角线的透视	F_2　s'　$a°$　$c°$　$d°$
5. 检查，确认无误，去掉多余的作图线，加深图形，作图效果如图 5—31b 所示	

思考与练习

如图 5—32 所示为某学校的平面图，建筑物高度可自定，选定视点和画面位置，绘制其一点透视鸟瞰图。

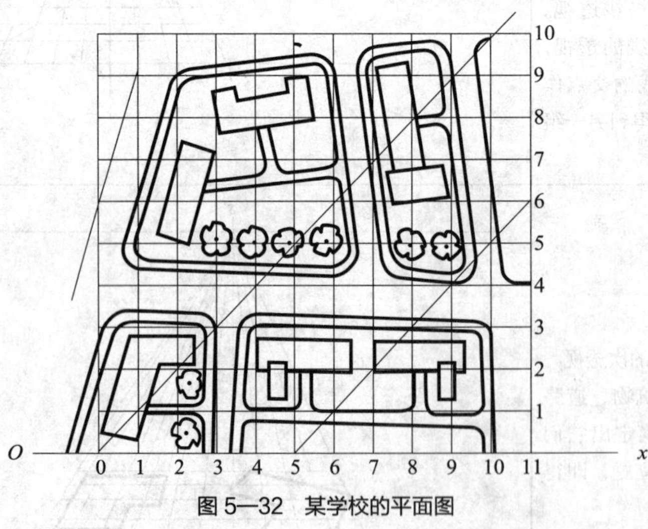

图 5—32　某学校的平面图

任务六　用两点透视网格法绘制小区的鸟瞰图

任务目标

◇了解两点透视鸟瞰图的适用范围

◇掌握两点透视方格网对角线灭点的作图方法

◇掌握两点透视鸟瞰图的绘制方法

任务提出

如图 5—33 所示为某小区的投影图，要求用两点透视网格法绘制该小区的鸟瞰图，效果如图 5—34 所示。

任务分析

从图 5—33 中可知，该小区的建筑物、道路、树木等景观群纵横向排列整齐，因此采用两点透视图表达整体规划效果可以获得好的透视效果。

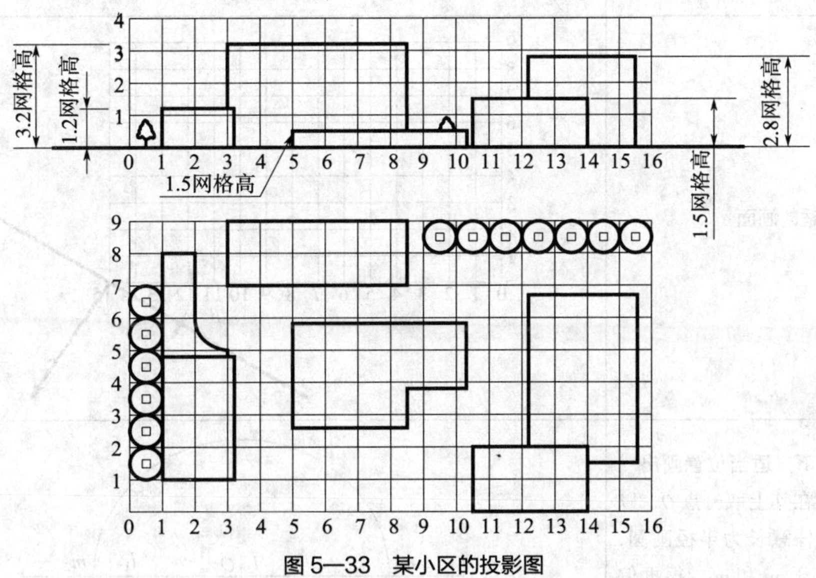

图 5—33　某小区的投影图

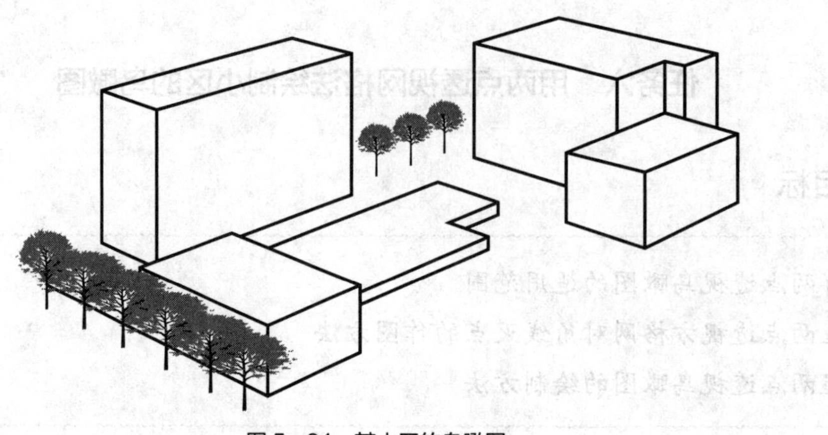

图 5—34 某小区的鸟瞰图

相关知识

在绘制风景园林、建筑群透视中，由于表达对象多、体积差异大，为了使绘制的效果图形象逼真，往往选定的视距相对较大，导致两个灭点就比较远，这样就会给绘制透视图带来诸多不便。因此，绘图时一般采用两点透视网格法来找灭点、量点和方形网格对角线的灭点，具体步骤见表 5—15。

表 5—15 两点透视网格的绘图步骤

绘图步骤	图示
1. 确定合适的画面	0 1 2 3 4 5 6 7 8 9 10 11 12 13 14 15；1 2 3 4 5 6 7 8 9；x x β s
2. 在图纸下方适当位置画出一条水平线并在其上取一点 O，以 O 为圆心，任意长为半径画圆，与水平线交于 m_1 和 m_2。根据偏角 β 在圆周上定出站点 s。分别以 m_1、m_2 为圆心，m_1s、m_2s 为半径画圆弧与水平线交于 l_1 和 l_2	m_1 l_2 O l_1 m_2 β s

续表

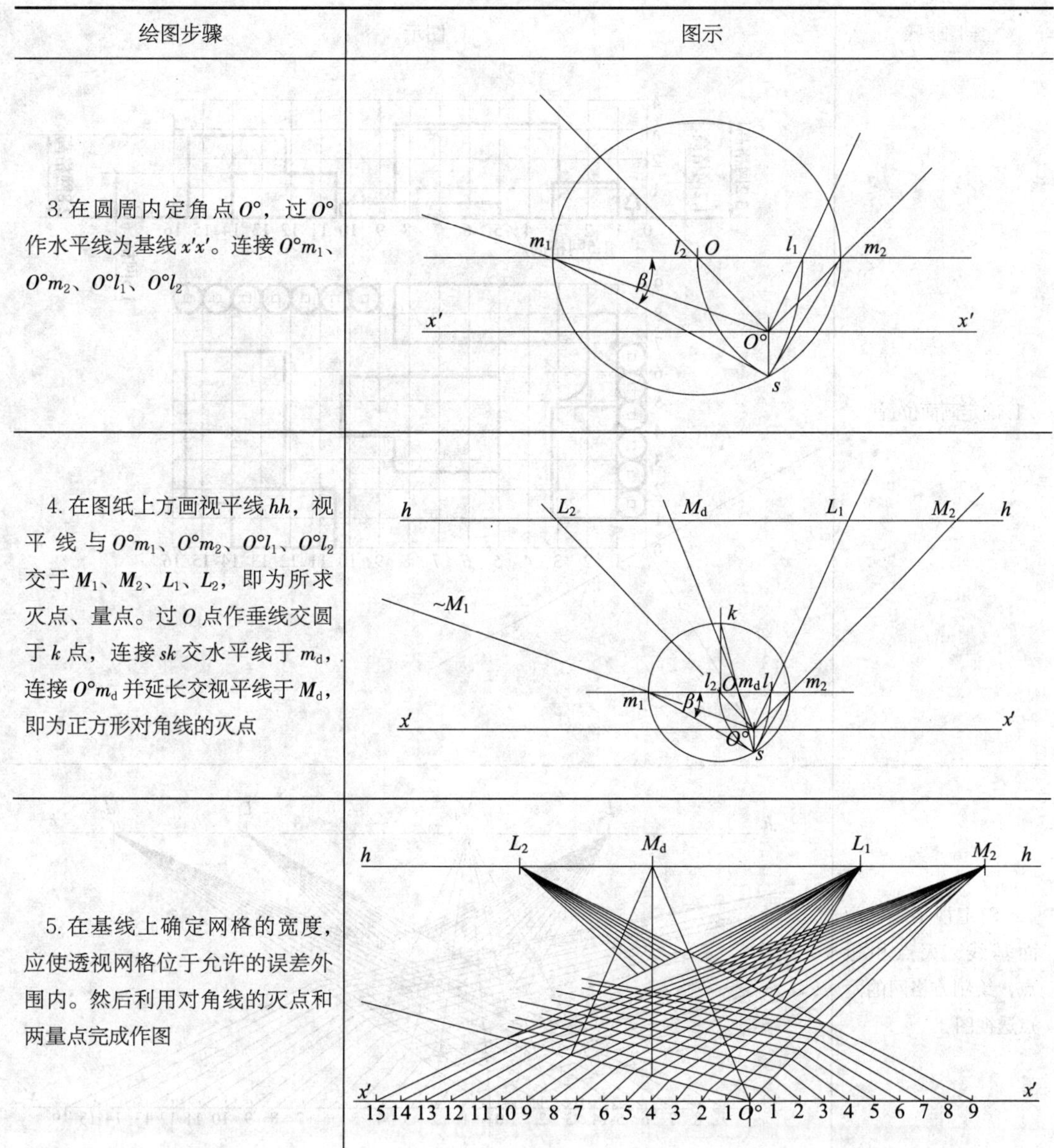

绘图步骤	图示
3. 在圆周内定角点 $O°$，过 $O°$ 作水平线为基线 $x'x'$。连接 $O°m_1$、$O°m_2$、$O°l_1$、$O°l_2$	
4. 在图纸上方画视平线 hh，视平线与 $O°m_1$、$O°m_2$、$O°l_1$、$O°l_2$ 交于 M_1、M_2、L_1、L_2，即为所求灭点、量点。过 O 点作垂线交圆于 k 点，连接 sk 交水平线于 m_d，连接 $O°m_d$ 并延长交视平线于 M_d，即为正方形对角线的灭点	
5. 在基线上确定网格的宽度，应使透视网格位于允许的误差外围内。然后利用对角线的灭点和两量点完成作图	

任务实施

两点透视网格法绘制小区鸟瞰图的步骤见表 5—16。

表 5—16　　小区两点透视鸟瞰图的绘图步骤

绘图步骤	图示
1. 确定画面位置	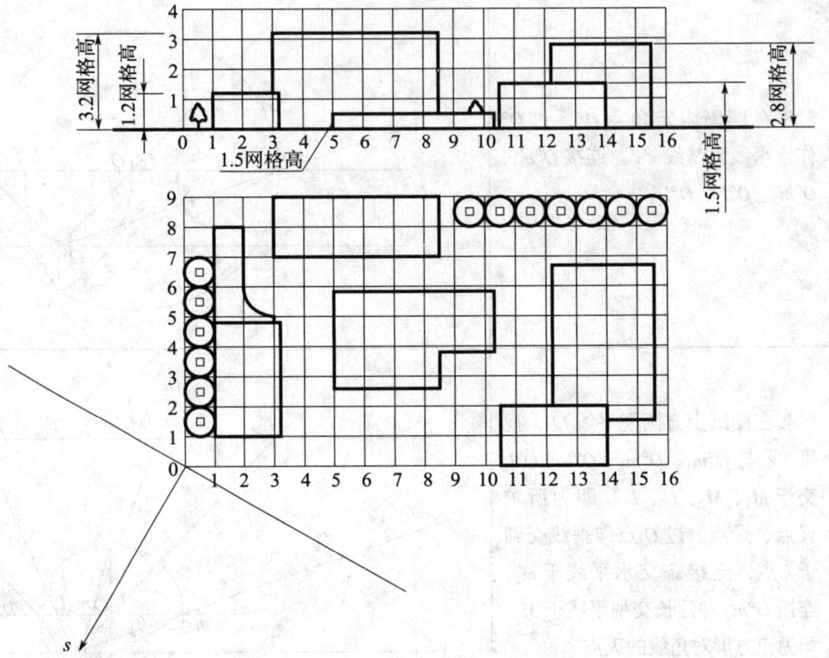
2. 确定视平线、画面基线、灭点和量点，绘制方格网的两点透视图	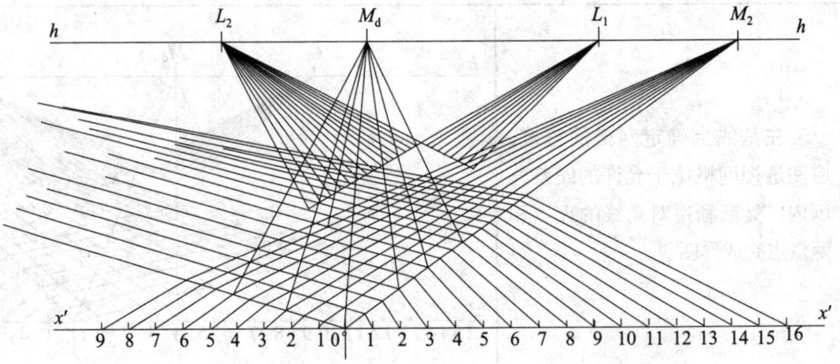
3. 根据小区平面图，在方形网格透视中尽量准确地画出小区景观群的次透视	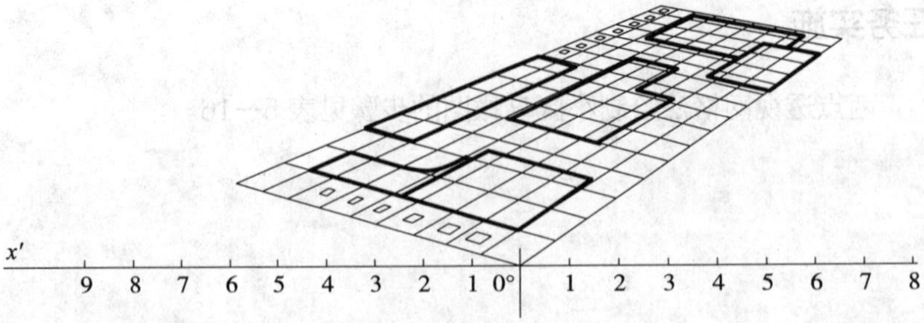

续表

绘图步骤	图示
4. 将建筑物和树木引到画面上，作出真高线，并依次完成各个建筑物的透视。在确定了树木透视高度的基础上，可徒手绘制完成。画图比例按照平面图网格宽与透视图在基线上所定网格宽来确定，本任务采用 1∶1 的比例	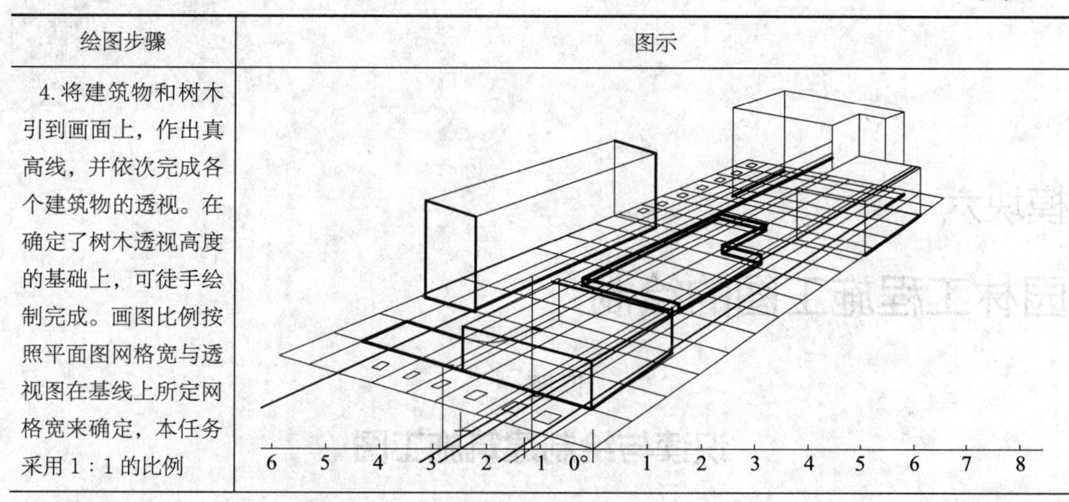
5. 检查，确认无误，擦去多余作图线，加深图形，作图效果如图 5—34 所示	

思考与练习

如图 5—35 所示是某校园的平面图，建筑物的高度为 3 倍网格宽。根据给定的已知条件，用两点透视网格法绘制该校园的鸟瞰图。

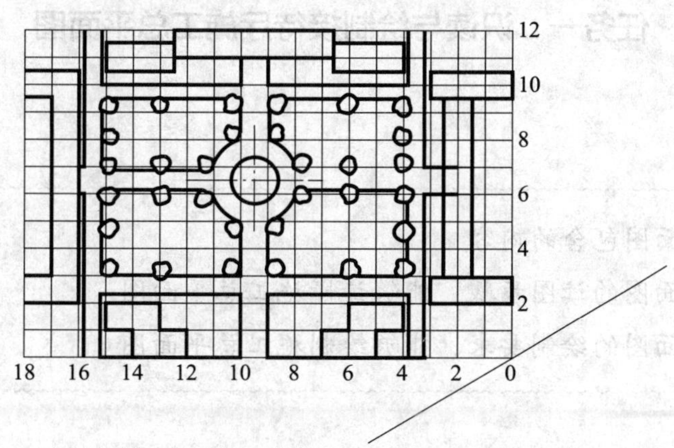

图 5—35　某校园的投影图及画面、视点位置

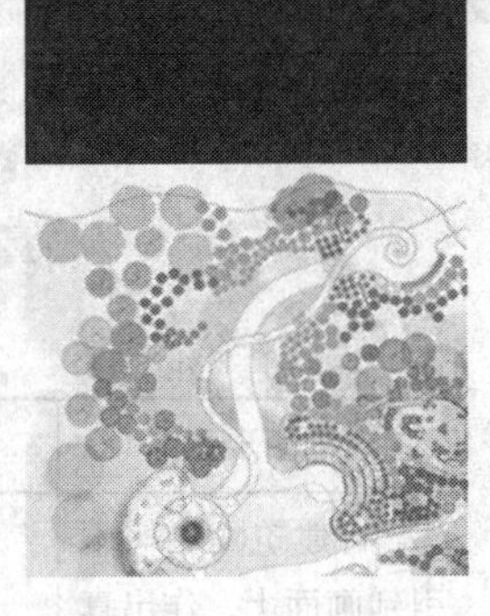

模块六

园林工程施工图的绘制

课题一

识读与绘制建筑施工图

建筑施工图是设计者设计意图的体现，也是施工、监理、经济核算的重要依据。它表示建筑的总体布局、外部造型、内部布置、细部构造、内外装饰及一些固定设备、施工要求等。建筑施工图一般包括施工总说明、总平面图、平面图、立面图、剖面图和建筑详图。

任务一 识读与绘制接待厅施工总平面图

任务目标

◇了解施工总平面图包含的内容

◇掌握施工总平面图的读图步骤，能够读懂施工总平面图

◇了解施工总平面图的绘制要求，能够绘制施工总平面图

任务提出

阅读并绘制如图 6—1 所示某宾馆接待厅的总平面图，要求能全面了解图中包含的内容。

任务分析

施工总平面图是表示新建建筑物所在基地内总体布置的水平投影图。它用来表明新建建筑物的平面形状、位置和朝向、占地范围、室外场地、道路、绿化等的平面布置，场地

的地形、地貌、标高等，及其与原有建筑群周围环境之间的关系等，是新建建筑物施工定位、土方施工以及绘制水、电、暖等管线总平面图和施工总平面图的依据。如图 6—1 所示某宾馆接待厅的总平面图，图中究竟包含了哪些内容？如何正确识读与绘制？

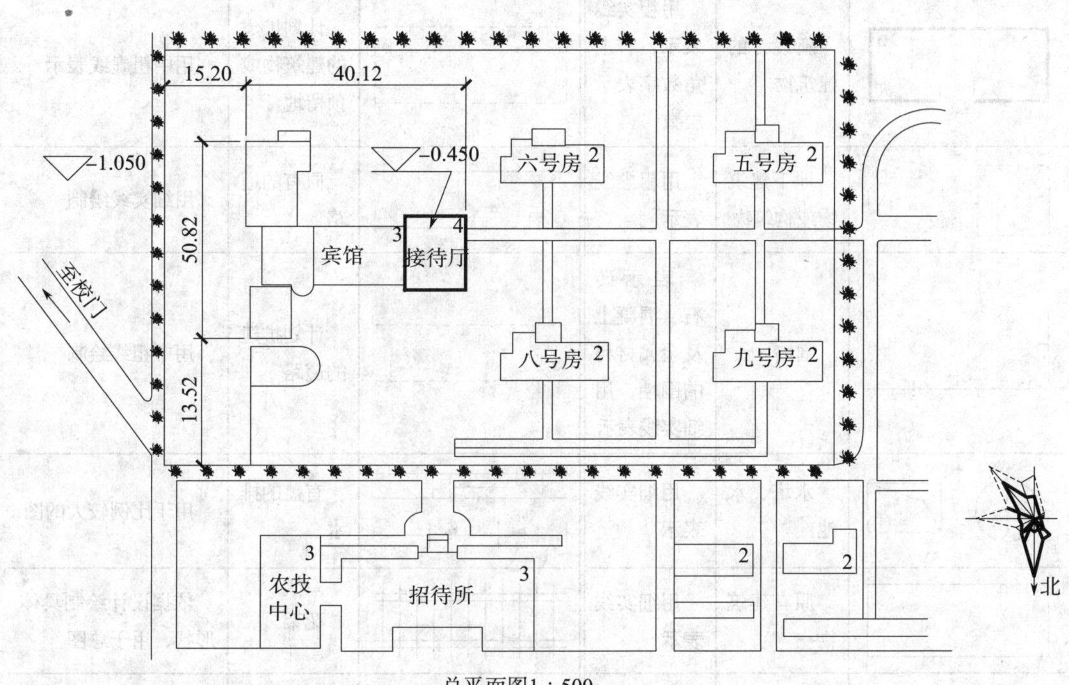

图 6—1　某宾馆接待厅总平面图

相关知识

一、施工总平面图的内容

1. 图名及采用比例

施工总平面图一般简称为总平面图，要求表明拟建建筑与周围环境的关系，所以涉及的区域一般都比较大，因此常选用较小的比例绘制，如 1∶500、1∶1 000、1∶2 000 等。一般将比例注写在图名后面，字号比图名字号小 1～2 号。图 6—1 的绘图比例为 1∶500。

2. 表达方法

施工总平面图绘制时由于采用的比例较小，因此所有建筑、道路和绿化等的布置情况均按总平面图制图标准规定的图例来绘制。常用的总平面图图例见表 6—1。

表 6—1　　　　　　　　　　**常用总平面图图例**

——参考《总图制图标准》(GB/T 50103—2010),《风景园林制图标准》(CJJ/T 67—2015)

图例	名称	说明	图例	名称	说明
4	新设计的建筑物	用粗实线表示，右上角数字表示层数		计划扩建的建筑物或预留地	用中粗虚线表示
	地下建筑物或构筑物	用粗虚线表示		原有的道路	用细实线绘制
	围墙	表示砖石、混凝土及金属材料的围墙，用细实线表示		计划扩建的道路	用中粗线绘制
	水塔、水池	用细实线表示		有盖的排水	用于比例较大的图
	原有建筑物	用细实线表示		花架	依据设计绘制具体形状，用于总图
	计划拆除的建筑物	用细实线表示	6　101.00　150.00	新设计的道路	上图表示主干道的路面中心标高为 150.00，小路纵向坡度为 6%，标高为 101.00。下图表示第二个交角点，转弯半径为 20 mm
	台阶	箭头指向表示上楼方向	JD_2　$R20$		
	围墙	表示镀锌铁丝网、篱笆等围墙		排水明沟	用于比例较大的图
	公路桥铁路桥	用于旱桥时应注明		铺砌场地	可以根据设计形态表示

3. 标注标高

在总平面图上要注明新建建筑物的底层室内地面、室外地坪及道路的标高，地形等高线的高程。图中所注的标高和高程均为绝对高程。

4. 新建工程的定位

新建工程一般根据原有房屋、道路或其他永久性建筑定位。如果在新建范围内无参照标志时，可根据测量坐标绘出方格网，来确定新建筑及其构筑物的位置。

5. 带有指北针的风向频率玫瑰图

用带有指北针的风向频率玫瑰图表明本地区常年风向频率和建筑的朝向，如图 6—1 中右下角的风向频率玫瑰图。

二、施工总平面图的绘制要求

1. 内容全面

利用文字表格或者专业图例说明设计思想、设计内容、园林设施等。

2. 布局合理

在绘制图样之前，需要根据出图的要求确定适宜的图幅，再根据图样上的尺寸和图幅大小确定合适的绘图比例。总平面图中包含图样、文字说明、图名、比例、风向频率玫瑰图等内容，所以在绘制时一定要注意各个组成部分之间的布局，充分合理地利用图纸空间。

3. 艺术美观

总平面图是展示园林设计项目总图效果的最主要的图样，所以在图面的表现方面应该结合平面构图原理以及美学原则，增强图面的艺术表现力和感染力。

任务实施

一、识读施工总平面图

如图 6—1 所示某宾馆接待厅的总平面图的读图步骤见表 6—2。

表 6—2　　某宾馆接待厅总平面图的读图步骤

读图步骤	应了解的内容
1. 看图名，浏览平面图，并看风向玫瑰图	从图中可以看到，本平面图反映的是某宾馆的接待厅，采用的比例是 1∶500。浏览平面图，了解设计意图和工程性质、明确新建建筑物的平面位置，了解总体布局情况、设计范围和朝向。本次工程是在原宾馆的西侧建造一座四层的接待厅，以扩大原有建筑的用途和面积。在其西部还有五号房、六号房、八号房和九号房，北部有农技中心和招待所。整个区域的围墙采用的是镀锌铁丝网或篱笆墙。根据风向频率玫瑰图可以看到接待厅是坐南朝北的方向
2. 看尺寸标注和标高	根据坐标或尺寸查找施工放线的依据。接待厅的定位是以原有的围墙为定位基准，尺寸单位为“m”。从标高尺寸中可以看到：接待厅的底层标高为 -0.450 m，室外地坪标高为 -1.050 m

二、绘制施工总平面图

如图 6—1 所示某宾馆接待厅总平面图的绘图步骤见表 6—3。

表 6—3 接待厅总平面图的绘图步骤

绘图步骤	图示
1. 选择合适比例 为了全面反映接待厅周围的建筑、道路、绿化等环境要素，本例采用 1∶500 的比例来进行绘制	
2. 绘制建筑物和道路等的平面投影 利用粗实线绘制接待厅的平面图，用细实线绘制原有建筑物和原有道路	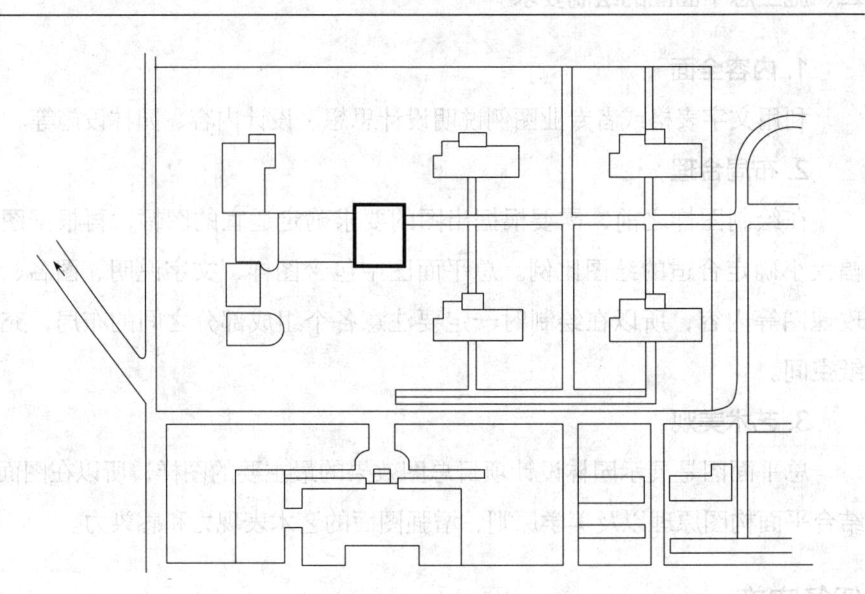
3. 标注尺寸 标注新建建筑物的定位尺寸，底层标高，等高线的高程，室外地面的标高等尺寸	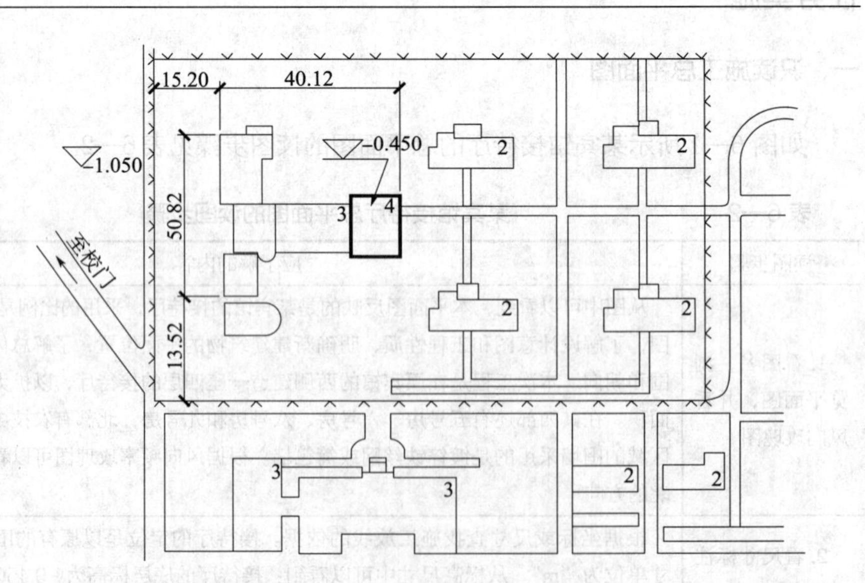

续表

绘图步骤	图示
4. 绘制风向频率玫瑰图和绿化所用树木的图例，注写图名、比例、各建筑物名称等	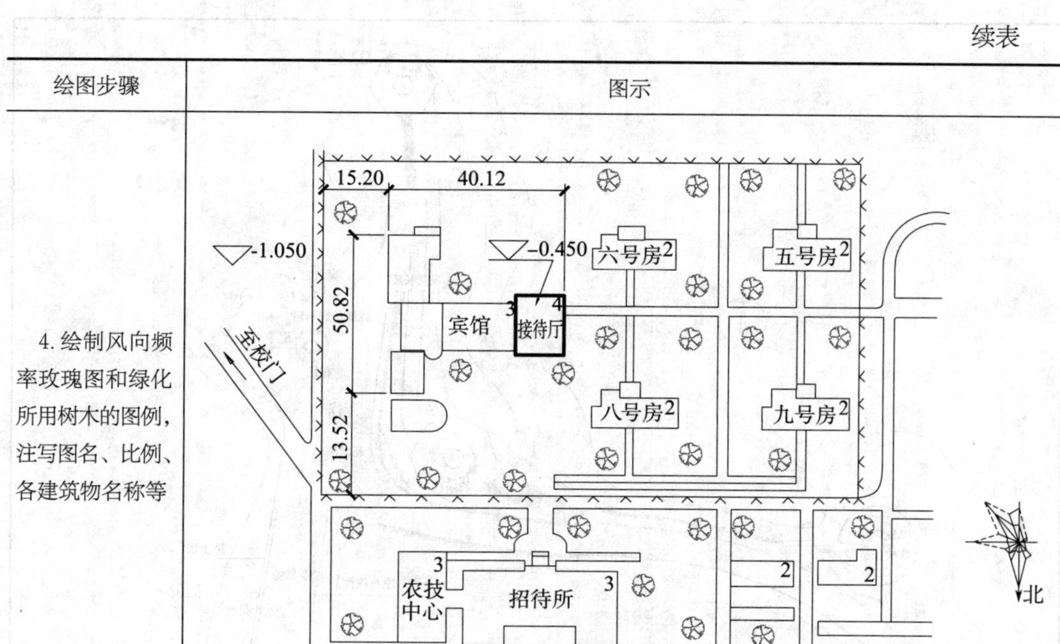

思考与练习

读懂如图 6—2 所示观景长廊的总平面图，了解长廊的地理位置、周围建筑群情况等，并抄绘该图。

任务二　识读与绘制接待厅建筑平面图

任务目标

◇了解建筑平面图的作用及包含的内容

◇掌握建筑平面图的读图步骤

◇掌握正确绘制建筑平面图的方法

任务提出

识读并绘制如图 6—3 所示接待厅底层的建筑平面图。要求结合专业知识，读懂建筑平面图图示的内容，了解建筑平面图所起的作用，掌握绘制建筑平面图的基本方法。

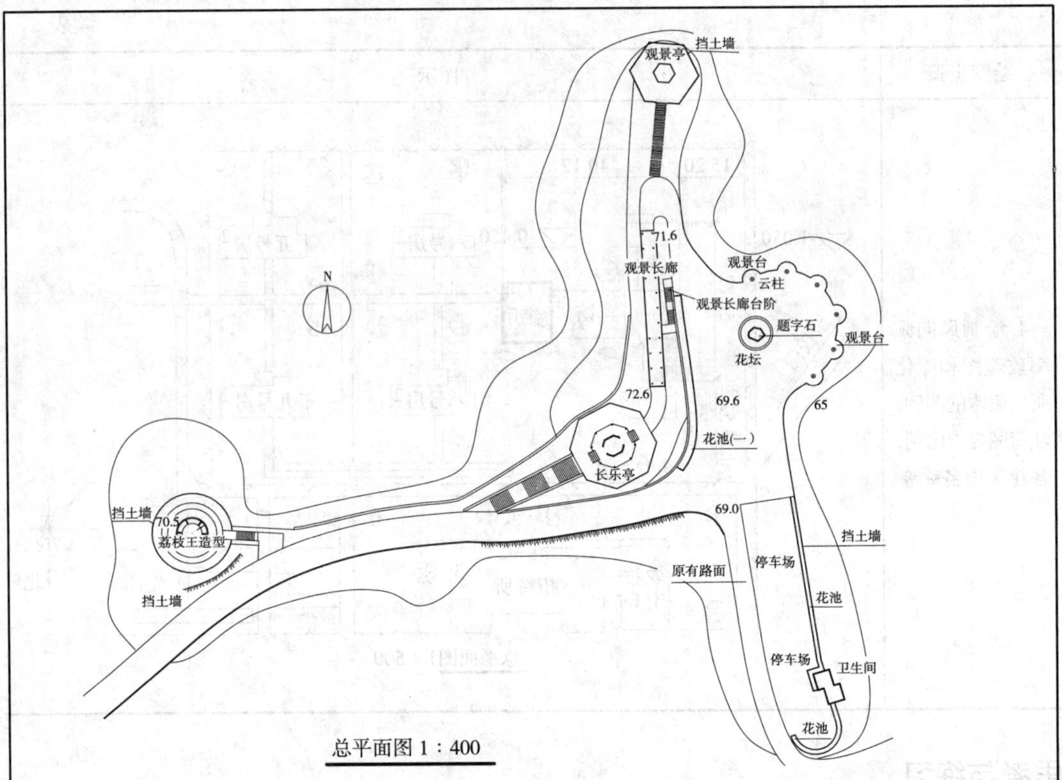

总平面图 1∶400

××职业技术学院				建设单位	××农业示范区建设领导小组办公室	
				工程名称	××农业示范区 名优水果生产现代化功能区综合规划设计	
审定		制图			工程编号	
审核		专业负责人			图别	
设计		项目负责人			图号	
核对					日期	

图 6—2 观景长廊总平面图

任务分析

建筑平面图是用一个水平剖切平面，沿建筑物的门窗洞口处将整幢建筑剖开，向下作正投影得到的一个全剖面图。它主要表示建筑物的平面形状、水平方向各部分（如出入口、走廊、楼梯、房间、阳台等）的布置和组合关系、门窗位置、墙和柱子的布置及其他建筑构配件的位置和大小等。多层建筑若各层的平面布置不同，应画出各层平面图。如图6—3和图6—4分别为接待厅的底层建筑平面图和二层建筑平面图。

建筑平面图是建筑设计中最基本的图样，常用于表现建筑方案，并为以后的详细设计提供依据。建筑平面图上包含哪些内容？图中的图例有什么具体要求？

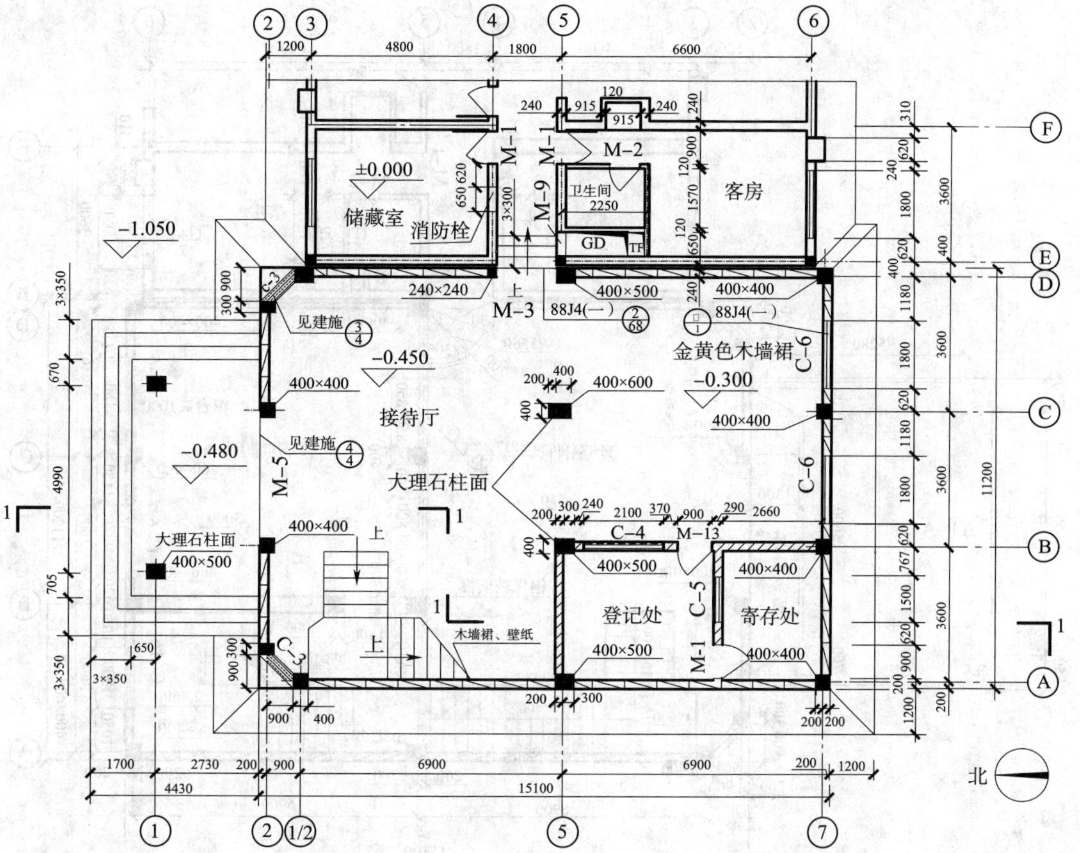

底层平面图 1：100

图 6—3　接待厅底层建筑平面图

相关知识

一、建筑平面图的内容

建筑平面图主要表示建筑物内部空间的划分、房间名称、出入口的位置、墙体的位置、主要承重构件的位置、其他附属构件的位置，并配合适当的尺寸标注和位置说明。

多层房屋若各层的平面布置不同，应画出各层平面图。如图 6—3、图 6—4、图 6—7 分别是接待厅底层、二层、三层（四层）的建筑平面图。

二、建筑平面图的要求

1. 标明图名（含楼层）、比例和指北针

在图纸的下方标注清楚图纸的名称，如接待厅底层建筑平面图、接待厅二层建筑平面图等。

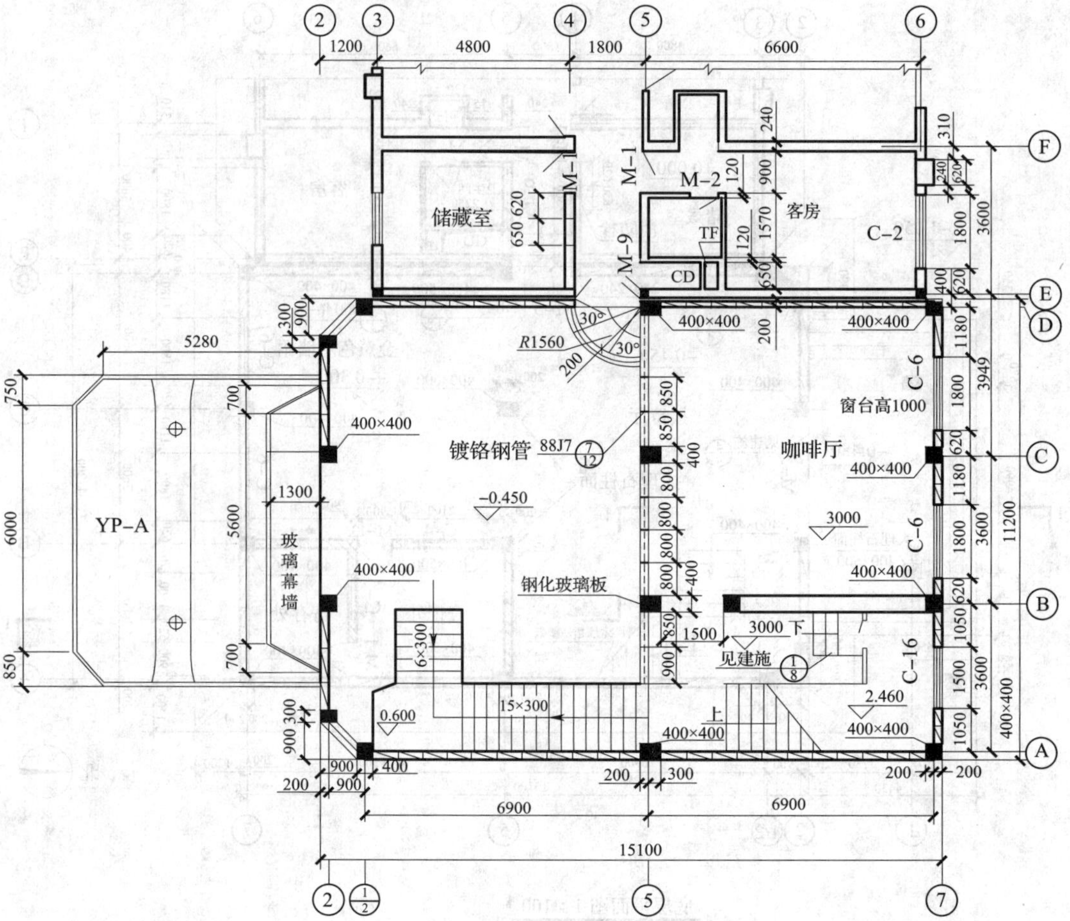

二层平面图 1 : 100

图 6—4　接待厅二层建筑平面图

在绘制建筑平面图之前，首先要根据建筑物形体的大小选择合适的绘制比例，通常可选用 1 : 50、1 : 100、1 : 200 的比例，如果要绘制局部放大图样，可选用 1 : 20、1 : 50 的比例。

对于单层建筑或多层建筑的底层平面图，应该标注指北针，以标明建筑物的朝向。

2. 线型要求

在建筑平面图中，凡是被剖切到的主要构造（如墙、柱等），断面轮廓线均用粗实线绘制，墙柱轮廓都不包括粉刷层厚度，粉刷层在 1 : 100 的平面图中不必画出，在 1 : 50 或更大比例的平面图中用粗实线画出粉刷层厚度。被剖切到的次要构造的轮廓线及未被剖切平面剖切的可见轮廓线用中粗实线绘制（如窗台、台阶、楼梯、阳台等），尺寸线、图例线、索引符号等用细实线绘制。

3. 门、窗的画法及编号

门、窗的平面图画法应按建筑平面图图例绘制。其中用 45° 中粗线表示门的开启方向，用两条平行细实线表示窗框及窗扇的位置。门的名称代号是 M，窗的名称代号是 C，编号形式如 M-1、C-3 等。常用的建筑图例见表 6—4。

表 6—4　　**常用建筑图例**

——参考《建筑制图标准》(GB/T 50104—2010)

名称	图例	备注
空门洞	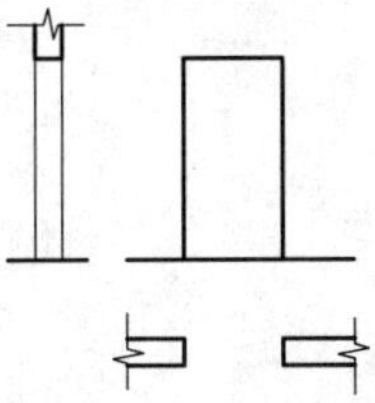	1. 门的名称代号用 M 表示 2. 平面图中，下为外，上为内 门开启线为 90°、60° 或 45°，开启弧线宜绘出 3. 立面图中，开启线实线为外开，虚线为内开。开启线交角的一侧为安装合页一侧。开启线在建筑立面图中可不表示，在立面大样图中可根据需要绘出 4. 剖面图中，左为外，右为内 5. 附加纱窗应以文字说明，在平、立、剖面图中均不表示 6. 立面形式应按实际情况绘出
单面开启单扇门（包括平开或单面弹簧）	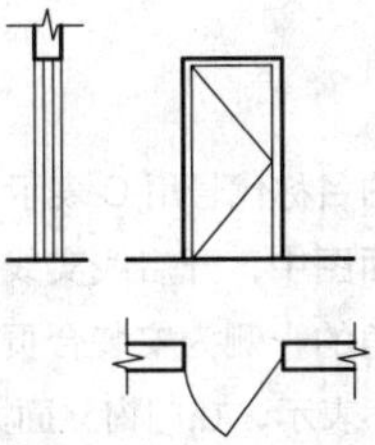	
双面开启单扇门（包括双面平开或双面弹簧）	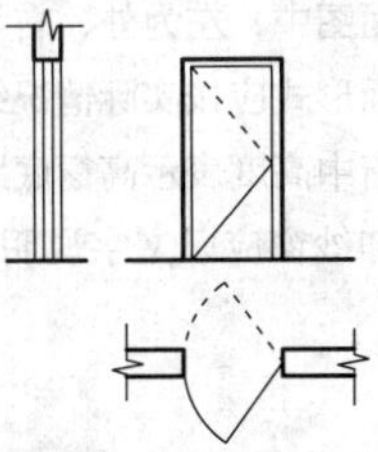	
单面开启双扇门（包括平开或单面弹簧）	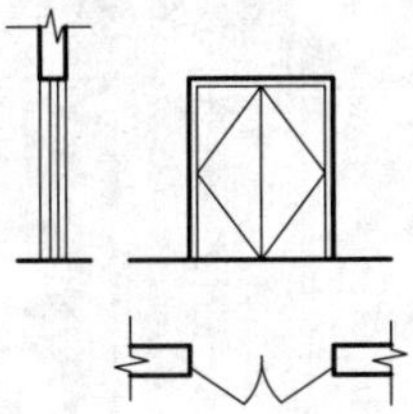	1. 门的名称代号用 M 表示 2. 平面图中，下为外，上为内 门开启线为 90°、60° 或 45°，开启弧线宜绘出 3. 立面图中，开启线实线为外开，虚线为内开。开启线交角的一侧为安装合页一侧。开启线在建筑立面图中可不表示，在立面大样图中可根据需要绘出 4. 剖面图中，左为外，右为内 5. 附加纱窗应以文字说明，在平、立、剖面图中均不表示 6. 立面形式应按实际情况绘出
双面开启双扇门（包括双面平开或双面弹簧）	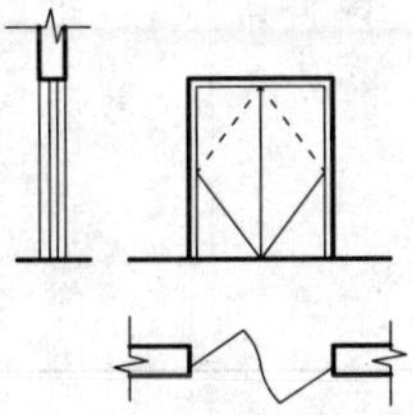	
双层双扇平开门	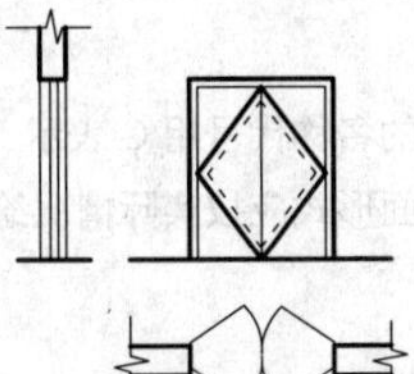	

续表

名称	图例	备注
固定窗		1. 窗的名称代号用 C 表示 2. 立面图中，开启线实线为外开，虚线为内开。开启线交角的一侧为安装合页一侧。开启线在建筑立面图中可不表示，在门窗立面大样图中需绘出 3. 剖面图中，左为外，右为内 4. 立面形式应按实际情况绘出 5. 高窗中高度表示高窗底距本层地面高度 6. 附加纱窗应以文字说明，在平、立、剖面图中均不表示
单层外开平开窗		
单层内开平开窗		
双层内外开平开窗		
高窗		
百叶窗		1. 窗的名称代号用 C 表示 2. 立面形式应按实际情况绘出

续表

名称	图例	备注
底层楼梯	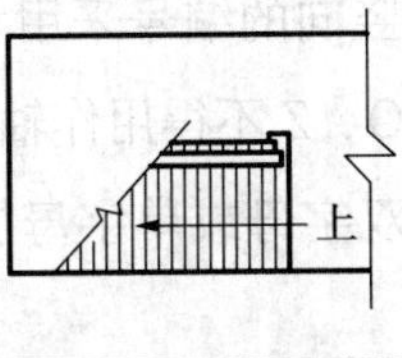 上	
中间层楼梯	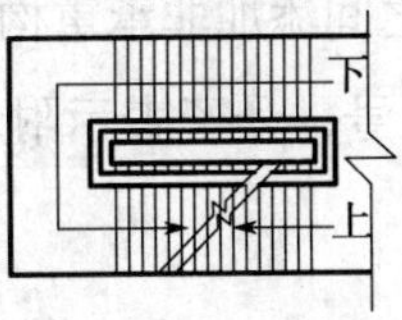 下 上	需设置靠墙扶手或中间扶手时，应在图中表示
顶层楼梯	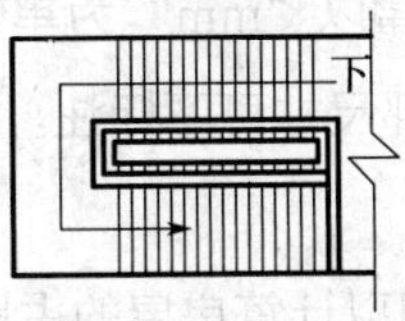 下	

4. 图示内容

（1）表明层次、图名、比例、定位轴线或分区的轴线及编号，底层平面图上绘出指北针，表示建筑物的朝向。

（2）房屋的平面形状、各层的平面布置情况和轴线定位尺寸、房间的分隔和组合、房间名称。

（3）墙、柱的断面形状、结构和大小，其他构配件的布置和必要尺寸。

（4）各种门、窗的位置、编号、门的开启方向。

（5）出入口、门厅、走廊、阳台、平台的布置，楼梯梯段的形式、走向和梯级数。

（6）地面、楼面、楼梯平台面、阳台、平台、台阶等处的标高。

（7）明沟、雨水管的布置，厕所、浴室内固定设施的布置。

（8）屋顶平面图应标明排水系统的布置和其他屋面以上设施的水平投影。

（9）底层平面图应标明剖面图的剖切位置、剖视方向和编号。

（10）详图索引符号。

5. 注明定位轴线及编号

在房屋的平面图上，为了便于施工时定位放线和查阅图样，一般应对承重构件的轴线进行编号，来确定建筑基础、墙、柱和梁等承重构件的相对位置，如图 6—4 所示。定

位轴线用细点画线绘制，其编号注写在轴线端部的圆内，圆应用细实线绘制，直径约为 8 mm。圆心在定位轴线的延长线上。根据建筑制图标准的规定，横向的编号应用阿拉伯数字 1、2、3 等，按照从左至右的顺序依次编写，竖向的编号采用大写拉丁字母 A、B、C 等，按照从下至上的顺序编写。但拉丁字母的 I、O、Z 不得用作轴线编号，以免与数字 1、0、2 相混淆。如果字母数量不够使用，可增用双字母或单字母加数字注脚，如 AA、BA…YA 或 A_1、B_1…Y_1 等。

对于结构比较复杂的建筑，还需要在定位轴线之间添加非承重构件的附加轴线。附加轴线的编号应以分数表示，分母表示前一轴线的编号，分子表示附加轴线的编号，如图 6—4 所示。

6. 尺寸标注

建筑图上，除标高以“m”为单位外，其余一律以“mm”为单位。建筑平面图应标出外部的轴线尺寸及总体尺寸，细部分段尺寸及内部尺寸可不标注。在底层平面图上，为了便于施工，外墙通常要标注三道尺寸：

最外一道尺寸是表示建筑的总长和总宽尺寸，用以计算房屋的占地面积等；

第二道尺寸是墙、柱轴线间的尺寸，用以说明房间的开间和进深；

第三道尺寸是表示外墙的细部尺寸，用以说明门窗洞宽度和位置等。

室内通常注有墙身厚度及房间的净长和净宽、内门的宽度和位置，以及其他细部尺寸。此外，在平面图中还应注明室内外地面、楼梯平台面的标高，数值均为相对标高，一般以底层室内地面为标高零点，标注为 ±0.000。如图 6—5 所示。

其他各层平面图上，除标注出轴线间尺寸和总尺寸外，其余与底层平面图相同的细部尺寸均可省略。

7. 注明索引符号和剖切符号

绘制其他构件，如门窗、台阶、坐凳等，若需要给出补充图样，应该在对应位置采用索引符号进行标注，图 6—3 中东北角的窗户 C-3 就给出了索引符号 $\frac{3}{4}$，标明该窗户的详图对应的图样编号。索引符号应该采用直径为 8 ~ 10 mm 的细实线圆，具体含义如图 6—6 所示。

当需要绘制剖切详图时，应在平面图上标出剖切位置和剖视方向，如图 6—3 中的 1—1 阶梯剖面的剖切符号。

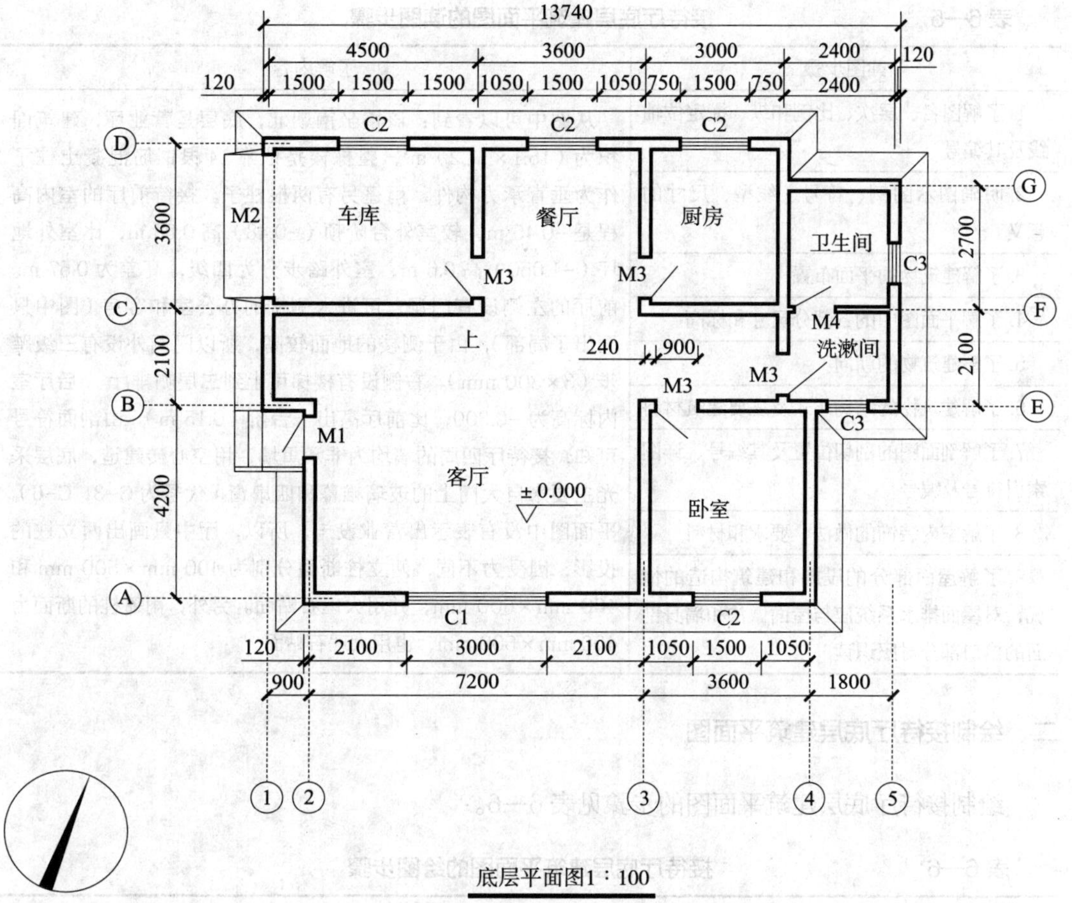

底层平面图1：100

图 6—5　房屋的尺寸标注

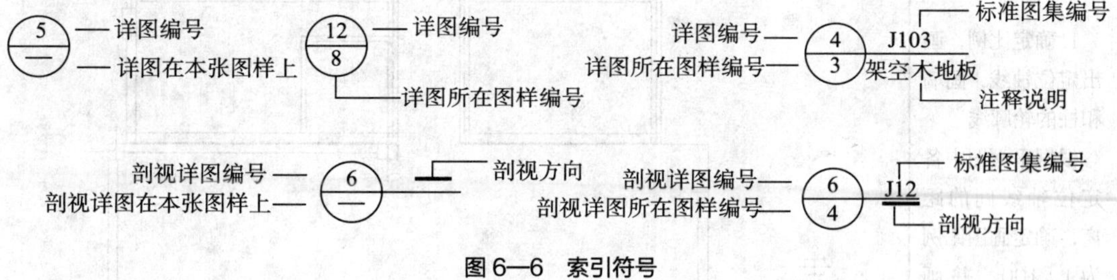

图 6—6　索引符号

任务实施

一、识读接待厅底层建筑平面图

识读如图 6—3 所示接待厅底层建筑平面图的步骤见表 6—5。

表 6—5 接待厅底层建筑平面图的读图步骤

读图步骤	了解内容
1. 了解图名、层次、比例和纵、横定位轴线及其编号	从图中可以看到：该楼坐南朝北，底层是营业厅，建筑面积为（15.1×11.2）m^2，整栋楼是依靠 14 根钢筋混凝土柱子作为垂直承力构件，雨篷另有两根柱子。接待前厅的室内高程是 -0.45 m，较室外台阶顶（-0.48）高 0.03 m，比室外地坪（-1.050）高 0.6 m，室外踏步分为四级，高差为 0.57 m。前厅的左侧设有门洞，可进入侧楼的办公室和客房（图中只画出了局部），由于侧楼的地面较高，所以门洞外设有三级踏步（3×300 mm）。右侧设有楼梯可上到二层咖啡厅。后厅室内标高为 -0.300，比前厅高出一台阶（0.15 m）。由剖面符号可知，接待厅四周的墙均为非承重墙，用空心砖建造，底层采光主要来自大门上的玻璃帷幕和四扇窗（代号为 C-3，C-6）。平面图中没有表示出营业设施，所以，厅中只画出两立柱的投影，因受力不同，两立柱断面分别为 400 mm×500 mm 和 400 mm×600 mm，并用大理石贴面。另外，雨篷柱的断面为 400 mm×500 mm，也用大理石贴面
2. 明确图示图例、符号、线型、尺寸的意义	
3. 了解建筑物的平面布置	
4. 了解平面图中的各部分尺寸和标高	
5. 了解建筑物的朝向	
6. 了解建筑物的结构形式及主要建筑材料	
7. 了解剖面图的剖切位置及其编号、详图索引符号及编号	
8. 了解室内装饰的做法、要求和材料	
9. 了解屋面部分的设施和建筑构造的情况，对屋面排水系统应与屋面做法和墙身剖面的檐口部分对照识读	

二、绘制接待厅底层建筑平面图

绘制接待厅底层建筑平面图的步骤见表 6—6。

表 6—6 接待厅底层建筑平面图的绘图步骤

绘图步骤	图示
1. 确定比例，画出定位轴线，画墙和柱的轮廓线 根据平面图中各定位轴线间的距离，确定画图比例为 1∶100，并画出墙、柱的轴线。根据墙身的厚度和柱子的大小，以及它们与轴线的相关尺寸，画出墙和柱的轮廓线	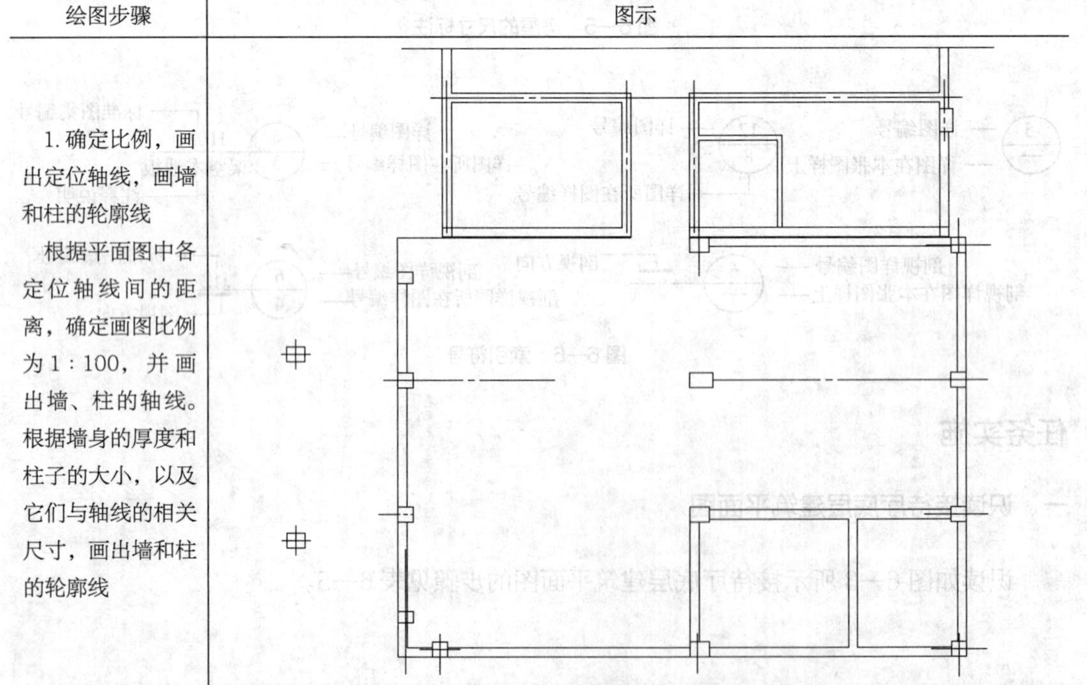

续表

绘图步骤	图示
2. 绘制细部构造 画出门、窗、台阶、楼梯、卫生间和其他细部构造	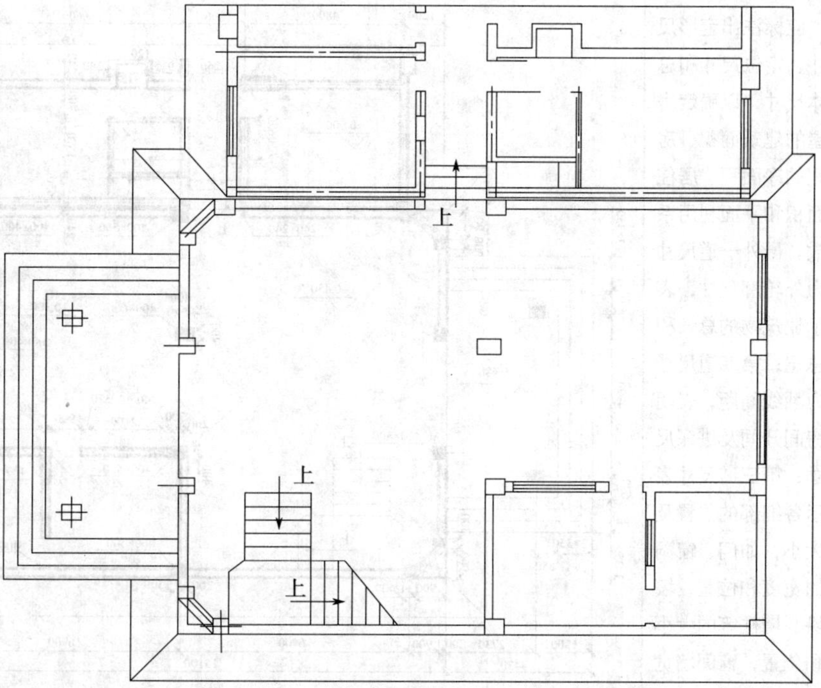
3. 检查、加深图线 检查全图，擦去多余作图线，加深图线。对剖切到的墙、柱等采用粗实线绘制，门的开启方向线用细实线绘制，未剖到的构造线用中粗线绘制	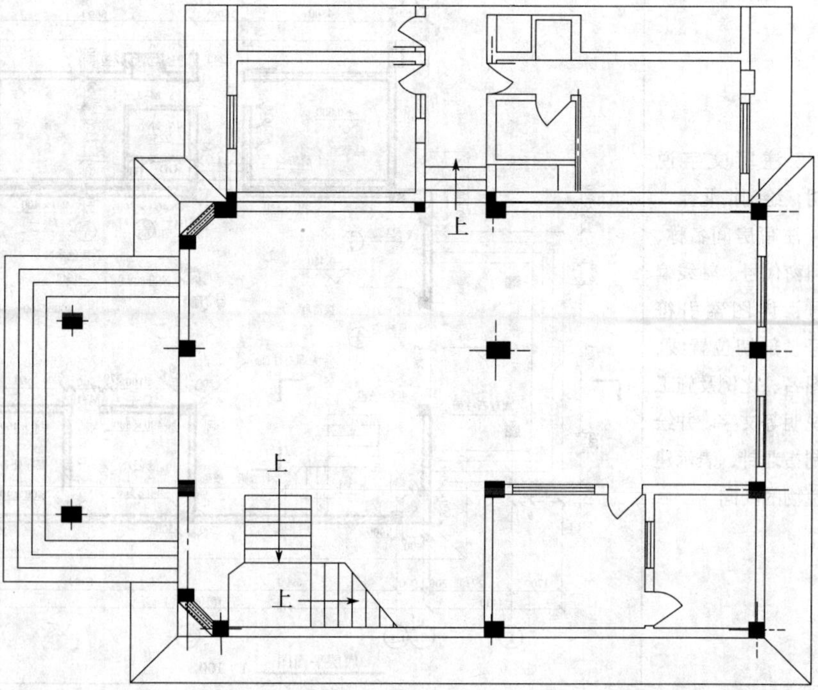

续表

绘图步骤	图示
4. 标注尺寸 应标注出定形尺寸、定位尺寸和总体尺寸，以确定房屋的建筑面积、房间的净面积、居住面积和平面利用系数。最外一道尺寸为外轮廓尺寸，表示建筑物的总长和总宽；第二道尺寸为轴线间距，表明房间开间及进深尺寸；第三道尺寸表示各细部的位置及大小，如门、窗洞的宽度和位置，墙垛、墙柱等的大小和位置，窗间墙宽度等	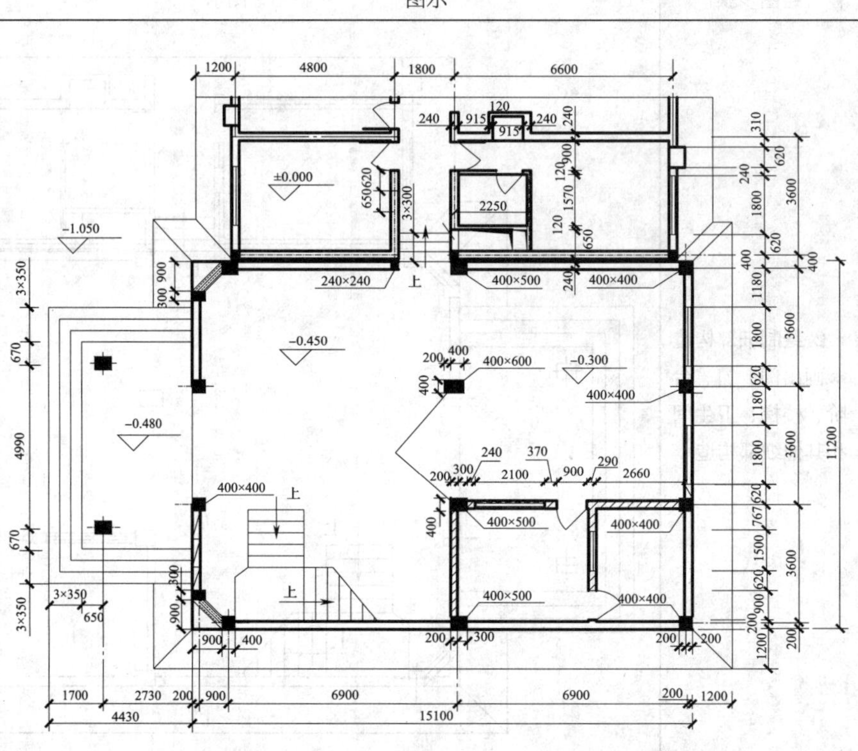
5. 注写文字说明，绘制指北针 注写房间名称、门窗代号、轴线编号、详图索引符号、剖切位置线、图名、比例及施工说明等文字。并绘制指北针，表示建筑物的朝向	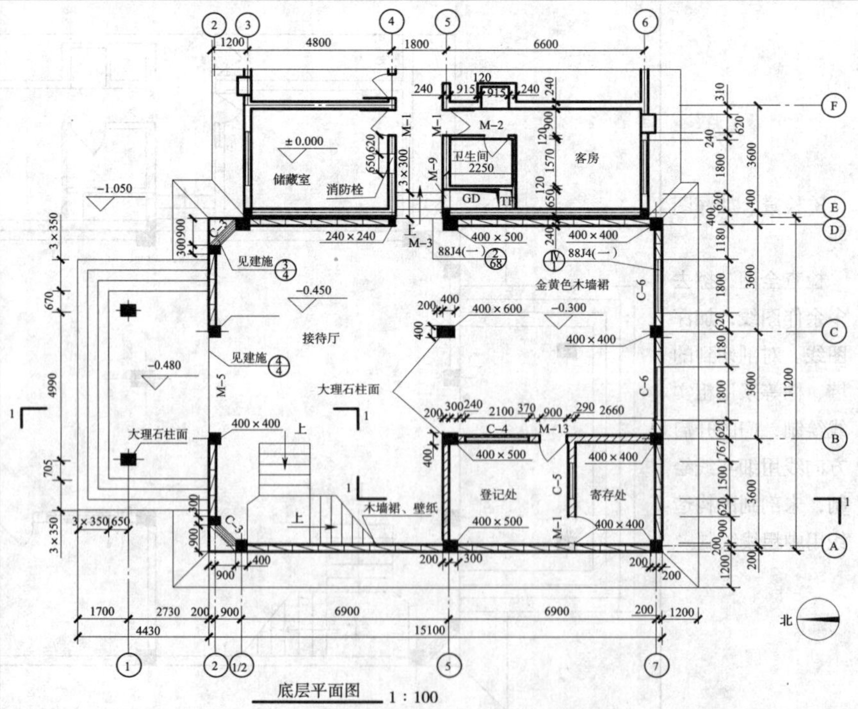
6. 检查、完成作图	

思考与练习

1. 阅读并绘制如图 6—4 和图 6—7 所示接待厅二层建筑平面图和三层（四层）建筑平面图，全面了解接待厅每层的功能和整体布置情况等。

2. 阅读并绘制如图 6—8 所示观景长廊的建筑平面图，要求绘制内容完整、图线正确。

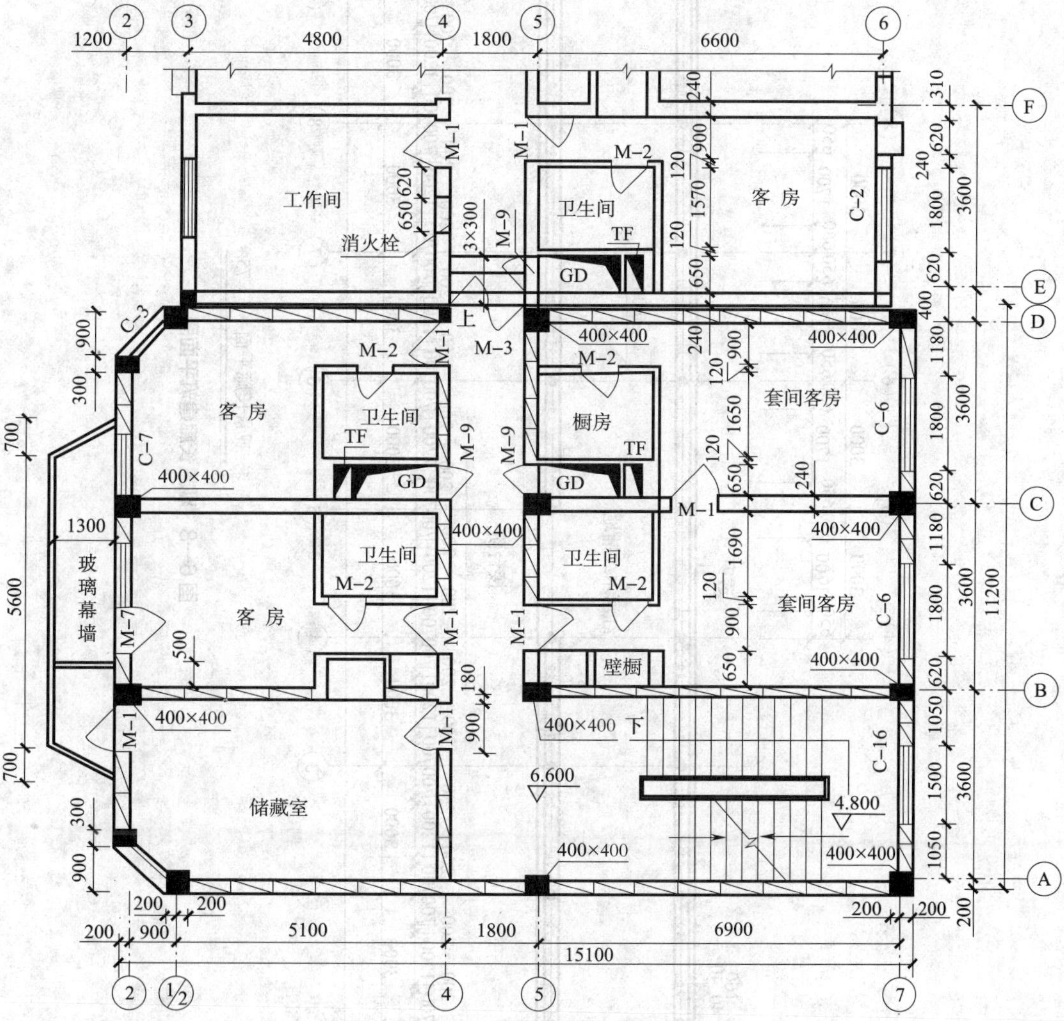

图 6—7　接待厅三层（四层）建筑平面图

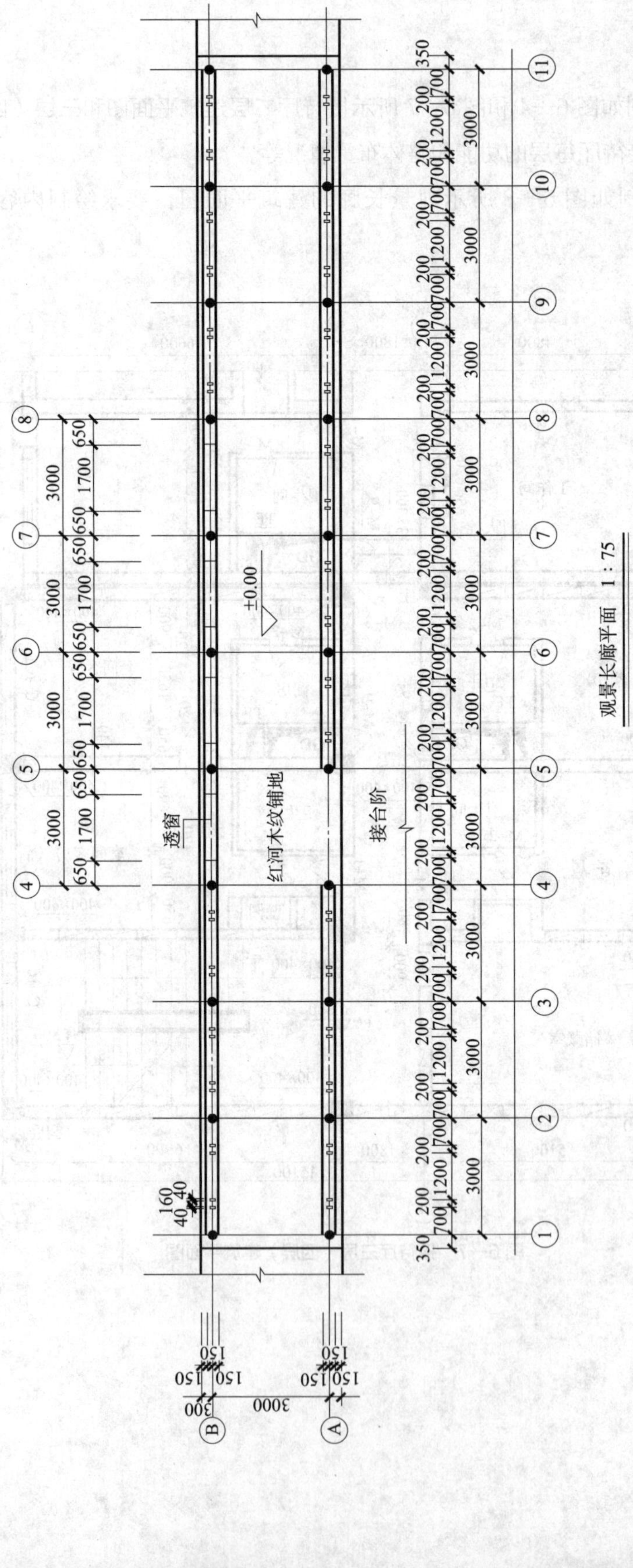

观景长廊平面　1∶75

图 6—8　观景长廊建筑平面图

任务三　绘制接待厅立面图

任务目标

◇了解建筑立面图的形成及用途

◇了解建筑立面图包含的内容

◇掌握绘制建筑立面图的方法

任务提出

绘制如图 6—9 所示接待厅的北立面图，要求反映内容完整，图线使用正确。

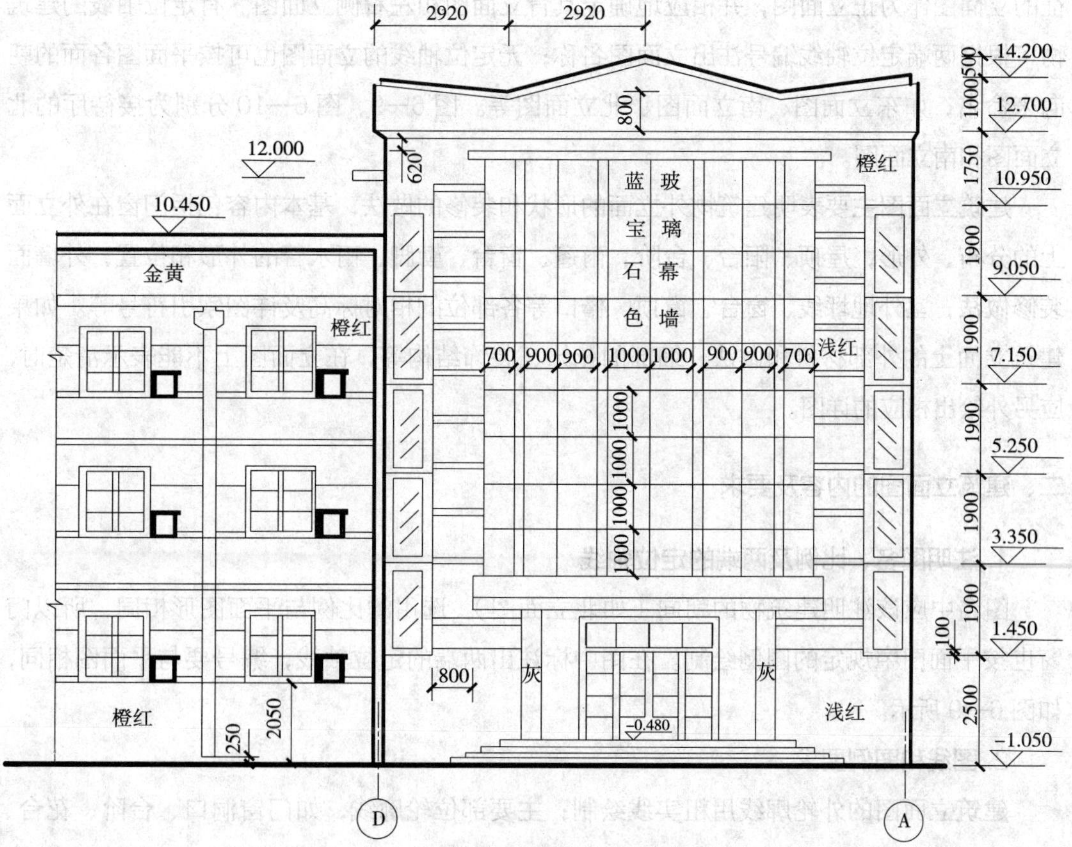

图 6—9　接待厅北立面图

任务分析

建筑立面图是向与建筑物立面平行的投影面上投影所得到的正投影图，简称立面图，主要反映建筑物的形体外观、外部装饰材料等。

图 6—9 是图 6—3、图 6—4、图 6—7 所示接待厅的立面图。那么，该立面图上能反映哪些内容？绘制时有什么具体要求呢？

相关知识

一、建筑立面图及应用

建筑物不同方向的立面投影图，称为建筑立面图。建筑立面图应包含投影方向可见的建筑外轮廓线和墙面脚线、构配件、墙面装饰法等。

建筑物的立面图可有多个，通常把反映主要出入口或比较显著地反映建筑物的外貌特征的立面图作为正立面图，并相应地确定其背立面图和左右侧立面图。有定位轴线的建筑物可根据两端定位轴线编号注出立面图名称；无定位轴线的立面图也可按平面图各面的朝向来命名，如东立面图、南立面图、北立面图等。图 6—9、图 6—10 分别为接待厅的北立面图和南立面图。

建筑立面图主要表明建筑物外立面的形状和装修的做法，基本内容包括门窗在外立面上的分布、外形，屋顶、阳台、台阶、雨篷、窗台、勒脚、雨水管的外形和位置，外墙面装修做法，室外地坪线、窗台、窗顶、檐口等各部位的相对标高及详图索引符号等。如果建筑立面上的外部材料和做法，细部的花饰、装饰结构等，在立面图上不能表示清楚时，应另外绘出相应的详图。

二、建筑立面图的内容及要求

1. 注明图名、比例及两端的定位轴线

图名中应该注明建筑物的朝向（如北立面图）。选用的比例与平面图形相同，所以门窗也按平面图中规定的图例绘制。在图中标注出两端的定位轴线，编号要与平面图相同，如图 6—9 所示。

2. 图线和图例要求

建筑立面图的外轮廓线用粗实线绘制；主要部位轮廓线，如门窗洞口、台阶、花台、阳台、雨篷、柱、勒脚线等轮廓线用中粗实线绘制；次要部位的轮廓线，如门窗扇的分格线、栏杆、装饰脚线、墙面分格线、雨水管等用细实线绘制；地坪线用加粗线（1.4b）绘制，以增强建筑物的稳定感。

立面图用图例或者文字标注出建筑物外墙或者其他构件所采用的材料、做法等。立面图上的门、窗等构造按照《建筑制图标准》(GB/T 50104—2010)规定的图例(见表 6—4)绘制。

3. 尺寸标注

在建筑立面图中应标出外墙各主要部位的标高，如室外地面、台阶、窗台、门窗上口、阳台、檐口等处的标高。尺寸标注应标注上述各部位相互之间的尺寸，要求标注尺寸排列整齐，力求图面清晰。

4. 图示内容

(1) 表示图名、比例、两端的定位轴线或分段的轴线及编号。

(2) 反映房屋的外部造型，外墙面、阳台、雨篷以及勒脚和其他线脚的装饰材料、色彩和做法。

(3) 门、窗、窗台的形状、位置及其开启方向。

(4) 屋顶的形状以及其他构配件，如檐口、落水管、雨篷、阳台、花池、台阶所在位置和形式、做法要求。

(5) 建筑物的总高度和外墙的各主要部位的标高。

(6) 各部分构造、装饰节点详图的索引符号及墙身剖面图的位置。

任务实施

如图 6—9 所示接待厅的北立面图的绘图步骤见表 6—7。

表 6—7　　接待厅北立面图的绘图步骤

绘图步骤	图示
1. 确定比例，画出室内外地坪线、墙体的结构中心线、内外墙及屋面构造厚度。根据平面图中两端定位轴线间的距离，确定画图比例为 1 : 100。外墙轮廓线根据平面图的外部第一道尺寸画出，并根据平面图中的轴线 *A* 和 *D* 的距离绘制两端定位轴线	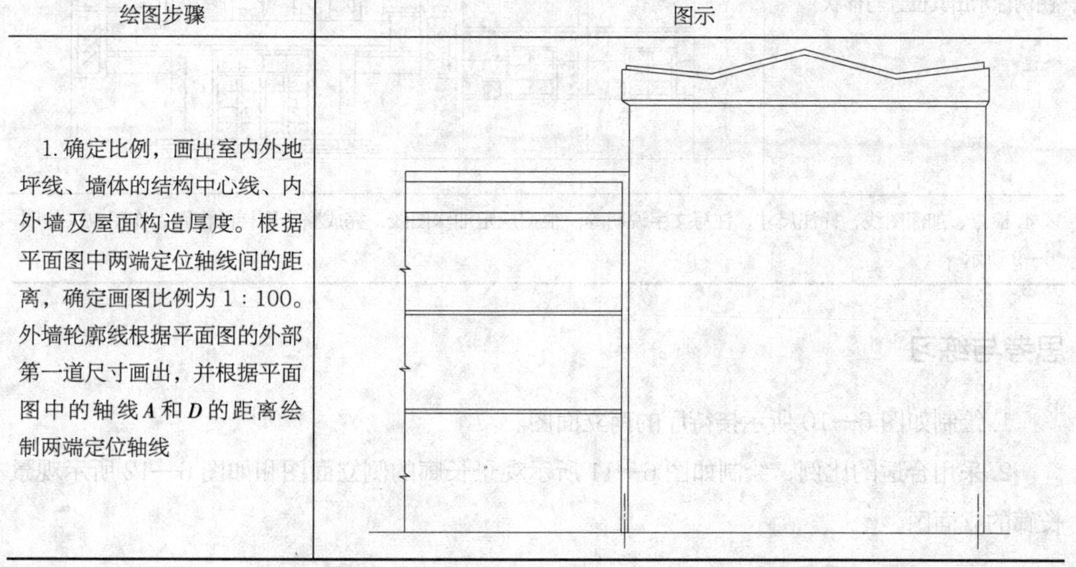

续表

绘图步骤	图示
2. 画出门窗位置和大小，及玻璃幕墙和雨篷的位置。根据平面图图示位置和宽度画出门窗。根据立面图上的尺寸画出玻璃幕墙和雨篷	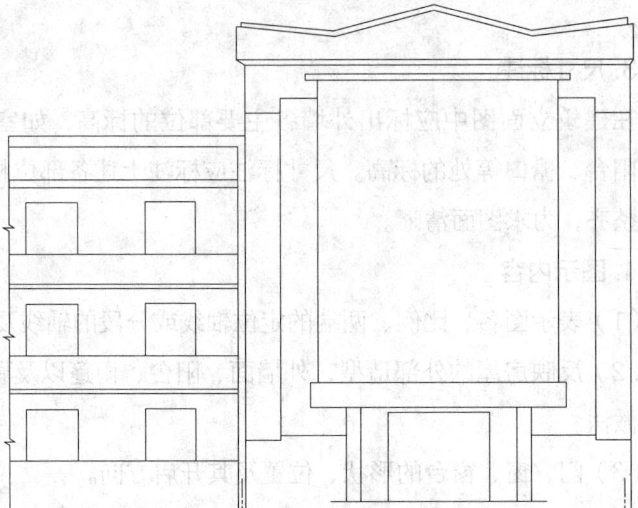
3. 绘制门窗、窗台、台阶、雨篷、阳台、空调机、玻璃幕墙、檐口、勒脚、落水管等细节。对于门窗扇、檐口、墙面等画出复杂装饰，而其他均用图例标示出其位置与形状	
4. 检查、加深图线，标注尺寸，注写文字说明等。根据规定加深图线，完成整个图样的作图，作图效果如图6—9 所示	

思考与练习

1. 绘制如图 6—10 所示接待厅的南立面图。

2. 采用合适的比例，绘制如图 6—11 所示观景长廊的侧立面图和如图 6—12 所示观景长廊的立面图。

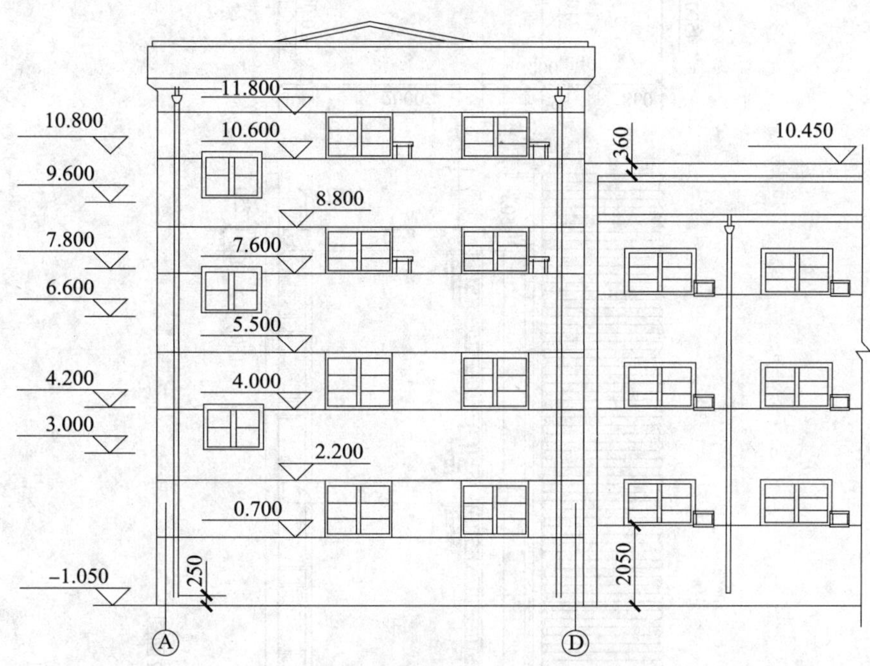

南立面图1：100

图 6—10　接待厅的南立面图

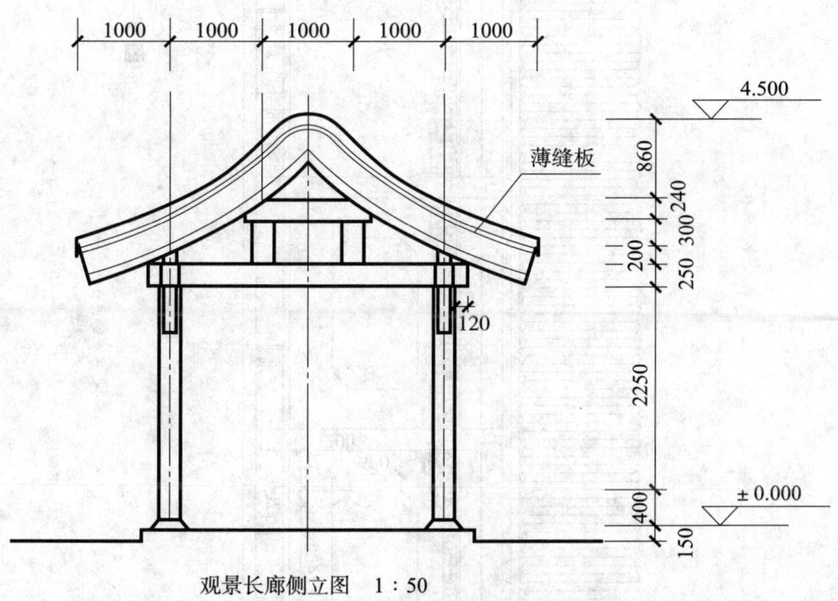

观景长廊侧立图　1：50

图 6—11　观景长廊侧立面图

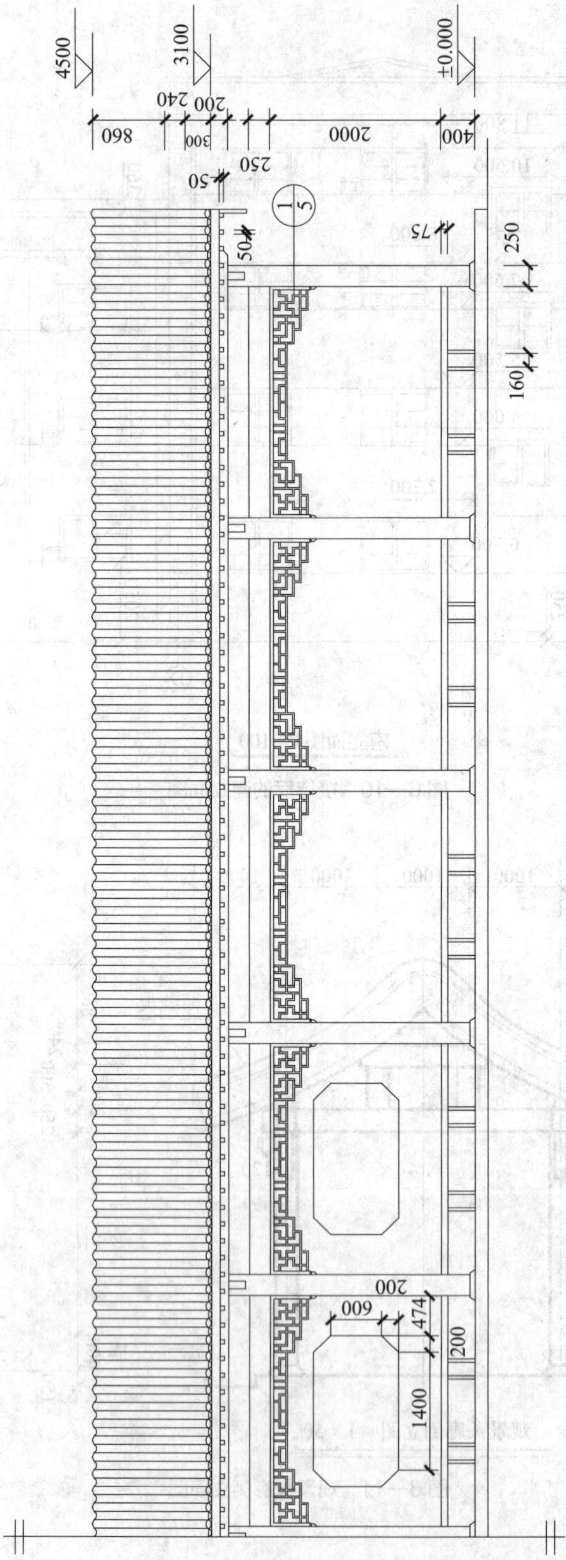

图 6—12　观景长廊立面图

任务四 绘制接待厅剖面图

任务目标

◇了解建筑剖面图的形成及作用
◇了解建筑剖面图包含的内容
◇掌握绘制建筑剖面图的方法

任务提出

绘制如图 6—13 所示接待厅的建筑剖面图。要求图形绘制正确，表达内容完整，线型运用准确，尺寸标注完整。

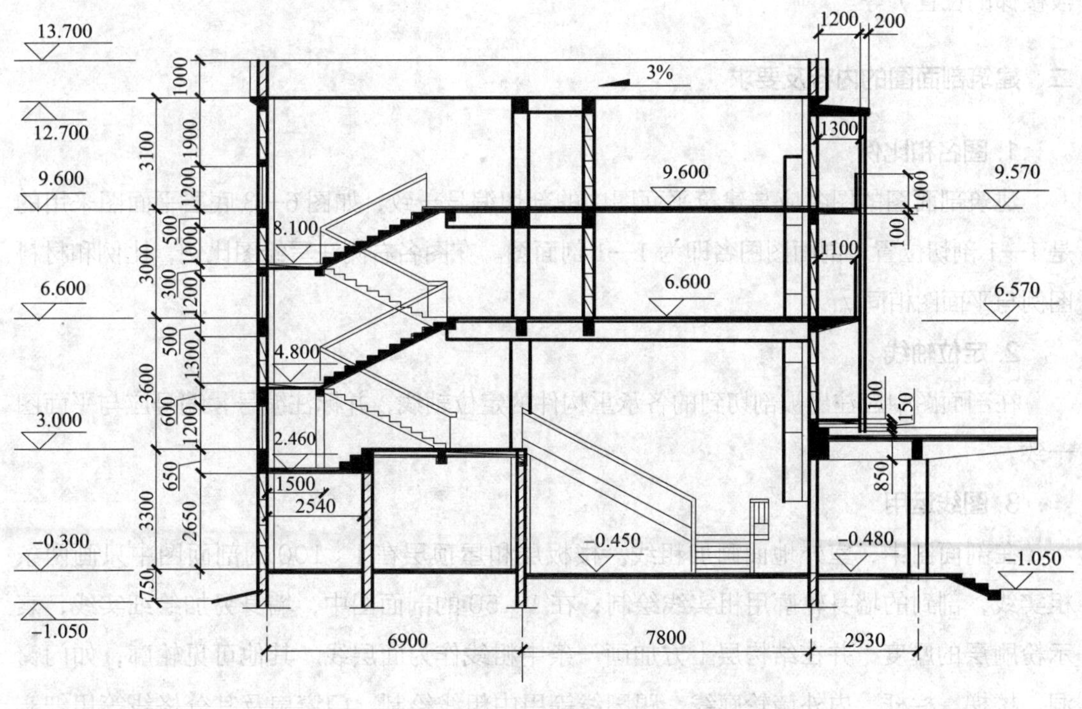

图 6—13 接待厅建筑剖面图

任务分析

建筑剖面图是表示建筑物内部结构及各部位标高的图样，它是假想利用一个铅垂面

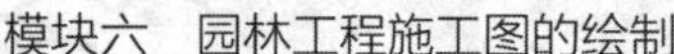

剖开建筑物后所绘制的图样。剖切平面的位置通常取在门、窗洞及构造比较复杂的典型部位，以表示房屋内部垂直方向上的内外墙、各楼层和休息平台、屋面等的构造和相对位置。

图 6—13 是接待厅的建筑剖面图，该建筑剖面图上有哪些内容？绘制时有什么具体要求呢?

相关知识

一、建筑剖面图的作用

建筑剖面图的主要作用是与平面图、立面图相配合，共同表达地面（或基础）以上建筑物内部垂直方向的结构和构造，是建筑施工图中不可缺少的图样。

建筑剖面图主要表示建筑内部的空间布置、分层情况，结构、构造的形式和关系，装修要求和做法，使用材料及建筑各部位高度（如房间的高度、室内外高差、屋顶坡度、各段楼梯的位置）等。

二、建筑剖面图的内容及要求

1. 图名和比例

建筑剖面图的图名应与建筑平面图中的剖切编号一致，如图 6—3 底层平面图采用的是 1—1 剖切位置，剖面图图名即为 1—1 剖面图。在图名右侧注写绘图比例，比例和材料图例与平面图相同。

2. 定位轴线

在剖面图中应注出被剖切到的各承重构件的定位轴线，并标注编号，编号应与平面图一致。

3. 图线运用

在剖面图中，室外地面画加粗线。楼板层和屋顶层在 1∶100 的剖面图中只画两条粗实线，剖到的墙身轮廓用粗实线绘制；在 1∶50 的剖面图中，墙身另加绘细实线，表示粉刷层的厚度，并在结构层上方加画一条中粗线作为面层线。其他可见轮廓，如门窗洞、楼梯、栏杆、内外墙轮廓线、踢脚线等用中粗线绘制。门窗扇及其分格线等用细实线绘制。

4. 标注尺寸及详图索引标志

在剖面图中应标注出垂直方向上的分段尺寸和标高。

一般垂直方向上的分段尺寸分为三道：最内一道是门窗洞、洞间墙及勒脚等的高度尺寸；中间一道是层高尺寸，主要表示各层次的高度；最外道是总高尺寸，表示室外地面到楼顶的总高度。

标高有建筑标高和结构标高之分。建筑标高实质是内外地面、楼面、楼梯平台面、檐口顶面等完成装饰层装修之后的上皮表面的相对标高。结构标高是指梁、板等承重构件的下皮表面（不包括装饰层的厚度）的相对标高。

5. 图示内容

（1）标明图名、比例、外墙的定位轴线。

（2）剖到的室内外地面、楼板层、屋顶面、内外墙、楼梯梯段及休息平台、台阶、雨篷、阳台、门窗以及门窗过梁、圈梁、檐口等的形状和位置。

（3）未剖到的可见部分的形状和位置。

（4）房屋各层的标高和高度方向的尺寸。

（5）构造、装饰详图索引标志。

（6）用料和做法说明。

任务实施

如图 6—13 所示接待厅剖面图的绘图步骤见表 6—8。

表 6—8　　**接待厅剖面图的绘图步骤**

绘图步骤	图示
1. 确定比例，绘制图形控制线。画出室内外地坪线，楼面线、屋面线和定位轴线。绘图比例采用 1∶100	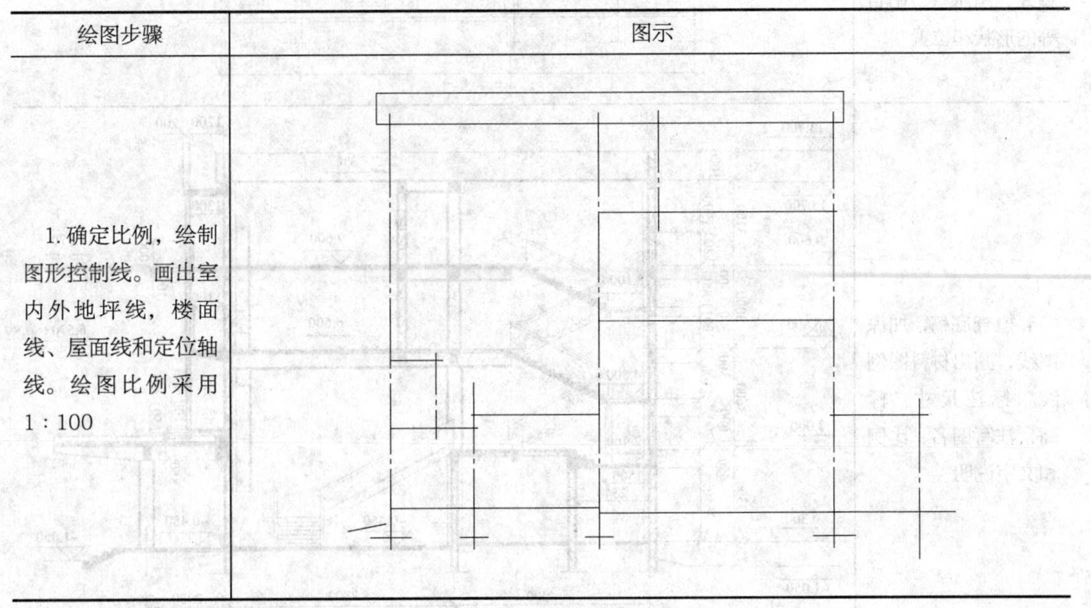

续表

绘图步骤	图示
2. 根据图上的尺寸，画出内外墙身、楼板层、地面层、屋面层、各种梁、女儿墙等的构造高度	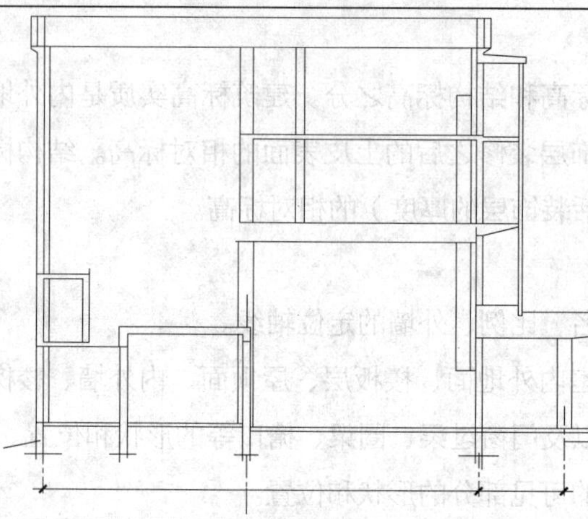
3. 画出门窗、楼梯的位置和其他细部构造的结构。如门窗、雨篷、檐口、台阶、楼梯平台、栏杆等的位置、形状及图例。并绘制剖切到的可见部分的轮廓线，如踢脚线、雨水管、阳台等的形状和位置	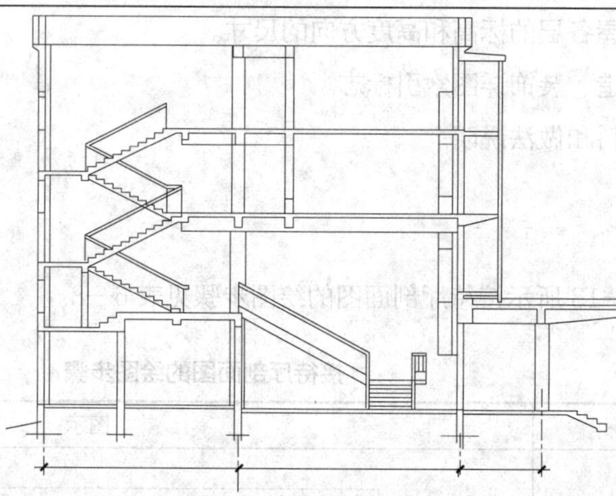
4. 检查底稿，加深图线，画出材料图例线。标注尺寸、标高，注写图名、比例和文字说明	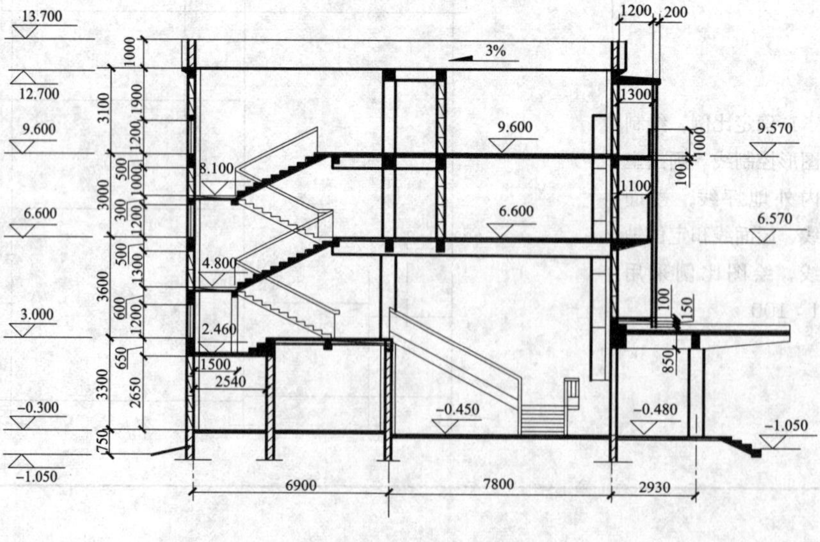 1-1剖面图 1：100

思考与练习

绘制如图 6—14 所示观景长廊的纵剖面图。

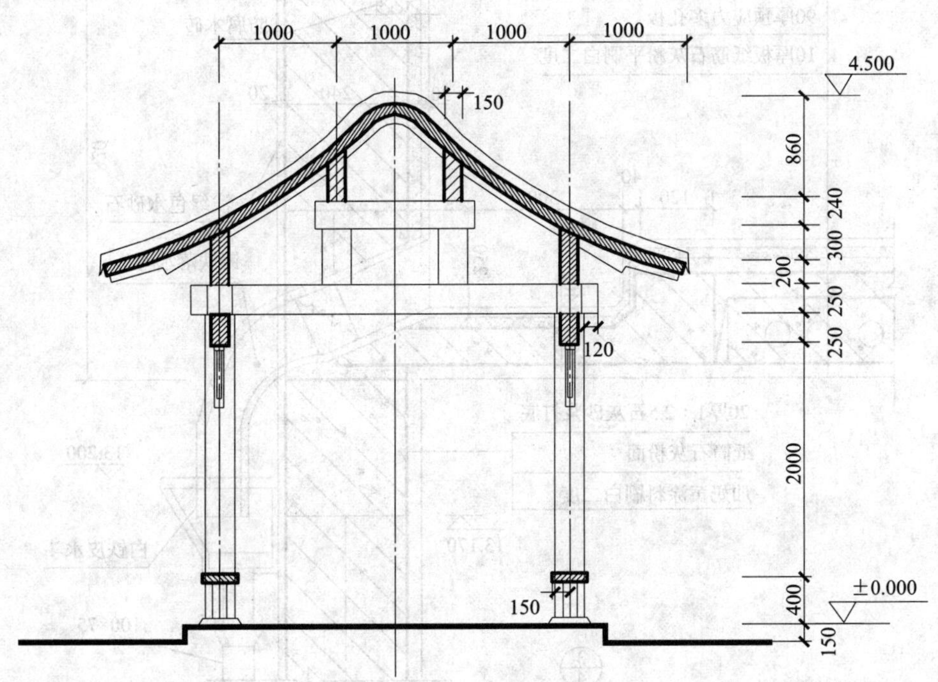

观景长廊纵剖面图1：50

图 6—14　观景长廊纵剖面图

任务五　识读接待厅外墙建筑详图

任务目标

◇了解建筑详图包含的内容

◇掌握建筑详图的读图步骤，能够读懂建筑详图

任务提出

阅读如图 6—15 所示接待厅外墙与屋顶的建筑详图。

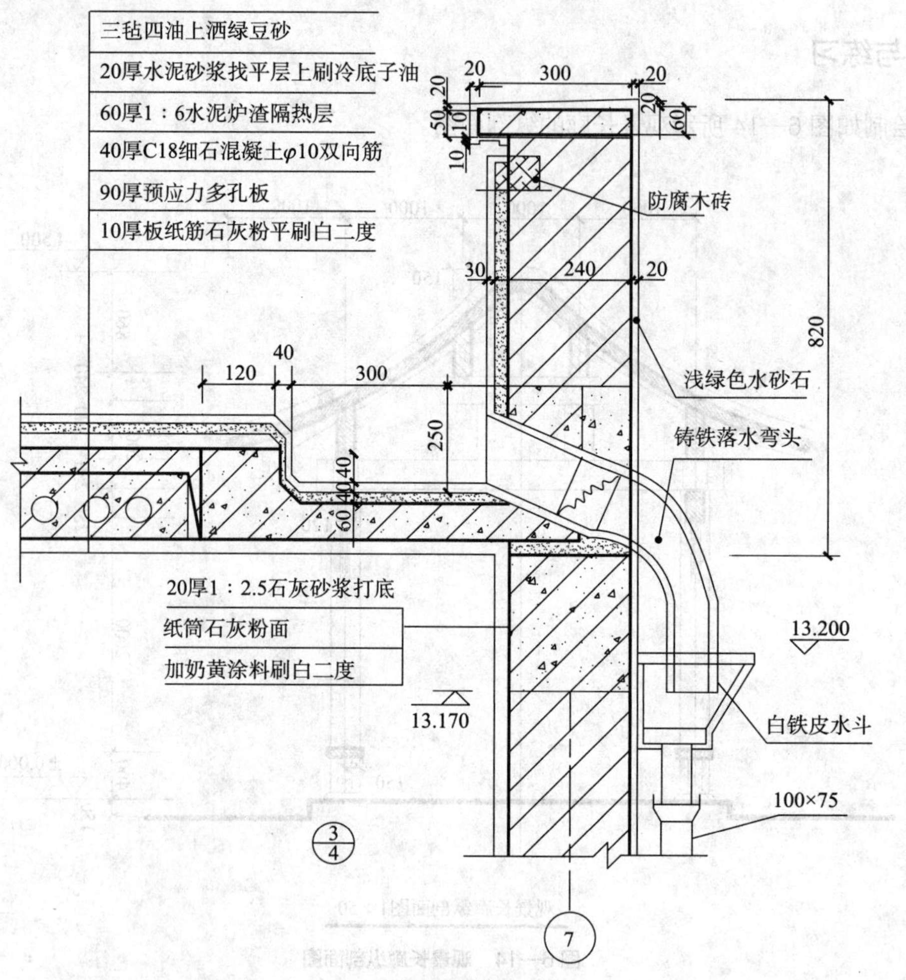

图 6—15　接待厅建筑详图

任务分析

在平、立、剖面图中，由于绘图比例有限，不可能也没有必要把建筑物所有构件都如实地表达出来。建筑中的许多构、配件是按照经验制作的，它们的尺寸与工艺通常做成定型系列，供设计者选用。这些构件无须细画，仅用特定符号表示其位置与作用即可，如门、窗扇等。而对于形状复杂的细小构件，如外墙、楼梯、走廊栏杆，则可用较大比例画出，这些图样称为建筑详图。如图 6—15 所示就是接待厅外墙与屋顶的建筑详图。该建筑详图上都反映了哪些内容呢？

相关知识

一、建筑详图的主要内容

1. 详图名称、比例、定位轴线、详图符号以及需要另画详图的索引符号。建筑详图所画的节点部分，除了要在平、立、剖面图中有关部位标注索引标志外，还应该在所绘制的详图上标注详图符号和写明详图名称，以便对照查阅。

建筑详图的比例一般选用 1∶20、1∶10、1∶5、1∶2、1∶1 等，具体比例应根据细部构造的复杂程度来决定。有时，只需一个剖面图就可表达清楚（如墙身），有时还需另加平面详图（如楼梯间、卫生间等）、立面详图（如门窗）或文字说明。

详图符号表示详图的编号，用直径为 14 mm 的粗实线圆绘制。详图若画在本图样内，只在圆内用数字注明详图编号，如图 6—16a 所示；若不在同一张图样内，用细实线在符号内画一水平直径线，上半圆注写详图的编号，下半圆注明被索引图样编号，如图 6—16b 所示。

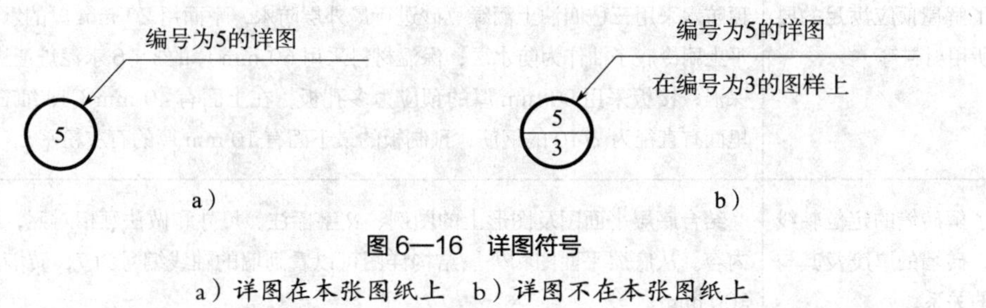

图 6—16　详图符号
a）详图在本张图纸上　b）详图不在本张图纸上

2. 建筑构、配件的形状、构造、详细尺寸以及剖面节点部位的详细构造、层次、有关尺寸和材料图例。

3. 详细注明装饰用料、颜色和做法、施工要求。

4. 标注需要的标高。标明楼、地面和屋面的标高，注明雨水管等附属构件的标高。

二、外墙身详图的基本内容

外墙身详图是建筑剖面图中外墙身有关部位剖面的局部放大图，其内容主要有：

1. 标明砖墙的定位轴线编号，砖墙的厚度及其与轴线的关系。

2. 表明各楼层梁、板等构件的位置及它们与墙身的关系，表明楼、地面和屋面的标高、构造做法及它们与墙身的关系。图中多采用多层结构来注明。

3. 表示窗台、窗过梁（或圈梁）、阳台、栏板等的构造及门窗洞口的高度、上下坡坡度。

4. 表示立面装修的要求，包括砖墙各部位的凹凸线脚、窗口、挑檐、檐口、勒脚、散水等的尺寸、材料和做法，或用索引符号引出做法详图。

5. 表明墙身的防水、防潮做法。

任务实施

如图 6—15 所示接待厅外墙与屋顶详图的读图步骤见表 6—9。

表 6—9　　接待厅外墙与屋顶详图的读图步骤

读图步骤	读图内容
1. 了解剖面图的剖切位置和投射方向	根据剖面图的编号，对照平面图上相应的剖切线及其编号，明确剖面图的剖切位置和投射方向。如图 6—3 所示接待厅底层平面图的剖切线 1—1 为阶梯全剖面图，剖切线通过雨篷、门洞 M-5、接待厅中间内墙和外墙
2. 了解屋顶应满足的要求、所用材料等	屋顶应满足排水、保温的要求，在预制楼板上应作找平层、找坡层、防水层和架空保温层。具体材料尺寸见图样上的多层结构标注。从图 6—15 可以看到，屋顶防水采用三毡四油上洒绿豆砂进行最外层防水，下面用 20 mm 厚的水泥砂浆找平上刷冷底子油作为防水层；保温材料采用 60 mm 厚的 1∶6 水泥炉渣进行隔热、保温；楼板采用 90 mm 厚的预应力多孔板，在上面有 40 mm C18 细石混凝土，里面有直径为 ϕ10 的钢筋；预制板的最下面有 10 mm 厚的石灰粉平
3. 了解砖墙的定位轴线编号，砖墙的厚度及其与轴线的关系	结合底层平面图及图形上的图例、文字标注、尺寸和做法互相对照，明确图示内容。从底层平面图和外墙结构详图可以看到墙的轴线编号为 7，砖墙的厚度为 300 mm
4. 了解墙身的防水、防潮做法及外墙顶部	在外墙的顶部用女儿墙围住，并预留排水孔使屋面的雨经天沟、落水管排下，墙身材料及做法等参看图例及尺寸标注。从外墙详图可以看到，墙身从右向左的材料依次是 20 mm 厚的 1∶2.5 的石灰砂浆打底材料，纸筒石灰粉面和采用加奶黄涂料进行刷白的装饰
5. 了解整个接待厅的屋顶排水情况	排水管的形状、与外墙的关系、材料见图样的文字说明和标注。为了装饰效果，同时又达到排水的目的，接待厅的屋顶排水是将铸铁落水弯头的雨水管直接弯入女儿墙内，而圈梁做成外伸式，并预埋铁 M3，使其与外贴瓷砖的预制件（40 厚钢筋混凝土板）相连，并在上端用盖板封顶

思考与练习

读懂如图 6—17 所示的接待厅檐口的构造详图，并抄绘该图。

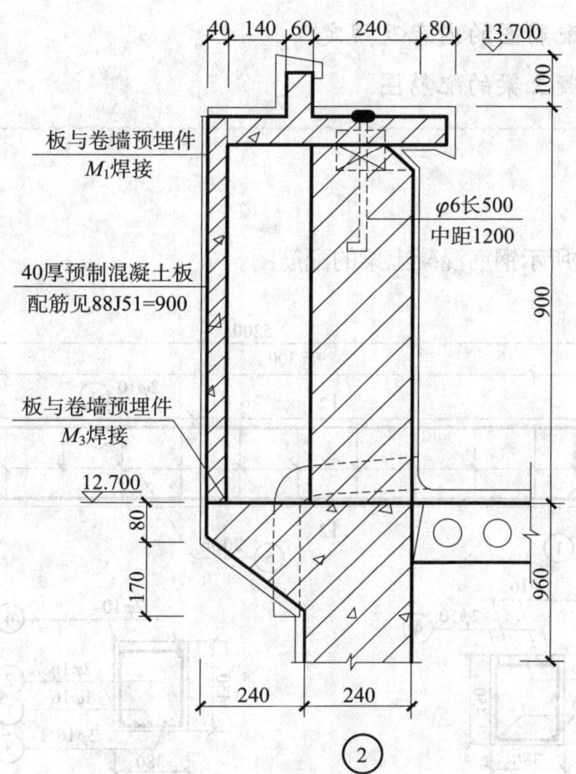

图6—17　接待厅檐口构造详图

课题二

识读与绘制结构施工图

结构施工图主要用于表达结构设计的内容，它是表示建筑物各承重物件（如基础、墙、柱、梁、板、屋架等）的布置、形状、大小、材料以及其相互关系的图样。结构施工图一般包括结构详图、基础图和结构平面图等，它必须同时满足其他专业（如建筑、水、暖、电等）对结构的要求。结构施工图是施工放线，挖基坑，支模板，绑钢筋，捣混凝土，安装梁、板、柱等构件以及编制预算和施工组织设计的重要依据。

任务一　识读钢筋混凝土梁的结构详图

任务目标

◇熟悉钢筋的基本知识，了解钢筋在梁中所起的作用，掌握钢筋的代号及标注

◇了解钢筋混凝土配筋图的内容及规定

◇能够读懂钢筋混凝土梁的配筋图

任务提出

识读如图 6—18 所示钢筋混凝土梁的配筋图。

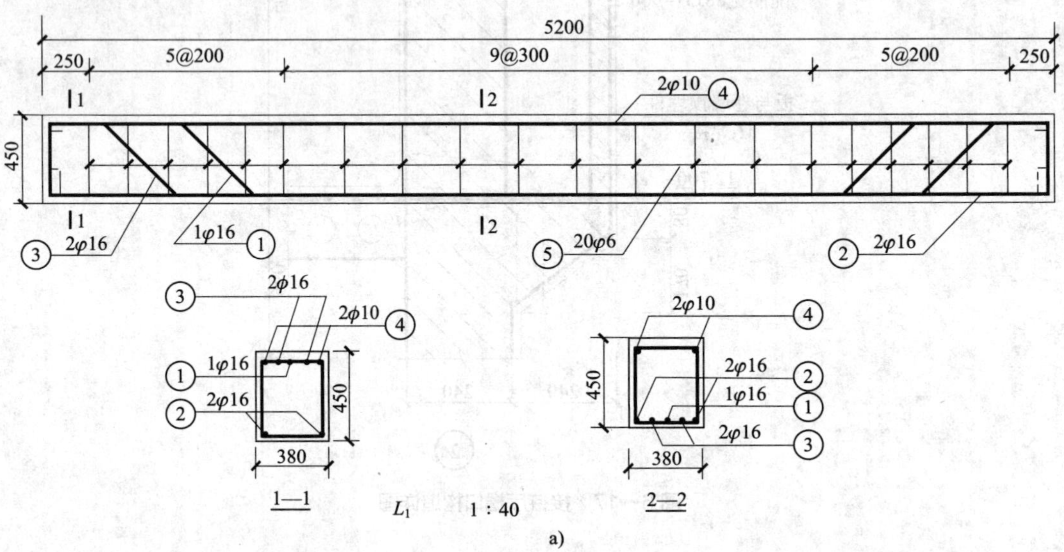

a)

钢筋表

构件名称	钢筋编号	钢筋规格	简　图	长度（mm）	根数	总长（m）	重量（kg）
	1	$\phi16$	650　390　45°　550　3060　550　45°　650　390	6 440	1	6.44	9.950
	2	$\phi16$	150　5140　150	5 640	2	11.28	17.775
L_1	3	$\phi16$	250　390　550　3860　550　250　390	6 440	2	12.88	19.900
	4	$\phi10$	5140	5 260	2	10.52	9.263
	5	$\phi6$	670　480　390　320	1 600	20	32.00	6.688

b)

图 6—18　钢筋混凝土梁的配筋图

a）配筋图　b）钢筋表

任务分析

混凝土是由水泥、砂、石子和水按一定比例混合搅拌，经过振捣密实和养护凝固后而形成的坚硬如石的人工石材。为了提高混凝土构件的抗拉能力，常在混凝土构件的受拉区内配置一定数量的钢筋。这种由混凝土和钢筋两种材料共同构成整体的构件，叫作钢筋混凝土构件，它在建筑施工中广泛使用。

为了表达钢筋混凝土构件内部钢筋的配置情况，可将混凝土构件假定为透明体。这种用来表示构件内部钢筋布置的图样，称作钢筋混凝土结构详图，简称配筋图。

如图 6—18 所示即为钢筋混凝土梁的配筋图，包括配筋图（见图 6—18a）和钢筋表（见图 6—18b）两部分。

相关知识

一、钢筋的基本知识

1. 钢筋的类型和符号

钢筋按其强度和品种分成不同的类型，并分别用不同的直径符号表示。

Ⅰ级钢筋（3 号光圆钢筋）——Φ

Ⅱ级钢筋（16 锰人字纹钢筋）——$\underline{\Phi}$

Ⅲ级钢筋（25 锰硅人字纹钢筋）——$\underline{\underline{\Phi}}$

Ⅳ级钢筋（44 锰 2 硅圆或螺纹钢筋）——$\overline{\underline{\underline{\Phi}}}$

Ⅰ级和Ⅱ级钢筋常用于普通混凝土构件。Ⅲ级和Ⅳ级钢筋及高强钢丝用于预应力钢筋混凝土构件。

2. 钢筋骨架

配置在混凝土中的钢筋，按其在结构中所起的作用可分为五种，如图 6—19 所示。

（1）受力钢筋。主要用来承受外力。

（2）架立钢筋。主要用来固定钢箍及受力钢筋的位置，一般用于钢筋混凝土梁中。

（3）分布钢筋。这种钢筋用在板中，与受力钢筋垂直，主要用来将构件中所受的外力分布在较广的范围内，以改善受力情况，并能保证受力钢筋的正确位置。

（4）箍筋。又称钢箍，主要用来固定受力钢筋的位置，也承受一部分外力。

（5）其他钢筋。如为了吊装用的吊钩等。

3. 钢筋的弯钩和弯起

（1）钢筋的弯钩。为了保证钢筋与混凝土之间有足够的黏结力，规范规定受力的光面钢筋末端必须做成弯钩，弯钩的形式与尺寸见表 6—10。

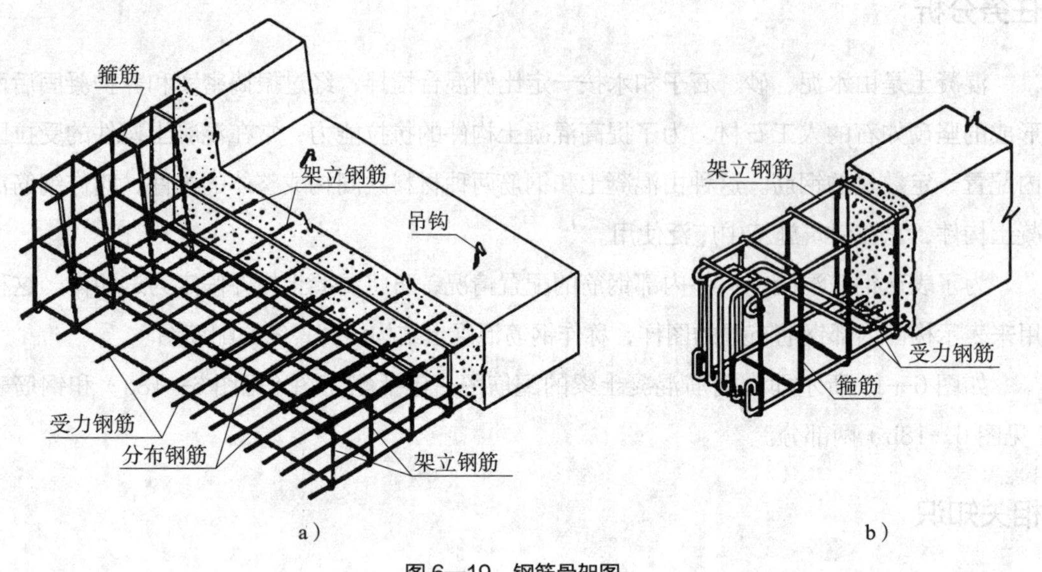

图 6—19　钢筋骨架图

a）板的钢筋骨架图　b）梁的钢筋骨架图

（2）钢筋的弯起。根据构件受力情况，常需在构件中设置弯起钢筋，即将靠近构件下部的受力钢筋弯起，如图 6—19b 所示。梁中的弯起钢筋的弯起角一般为 45° 或 60°。钢筋在弯转处应做成圆弧段。

4. 钢筋的图示法

钢筋混凝土构件一般采用立面图和断面图来表达构件的配筋情况。为了突出构件中钢筋的布置情况，立面图中构件的轮廓线用细实线画出，钢筋用粗实线绘制。断面图中剖到的钢筋断面画成黑圆点，未剖到的钢筋仍画成粗实线，不用绘制材料图例。钢筋的画法应符合表 6—10 和表 6—11 的规定。

表 6—10　　钢筋图例

——参考《建筑结构制图标准》（GB/T 50105—2010）

序号	名称	图例	说明
1	钢筋横断面	●	
2	无弯钩的钢筋端部		下图表示长、短钢筋投影重叠时可在短钢筋的端部用 45° 斜划线表示
3	带半圆形弯钩的钢筋端部		25d　d　3.25d　机器弯钩尺寸

续表

序号	名称	图例	说明
4	带半圆弯钩的钢筋搭接		3d 2.5d d 6.25d 人工弯钩尺寸
5	带直钩的钢筋端部		
6	带丝扣的钢筋端部		
7	无弯钩的钢筋搭接		
8	带直钩的钢筋搭接		
9	花篮螺丝钢筋接头		

表 6—11　　钢筋画法

——参考《建筑结构制图标准》(GB/T 50105—2010)

序号	说明	图例
1	在结构平面图中配置双层钢筋时，底层钢筋的弯钩应向上或向左，顶层钢筋的弯钩则向下或向右	底层　顶层
2	钢筋混凝土墙体配双层钢筋时，在配筋立面图中，远面钢筋的弯钩应向上或向左，而近面钢筋的弯钩应向下或向右（JM 近面，YM 远面）	JM　JM　YM　YM
3	若在断面图中不能表达清楚钢筋布置，应在断面图外面增加钢筋大样图	
4	图中所表示的箍筋、环筋等若布置复杂时，可加画钢筋大样图和说明	

二、配筋图的一般规定

如图 6—18 所示就是钢筋混凝土梁的配筋图。配筋图在绘制时有以下要求：

1. 绘制配筋图时，一般不画混凝土材料符号

2. 钢筋都应编号

规格、直径、形状、尺寸完全相同的钢筋，称为同类型钢筋，不论根数多少，只编一个号。上述各项中有一项不相同则为不同类型钢筋，应分别编号。编号时，应按照先主筋后分布筋逐一顺序编号，并将号码填写在直径约为 6 mm 的圆圈内，用引线引到相应的钢筋上。

3. 钢筋直径、根数、间距的标注方法

（1）“20ϕ6—⑤”标注方法代表的含义：“⑤”表示编号为“5”的钢筋；“20”表示该编号钢筋的根数共 20 根；“ϕ6”中的“ϕ”表示钢筋种类为 3 号钢的光面圆钢筋，“6”表示钢筋直径为 6 mm。

（2）“5@200”标注方法表示的含义：“5”表示有 5 个间距；“@”表示等间距；“200”表示两相邻钢筋中心间距为 200 mm。

4. 钢筋成型图的尺寸标注

在配筋图中，除了一组投影图和断面图表示形状和相互位置外，还应详细注明每根钢筋加工成型后的大样，因此，需画出每根钢筋的成型图。

在钢筋成型图上，必须逐段注出尺寸，不画尺寸线和尺寸界线。弯起钢筋倾斜部分的尺寸常用标注直角三角形两直角边长的方法注出。钢筋的弯钩有标准尺寸，图上不注出，在钢筋表中另作计算。

钢筋成型图中，箍筋尺寸一般指内皮尺寸，如图 6—20a 所示；弯起钢筋的弯起高度一般指外皮尺寸，如图 6—20b 所示。

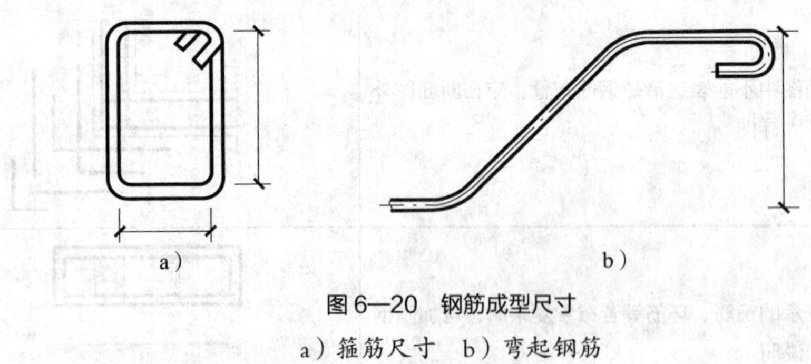

图 6—20　钢筋成型尺寸

a）箍筋尺寸　b）弯起钢筋

5. 钢筋表

钢筋表的格式如图 6—21b 所示。详细列出了构件中所有钢筋的编号、简图、规格、长度及根数等。它主要用于钢筋下料及加工成型，同时也用来计算钢筋用量。

任务实施

如图 6—18 所示钢筋混凝土梁结构详图的读图步骤见表 6—12。

表 6—12　　钢筋混凝土梁结构详图的读图步骤

读图步骤	了解内容
1. 看视图	了解配筋图中包含的图样：梁的外形立面图和两个断面图。在两种视图中钢筋的绘制方法不同，钢筋和构件外形所用的图线不同。从图中可以看到钢筋混凝土梁中使用的钢筋采用粗实线绘制，梁的外形采用细实线绘制
2. 看视图的尺寸标注	了解构件的外形尺寸及图形上钢筋的编号，掌握不同钢筋的标注方法。从图中尺寸标注可以看到，梁的长度为 5 200 mm，宽度为 450 mm，图中有 5 种不同类型的钢筋。上下两根直径为 ϕ10 mm 的架立筋，固定上下架立筋的第一根箍筋距左端 250 mm，后面相邻的箍筋的中心距为 200 mm，中间的箍筋中心距为 300 mm，右端的箍筋中心距为 200 mm
3. 看钢筋表	了解所用钢筋的根数、直径、长度、重量；看钢筋简图，了解每种钢筋的形状
4. 看立面图和断面图中钢筋的位置	根据钢筋所在位置，了解钢筋所起的作用。钢筋的尺寸、型号见钢筋表和图样的标注

思考与练习

识读如图 6—21 所示钢筋混凝土简支梁的构件详图（包括配筋图和钢筋表），要求了解梁中钢筋的配置情况，并抄绘该图，抄绘时注意图线应用和钢筋画法。

任务二　识读基础图

任务目标

◇了解基础的作用、形式及构造

◇了解基础图包含的内容

◇掌握基础平面图和基础断面详图的识读方法

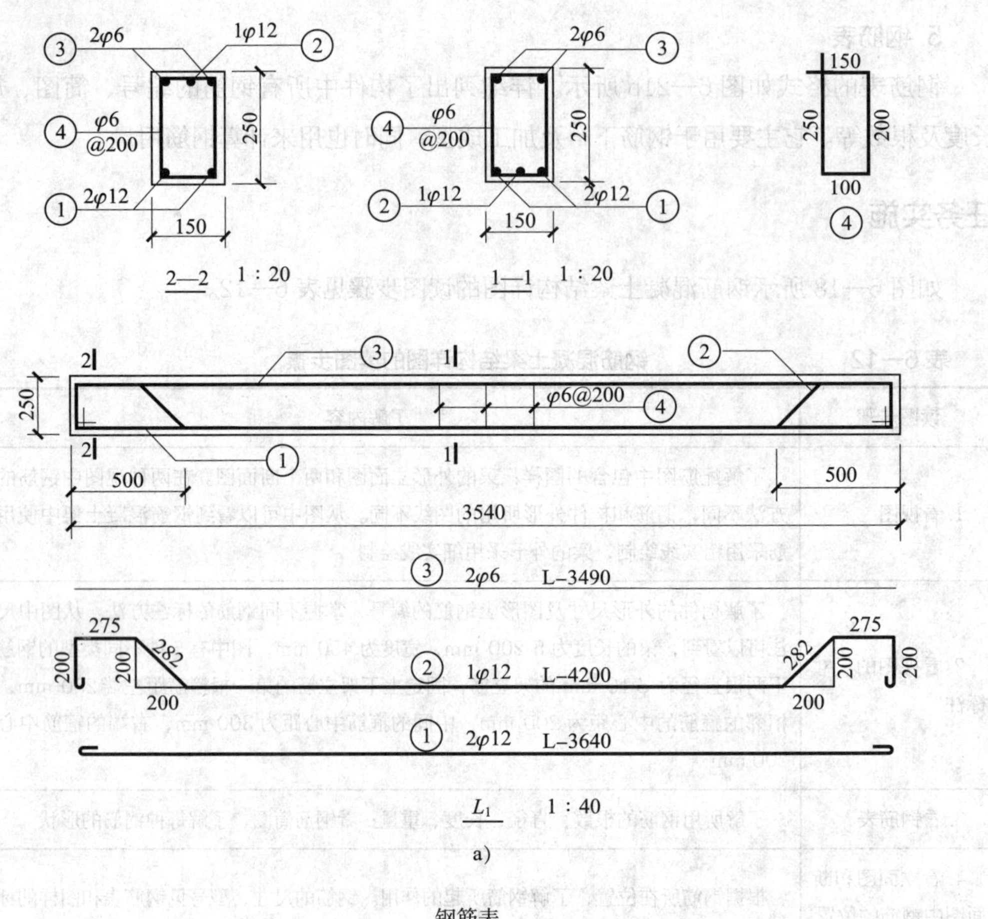

a）

钢筋表

构件名称	构件数	钢筋编号	钢筋规格	简图	长度（mm）	每件支数	总支数	重量累计（kg）
L_1	1	1	φ12		3 640	2	2	7.41
		2	φ12		4 204	1	1	4.45
		3	φ6		3 490	2	2	1.55
		4	φ6		650	18	18	2.60

b）

图 6—21 钢筋混凝土简支梁的构件详图

a）配筋图 b）钢筋表

任务提出

如图 6—22 所示为接待厅的基础平面图，图 6—23 所示为独立基础 J—5 的基础详图。要求读懂这两种图样，了解图中包含的内容、钢筋的配置情况及图示要求。

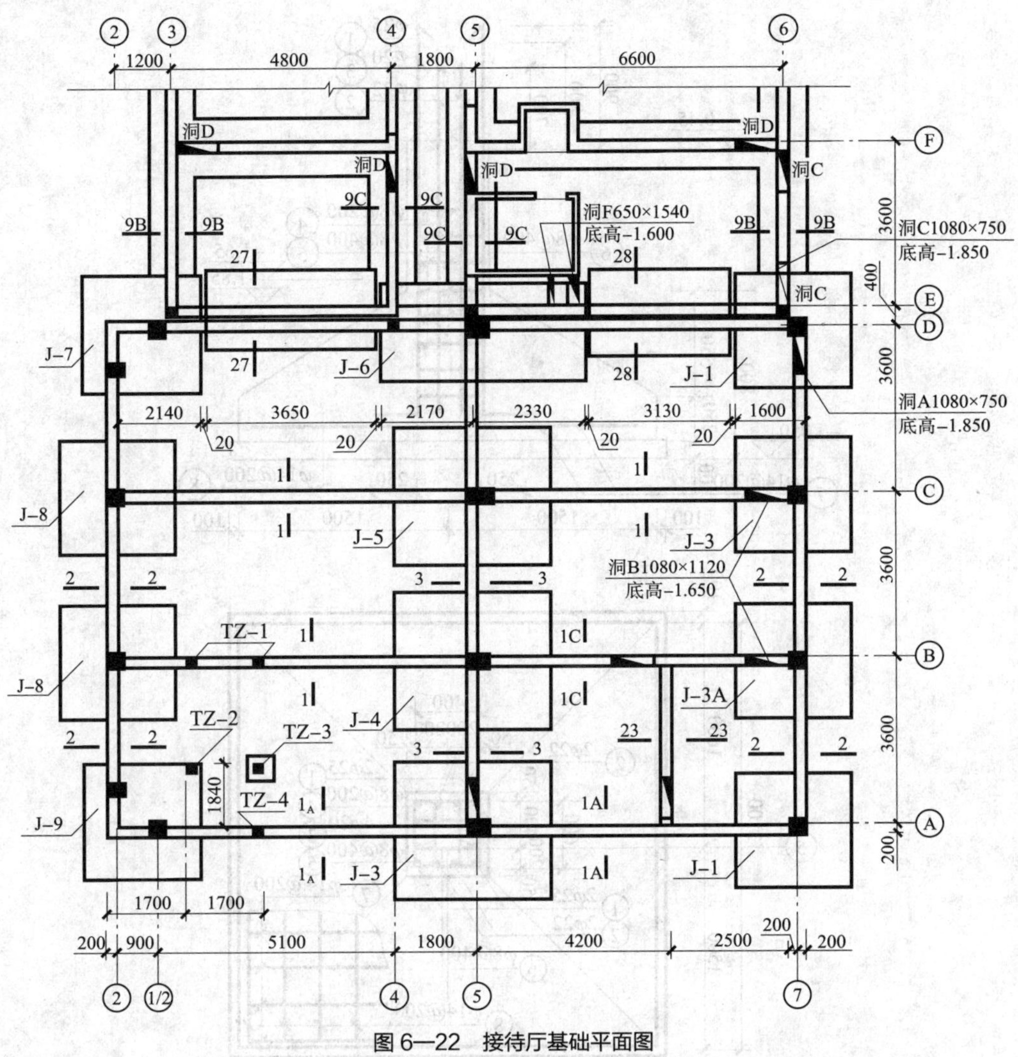

图 6—22 接待厅基础平面图

任务分析

基础图是表示建筑物基础部分的平面布置、类型和详细构造的详图。它是基础施工时放灰线、开挖基坑和砌筑基础的依据。那么，什么是建筑物的基础呢？常见的基础图又有哪些呢？各表达什么内容？

相关知识

一、基础的作用

基础是建筑物室内地面以下与地基直接接触的部分，它直接承受建筑物上部传来的各种载荷，并把载荷传给地基的地下构件。

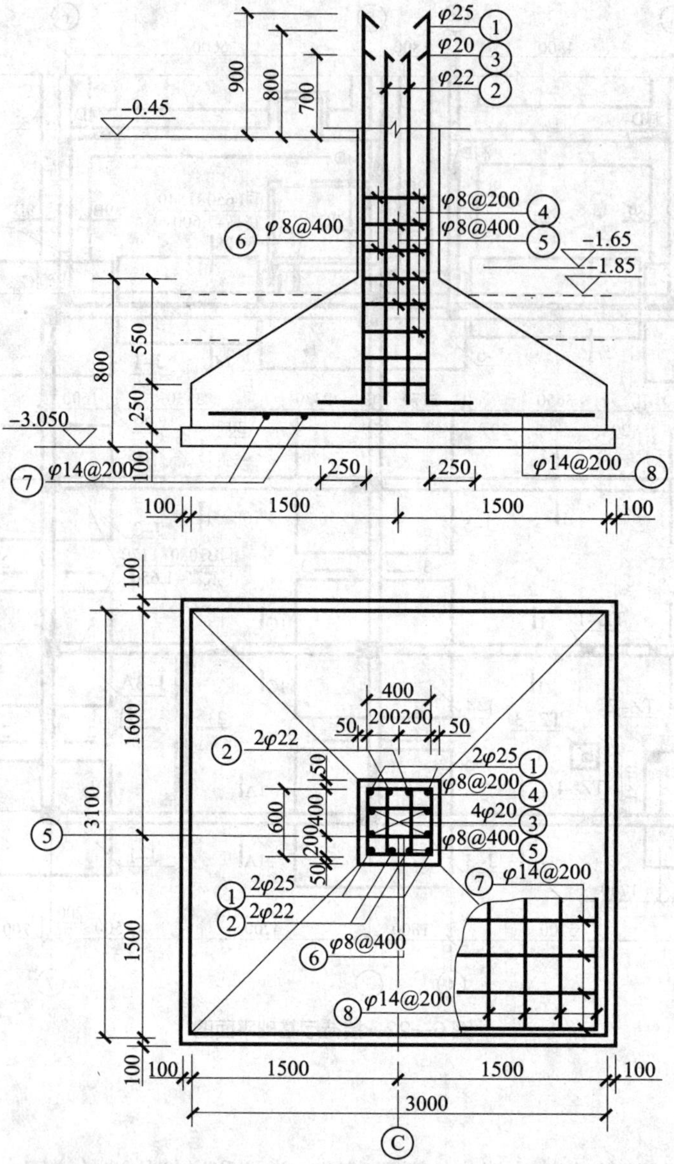

图 6—23 J—5 独立基础详图

二、基础的构造和形式

1. 基础的构造

基础将房屋上部载荷传递给地基，地基的承载力越低，基础的底面积就越大。基础的构造如图 6—24 所示。基础底下天然的或经过加固的土壤叫作地基。基坑（基槽）是为了基础施工而在地面开挖的土坑。坑底就是基础的底面。基坑边线就是放线的灰线。埋置深度是从 ±0.000 到基础底面的深度。埋入地下的墙叫作基础墙。基础墙与垫层之间做成的阶梯形的砌体，叫作大放脚。防潮层是防止地下水对墙体侵蚀的一层防潮材料，其厚度为60 mm。为了增加基础的整体性，往往在防潮层处设一道基础圈梁。

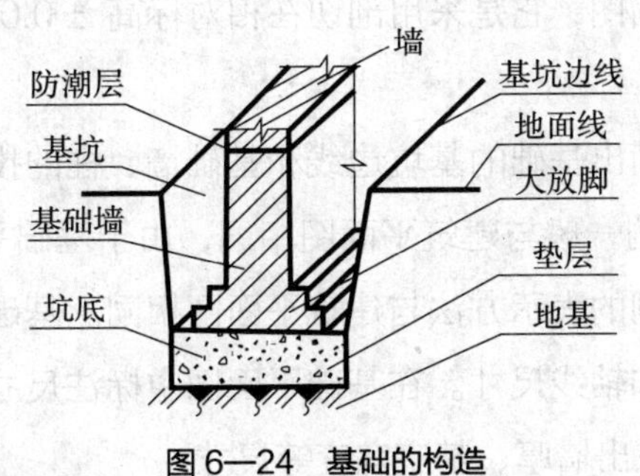

图 6—24　基础的构造

2. 基础的形式

基础的形式一般取决于上部承重结构的形式，同时也和房屋载荷大小、地形条件有关。基础的形式是根据地基承载能力、建筑物上部结构形式，通过计算、设计确定的。常见的基础形式有墙下的条形基础和柱子下的独立基础两种，如图 6—25 所示。

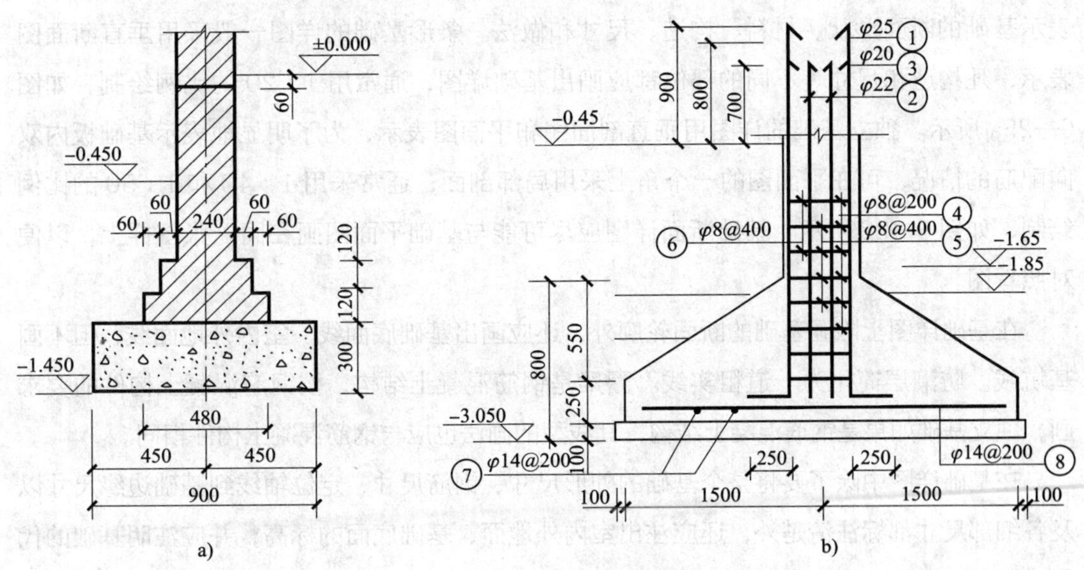

图 6—25　基础的形式

a）条形基础断面详图　b）独立基础详图

三、基础图的组成

基础图通常包括基础平面图、基础断面详图、基坑开挖图和文字说明部分。

1. 基础平面图

基础平面图是表示基础施工完成后，基槽未回填土时基础平面布置的图样。如图 6—22 所示就是接待厅的基础平面图，它是采用剖切在相对标高 ±0.000 处的一个水平剖面图来表示的。

在基础平面图中，只画出基础的基坑边线和基础墙、柱的投影轮廓线。大放脚的轮廓线省略不画。所采用的比例一般与建筑平面图相同，由于基础平面图通常采用 1∶100 的比例绘制，所以，材料图例的表示方法与建筑平面图相同。基础平面图应标出与建筑平面图相一致的定位轴线编号和轴线尺寸。在基础平面图中标注尺寸时，图外要注出定位轴线间的尺寸及总尺寸；墙内注出墙厚、基底宽度等尺寸。

不同类型的基础、柱应用代号 J_1、J_2、Z_1、Z_2 等形式表示。基础墙和柱是剖切到的轮廓线，应画成粗实线。基础底的轮廓线（基底宽度）是投影得到的可见轮廓线，应画成细实线。如有基础梁，则用粗实线表示出它的中心位置。

2. 基础断面详图

基础断面详图是在基础的某一处，采用铅垂的剖切平面剖切基础所得的断面图。它表示基础的断面形状、材料、构造、尺寸和做法。条形基础的详图一般采用垂直断面图表示，凡构造和尺寸等不同的部位都应画出基础详图，通常用 1∶20 的比例绘制，如图 6—25a 所示。独立基础的详图用垂直剖面图和平面图表示，为了明显地表示基础板内双向配筋的情况，可在平面图的一个角上采用局部剖面，通常采用 1∶40 和 1∶50 的比例绘制，如图 6—23 所示。基础断面详图应尽可能与基础平面图画在同一张图样上，以便对照看图。

在基础详图上除画基础的断面轮廓外，还应画出基础底面线、室内外地面线，但不画基坑线。防潮层简化为一道粗实线。圈梁是钢筋混凝土结构，按钢筋混凝土构件的要求画，独立基础如果是钢筋混凝土结构，其线型的画法也应与钢筋混凝土构件相同。

在基础详图中除了要将整个基础的外形尺寸、钢筋尺寸、定位轴线到基础边缘尺寸以及各细部尺寸都标注清楚外，还应注出室内外地面、基础底面的标高，并应注明基础的代号或图名，定位轴线及编号。

任务实施

识读如图 6—22 所示接待厅的基础平面图和图 6—23 所示 J-5 独立基础详图，具体步骤见表 6—13。

表 6—13　　识读接待厅基础平面图和 J–5 独立基础详图的步骤

读图步骤	了解内容
1. 识读接待厅的基础平面图	从图中可以看到：该厅的 14 个框架柱分别建立在 12 个单独基础上，其编号为 J–1至 J–9。由于每个立柱所承受的载荷不同，基础的底面积也不同。连接相邻基础的两条粗实线，是框架结构的地梁。地梁是钢筋土梁，位于室外地坪 –0.45。图中东南角边墙下开了洞 A（1 080×750），从洞底高程（–1.850）可知，它位于地梁顶上，是主楼内给水、排水、暖气管路的室内外通道；由于一、二层（接待厅和咖啡厅）没有供水要求，所以给水管路进墙后即垂直向上直到三、四楼。沿周边墙的内侧，自东向西再向北，还有三个孔洞穿过地梁上的砖墙，这是给接待厅一层供暖的通道
2. 识读 J–5 独立基础的详图	从图中可以看到：立面图画出了该基础的配筋，并用虚线标示出了两个方向地梁的位置。图中标示出了立柱 KJZ–6 底部的配筋，该处柱断面为 400 mm×600 mm，沿周边配置了 12 根纵向受力筋，其编号为① ϕ25、② ϕ22、③ ϕ20 的各 4 根。由于受力筋很粗，所以用以固定的箍筋也较多，除了间隔为 200 mm 的周边箍④ ϕ8@200 之外，还增设间距为 400 mm 的加强筋⑤和⑥，其中⑤是南北向的，固定受力筋②；⑥是东西向的，固定受力筋③。12 根受力筋的下端都带有直弯钩，可以与基底配置的 ϕ14 钢筋网⑦、⑧焊成整体。由于扩大板基的上面承受立柱传来的压力，而底部承受的是地基向上的反力，在地基的作用下，板基的基脚就会向上挠曲，即它的下缘是受拉区，拉力以水平方向最大，所以，在底部配置水平钢筋网。同时为了抵抗斜向的拉力，板基的厚度不等，中间厚四周薄。另外，由于该基底面积大（3 000 mm×3 100 mm），为了确保施工时板基的底平面是水平面，在基坑的基土上，还另设有混凝土的垫层

思考与练习

抄绘如图 6—22 和图 6—23 所示的接待厅基础平面图和 J–5 独立基础详图，要求内容完整，图线应用正确。

任务三　识读结构平面图

任务目标

◇了解结构平面图的作用、包含的内容及标注方法
◇能够读懂结构平面图

任务提出

识读如图 6—26 所示接待厅三层楼面的结构平面图。

任务分析

钢筋混凝土构件在各楼层间的安装如图 6—26 所示。建筑物各承重构件的平面布置方式通过结构平面图来表示，如图 6—27 所示。

结构平面图是表示建筑物室外地面以上各楼层平面承重构件布置的图样，它是假想在该层结构面内作水平剖切后的水平投影图，是结构施工时构件制作和吊装就位的依据。不同层的构件要分层绘制结构平面图，来表示每层的布置情况。

相关知识

结构平面图一般包括以下内容：

一、图名、比例

说明层次、比例，一般采用 1：100 的比例绘制。

二、定位轴线及其编号

定位轴线是作图的标准，以此确定下层承重墙和各种构件的位置，它应与建筑平面图的定位轴线相一致。

三、图线应用

结构平面图中墙身的可见轮廓线用中粗实线表示，被楼板挡住而看不见的墙、柱和梁的轮廓线用中虚线表示，为了画图方便，也可以将虚线画成细实线。各种梁都用粗点画线（线宽 b）画出它们的中心线位置。

四、各种预制构件的代号、平面布置

在结构平面图中预制楼板的铺放不必按实际情况分块画出，而是用一条对角线（细实线）表示预制楼板的布置范围，并沿着对角线方向注写预制板的块数、代号和规格。如图 6—28 所示为预制板的标注方法，如 9Y-KB36-2A 表示 9 块跨度为 3 600 mm、板宽为 600 mm、活荷重为 1.5 kPa 的预应力空心板。其中板宽 1 000 mm、600 mm、500 mm 分别用代号 1、2、3 表示；板长 3 000 mm、3 300 mm、3 600 mm、3 900 mm 等用前两位数表示；活荷重 1.5 kPa、2.0 kPa、2.5 kPa、3.0 kPa，分别用 A、B、C、D 表示。

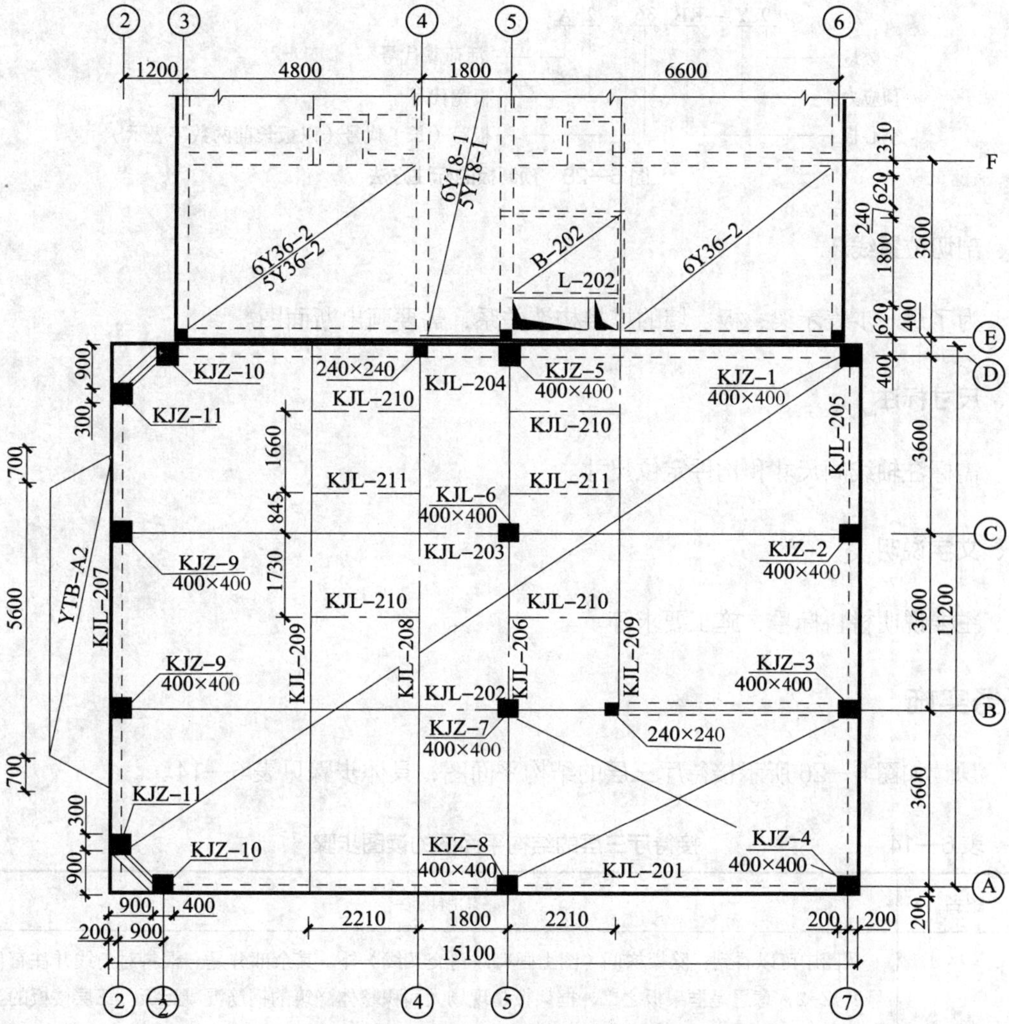

图 6—26　接待厅三层结构平面图

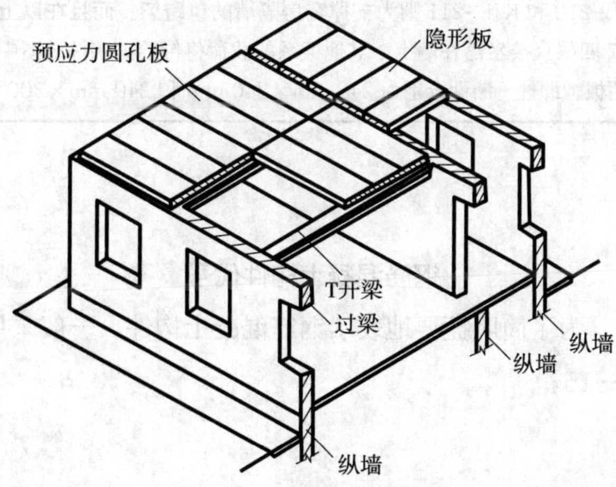

图 6—27　楼层的结构安装

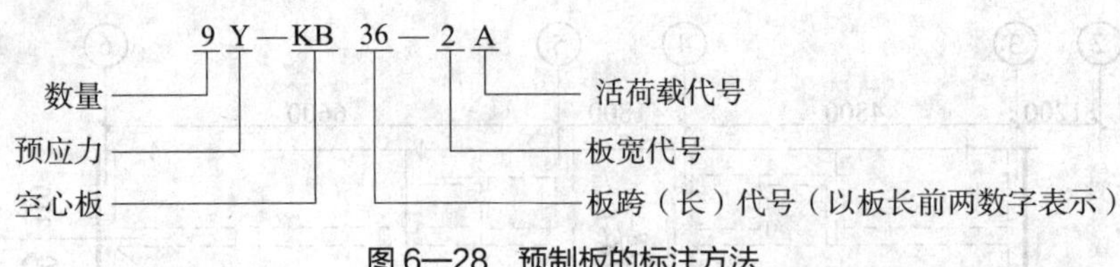

图 6—28　预制板的标注方法

五、剖切位置线

为了进一步表示梁、板、墙的搭接构造关系，需要画出断面图。

六、尺寸标注

需标注轴线间尺寸和构件定位尺寸。

七、文字说明

主要说明材料标号、施工要求等。

任务实施

识读如图 6—26 所示接待厅三层的结构平面图，具体步骤见表 6—14。

表 6—14　　接待厅三层的结构平面图的读图步骤

图名	了解内容
接待厅三层楼面结构平面图	从图中可以看到：除楼梯间（图上画有对角交叉线）外，其余部分是一根斜对角线并注有代号 KJZ-2，意思是框架板之二，框架板是现场大面积整体浇筑的钢筋混凝土板。三层楼板的全部载荷将由一系列框架梁系 KJL（图中用粗点画线）承受，其中 KJL-201 ~ 204 为南北向通梁，KJL-205 ~ 208 为东西向通梁，KJL-209 为支撑客房内卫生间和厨房的砖墙所做的东西向两跨短梁，KJL-210 和 KJL-211 则为支撑客房隔墙的单跨梁。而且在以上梁中，只有 201、204、205 和 207 四根直接坐落在墙上，其他梁系的载荷将传给框架柱（图中涂黑的矩形块，代号为 KJZ）和两根辅助柱（断面分别为 240 mm × 240 mm 和 240 mm × 200 mm）

知识链接

钢筋混凝土构件代号

在结构施工图中，为了简明扼要地表示钢筋混凝土构件，一般采用代号标注。钢筋混凝土构件代号见表 6—15。

表 6—15 **钢筋混凝土构件代号**

——参考《建筑结构制图标准》(GB/T 50105—2010)

名称	代号	名称	代号	名称	代号	名称	代号
板	B	梁	L	屋架	WJ	梯	T
屋面板	WB	屋面梁	WL	支架	ZJ	雨篷	YB
空心板	KB	圈梁	QL	框架	KJ	阳台	YT
槽形板	CB	过梁	GL	刚架	GJ	桩	ZH
楼梯板	TB	连系梁	LL	檩条	LT	预埋件	M–
盖板或沟盖板	GB	基础梁	JL	柱	Z	钢筋网	W
挡雨板或檐口板	YB	楼梯梁	TL	基础	J	天沟板	TGB

注：预应力钢筋混凝土构件的代号，应在构件代号前加注“Y”，如 Y-KB 表示预应力空心板。

思考与练习

抄绘如图 6—26 所示接待厅三层楼面结构平面图，注意正确运用图线来进行表达。

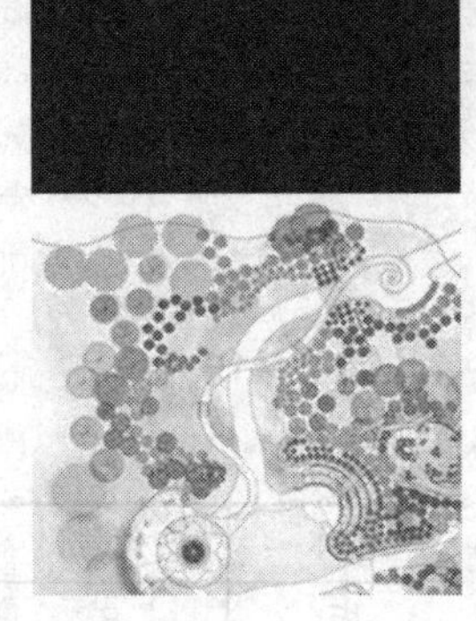

模块七

计算机绘图

AutoCAD是20世纪80年代发展起来的引人瞩目的计算机软件系统，它可以利用计算机及其图形设备帮助设计人员进行设计工作。CAD技术与传统的人工设计和绘图相比，可以大幅度提高设计效率和设计质量，缩短设计周期，从而解放设计人员，使其更多地进行创造性的研究与开发。使用CAD技术可以方便地绘图，快速地编辑和修改，其成图质量更是令人工望尘莫及。

本章在编写过程中紧扣园林建筑、小品、植物和水体等的AutoCAD表现技法，以实际案例为主线，由简到繁，由浅入深，系统地介绍了用AutoCAD绘制园林图形的绘图方法和技巧。

课题一

绘制园林平面图

任务一　创建名为模板1的图形样板

任务目标

◇熟悉AutoCAD的工作界面

◇掌握设置绘图环境的方法

◇掌握设置图层的方法

◇掌握新建和保存文件的方法

任务提出

创建适合绘制园林图形的图形样板，并保存。

任务分析

在绘制图形时，总要进行大量重复性的设置工作，如绘图环境、图层设置、选择线型等。如果每次绘制图纸都要进行反复设置，这会浪费大量的时间。创建图形样板文件可以很好地解决这个问题，每次绘制图样时，只需调用相应的图形样板即可，从而避免了重复性的设置工作。

相关知识

用 AutoCAD 设计绘图时，一般使用“AutoCAD 经典”和“草图与注释”两个工作空间界面。不同的界面有各自的特色，但都可以完成同样的绘图任务。AutoCAD 图层是个比较抽象的概念，可以理解为一系列透明纸张的叠加，图层可以更加方便地管理图形对象，创建时可设定图层的颜色、线型、线宽和打印属性等。AutoCAD 样板文件类似模板，用户可以方便地定义自己的样板文件，保存后可以随时调用，提高工作效率。

任务实施

一、启动 AutoCAD 绘图软件

用鼠标左键双击 Windows 桌面上 AutoCAD 2014 图标或单击任务栏中“开始”按钮下“程序”菜单中的 AutoCAD 2014 项即可启动软件，进入 AutoCAD 的“草图与注释”工作空间界面，如图 7—1 所示。

用户可以根据设计需要或个人喜好选择相应的工作空间，为了方便内容讲解，便于和 AutoCAD 历史版本很好地衔接，可以从顶部“快速访问”工具栏中将工作空间切换为“AutoCAD 经典”工作空间界面，如图 7—2 所示。

二、设置绘图环境

选择 AutoCAD 提供的模板：单击（鼠标左键单击的简称，下同）“文件”菜单中的“新建”命令，在弹出的“选择样板”对话框中单击“无样板打开—公制（M）”，如图 7—3 所示。

三、设置图层及图线

图样上有各种图线，如粗实线、细实线、细点画线等。在用 AutoCAD 绘图时，需要把不同的图线放置在不同的图层上。设置图层及图线的具体步骤如下：

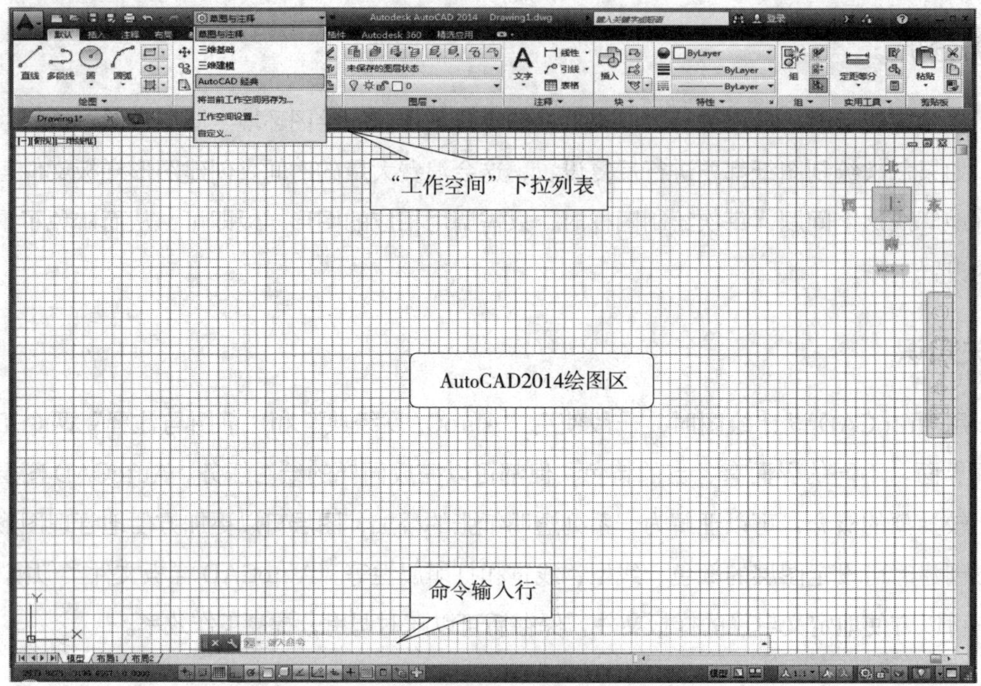

图 7—1　AutoCAD“草图与注释”工作空间界面

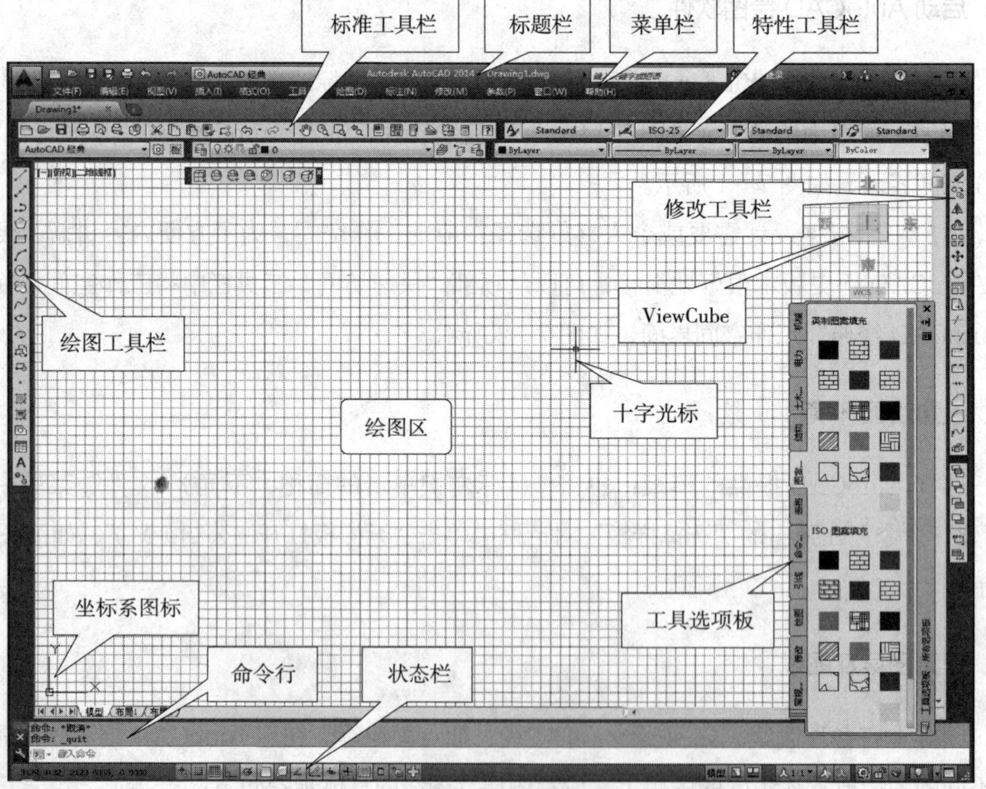

图 7—2　AutoCAD“AutoCAD 经典”工作空间界面

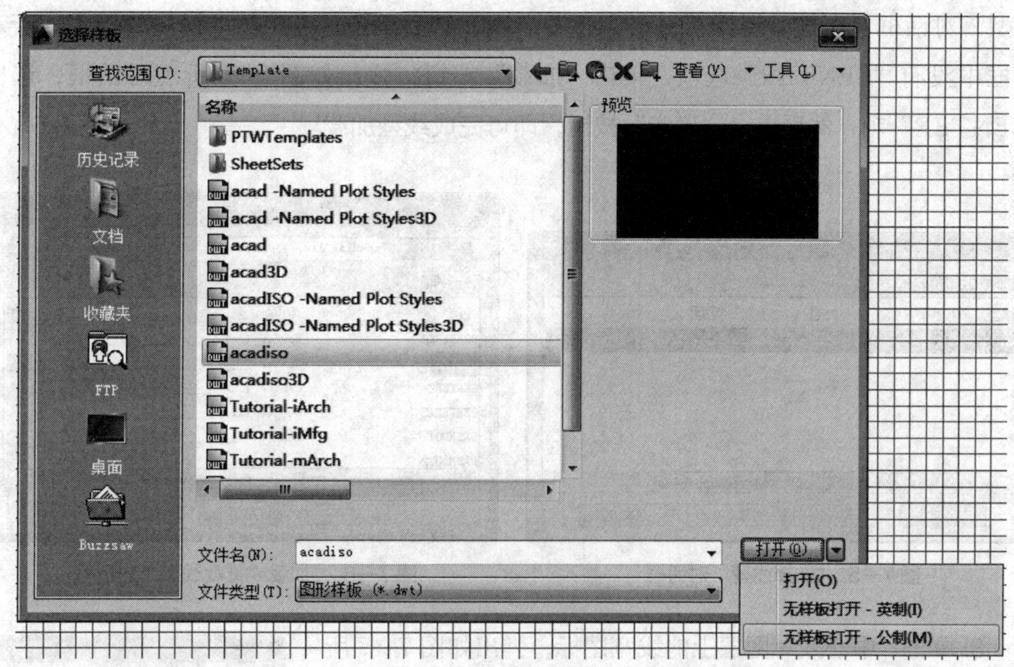

图 7—3　选择模板

1. 单击对象特性工具栏中的图层按钮“ ”，或选择“格式”菜单中的“图层”命令，弹出“图层特性管理器”对话框，单击“新建图层”按钮，在图形中创建一个新图层，系统自动命名为“图层 1”，如图 7—4 所示。此时图层名称呈现为可编辑状态，输入图层名“中心线”，将该图层命名为“中心线”。

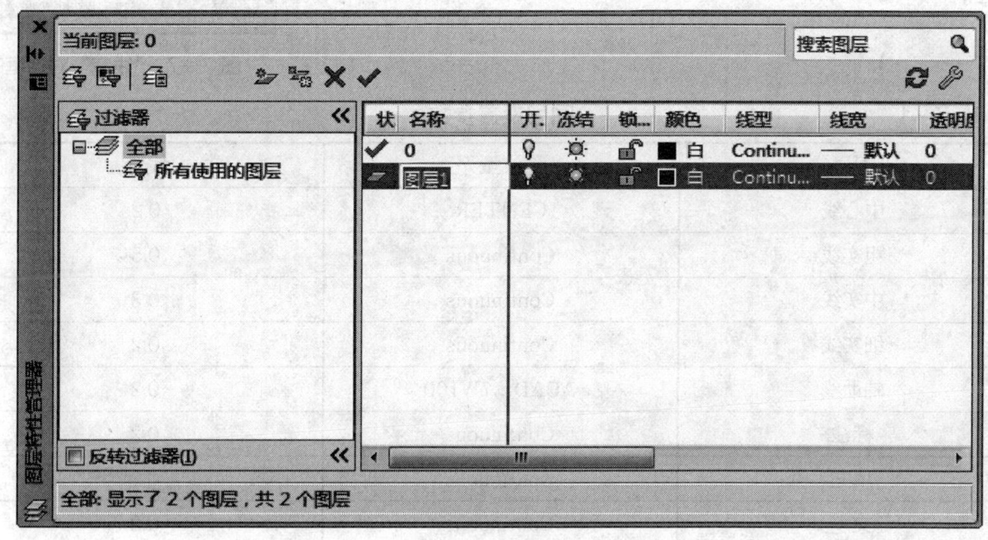

图 7—4　新建图层

2. 单击“中心线”图层上的线型图标“Continuous”，弹出如图 7—5 所示的“选择线型”对话框，在其中选择“CENTER”选项，然后单击“确定”按钮完成操作。若对话框中没有“CENTER”选项，单击“加载”按钮，弹出如图7—6所示对话框，选中“CENTER”项，然后单击“确定”按钮，即可完成线型加载。

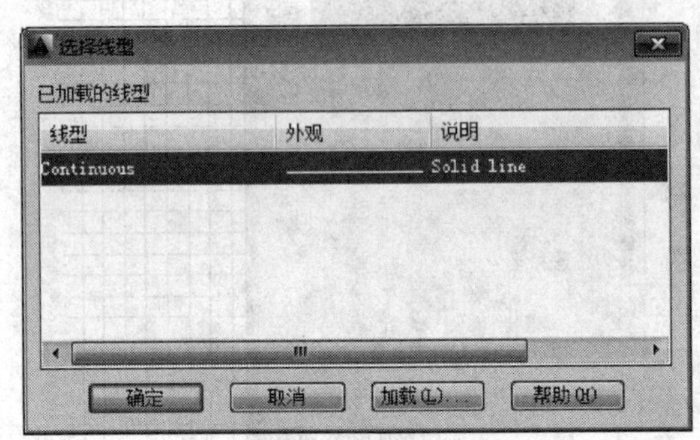

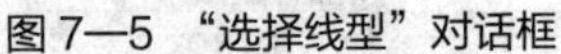
图7—5 “选择线型”对话框

图7—6 “加载或重载线型”对话框

3. 单击“中心线”图层上的线宽图标，弹出如图7—7所示的“线宽”对话框，在其中选择“0.20 mm”选项，然后单击“确定”按钮完成操作。

4. 重复2、3操作步骤，在图层中建立“粗实线”“中实线”“细实线”“辅助线”“标注”“填充”“文字”“建筑”“植物”等图层，如图7—8所示。各图层的具体设置参数见表7—1。

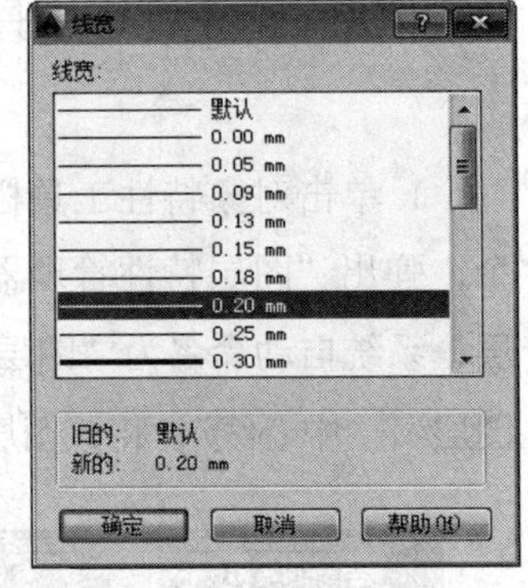

图7—7 “线宽”对话框

表7—1 图层设置参数

图层	线型	线宽
中心线	CENTER	0.2
粗实线	Continuous	0.5
中实线	Continuous	0.3
细实线	Continuous	0.2
辅助线	ACAD...7W100	0.2
标注	Continuous	0.2
填充	Continuous	0.2
文字	Continuous	0.2
建筑	Continuous	0.2
植物	Continuous	0.2

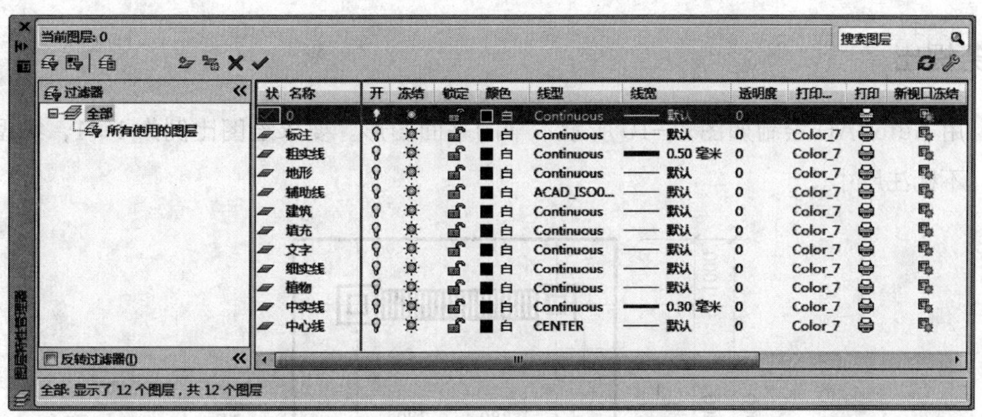

图 7—8　新建的各个图层

四、保存图形样板

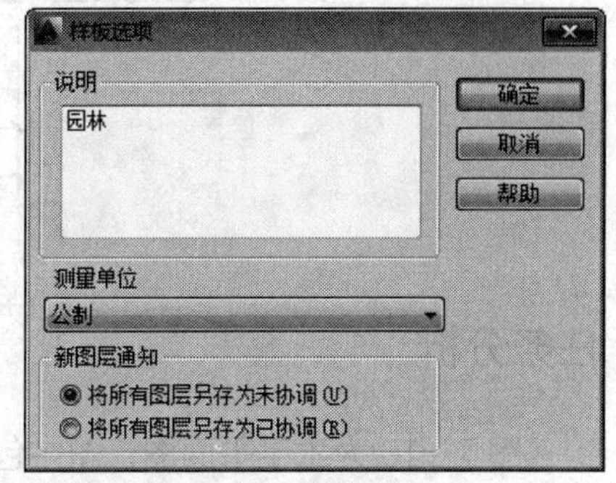

图 7—9 “样板选项”对话框

单击“确定”按钮完成图层特性的设置，至此模板已经建立好了。选择“文件”菜单中的“另存为”命令，弹出“图形另存为”对话框，输入文件名“模板 1”，在“文件类型”格式栏中选择“.dwt”（AutoCAD 的图形文件扩展名为“.dwg”，所以模板文件一般保存为扩展名为“.dwt”的文件），单击“保存”按钮保存模板。保存完成后，弹出如图 7—9 所示对话框，可以输入对该模板的简短描述，并确定单位为“公制”，单击“确定”按钮完成图形样板的创建。

思考与练习

练习创建名称为“园林 1.dwt”的图形样板并保存。

任务二　用 AutoCAD 绘制木亭平面图

任务目标

◇掌握直线和矩形的绘制方法

◇掌握图形偏移、修剪、复制和移动等编辑命令的操作方法

◇掌握绘图辅助工具的使用方法

任务提出

用 AutoCAD 绘制如图 7—10 所示木亭的平面图形。要求绘图比例为 1∶1，线型正确，不标注尺寸。

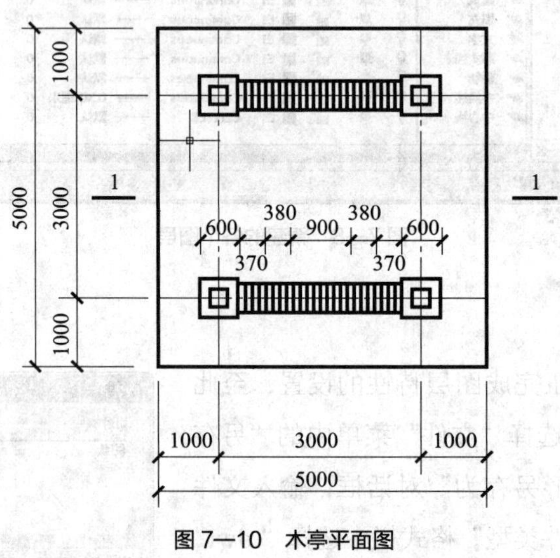

图 7—10 木亭平面图

任务分析

图 7—10 为木亭平面图，图中包括地平、柱基础和座椅等轮廓线，主要有粗实线、中实线和中心线等线型。本任务是运用 AutoCAD 绘制木亭平面图，并在绘图的过程中学习常用绘图命令及编辑命令的操作方法。一般园林图形的绘制比例都为 1∶1，即 1 m 的长度就绘制成 1 000 个单位，具体出图比例在图形打印时根据图纸的大小再换算成适当的通用比例。

相关知识

直线、矩形和圆（弧）等是最基本的图形元素，绘图时可以采用多种方法进行绘制。作图时仅靠作图命令是远远不够的，学习一些基本编辑命令对于提高作图效率大有裨益。常用的二维编辑命令有复制、移动、旋转、缩放、删除、偏移、阵列、修剪和延伸等。

AutoCAD 采用笛卡尔坐标系，绘图过程中经常要用到绝对直角坐标和相对直角坐标。绝对直角坐标是某个点与坐标系原点的位置关系，如“80，-60”是指该点在 X 轴正向距原点 80，在 Y 轴负向距原点 60。相对直角坐标是某个点与刚绘制的上一个点的位置关系，如“@50，42”是指该点在 X 轴正向距上一个点 50，在 Y 轴正向距上一个点 42。熟练掌握相对直角坐标可以提高作图效率。

AutoCAD 除了直角坐标，还有极坐标，也有绝对和相对之分。绝对极坐标是由某个点与极点的距离和它们连线与 X 轴的夹角来确定的，如“128<60”是指该点和极点直接距离是 128，该点与极点连线和 X 轴的夹角为 60°。相对极坐标是某个点与刚绘制的上一个点的极坐标关系，如“@100<-38”是指该点和刚绘制的上一个点的直接距离是 100，该点与刚绘制的上一个点的连线和 X 轴的夹角为 -38°。

绘图时要充分利用 AutoCAD 提供的各种辅助作图工具，如对象捕捉、对象追踪、极轴追踪、正交、栅格与捕捉等。在确定点的时候，对象捕捉可以精确地捕捉到一些特征点，如圆心、中点和交点等；打开正交可以沿着正交方向确定某个点的位置；打开极轴追踪可以沿着指定的方向确定某个点的位置；栅格与捕捉配合使用可以轻松地捕捉到类似点阵上的任何点，用户可以设定 X 轴和 Y 轴的步长值来确定点阵的间距；对象追踪可以从某个特征点出发，沿着正交或者极轴方向追踪一定的距离来确定点。熟练掌握 AutoCAD 提供的这些辅助作图工具对于精确作图和提高作图效率非常重要。

任务实施

一、启动 AutoCAD

单击“文件”菜单中的“新建”命令，在弹出的“选择样板”对话框中选用“模板 1”，单击“打开”按钮即可开始新图形的创建。

二、绘制中心线

1. 设置当前图线

单击“对象特性”中的“当前层”列表框右边的下拉箭头，弹出图层列表，如图 7—11 所示。在列表中点取“中心线”层，则当前图线为中心线。

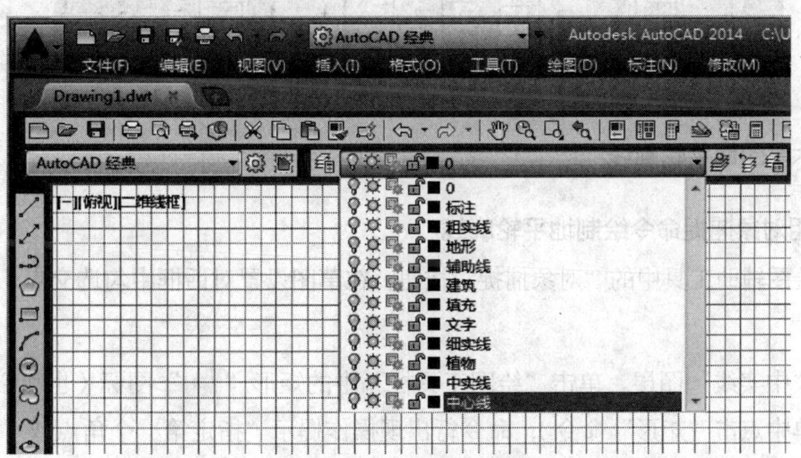

图 7—11　设置当前图线

2. 绘制并调整中心线位置

单击“绘图工具栏”中的直线“ ”图标（也可以从“绘图”的下拉菜单中点击“直线”命令），用鼠标在绘图区适当位置点击确定一点，沿水平方向移动鼠标，在命令行中输入6 000，回车确认。移动鼠标，在适当位置指定竖直线的端点，在命令行中输入6 000按回车键确认，便绘制出垂直中心线（见图7—12）。

提示：这里输入6 000，是为了便于后面的其他操作。

单击“修改工具栏”中的移动“ ”图标，将两条中心线移动到适当位置（见图7—12）。

3. 偏移中心线

单击“修改工具栏”中的偏移“ ”图标，命令行出现操作提示“指定偏移距离”。在命令行中输入3 000，按回车键确认，命令行操作提示“选择要偏移的对象”，选择垂直中心线，光标在垂直中心线的右边点按一下，完成偏移；同理完成水平中心线的偏移（见图7—12）。

图7—12 中心线偏移

绘图技巧：使用如图7—13所示辅助绘图工具中的“正交”图标，可以方便地绘制出水平线和垂直线。单击“正交”图标，即打开正交功能，再次点击“正交”按钮即关闭该功能。辅助绘图工具栏的其他几个按钮的使用方法和“正交”按钮类似。

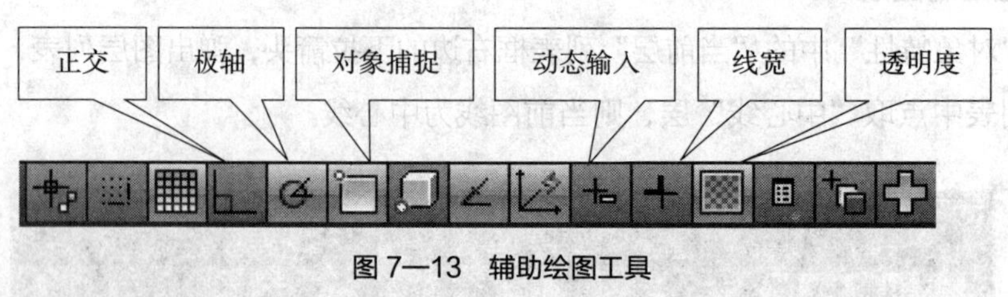

图7—13 辅助绘图工具

三、绘制木亭的地平轮廓线

1. 利用对象捕捉命令绘制地平轮廓线

右击绘图辅助工具中的“对象捕捉”按钮，在草图设置对话框中勾选交点，如图7—14所示。

选中“中实线”图层。单击“绘图工具栏”中的矩形“ ”图标（也可以从“绘图”的下拉菜单中点击“矩形”命令），命令行出现操作提示“指定第一个角点或［倒角（C）/标高（E）/圆角（F）/厚度（T）/宽度（W）］:”，把鼠标移到工具栏的任意位置，单击右键，在对话框中勾选“对象捕捉”（见图 7—15），调出“对象捕捉工具栏”，如图 7—16 所示。单击“对象捕捉”工具条中的捕捉自“ ”图标，在命令行中出现“_from 基点”，捕捉单击左上方中心线交点，命令行中出现“基点：< 偏移 >:”，输入“@-1000，1000”，命令行中出现“指定另一个角点或 [面积（A）/ 尺寸（D）/ 旋转（R）]:”，输入“@5000，-5000”，回车确定，结果如图 7—17 所示。

提示：“捕捉自”在实际绘图时广泛使用，减少了很多作辅助线的工作。

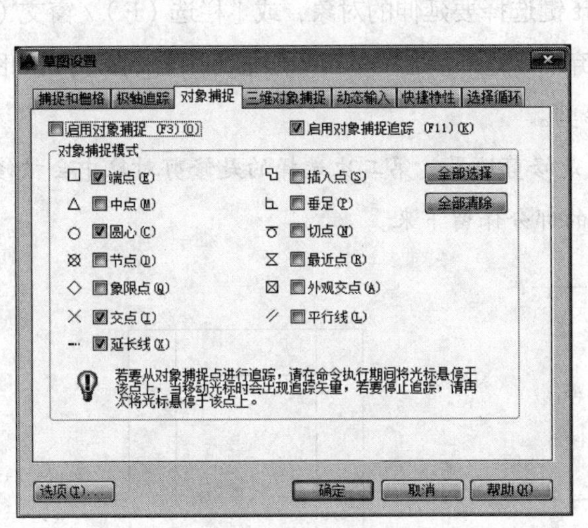

图 7—14　对象捕捉设置

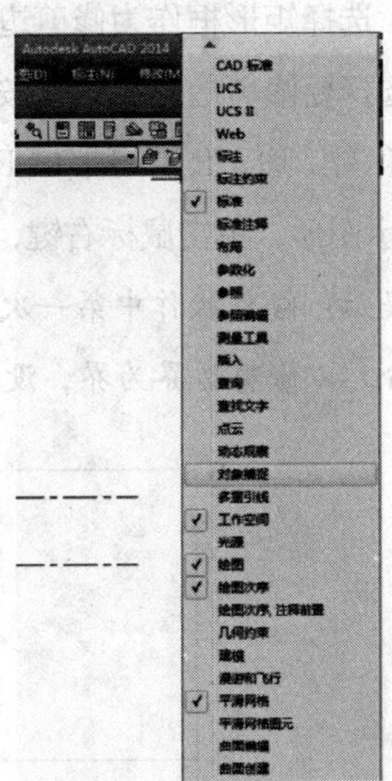

图 7—15　右键调出工具栏

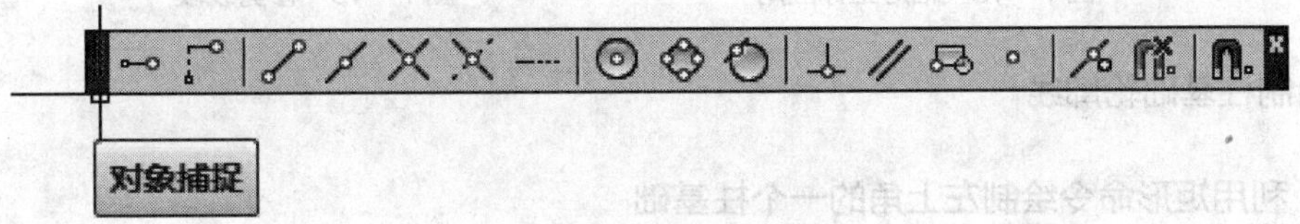

图 7—16　对象捕捉工具栏

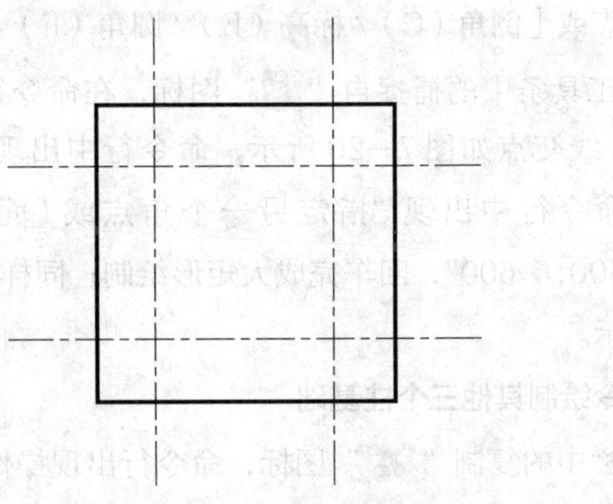

图 7—17　“捕捉自”绘制矩形

绘图技巧：点的相对直角坐标输入法在园林图形的绘制中应用最广，若要输入相对于上一次输入点的坐标值，只需在点坐标前加上“@”符号即可。如图 7—18 所示，点 C 相对于点 A，其坐标可以表示为“@20，20”。

2. 利用修剪命令编辑图形

单击“修改工具栏”中的“修剪”图标，即执行 Trim 命令，下方命令行出现操作提示“选择剪切边 ... 选择对象或 < 全部选择 >:”，同时十字光标变为小四方框。移动小四方框，选择矩形框作为修剪边，单击鼠标右键结束选择剪切边功能，命令行的操作提示变为“选择要修剪的对象，或按住 Shift 键选择要延伸的对象，或 [栏选（F）/ 窗交（C）/ 投影（P）/ 边（E）/ 删除（R）/ 放弃（U）]:”。连续单击矩形框外中心线，得到如图 7—19 所示图形，单击鼠标右键，结束修剪。

提示：修剪操作中第一次选择的是修剪边界，第二次选择的是修剪对象中会被修剪掉的部分。以修剪边界为界，没被选择的部分保留下来。

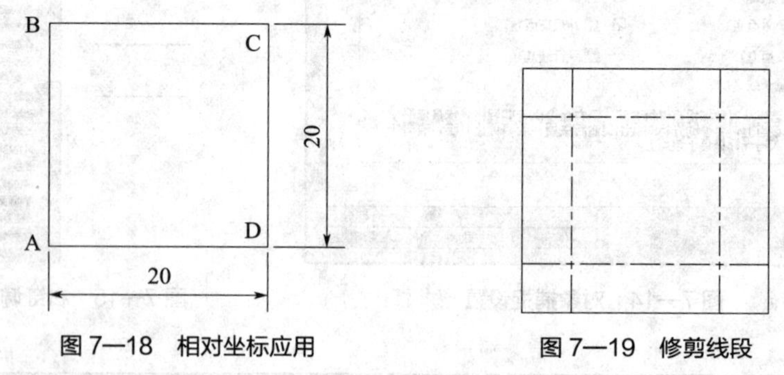

图 7—18　相对坐标应用　　　图 7—19　修剪线段

四、绘制柱基础轮廓线

1. 利用矩形命令绘制左上角的一个柱基础

切换到中实线图层，单击“绘图工具栏”中的矩形“▭”图标，命令行出现操作提示“指定第一个角点或 [倒角（C）/ 标高（E）/ 圆角（F）/ 厚度（T）/ 宽度（W）]:”。单击“对象捕捉”工具条中的捕捉自“↱”图标，在命令行中出现“_from 基点”，捕捉单击左上方中心线交点如图 7—20 所示，命令行中出现“基点：< 偏移 >:”，输入“@-300，300”，命令行中出现“指定另一个角点或 [面积（A）/ 尺寸（D）/ 旋转（R）]:”，输入“@600，-600”，回车完成大矩形绘制；同样的方法绘制边长为 300 的矩形，如图 7—20 所示。

2. 利用复制命令绘制其他三个柱基础

单击修改工具栏中的复制“⎘”图标，命令行出现操作提示“选择对象”，同时十字光标变为小四方框，移动小四方框，选择两个矩形，回车确定。命令行的操作提示变为“指定基点或［位移（D）/模式（O）］＜位移＞:”，开启对象捕捉功能。捕捉单击左上方中心线交点作为基点，命令行的操作提示变为“指定第二个点”，捕捉单击中心线第二个交点，同样的方法捕捉另外两个中心线交点进行复制，完成柱基础轮廓线的绘制，如图7—21 所示。

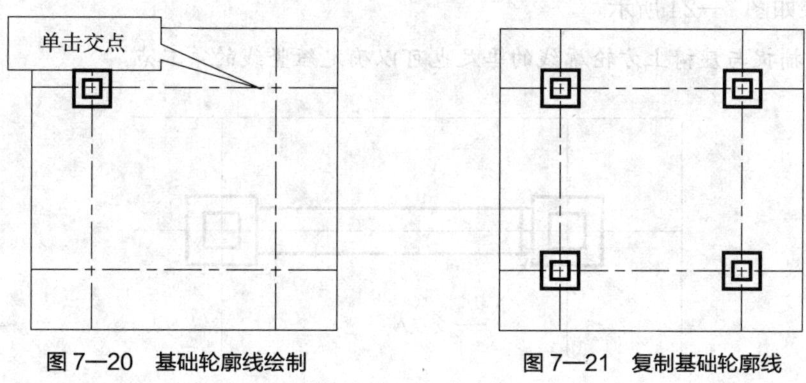

图 7—20　基础轮廓线绘制　　图 7—21　复制基础轮廓线

五、绘制座椅轮廓线

1. 利用偏移命令绘制座椅的最外轮廓线

单击“修改工具栏”中的偏移“ ”图标，命令行出现操作提示“指定偏移距离”。在命令行中输入 200，按回车键确认，命令行操作提示“选择要偏移的对象”，选择水平中心线，光标在水平中心线的上边点按一下，完成偏移，继续选择该水平中心线，光标在水平中心线的下边点按一下，完成偏移。同理，选择第二条水平中心线，完成偏移。效果如图 7—22 所示。

2. 修改外轮廓线的图层特性

选择偏移的四条中心线，选择中实线图层，调整该 4 条中心线图层特性，然后修剪图形，修剪后效果如图 7—23 所示。

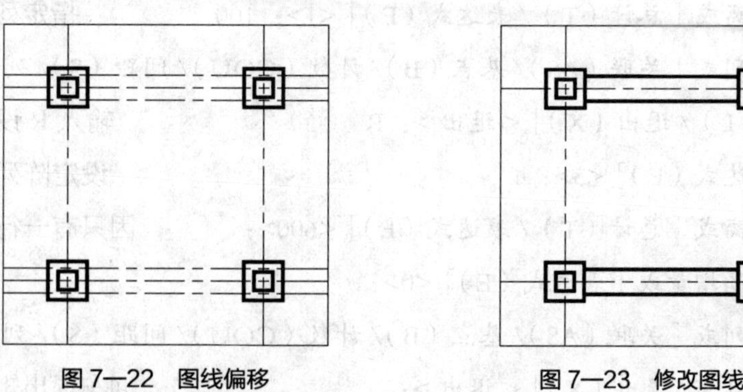

图 7—22　图线偏移　　图 7—23　修改图线特性

3. 利用直线命令绘制座椅上的一条竖线

单击“绘图工具栏”中的直线“ ”图标，命令行出现操作提示“指定第一点”。单击“对象捕捉”工具条中的捕捉自“ ”图标，在命令行中出现“_from 基点”，捕捉单击交点 A，命令行中出现“基点：< 偏移 >:”，输入“@100，0”，指定第二点“@0，400”，效果如图 7—24 所示。

提示：捕捉与座椅上方轮廓线的垂足也可以确定短竖线的第二点。

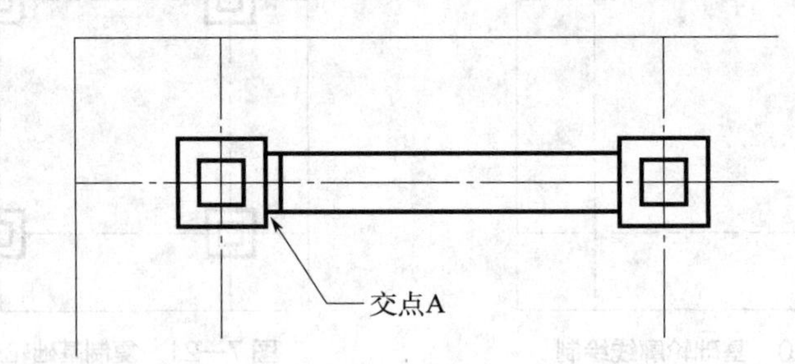

图 7—24　座椅上一条竖线的绘制

4. 利用阵列命令完成全部竖线的绘制

单击“修改工具栏”中的矩形阵列“ ”图标，按照下面命令操作过程完成阵列，效果如图 7—25 所示。

命令：_arrayrect　　启动矩形阵列命令

选择对象：找到 1 个　　选择上一步绘制的短竖线

选择对象：　　回车只阵列该条短竖线

类型 = 矩形　关联 = 是

选择夹点以编辑阵列或［关联（AS）/ 基点（B）/ 计数（COU）/ 间距（S）/ 列数（COL）/ 行数（R）/ 层数（L）/ 退出（X）］< 退出 >：COL　　输入 COL 设定阵列列数

输入列数数或［表达式（E）］<4>：23　　设定阵列列数为 23 列

指定列数之间的距离或［总计（T）/ 表达式（E）］<1>：100　　指定列间距为 100

选择夹点以编辑阵列或［关联（AS）/ 基点（B）/ 计数（COU）/ 间距（S）/ 列数（COL）/ 行数（R）/ 层数（L）/ 退出（X）］< 退出 >：R　　输入 R 设定阵列行数

输入行数数或［表达式（E）］<3>：1　　设定阵列行数为 1 行

指定行数之间的距离或［总计（T）/ 表达式（E）］<600>：　　因只有一行，直接回车

指定行数之间的标高增量或［表达式（E）］<0>：　　直接回车

选择夹点以编辑阵列或［关联（AS）/ 基点（B）/ 计数（COU）/ 间距（S）/ 列数（COL）/ 行数（R）/ 层数（L）/ 退出（X）］< 退出 >：　　回车退出矩形阵列命令

注意，这一步短竖线的阵列也可以用如下方法完成：在命令行输入 ARRAYCLASSIC

后回车，弹出如图 7—26 所示传统的 AutoCAD 阵列对话框，在对话框中设置列数为 23，列偏移为 100，点击“选择对象”，选择上面绘制的短竖线，回车返回对话框，点击“确定”完成短竖线的阵列。

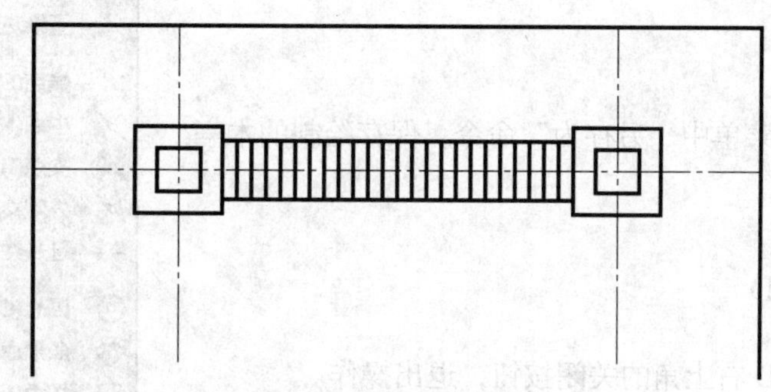

图 7—25　短竖线阵列

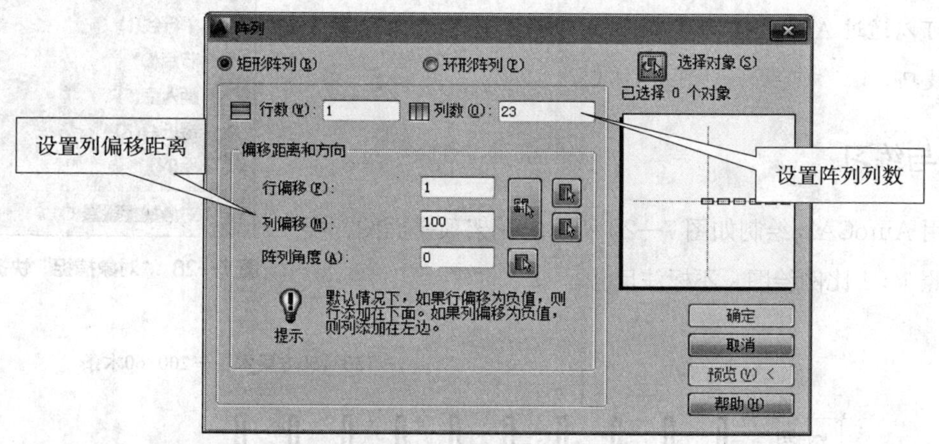

图 7—26　AutoCAD 阵列对话框

5. 利用复制命令完成另外一个座椅的绘制

单击“修改工具栏”中的复制“ ”图标，选择上面 23 条短竖线，回车确定。命令行的操作提示变为“指定基点”，捕捉单击左上中心线交点作为基点，命令行的操作提示变为“指定第二点”，捕捉单击左下中心线交点，完成坐椅轮廓线绘制，效果如图 7—27 所示。

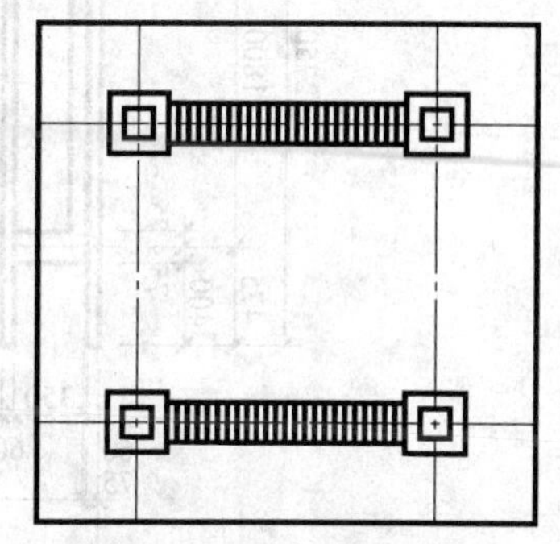

图 7—27　坐椅轮廓线复制

绘图技巧：在绘制图形过程中，常常需要拾取某些特殊点，如圆心、切点、端点、中点或垂足等。AutoCAD 提供了“对象捕捉”功能，可以迅速、准确地捕捉到这些特殊点。对象捕捉分为两种方式：单次对象捕捉和自动对象捕捉。前者可通过“对象捕捉”工具栏中的相应工具按钮选取，也可以在绘图区任意位置，按住 Shift 键不放，单击鼠标右

键，打开对象捕捉快捷菜单（见图 7—28）进行选取。后者可以通过“草图设置”对话框里的“对象捕捉”选项卡设置对象捕捉类型，使用“OSNAP”命令可以调出该对话框。

六、保存图形

单击“文件”菜单中“另存为”命令，保存绘制的木亭平面图。

七、退出 AutoCAD

单击 AutoCAD 右上角的关闭按钮，退出操作。

注意：AutoCAD 提供了许多绘制图形的方法和技巧，我们可以通过 AutoCAD 提供的在线帮助，学习其他绘图方法和技巧。

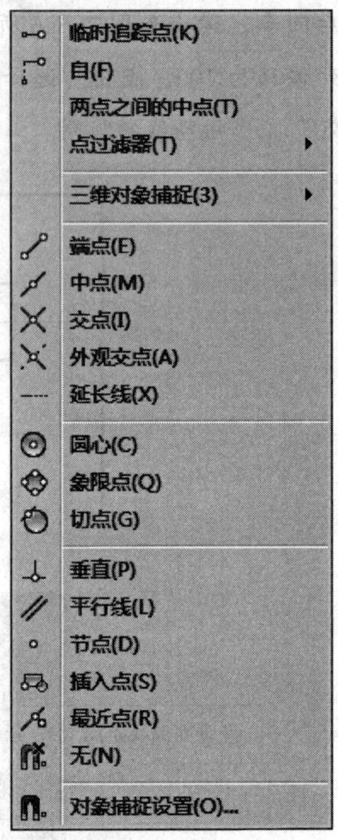

图 7—28 “对象捕捉”快捷菜单

思考与练习

用 AutoCAD 绘制如图 7—29 所示的花架顶平面图，要求按照 1∶1 比例绘图，不标注尺寸。

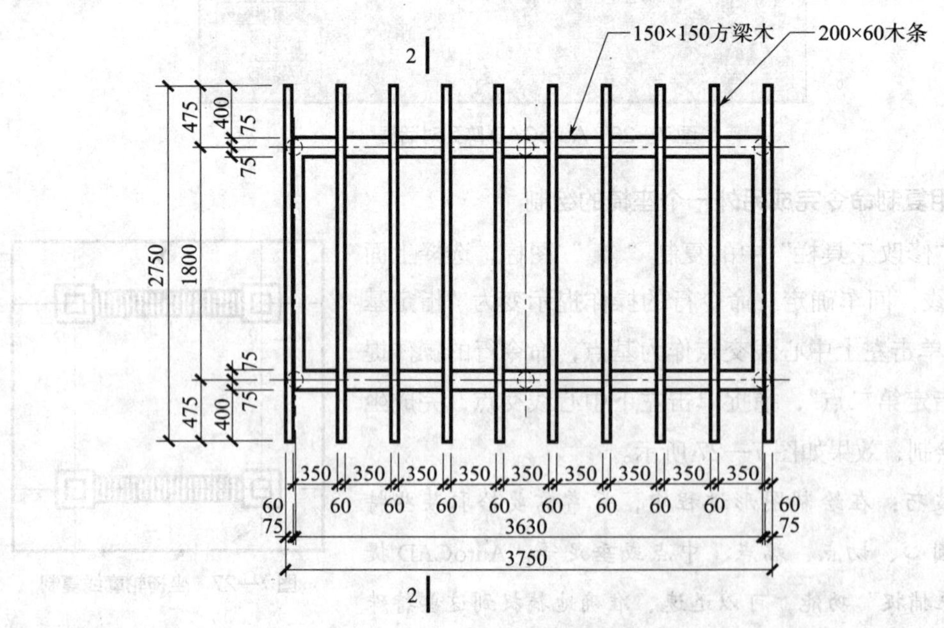

图 7—29 花架顶平面图

课题二

绘制园林立面图

任务 用 AutoCAD 绘制花架立面图

任务目标

◇掌握绘制和修改图形的方法
◇掌握图案填充的方法
◇掌握标注尺寸的方法

任务提出

用 AutoCAD 绘制如图 7—30 所示的花架剖面图，要求绘图比例为 1∶1，线型正确，并标注尺寸。

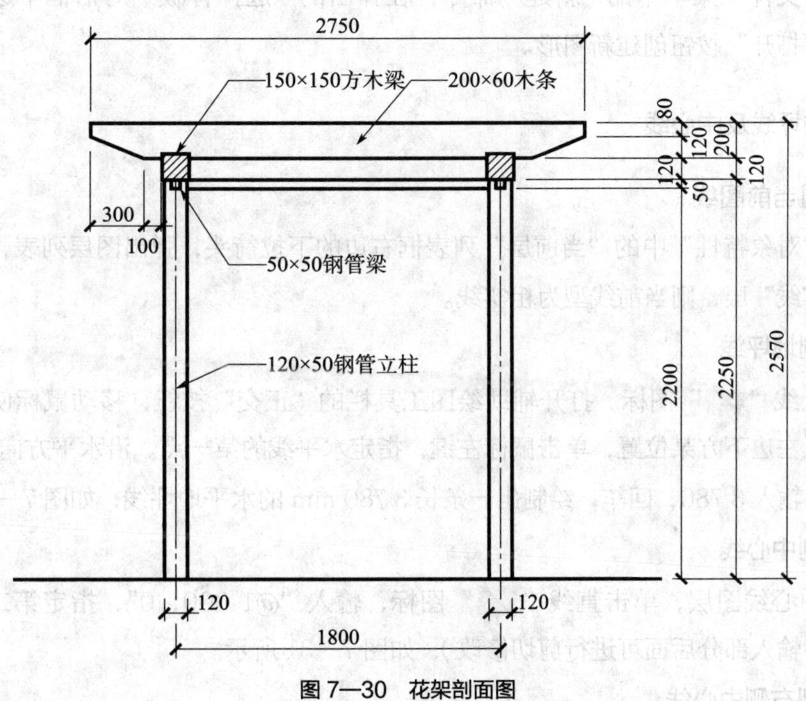

图 7—30 花架剖面图

任务分析

图 7—28 是花架剖面图，图中包括地平、柱、梁和木条等轮廓线以及尺寸标注等，主要有粗实线、细实线和中心线等线型。本次任务是运用 AutoCAD 二维基本绘图命令和编辑命令绘制花架剖面图，并在绘图的过程中学习图案填充和尺寸标注的一般方法。

相关知识

本次任务继续使用 AutoCAD 二维基本绘图命令和编辑命令绘制图形，绘图过程中经常使用相对坐标确定点的位置。图案填充是指将图案或颜色填满选定的图形区域，以表示该区域的特性，填充时可以选择不同的图案，调整填充比例和角度，要注意填充边界必须封闭。标注是指在图形中添加文字、数字和其他符号，用以传递准确的设计信息，使图形更容易被理解。本次任务中只涉及线型尺寸的标注方法，其他尺寸标注可进一步自学掌握。

任务实施

一、启动 AutoCAD

单击“文件”菜单中的“新建”命令，在弹出的“选择样板”对话框中选用“模板 1”，单击“打开”按钮创建新图形。

二、绘制地坪线及中心线

1. 设置当前图线

单击“对象特性”中的“当前层”列表框右边的下拉箭头，弹出图层列表，在列表中点取“粗实线”层，则当前线型为粗实线。

2. 绘制地坪线

单击直线“ ”图标。打开辅助绘图工具栏的“正交”按钮，移动鼠标使十字光标移到绘图区左边下方某位置，单击鼠标左键，指定水平线的第一点。沿水平方向移动鼠标，在命令行中输入 3 780，回车，绘制出一条长 3 780 mm 的水平地坪线，如图 7—31 所示。

3. 绘制中心线

选取中心线图层，单击直线“ ”图标，输入“@1 000，0”，指定第二点“@0，2 570”（多输入部分后面可进行剪切修改），如图 7—31 所示。

4. 绘制右侧中心线

单击偏移“ ”图标，在命令行中输入 1 800，按回车键确认，选择垂直中心线，

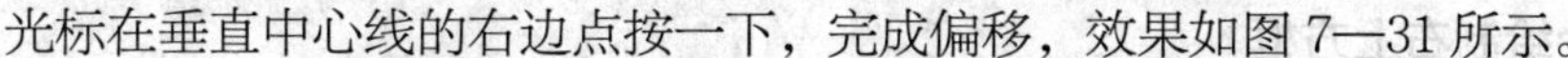

光标在垂直中心线的右边点按一下，完成偏移，效果如图 7—31 所示。

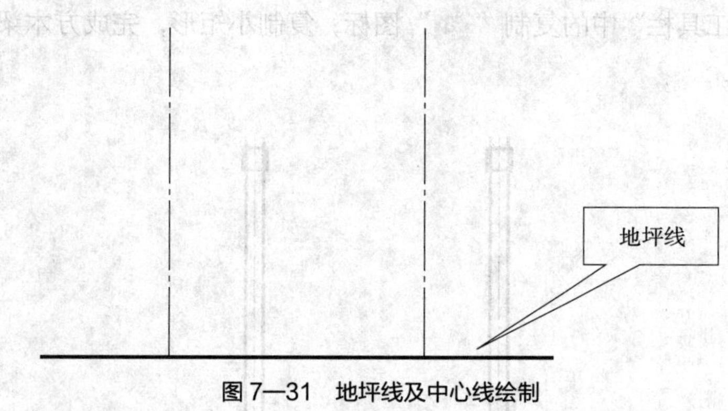

图 7—31　地坪线及中心线绘制

三、绘制花架钢管立柱轮廓线

单击“修改工具栏”中的偏移“ ”图标，命令行出现操作提示“指定偏移距离”。在命令行中输入 60，按回车键确认，命令行操作提示“选择要偏移的对象”，选择垂直中心线，光标在垂直中心线的左边点按一下，完成偏移。用同样的方法绘制其他 3 条图线。

选择 4 条偏移中心线，在图层列表中点取“细实线”层，改变其图层特性，效果如图 7—32 所示。

四、绘制方木梁轮廓线

1. 利用矩形命令绘制左上方框

单击“绘图工具栏”中的矩形“ ”图标，提示指定第一个角点，单击“对象捕捉”工具条中的捕捉自“ ”图标，在命令行中出现“_from 基点”，捕捉单击交点 A，命令行中出现“基点：<偏移>:”，输入“@-15，2 250”确定矩形第一个角点，另一个角点输入“@150，150”，效果如图 7—33 所示。

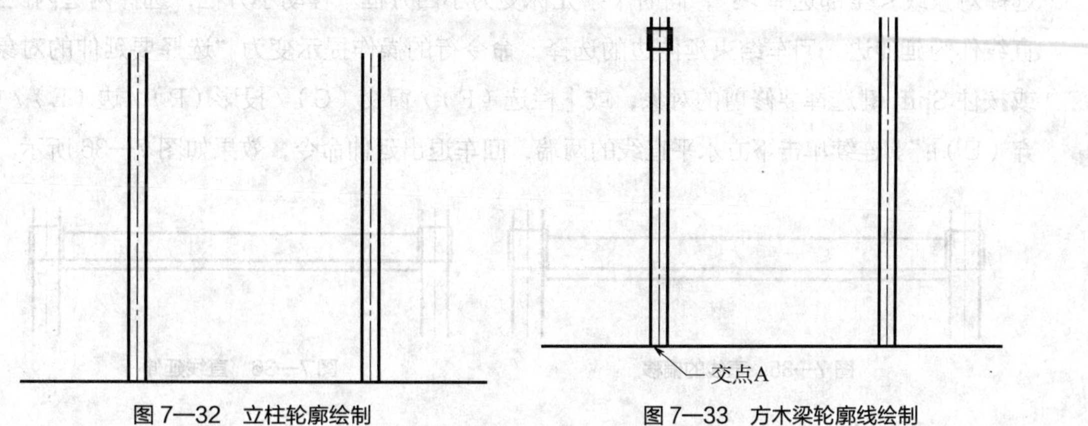

图 7—32　立柱轮廓绘制　　图 7—33　方木梁轮廓线绘制

2. 利用复制命令绘制右上方框

单击“修改工具栏”中的复制“ ”图标，复制小矩形，完成方木梁轮廓线，效果如图 7—34 所示。

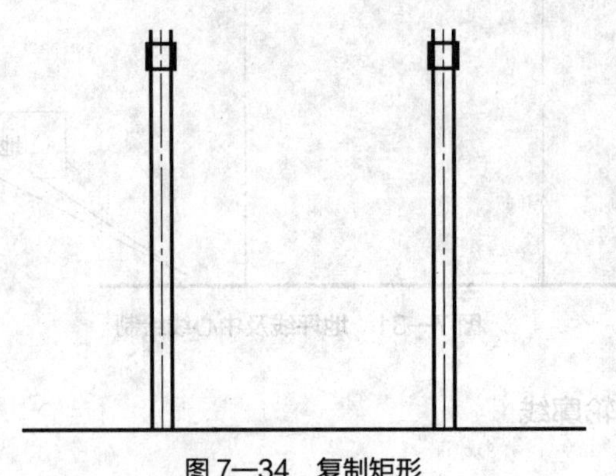

图 7—34　复制矩形

3. 利用直线命令、偏移命令绘制水平轮廓

设置“细实线”层为当前图层。单击直线“ ”图标，捕捉两个矩形内侧下方的端点，绘制细实线。单击“修改工具栏”中的偏移“ ”图标，在命令行中输入 120，按回车键确认，选择水平直线，光标在水平中心线的上边点按一下，回车完成偏移。如图 7—35 所示。

五、绘制钢管梁轮廓线

1. 利用偏移命令、延伸命令完成水平轮廓线的绘制

单击偏移“ ”图标，在命令行中输入 50，回车确认，选择水平直线，光标在水平直线的下边点按一下，回车完成偏移。效果如图 7—35 所示。

单击“修改工具栏”中的延伸“ ”图标，命令行出现操作提示“选择边界的边 ... 选择对象或 < 全部选择 >:”，同时十字光标变为小四方框。移动小方框，选择两边内侧竖直线作为延伸边，回车结束延伸边的选择，命令行的操作提示变为“选择要延伸的对象，或按住 Shift 键选择要修剪的对象，或 [栏选（F）/ 窗交（C）/ 投影（P）/ 边（E）/ 放弃（U）]:”。连续单击下方水平直线的两端，回车退出延伸命令，效果如图 7—36 所示。

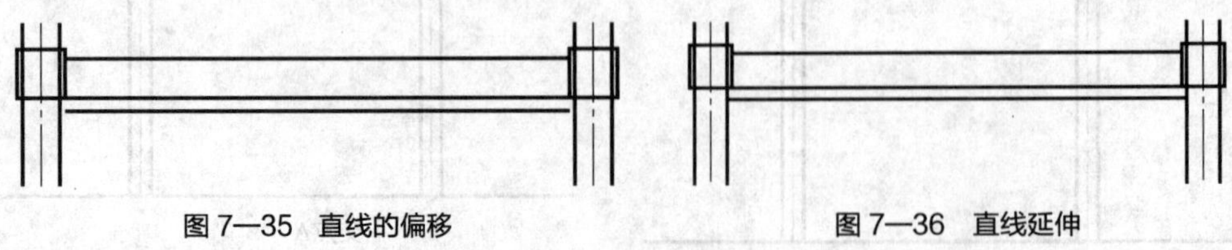

图 7—35　直线的偏移　　　　图 7—36　直线延伸

2. 利用矩形命令、复制命令完成小矩形的绘制

在图层命令中点取“中实线”图层，单击“绘图工具栏”中的矩形“”图标，提示指定第一个角点，单击“对象捕捉”工具条中的捕捉自“”图标，在命令行中出现“_from 基点”，捕捉单击交点 A，命令行中出现“基点：<偏移>:”，输入“@-25，0”确定小矩形第一个角点，另一个角点输入“@50，-50”，完成左侧小矩形的绘制。利用复制命令绘制右侧小矩形。效果如图 7—37 所示。

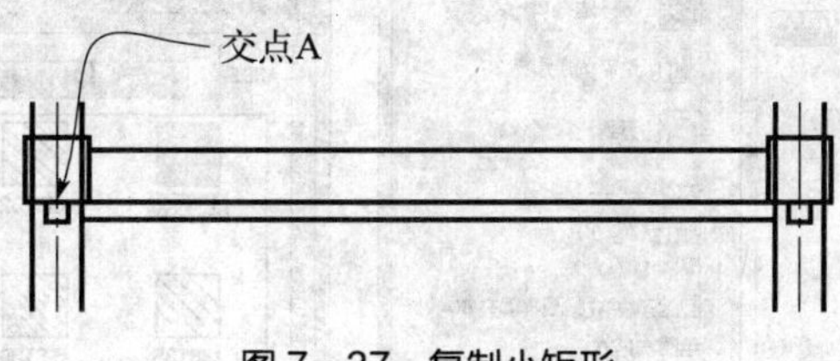

图 7—37 复制小矩形

六、绘制木条轮廓线

切换到“细实线”图层，单击“绘图工具栏”中的多段线“”图标，提示“指定起点:”，单击“对象捕捉”工具条中的捕捉自“”图标，在命令行中出现“_from 基点”，捕捉单击左上方框顶点 A，命令行中出现“基点：<偏移>:”，输入“@0，-30”，依次指定下一点分别输入“@-100，0”“@-300，120”“@0，80”“@2750，0”“@0，-80”“@-300，-120”“@-100，0”，回车结束木条轮廓线绘制，修剪花架立柱轮廓线和中心线等 6 条垂直线至合适的长度。最终效果如图 7—38 所示。

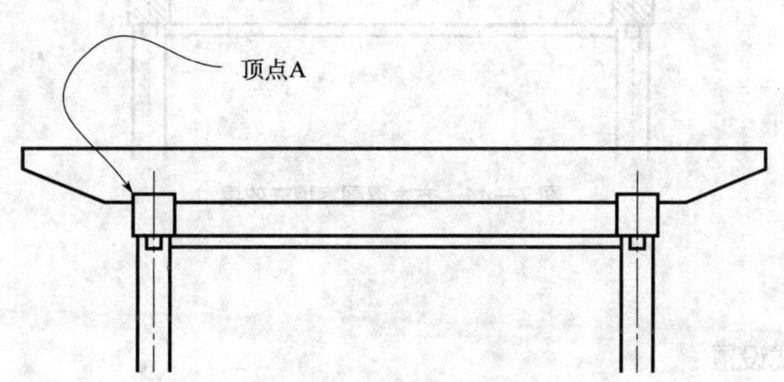

图 7—38 绘制木条轮廓线

七、填充方木梁断面

确认“细实线”层为当前图层，单击“绘图工具栏”中的图案填充“”图标，打开图案填充和渐变色对话框（见图 7—39），点击对话框中“样例:”后面的图案，打开填充图案选项板（见图 7—40），点击选择“ANSI31”图案，确定后

离开该对话框。在图案填充和渐变色对话框中点击“添加：选择对象”按钮，在图形中选择两个方木梁大矩形，回车返回对话框，点击“预览”按钮观察填充效果，调整填充比例为 10，最后完成方木梁断面填充。效果如图 7—41 所示。

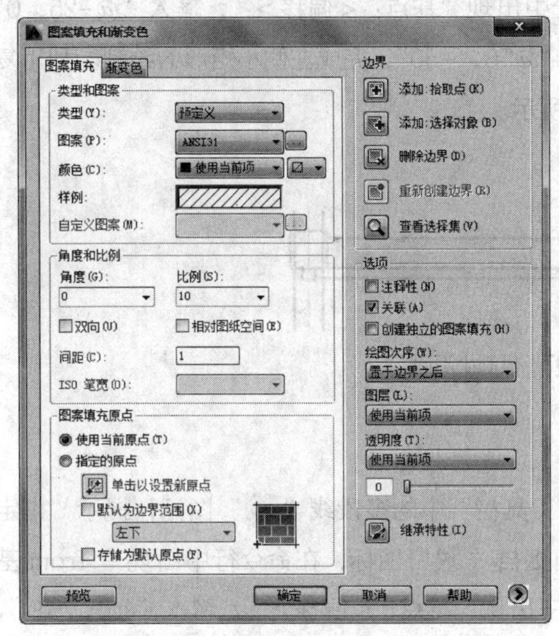

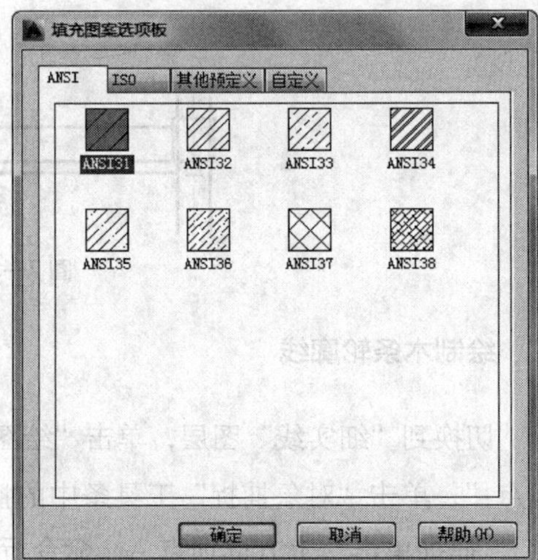

图 7—39 图案填充和渐变色对话框　　　图 7—40 填充图案选项板

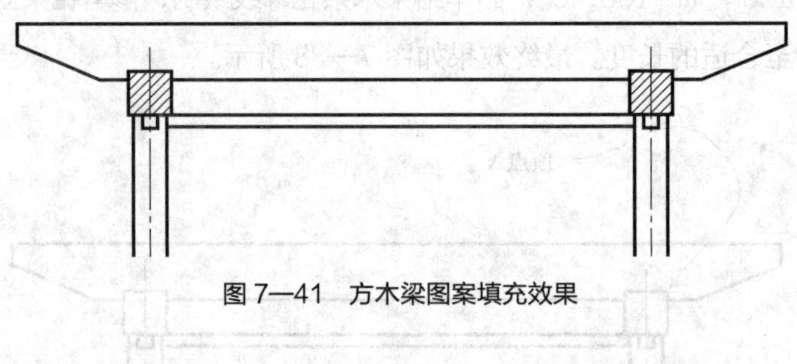

图 7—41 方木梁图案填充效果

八、尺寸标注

1. 标注样式设置

从“格式”的下拉菜单中点击“标注样式”命令，打开“标注样式管理器”对话框，如图 7—42 所示。

在此定义一个新的标注样式“w01”以方便对花架剖面图的尺寸标注。点击“新建…”按钮，打开“创建新标注样式”对话框，如图 7—43 所示，在“新样式名”下面文本框中输入 w01，点击“继续”按钮打开“新建标注样式：w01”对话框，如图 7—44 所示。

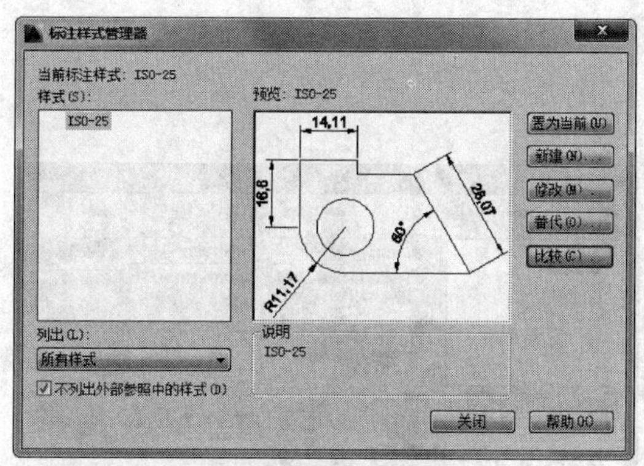

图 7—42　标注样式管理器

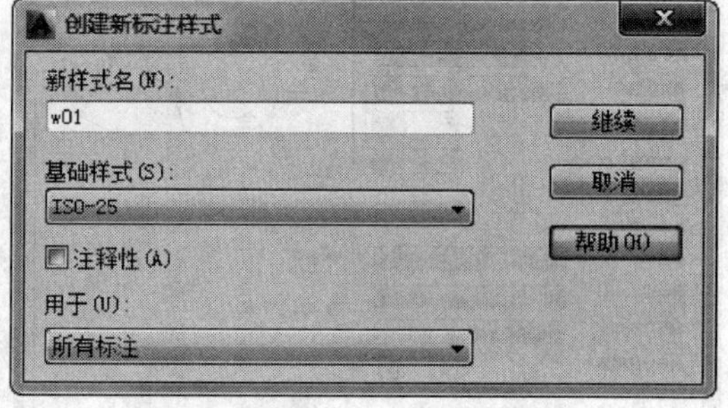

图 7—43　创建新标注样式 w01

在“新建标注样式：w01”对话框的“线”选项卡中设置“超出标记”为 2，“超出尺寸线”为 2，“起点偏移量”为 4，其余不作变动。

在“新建标注样式：w01”对话框的“符号和箭头”选项卡中，将“箭头”第一个和第二个都设置为建筑标记，“箭头大小”设置为 3，其余不作变动，设置后选项卡如图 7—45 所示。

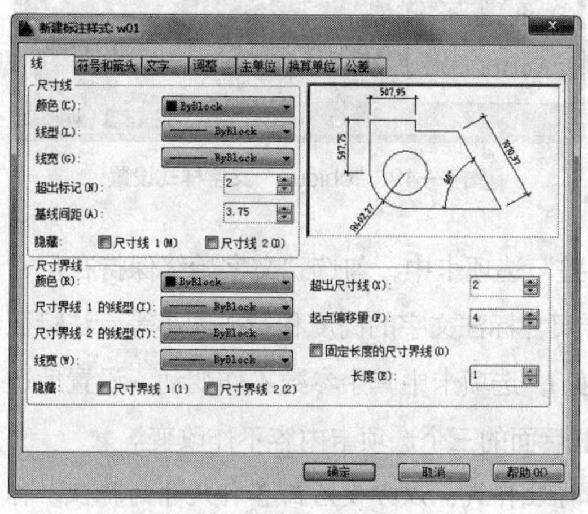

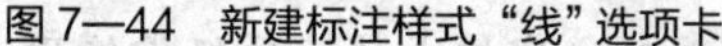
图 7—44　新建标注样式“线”选项卡

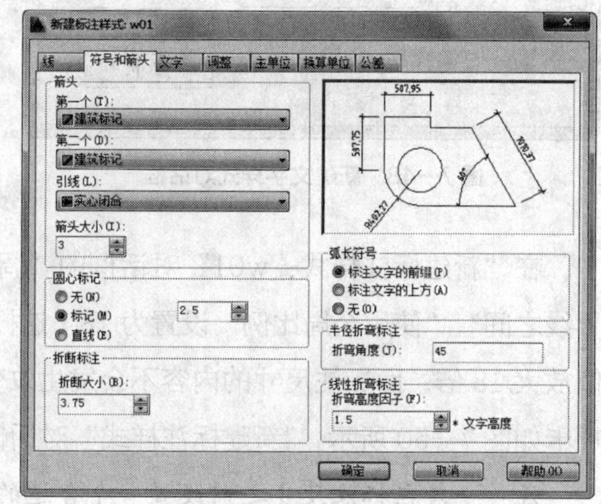

图 7—45　新建标注样式“符号和箭头”选项卡

在“新建标注样式：w01”对话框的“文字”选项卡中，点击图 7—46“文字样式”后面的 ... 按钮，打开“文字样式”对话框，如图 7—47 所示，点击“新建 ...”按钮，打开“新建文字样式”对话框，如图 7—48 所示，输入“chicun”后确定返回“文字样式”对话框，设置“chicun”文字样式的字体为 gbenor.shx，勾选“使用大字体”，大字体选择 gbcbig.shx，设置情况如图 7—49 所示。返回如图 7—46 所示对话框中，“文字样式”选择刚定义好的“chicun”，“文字高度”设置为 5，“从尺寸线偏移”设置为 1.2，“文字对齐”勾选 ISO 标准，其余不作变动。

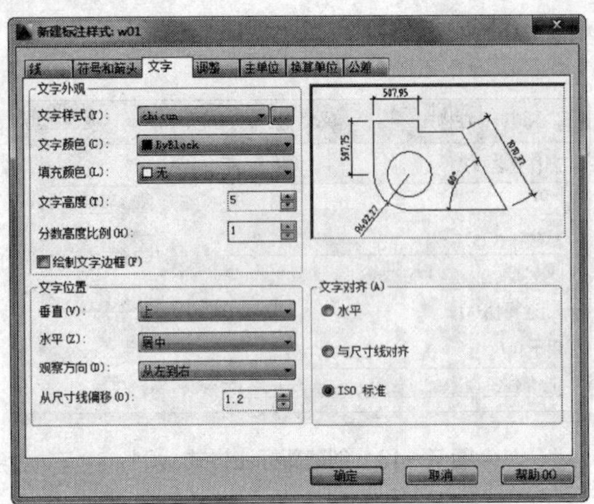

图 7—46 新建标注样式“文字”选项卡

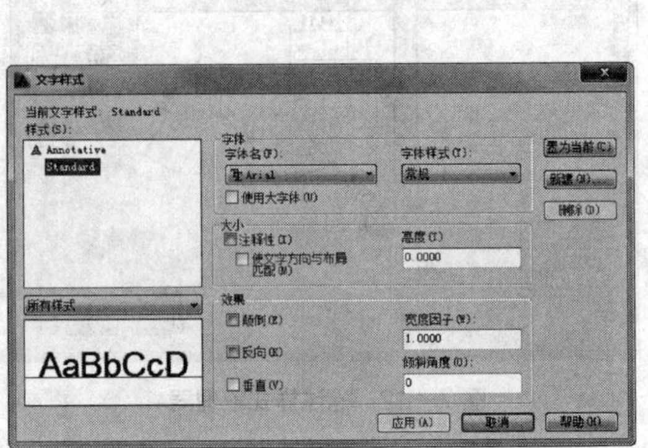

图 7—47 文字样式对话框

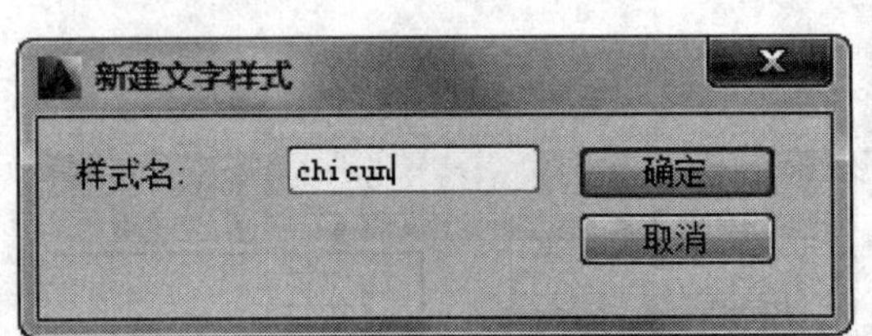

图 7—48 新建文字样式对话框

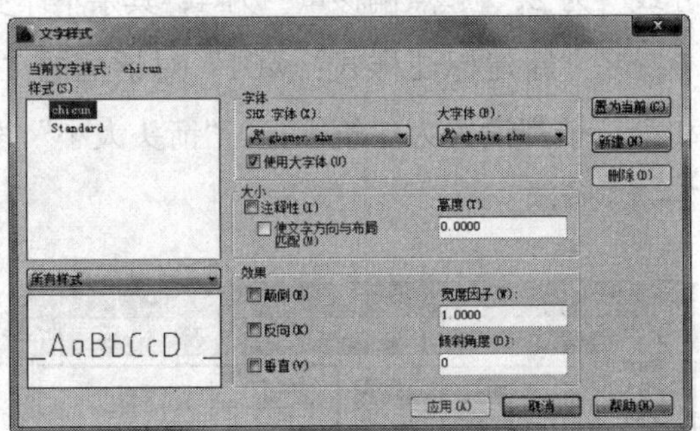

图 7—49 “chicun”文字样式设置

在“新建标注样式：w01”对话框的“调整”选项卡中，勾选“文字始终保持在尺寸界线之间”，“使用全局比例”设置为 18（这样尺寸标注文字的高度和箭头大小等标注特征值放大 18 倍，而标注尺寸的内容不会发生改变），选项卡中其余参数不作变动，设置后选项卡如图 7—50 所示。“新建标注样式”对话框后面的三个选项卡内容不作改变。

注：一般在标注尺寸之前设置一个合适的标注样式，以方便后面各种尺寸的标注。标注尺寸的文字一般也要定义一种专用的文字样式，绘图时文字样式的字体经常使用 gbenor.shx 或者 gbeitc.shx，大字体选择 gbcbig.shx，方便输入简体中文。

2. 标注尺寸

切换上面设定的“w01”为当前标注样式，打开“对象捕捉”，从“标注”的下拉菜单中点击“线性”标注命令，捕捉相应的点作为尺寸界限的两端，在合适位置点击确定该尺寸的位置。标注过程中要细心以免捕捉错误的点，各尺寸位置要统一协调，摆放合理，完成尺寸标注后效果如图 7—30 所示。

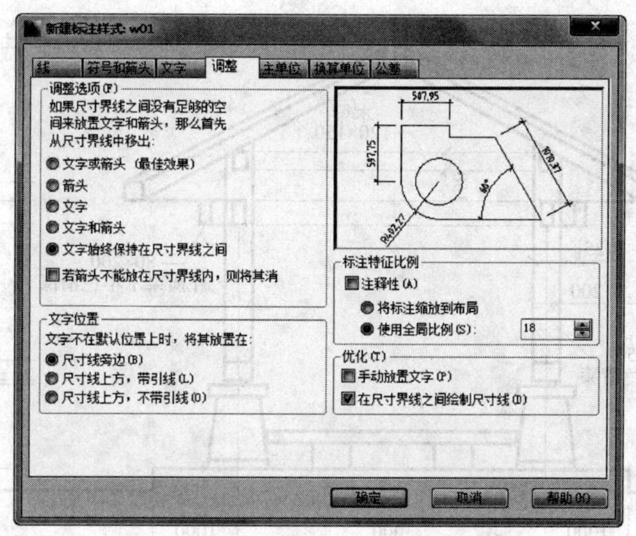

图 7—50　新建标注样式“调整”选项卡

注：图 7—30 中“150×150 方木梁”等 4 个引线标注是用 AutoCAD 快速引线命令 QLEADER 完成的，在命令行中输入 QLEADER 或者 QL 后回车执行命令（输入的字母不区分大小写），命令完成的过程如下（以“150×150 方木梁”为例）：

指定第一个引线点或［设置（S）］<设置>:　　捕捉引线的起始点

指定下一点:　　确定引线水平方向的第一点

指定下一点:　　确定引线水平方向的第二点

指定文字宽度 <0>:　　回车，不限定引线文字的宽度

输入注释文字的第一行 <多行文字（M）>: 150×150 方木梁　　输入引线内容

输入注释文字的下一行:　　回车结束命令

九、保存图形

对图形进行最后的检查与修改，确认无误后单击“文件”菜单中“另存为”命令，把所绘图形以“花架剖面图”的名字保存在文件夹中。

十、退出 AutoCAD

单击 AutoCAD 右上角的关闭按钮，退出操作。

思考与练习

绘制如图 7—51 所示木亭的立面图，要求按照 1∶1 比例绘制，并标注尺寸。

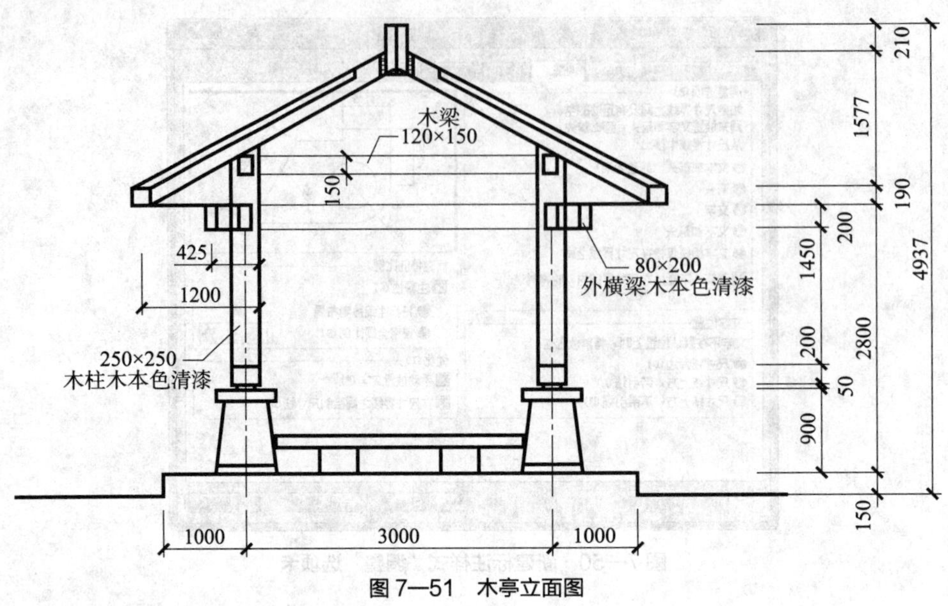

图 7—51 木亭立面图

课题三

绘制园林剖面图

任务 用 AutoCAD 绘制雨水井剖面图

任务目标

◇掌握二维图形的绘制和修改方法

◇掌握细部大样图图案选择和填充方法

◇掌握园林剖面图的绘图方法

任务提出

用 AutoCAD 绘制如图 7—52 所示的雨水井剖面图，要求绘图比例为 1∶1，线型正确，并注释文字和标注相关尺寸。注意，本次任务的重点是通过剖面图来表示雨水井的结构，并对相关施工工艺和材料进行注释，要求掌握图案填充和文字标注的方法。图中标注了雨水井的一部分尺寸，对于局部没有标明的尺寸在绘图过程中可酌情自定。

任务分析

图 7—52 为雨水井剖面图，属于细部大样处理图，是一种比较常见的施工图。本任务要求运用 AutoCAD 绘制雨水井剖面图，并在绘图的过程中学习剖断面图的绘制方法。

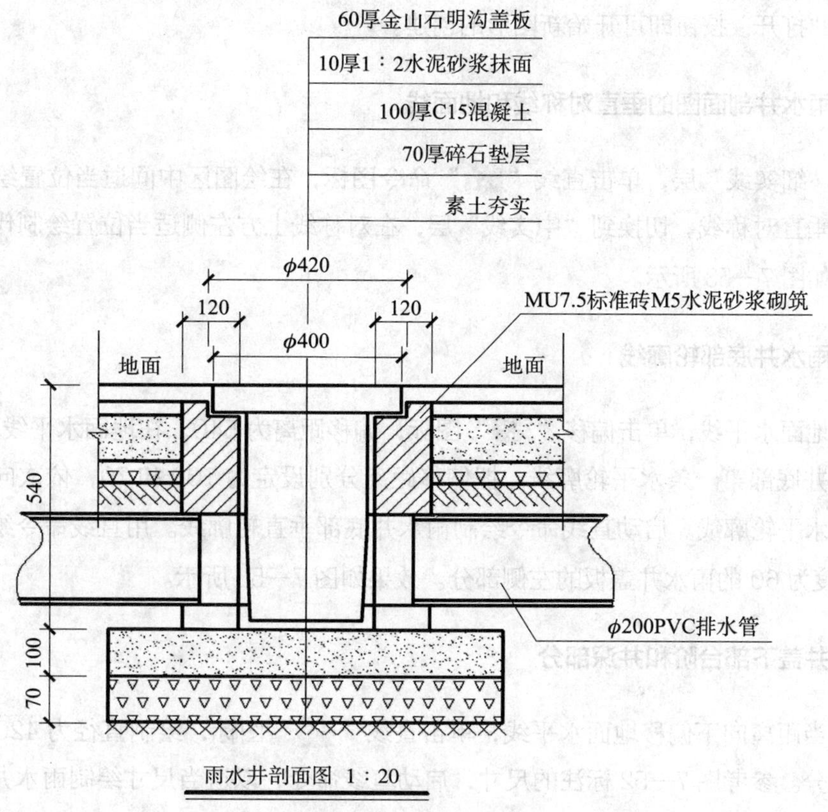

图 7—52 雨水井剖面图

相关知识

使用样条曲线可以绘制出任意形状和曲率的曲线，一般用于绘制地形、湖面边界、假山、植物、木纹和截断符号等，本任务使用样条曲线来表示 PVC 排水管的截断。图案填充时经常要选择不同的图案，调整填充比例和填充角度，本任务使用了 4 种不同的图案来表示雨水井施工过程中用到的不同材料。标注时经常用到的尺寸终端形式是箭头、短斜线和圆点，本任务中标注使用了建筑标记的短斜线。一般的线性尺寸用“线性”或“对齐”标注命令进行标注，本任务中的尺寸全部使用线性标注命令完成。

任务实施

一、启动 AutoCAD

单击“文件”菜单中的“新建”命令，在弹出的“选择样板”对话框中选用“模板1”，单击“打开”按钮即可开始新图形的创建。

二、绘制雨水井剖面图的垂直对称线和地面线

选择“细实线”层，单击直线“ ”命令图标，在绘图区中间适当位置绘制雨水井剖面图的垂直对称线。切换到“中实线”层，在对称线上方左侧适当位置绘制代表地面的水平线。如图 7—53 所示。

三、绘制雨水井底部轮廓线

选择地面水平线，单击偏移“ ”图标，偏移距离为 540，在地面水平线下方点击，绘制雨水井底部第一条水平轮廓线。把偏移距离分别设定为 100 和 70，依次向下偏移出另外两条水平轮廓线。启动直线命令绘制雨水井底部垂直轮廓线。用直线命令绘制直径为400，厚度为 60 的雨水井盖板的左侧部分。效果如图 7—53 所示。

四、绘制井盖下部台阶和井深部分

以适当距离向下偏移地面水平线，单击直线“ ”图标，绘制直径为 420 井盖下部的台阶部分。参考图 7—52 标注的尺寸，启动直线命令，以适当尺寸绘制雨水井的井深部分。效果如图 7—54 所示。

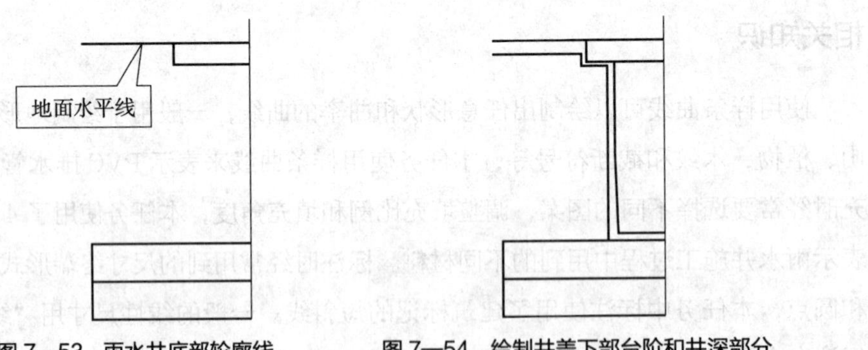

图 7—53　雨水井底部轮廓线　　图 7—54　绘制井盖下部台阶和井深部分

五、绘制雨水井剖面图的其他水平线和排水管

启动直线命令，按照尺寸 120 绘制图 7—52 斜剖面线部分的左侧垂直线。参考图 7—52

标注的尺寸，运用直线命令和偏移命令，以适当尺寸绘制雨水井的其他水平线。同样，运用直线命令和偏移命令绘制适当厚度，直径为 200 的排水管轮廓线。效果如图 7—55 所示。

六、利用对称命令绘制雨水井右侧部分

雨水井左侧部分基本绘制完毕，利用 AutoCAD 的镜像命令可以迅速完成右侧部分的绘制。单击“修改工具栏”的镜像“ ”图标，命令行提示“选择对象:”，框选垂直对称线左边的所有线条作为要镜像的对象，命令行提示“找到 24 个”，回车结束镜像对象的选择，命令行提示“指定镜像线的第一点:”，捕捉垂直对称线的上边端点作为镜像线的第一点，命令行提示“指定镜像线的第二点:”，捕捉垂直对称线的下边端点作为镜像线的第二点，命令行提示“要删除源对象吗？[是（Y）/否（N）] <N>:”，回车不删除镜像源对象，镜像命令结束。效果如图 7—56 所示。

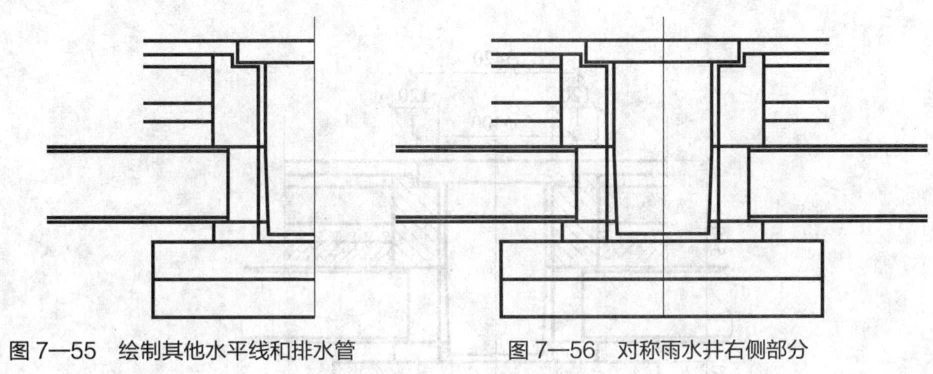

图 7—55　绘制其他水平线和排水管　　图 7—56　对称雨水井右侧部分

七、绘制两边折断部分

切换到“细实线”图层，适当调整雨水井水平轮廓线条的长度，启动直线命令，绘制上边两侧的折断线。单击绘图工具栏样条曲线“ ”图标，在适当位置绘制排水管两侧的折断线。使用修改工具栏中的修剪“ ”和延伸“ ”命令，修改并调整图形，效果如图 7—57 所示。

八、图案填充绘制剖面

确认“细实线”层为当前图层，单击“绘图工具栏”中的图案填充“ ”图标，选择合适的填充图案，调整适合的填充比例，完成填充后效果如图 7—58 所示。

九、尺寸标注和注写文字

参考本模块课题二“绘制园林立面图”的相关部分，设置图形的标注样式和文字样

式。打开“对象捕捉”，从“标注”下拉菜单中点击“线性”标注命令，仔细捕捉相应的点并把尺寸标注到合适的位置，适当调整后效果如图 7—59 所示。用细实线绘制相应的线条，并注写文字。雨水井剖面图的最终效果如图 7—52 所示。

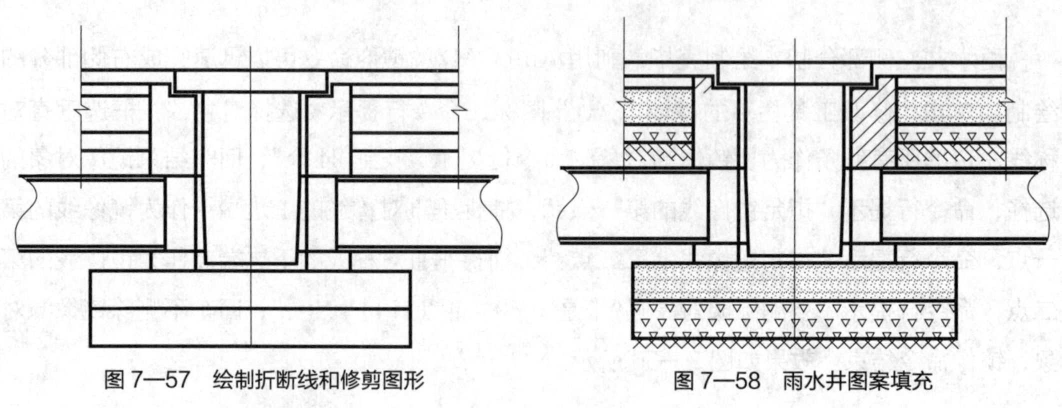

图 7—57　绘制折断线和修剪图形

图 7—58　雨水井图案填充

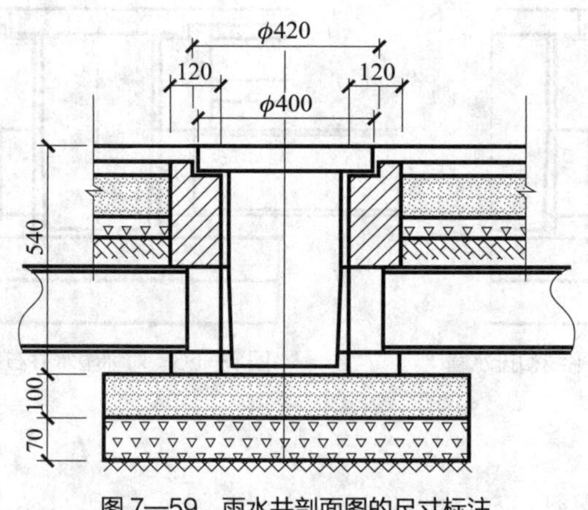

图 7—59　雨水井剖面图的尺寸标注

十、保存图形

单击“文件”菜单中“另存为”命令，把绘制的图形以“雨水井剖面图”的名字保存到文件夹中。

思考与练习

绘制如图 7—60 所示梯级大样图，要求按照 1∶1 比例绘图，并标注尺寸，对于局部没有标明的尺寸在绘图过程中可酌情自定。

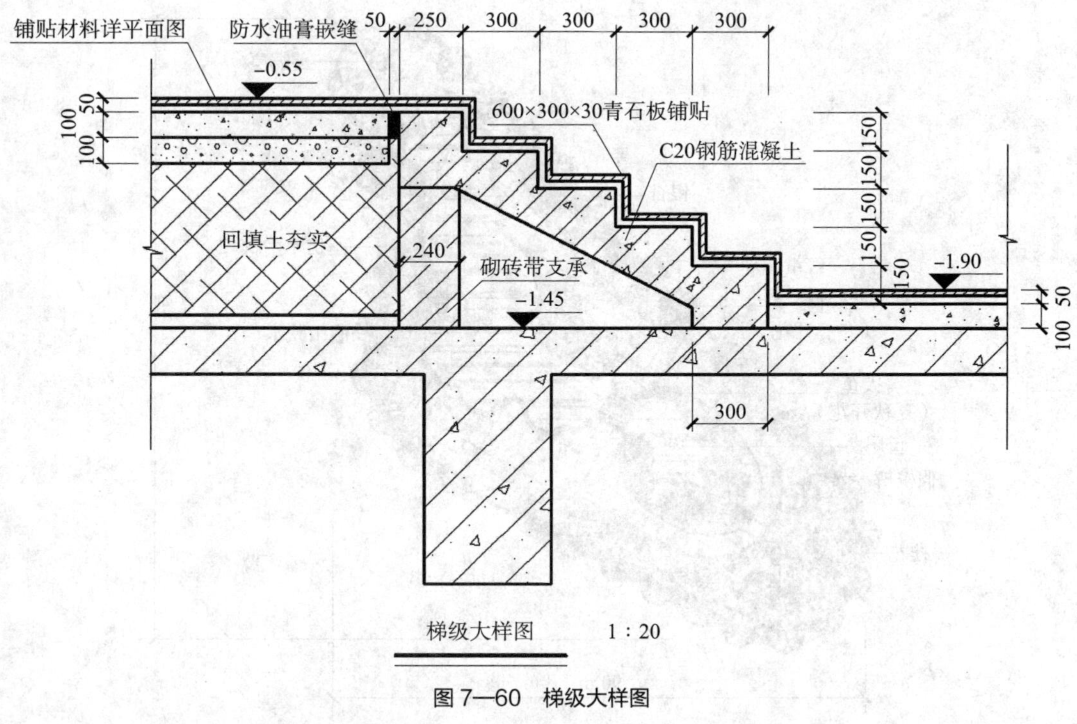

图 7—60　梯级大样图

课题四

绘制规划平面图

任务　绘制小型绿地绿化设计平面图

任务目标

◇掌握多段线和样条曲线命令的使用方法

◇掌握用填充命令进行铺装、填充水体和草地的方法

◇掌握 AutoCAD 块定义和插入块的操作

◇掌握 AutoCAD 文字注释的方法

任务提出

绘制如图 7—61 所示长、宽尺寸分别为 90 m 和 105 m 的小型绿地绿化设计平面图，不标注尺寸。该绿地轮廓线周长为 300 m，面积为 4 530 m^2，在绘制过程中，可以参考上述尺寸和图 7—61 自行确定相关尺寸和位置。

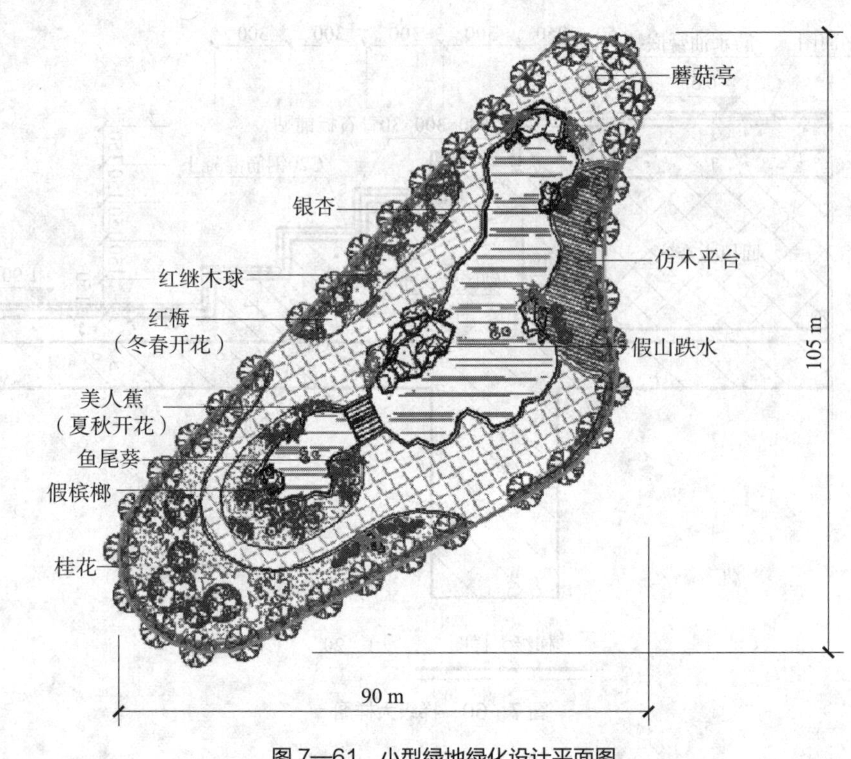

图 7—61 小型绿地绿化设计平面图

任务分析

如图 7—61 所示的小型绿地绿化设计平面图，图中包括水体、岸石、铺装、绿地等轮廓线，桥、仿木平台及坐凳图线，以及植物图块和文字注释等，图中的水体、铺装和绿地均可用图案填充来做，图中的水体和岸石、桥及水生植物最好不重叠。在绘制园林设计图时，通常可以根据甲方提供的总规划平面图确定绘图尺寸。

相关知识

多段线是由一系列连续的直线或圆弧组成的具有线宽性质的单一对象，利用多段线可以方便在一次操作中完成连续的直线和圆弧的绘制。任务中的绿地轮廓线可以用多段线绘制。

块是由一系列图形对象组成的集合，比如图形中的一棵树或一个浴盆。块在定义时具有指定的块名称。块所在的文件保存以后，不但可以在本图形文件内插入使用，而且在其他图形文件里也可以随时调用。插入块时可以设置插入块的旋转角度和比例（不同轴向可以实现不同比例）。使用块可以提高作图效率，节省图形文件的存储空间。任务中绿地的植物和假山等可以用块的方法进行绘制。

任务实施

一、绘制水体轮廓线

启动 AutoCAD，单击“文件”菜单中的“新建”命令，在弹出的“选择样板”对话框中选用“模板 1”，单击“打开”按钮开始新图形的绘制。

单击“对象特性”中的“当前层”列表框右边的下拉箭头，弹出图层列表，在列表中点取“建筑”层。单击“绘图工具栏”中的多段线“ ”图标，在图中适当位置指定起点，命令行出现操作提示“指定下一个点或［圆弧（A）/ 半宽（H）/ 长度（L）/ 放弃（U）/ 宽度（W）]”，输入“W”，命令行出现操作提示“指定起点宽度”，输入“10”，命令行出现操作提示“指定端点宽度”，输入“10”，命令行出现操作提示“指定下一个点”，依次在屏幕上用鼠标指定各点，用宽度为 10 的多段线完成水体轮廓线的绘制，如图 7—62 所示。

单击“修改工具栏”中的偏移“ ”图标，选择刚绘制的水体轮廓线，使用偏移命令向外偏移。选择偏移的外侧轮廓线，单击鼠标右键，在右键菜单中选择“特性”，打开特性对话框，在该对话框中修改全局宽度为 0，效果如图 7—63 所示。

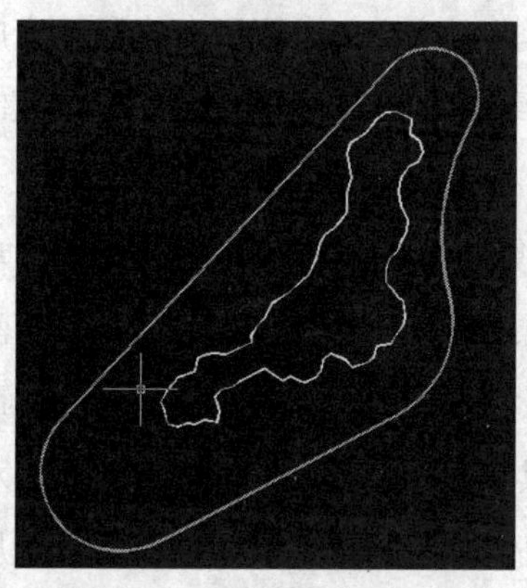

图 7—62　水体轮廓线绘制

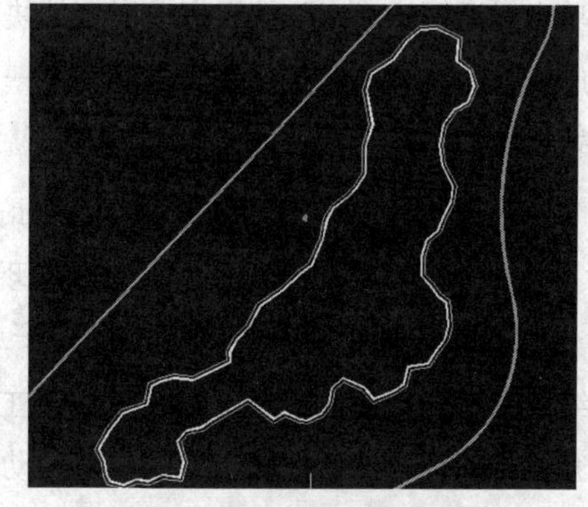

图 7—63　水体轮廓线调整

二、绘制绿地轮廓线

单击“绘图工具栏”中的样条曲线“ ”图标，命令行出现操作提示“指定第一个点”，用样条曲线在图中分别绘制仿木平台轮廓和红继木球边界等曲线。单击“修改工具栏”中的修剪“ ”图标，修剪绿地轮廓线。效果如图 7—64 所示。

三、绘制绿篱轮廓线

利用偏移和修剪功能，绘制绿地的绿篱轮廓线，效果如图 7—65 所示。

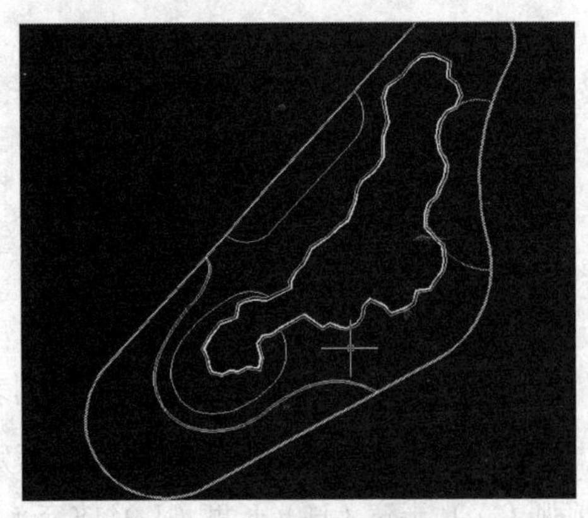

图 7—64 绿地轮廓线绘制

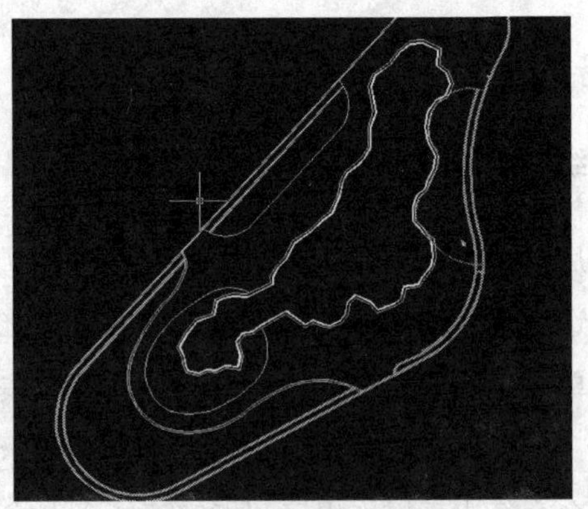

图 7—65 绿篱轮廓线绘制

四、绘制岸石

用多段线绘制岸石，方法同前，岸石效果如图 7—66a 所示。单击“绘图工具栏”中的创建块“ ”图标，打开块定义对话框，如图 7—67 所示，在名称中输入“岸石”，点击基点下面的“拾取点”按钮，在图形中确定岸石块的基点为图 7—66 中的点 A（基点是将来插入块时的对齐点），点击对象下面的“选择对象”按钮，在图中选择绘制岸石的所有线段，单击对话框“确定”按钮完成岸石的块定义。这样，岸石所有线段就变成了一个名称为“岸石”的整体块对象。块操作便于进一步编辑和修改图形，例如进行复制、比例缩放和旋转等操作。

单击“修改工具栏”中的复制“ ”图标，复制岸石。选择复制的岸石，单击“修改工具栏”中的比例“ ”图标，命令行出现操作提示“指定基点:”，在屏幕上指定基点，命令行的操作提示变为“指定比例因子或 [复制（C）/ 参照（R）]:”，输入比例“0.35”，缩放岸石到合适的大小，单击“修改工具栏”中的旋转“ ”图标，对复制的岸石进行角度的改变，然后把调整好的岸石移动到相应的位置。用同样的方法完成其他岸石的绘制。岸石最终效果如图 7—69 所示。

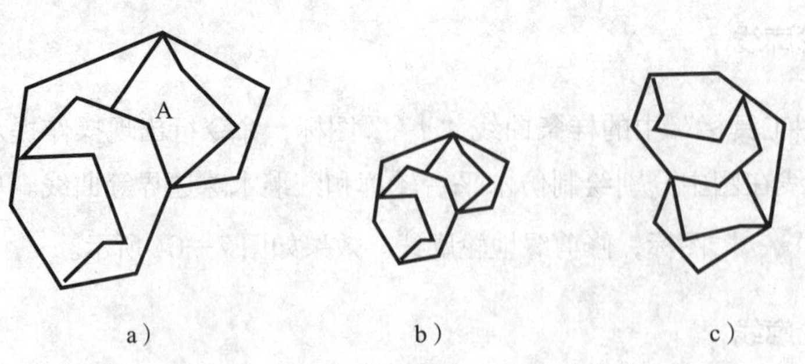

图 7—66 “岸石”块的绘制与插入示例

图 7—67 “岸石”块的创建

图 7—68 “岸石”块的插入

本例中的“岸石”块定义完成后，也可以使用插入块的方法完成其他岸石的绘制。单击“绘图工具栏”中的插入块“ ”图标，打开插入对话框，如图 7—68 所示，勾选“统一比例”，在 X 后输入“0.5”，单击“确定”按钮，在图形中插入新的“岸石”块（见图 7—66b）。同样，如果在对话框中把比例设置成“0.7”，“旋转”中的角度值设置为“-120”，则插入的“岸石”块效果如图 7—66c 所示。

五、绘制仿木平台和其他小品

单击“对象特性”中的“当前层”列表框右边的下拉箭头，弹出图层列表，在列表中点取“细实线”层。单击“绘图工具栏”中的图案填充“ ”图标，在图案填充对话框中选择相应的图案，调整合适的填充角度和填充比例，完成亲水仿木平台绘制，修改填充图案的颜色特性，效果如图 7—70 所示。

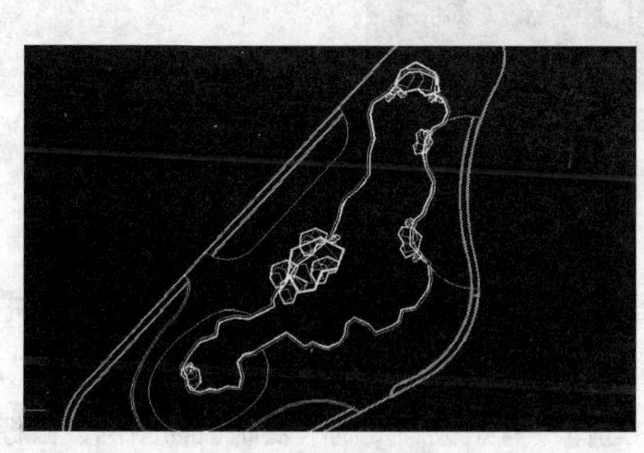

图 7—69 绘制岸石

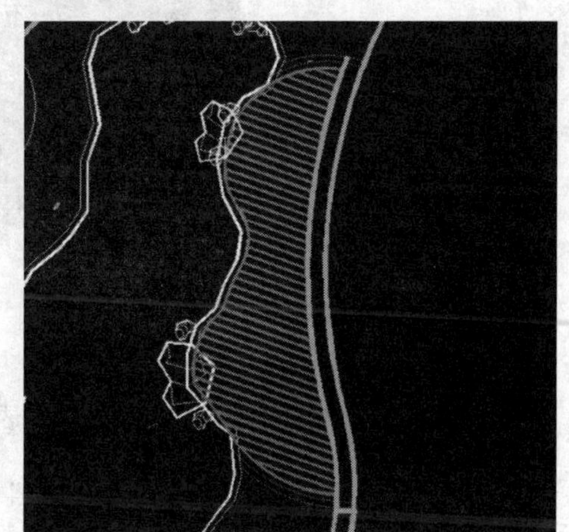

图 7—70 绘制仿木平台

保持图层为“细实线”层。单击“绘图工具栏”中的圆“ ”图标，命令行出现操作提示“指定圆的圆心或［三点（3P）/ 两点（2P）/ 切点、切点、半径（T）]:”，在图形上适当位置指定圆心，命令行的操作提示变为“指定圆的半径或［直径（D）］:”，在图上适当位置指定半径，效果如图 7—71 所示。

单击“特性工具栏”中的随层“ ByLayer ”列表框右边的下拉箭头，选择黄色，复制两个圆并修改其颜色特性，效果如图 7—72 所示。

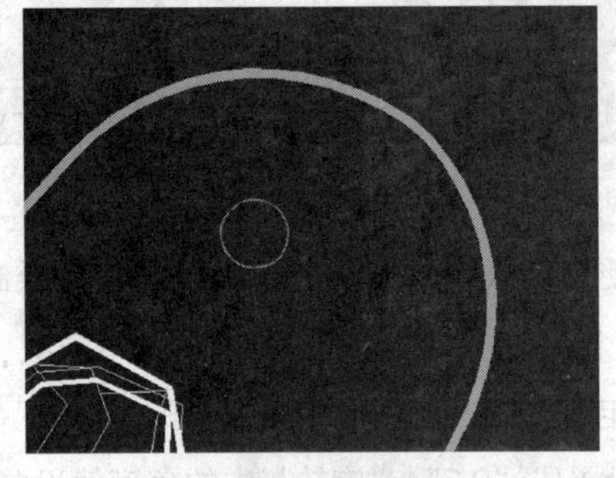
图 7—71 圆的绘制

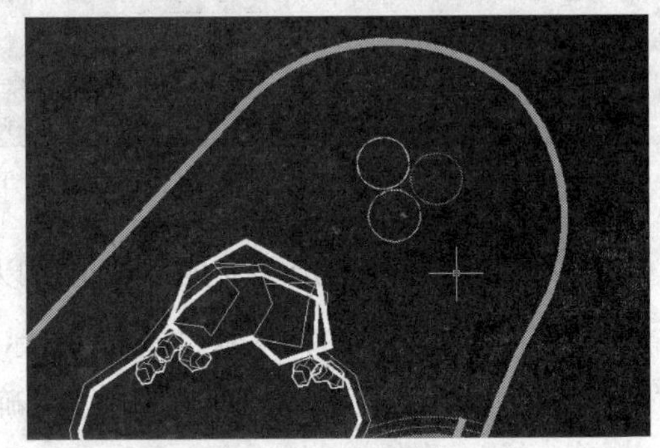
图 7—72 复制圆形小品

用前述方法分别绘制坐凳和小桥轮廓线，完成后效果如图 7—73 所示。

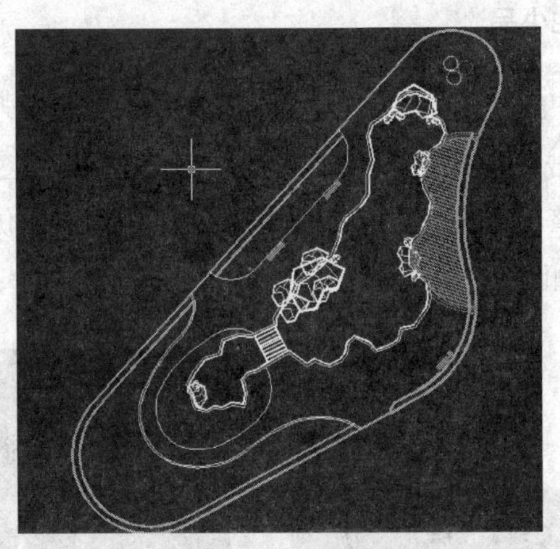
图 7—73 其他小品的绘制

六、植物配置

单击“对象特性”中的“当前层”列表框右边的下拉箭头，弹出图层列表，在列表中点取“植物”层。打开植物设计图例文件，选择菜单栏“窗口”菜单，选择“垂直平铺”，选择相应植物并右击鼠标，在右键快捷菜单中选择“剪贴板→复制”复制植物图例，鼠标单击绿地图形文件，把图形文件置为当前文件，在适当位置右击鼠标，在快捷菜单中选择“剪贴板→粘贴”粘贴植物图例，适当调整植物的大小和位置，效果如图 7—74 所示。

注意：上述的复制和粘贴操作也可以使用快捷键 Ctrl+C 和 Ctrl+V 来完成。

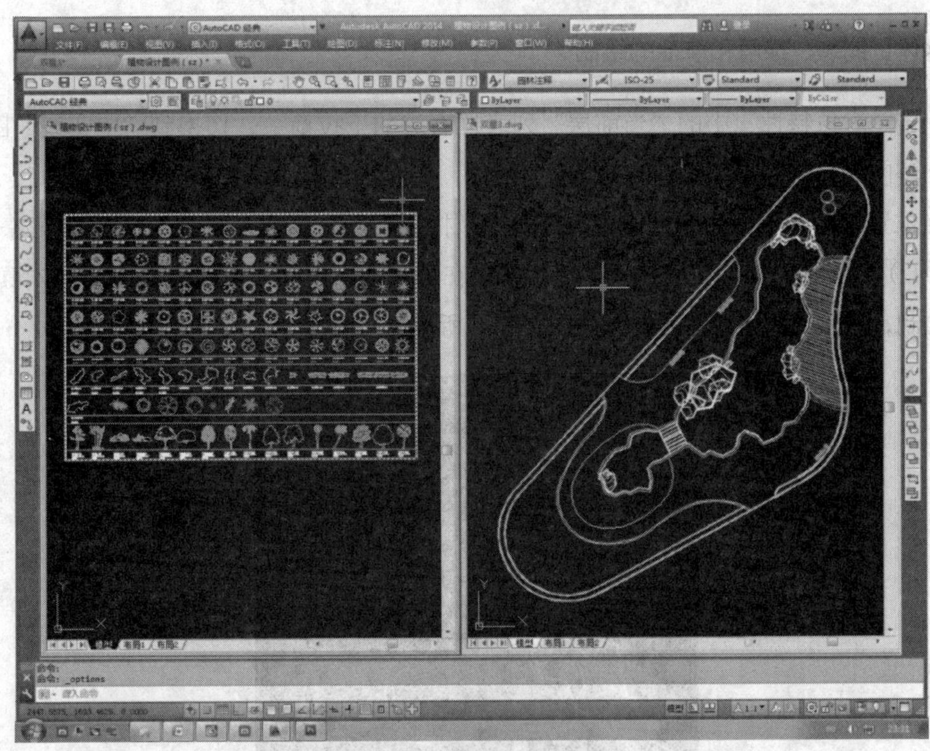

图 7—74　植物图形复制

单击“修改工具栏”中的复制“ ”图标，选择上述复制到绿地图形中的植物，用复制的方法完成除草坪外所有植物的绘制，效果如图 7—75 所示。

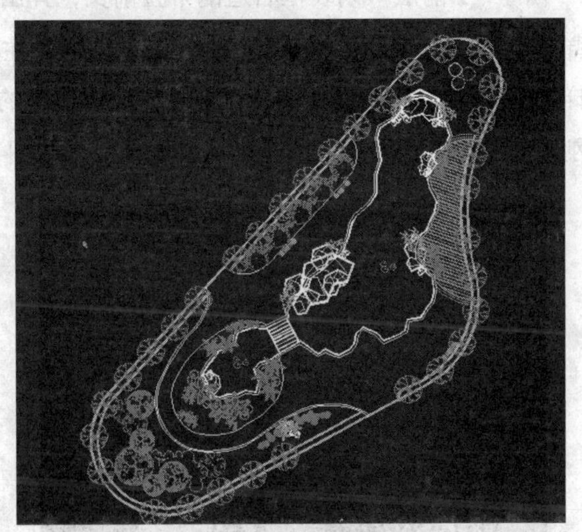

图 7—75　植物配置

技巧提示：植物设计图例文件中的各种植物图例也可以定义成块，利用插入块的方法，结合复制、旋转和比例缩放等工具完成本任务中的植物配置。

七、水体、铺装、绿篱和草地的绘制

单击“对象特性”中的“当前层”列表框右边的下拉箭头，切换到“中实线”图层。单击“绘图工具栏”中的多段线“ ”图标，命令行出现操作提示“指定起点:”，在图中适当位置指定起点，命令行出现操作提示“指定下一个点或［圆弧（A）/半宽（H）/长度（L）/放弃（U）/宽度（W）]:”，依次在屏幕上用鼠标指定各点，完成水体填充辅助线绘制，修改其颜色特性后效果如图 7—76 所示。

图 7—76 水体填充辅助线绘制

单击“对象特性”中的“当前层”列表框右边的下拉箭头，弹出图层列表，在列表中点取“细实线”层。单击“绘图工具栏”图案填充“ ”按钮，在图案类型中选择“预定义”类型，在图案样例类型中选择“AR---RROOF”，设置适当的填充比例，单击“选择对象”按钮，选择刚才所绘填充辅助线，回车确认，填充效果如图 7—77 所示。

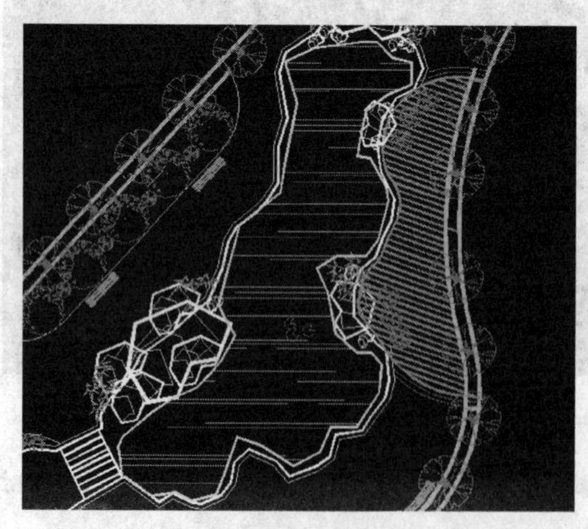

图 7—77 水体图案填充

利用上述方法，分别完成铺装、绿篱和草地的绘制，效果如图 7—78 所示。

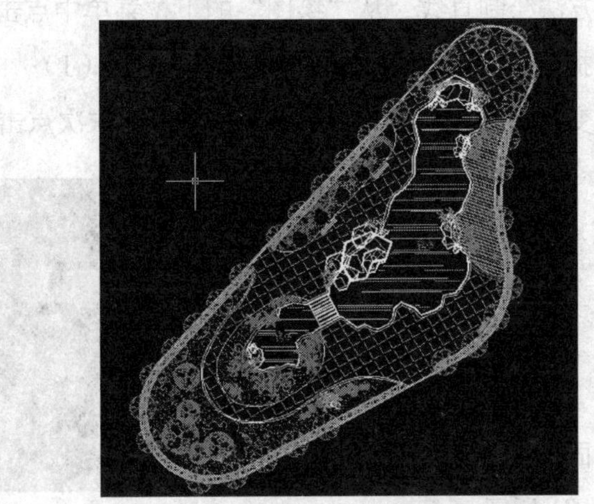

图 7—78　铺装、绿篱和草地的绘制

当填充图案与整幅图形不相称时，可以修改图案填充。选择图案填充，单击鼠标右键，在右键快捷菜单中选择特性，弹出“特性”对话框，可对该图案填充的图案类型、填充比例和填充角度等进行修改和调整。

技巧提示：绘制水体轮廓线时，注意水体轮廓线与水池边沿轮廓线不要完全重合，这样显得水体更加自然。填充水体最好不要与桥、水生植物及岸石等重叠。

八、文字注释

从“格式”的下拉菜单中点击“文字样式”命令，在“文字样式”中点击“新建”，在样式名中输入“园林注释”，完成命名。在“文字样式”对话框中选择字体为“宋体”；如图 7—79 所示，点击“置为当前”按钮将“园林注释”设置为当前文字样式，点击“应用”按钮，关闭对话框。

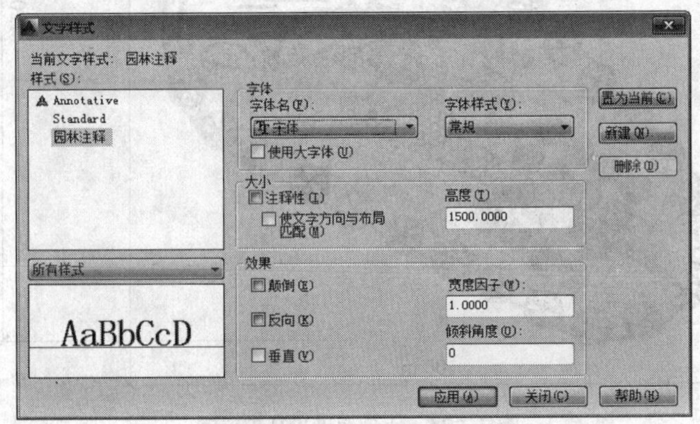

图 7—79　文字样式对话框

单击“对象特性”中的“当前层”列表框右边的下拉箭头，弹出图层列表，在列表中点取“文字”层。用前述方法绘制直线，从“绘图”的下拉菜单中点击“文字——单行文字”命令，命令行的操作提示变为“指定文字的起点或 [对正（J）/ 样式（S）]:”，在适当的位置点击，操作提示变为“指定高度 <25>:”，在图形中依次点击两点，两点的间距就是指定的文字高度，命令行操作提示变为“指定文字的旋转角度 <0>:”，回车表示不旋转文字，输入文字“仿木平台”，两次回车后完成“仿木平台”文字的输入，效果如图 7—80 所示。

图 7—80 输入文字“仿木平台”

用同样方法，完成平面图中所有的文字注释，最终效果如图 7—61 所示。

思考与练习

用 AutoCAD 绘制如图 7—81 所示长、宽尺寸分别为 100 m 和 120 m 的小型绿地设计平面图。要求图线绘制正确，图面布局合理、美观。在绘制过程中，可以参考长宽尺寸和图 7—81 自行确定相关尺寸和位置。

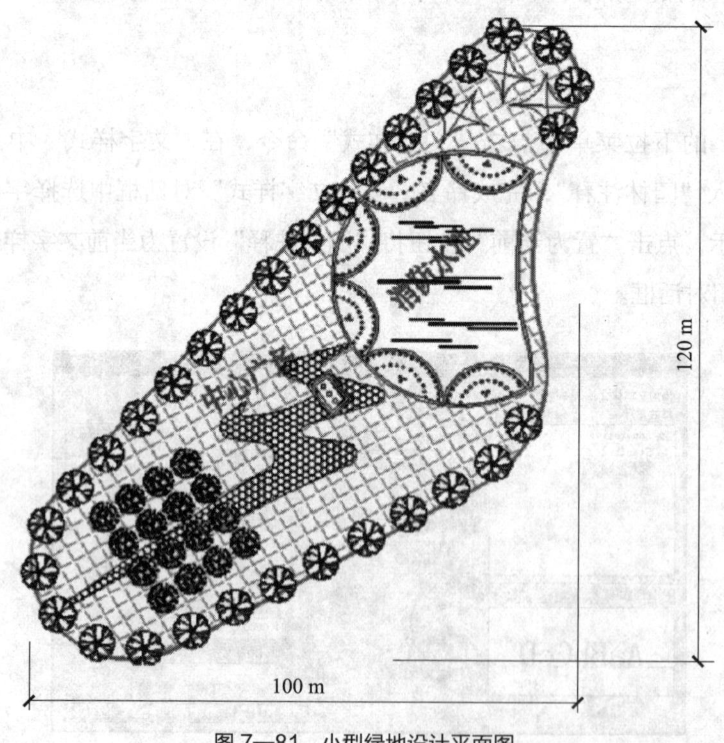

图 7—81 小型绿地设计平面图

课题五

图形输出

任务　打印一张 A4 号图纸

任务目标

◇掌握图纸比例正确设置方法

◇了解用打印机打印输出图纸的过程和方法

任务提出

用打印机正确打印输出如图 7—82 所示图纸，要求比例 1∶400，A4 图纸幅面。

任务分析

AutoCAD 绘制的图形最终要打印输出才能方便地应用到园林工程中，方便交流和施工。图纸可以从模型空间或图纸空间打印输出。本任务从图框绘制、比例确定、打印参数设置等方面讲解模型空间图纸的输出方法。

相关知识

完成园林图形绘制后，需要在打印机上输出图形，这是绘图工作重要的组成部分之一。图纸的大小、图框以及标题栏的绘制应该符合国家相关标准，按比例打印图形对于图纸的后续应用十分重要。打印对话框中可以设置常用的打印参数，如选择打印机、选择纸张大小、确定打印范围、调整打印比例、选择打印样式和设置图纸方向等。

任务实施

一、启动 AutoCAD 绘图软件

打开本模块课题四所绘制的小型绿地绿化设计平面图。

二、绘制 A4 图框

根据模块一有关图框参数知识，利用 AutoCAD 中直线和矩形绘图方法，配合“极轴”

和“对象捕捉”等辅助绘图功能，按 1 : 1 比例绘制标准 A4 纸（297 mm × 210 mm）图框和标题栏，如图 7—83 所示。

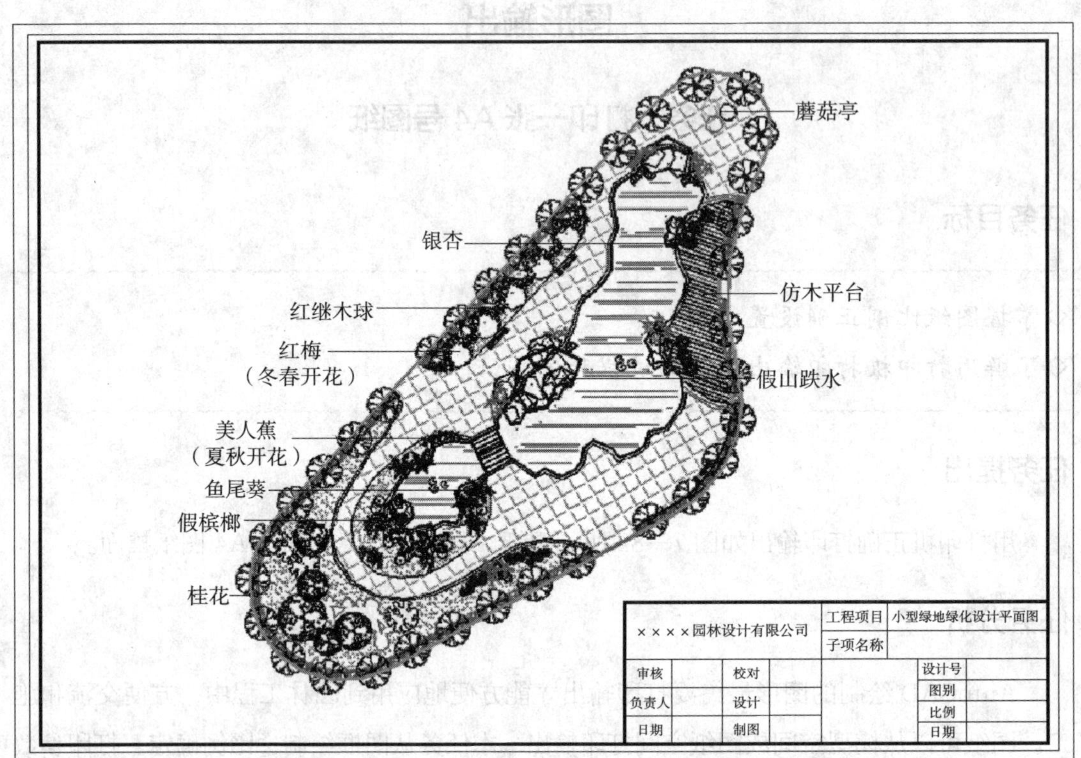

图 7—82 打印“小型绿地绿化设计平面图”

图 7—83 绘制图框和标题栏

三、注释标题栏

新建文字样式“标题栏”，设置字体为 gbenor.shx，勾选“使用大字体”，大字体选择 gbcbig.shx，保存并将该文字样式置为当前，然后在图框标题栏中进行文字注释，如图 7—84 所示。

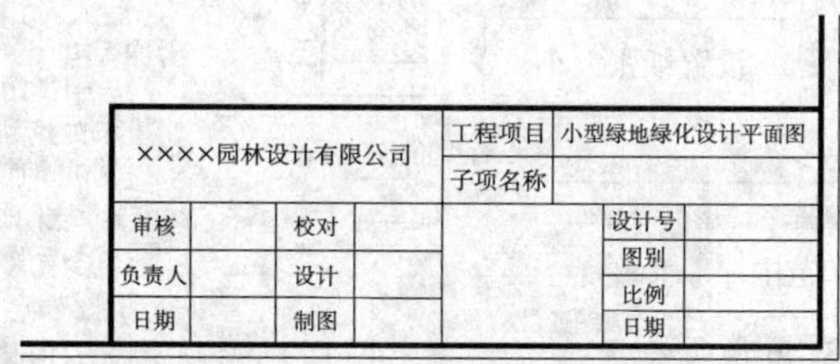

图 7—84　填写标题栏

四、设置适当比例，把所绘图形放入图框

单击比例“”按钮，选择小型绿地绿化平面图，回车完成选择对象，在适当位置指定基点，在命令行输入比例因子“0.002 5”，回车完成比例调整。单击移动“”按钮，选择小型绿地绿化平面图，回车完成选择对象，在适当位置指定基点，把绿化平面图移动到图框中的适当位置，效果如图 7—82 所示。如果该图绘制时的比例是 1∶1，那么现在在标准的 A4 纸（297 mm × 210 mm）上打印输出的比例应为 1∶400（缩小打印）。

五、打印图纸

单击文件下拉菜单，选择“打印”命令，在打印对话框中设置参数如图 7—85 所示。首先选择打印机，然后选择打印图纸尺寸，在打印对话框中点选“窗口”按钮，在图上指定第一个角点和第二个角点，确定打印窗口范围。勾选“居中打印”，选择打印样式为“monochrome.ctb”（即黑白单色打印），打印方向选择“横向”，一般在打印之前可以预览一下，确认无误后点击“确定”，即可打印输出该图纸。

思考与练习

用打印机练习输出一张 A4 图纸，效果如图 7—86 所示。图纸内容是本模块课题三作业所绘制的梯级大样图，要求正确设置打印相关参数，打印图面美观。

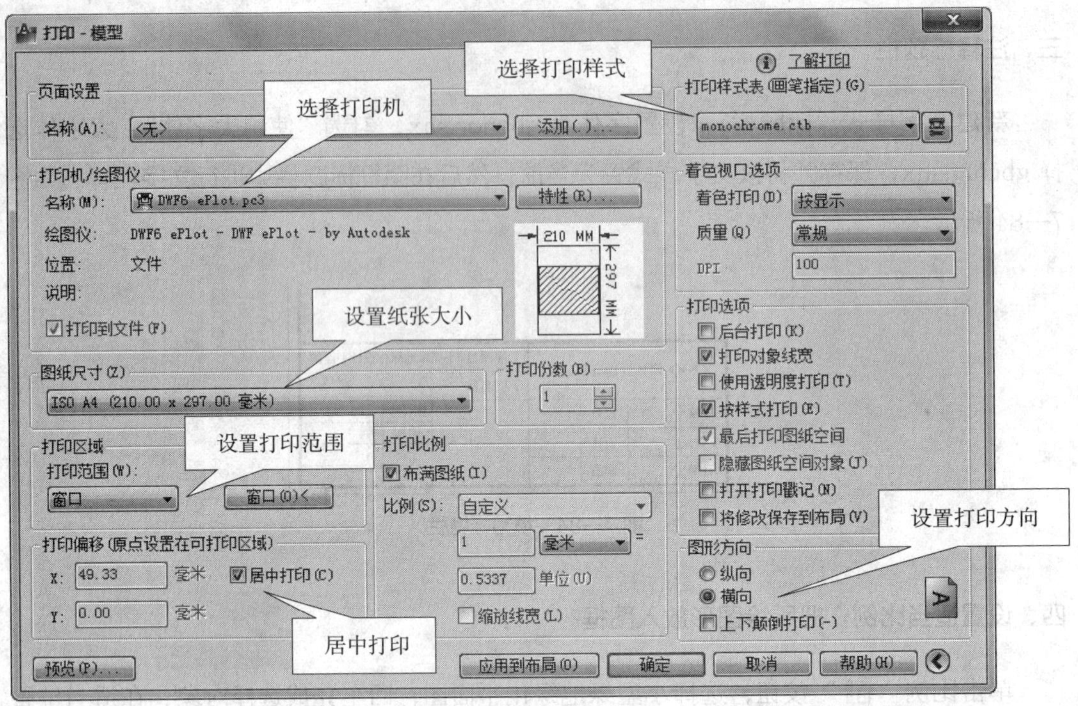

图 7—85 打印参数设置

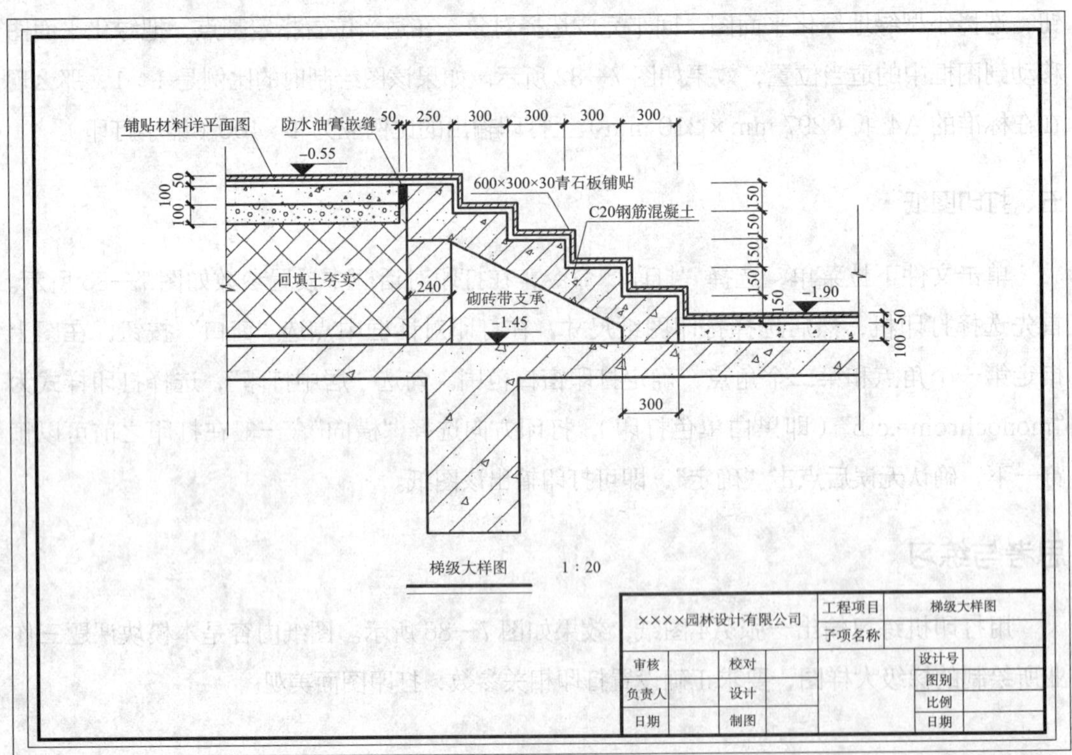

图 7—86 打印“梯级大样图”

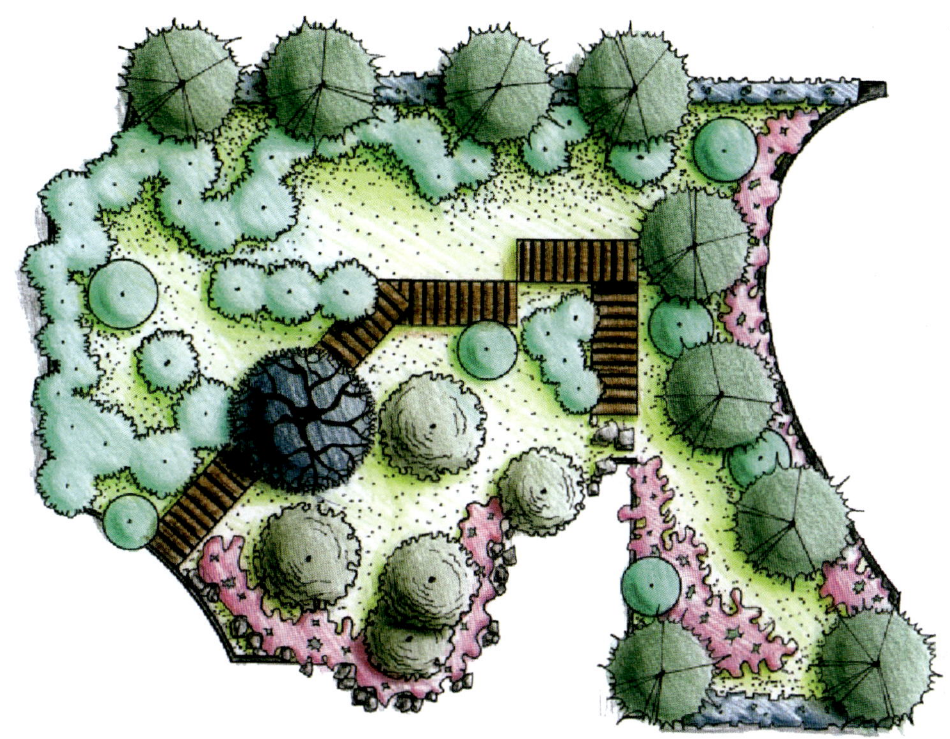

图 3—1　小型园林绿地平面图

图 3—9　小型园林绿地的局部效果图

图 3—16　小型公园的平面图